Grid-Connected PV Systems:
Design and Installation

并网光伏发电系统设计与安装

[澳] GLOBAL SUSTAINABLE ENERGY SOLUTIONS PTY LTD 著

中国电力科学研究院 译

·北京·

内 容 提 要

　　随着时间的推移，并网光伏发电系统的成本已显著降低，与传统发电方式相比，光伏发电已经越来越具有竞争力。光伏产业的规模和复杂性意味着并网光伏系统的设计和安装需求将持续增长。本书主要解释了并网光伏发电系统的基本原理，概述了如何设计和安装并网光伏发电系统，介绍了在设计和安装并网光伏发电系统时需重视的各种因素。本书引入了相关标准以及实例。

　　本书适合从事相关专业的技术人员，以及高校师生参考阅读。

Title：Grid－Connected PV Systems：Design and Installation (ISBN：978－0－9581303－6－3)
Author：Global Sustainable Energy Solutions Pty Ltd，PO Box 614 Botany 1455 Australia

北京市版权局著作权合同登记号为：01－2016－9944

图书在版编目（ＣＩＰ）数据

并网光伏发电系统设计与安装 / 澳大利亚全球可持
续能源解决方案有限公司著 ；中国电力科学研究院译
. -- 北京 ：中国水利水电出版社，2018.1
书名原文：Grid-Connected PV Systems：Design
and Installation
ISBN 978-7-5170-6271-4

Ⅰ．①并… Ⅱ．①澳… ②中… Ⅲ．①太阳能光伏发
电－系统设计②太阳能光伏发电－设备安装 Ⅳ.
①TM615

中国版本图书馆CIP数据核字(2018)第012662号

书　　名	**并网光伏发电系统设计与安装** BINGWANG GUANGFU FADIAN XITONG SHEJI YU ANZHUANG	
原 书 名	Grid－Connected PV Systems：Design and Installation	
原　　著	［澳］GLOBAL SUSTAINABLE ENERGY SOLUTIONS PTY LTD（全球可持续能源解决方案有限公司）　著	
译　　者	中国电力科学研究院　译	
出版发行	中国水利水电出版社 （北京市海淀区玉渊潭南路 1 号 D 座　　100038） 网址：www. waterpub. com. cn E－mail：sales@waterpub. com. cn 电话：(010) 68367658（营销中心）	
经　　售	北京科水图书销售中心（零售） 电话：(010) 88383994、63202643、68545874 全国各地新华书店和相关出版物销售网点	
排　　版	中国水利水电出版社微机排版中心	
印　　刷	天津嘉恒印务有限公司	
规　　格	184mm×260mm　16 开本　30.25 印张　717 千字	
版　　次	2018 年 1 月第 1 版　2018 年 1 月第 1 次印刷	
印　　数	0001—4000 册	
定　　价	**60.00 元**	

本 书 翻 译 组

主　　译：牛晨晖

副 主 译：陈志磊　黄晶生

翻译人员：包斯嘉　文如娟　陈原子　夏　烈　徐亮辉

　　　　　周荣蓉　林小进　李红涛　李　臻　刘美茵

　　　　　张晓琳　董　玮　丁明昌

前　言

　　澳大利亚乃至全球的可再生能源产业已超过其预计行业增速。随着政府、企业和可再生能源市场致力于长期温室气体减排工作，这种快速增长通过降低产品价格和增加产品需求得以实现。由于人们理解了可再生能源的大量用途：家用太阳能系统、分布式并网发电、大型商业系统、公用事业规模太阳能电站等，太阳能光伏市场经历了快速转变。

　　澳大利亚通过电网供电的成本也持续显著增加。这主要是因为需要升级电网，增加峰值需求和更换老化设备。因此，旁路部分电网在接近负荷侧（也称为分布式发电）安装并网光伏系统既有利于电网服务提供商，也有利于电力消费者。

　　鉴于并网光伏系统规模灵活，可以安装在屋顶上，而且不会产生任何污染，包括噪声污染，因此非常适合居住区。对于住宅建筑，通常在下午或晚上且居民在家时用电量最大，因此并网意味着消费者在光伏发电不足时仍可以使用电网电力。另外，产生的任何额外电力还可以通过电网输出到其他地方使用。

　　占据光伏系统最大市场份额的仍是私人住宅屋顶系统，但这一市场份额的成交量有所下降。大规模并网光伏系统市场不断发展，在行业中的系统规模也持续增加。这一市场增长通常是光伏发电高商业电价与光伏发电商业用电一致（即都发生在白天）的结果。然而，由于系统规模限制，商业建筑并网光伏系统通常需要更专业的个性化设计。

　　随着时间的推移，并网光伏系统的成本已显著降低。由于电力零售成本的增加，光伏发电与常规发电相比，越来越有竞争力。

　　考虑到成本增加，电力成本将超过任何光伏发电并网的费用（即上网电价）。因此，在这种情况下如果可获得总额上网电价，即支付所有光伏发电费用且无需考虑是否为现场用电，那么财政考虑将会发生变化。

很难对任意并网光伏系统的财务分析作出判定，因为这取决于系统的许多方面：负荷大小、光伏组件的可用空间、电网费用、电网服务提供商的要求、政府补贴等。因此，应对任何系统的购买意向进行仔细检查，以确认一切相关财务影响。澳大利亚各州和地区政府都提供了具体涉及光伏系统购买的基于消费者信息，建议查询该信息。

（1）解释光伏并网发电系统的基本原理。

（2）概述如何设计和安装并网光伏发电系统。

（3）设计和安装并网光伏发电系统时，需重视不同的环境和考虑因素。

GSES 在本书中引入了相关标准、准则、服务规则和最佳实例，以供参考。

光伏产业的规模和复杂性意味着并网光伏系统的设计和安装需求将持续增长。本章对并网光伏发电系统进行了简要概述。

并网光伏系统利用太阳能（光伏）组件作为发电来源。光伏组件将阳光转换成直流电。产生的电能被输送到一台逆变器，该逆变器将光伏组件的直流电输出转换为与澳大利亚电网和大多数电器兼容的交流电。电力转换方式则依据逆变器是集中式或组串式而定。

并网系统考虑了通过光伏系统产生的电力或取自电网的电力或二者组合的电力来供电的任何现地负载。光伏系统产生的剩余电力一般上送到电网。

电网发生异常状况时，逆变器须与电网和负荷断开。该断开要求是逆变器对其电网连接的响应，确保逆变器仅在电网恢复到正常状态时重新连接，并确保电网侧没有安全问题，如确保防孤岛效应。在澳大利亚，逆变器在重新并入电网之前会定期检查是否符合标准。

用电监测和电费计算方式根据当地电力的计量方式而不同。计量方式由当地电网提供商确定。

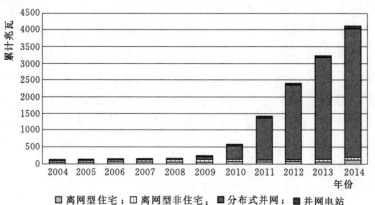

图 1

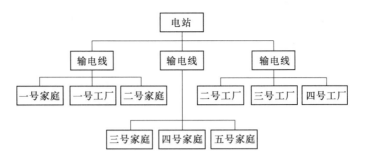

图 2

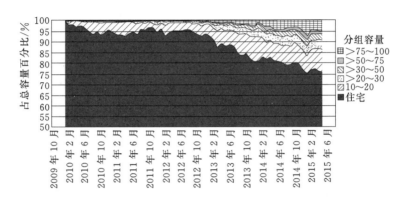

图 3

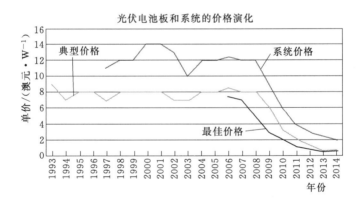

图 4

并网光伏系统

并网光伏系统主要构件如图5所示,包括:光伏阵列(光伏组件)、逆变器、电表。除了这些,主要部件还有电缆、接线盒、保护设备、开关、防雷装置和铭牌。

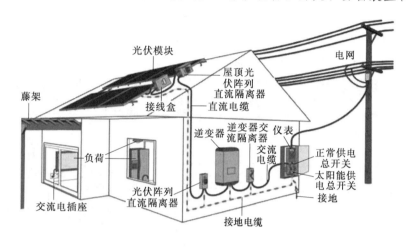

图 5

1. 集中或公共电网规模并网光伏系统

公共电网规模发电站,或"集中"发电站,连接到电网的发电端:电力是批量产生的,通过传输/配电网传送,然后最终用户在网络的负荷端(如,工厂、企业和房屋)消费。现有电力系统主要由使用多种燃料源,如煤、天然气、水(水力发电)和柴油的集中发电站组成。引言中指出,太阳能行业的增长见证了越来越多的集中光伏电站作为组合的一部分安装。这些集中光伏电站的规模从50kWp到数百兆瓦不等。目前,澳大利亚最大的规划光伏电站约为200MWp。本书第20章介绍了这些大型光伏系统的情况。

2. 分布式并网光伏系统

大多数并网光伏系统连接到电网的负荷端,也称为分布式发电。这些通常是从1~100kWp的小型光伏系统而来。这些系统的定位接近负荷,通常由业主或房屋承租人安装。

分布式并网光伏系统的一项主要优点是降低了成本和功率损耗,因为光伏系统直接供给该位置的负载,绕过了传输/配电网络。但是,分布式发电会产生电网运行问题:如电压升高,要求系统安装额外的保护继电器等。

本书重点是分布式并网光伏系统的设计与安装。这些系统通常可分为两大类:商业和住宅。

（1）商用并网光伏系统。商用光伏系统位于商业建筑内，如工厂、企业、办公室、学校、商店等。系统规模通常大于10kWp，由于在大多数情况下商业建筑用电都是在白天办公时间，因此光伏系统产生的电力通常是由建筑物内的负载消耗掉。这导致能输出到电网的剩余光伏发电量最少（注意：输出可能发生在周末）。

（2）住宅并网光伏系统。住宅光伏系统位于房屋或社区建筑物上，通常在屋顶。澳大利亚光伏系统通常在1～5kWp范围内。在大多数情况下，早晨和晚上居民在家时用电更多，而白天因在工作或学校，用电较少。白天用电量较低恰好是光伏发电最多的时间，也就是说住宅并网光伏系统有剩余光伏发电是常见的（根据光伏系统和负载大小）。所有剩余发电量都输出到电网。

图 6

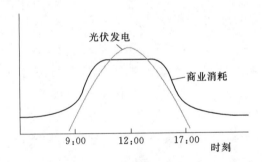

图 7

图 8

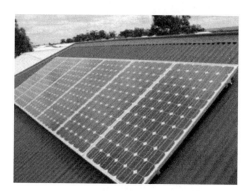

图 9

图 10

目 录

CONTENTS

第一部分 基 础 知 识

第二部分　设　　备

第一部分 基础知识

本书第一部分涵盖设计和安装并网光伏发电（PV）系统之前所需基础知识，介绍了光伏发电系统使用光伏电池将阳光（太阳辐射）变为直流（DC）电。要连接到电网，光伏电池产生的电被输送到逆变器，逆变器将光伏电池的产生直流电转换为与电网和大多数电器兼容的交流（AC）电输出。第1章介绍了工作场所卫生与安全相关内容。第2章详细介绍了直流电的原理，展示了如何测量直流系统的特性，并介绍了如何操作直流系统。第3章解释了什么是太阳辐射，以及如何确定照射到光伏阵列上的太阳辐射量。第4章介绍了光伏电池如何将太阳辐射转化为电能，论述了光伏电池的功率特性，并展示了如何将光伏电池组合为光伏阵列。第5章介绍了交流电原理，直流转换为交流电并连接到电网的原理。

安装人员在安装太阳能组件时使用一些正确的个人防护装备（PPE）。

第1章　工作场所卫生与安全

工作场所卫生与安全（Workplace Health and Safety，简称 WH&S）是光伏并网（PV）系统的设计和安装的核心部分。在光伏系统上作业时存在诸多危险，针对这些危险的安全做法有助于维护工作人员和其他人员的安全。"安全第一"标识如图 1.1 所示。

工作场所卫生与安全是澳大利亚联邦政府的要求，被相应工作保护立法和政府部门视为各州执行工作的首要参考。各行业和业务部门要求各州及当地政府规定安全工作程序。澳大利亚各州和领地监管机构的资料见 1.1 节。

工作场所卫生与安全旨在确定和评估所有可能的安全风险，并采取适当的策略来消除或减少这些风险。为此，应制定一份适当的工作场所卫生与安全程序文件，并根据每个特定任务组的内容应用到每个项目。工作场所卫生与安全程序应考虑按工地本身的情况评估每个工地和每个项目，且必须在项目各个阶段开展评估与讨论，从而确定安全隐患，并向所有人员传达。工作场所卫生与安全程序制定指南见 1.2 节。

图 1.1　"安全第一"标识

安全监测是一个持续的过程。无论是在系统的设计、安装、维修还是使用中，安全监测都是并网光伏系统团队成员的责任。

关于确定潜在危险的现场风险评估解释见 1.3 节，并网光伏系统的常见危害和相关控制见 1.4 节。

1.1　澳大利亚立法

澳大利亚政府已建立一套关于工作场所卫生与安全的法律法规，因此熟悉有关规定和工作守则，以及相应工作所在地的现行法律至关重要。

> ● 参考来源
>
> 如需国家立法和各州的工作场所卫生与安全监管机构的更多信息，请查阅澳大利亚安全工作署网站（http：//www.safeworkaustralia.gov.au）

太阳能行业企业和厂商的标准作业程序（包括准备阶段和实践阶段）必须满足澳大利亚及其各州关于工作场所卫生与安全的立法要求。例如，对于太阳能系统的现场评估和安装，应完成工作场所卫生与安全评估，可采用作业安全评估（JSA）或安全作业方法说明（SWMS）的形式。这些重要文件构成企业预期工作实践中工作场所卫生与安全的基础。

1.2　制定工作场所卫生与安全程序

应制定工作场所卫生与安全程序供并网光伏发电系统的设计人员和安装人员以及现场工作的任何人使用。该工作场所卫生与安全文件应进行审核，且如有必要，还应针对每次现场检查和安装进行修订。

针对具体的风险应使用以下步骤，这些步骤（图1.2）应清晰传达给现场所有工作人员：

（1）识别危害。确定该风险可能造成的危害。

（2）评估风险。了解风险可能造成伤害的性质、严重性以及发生的可能性。风险评估矩阵是量化风险的严重程度的常用工具（图1.3）。

（3）控制风险。实施最有效的、在当时情况下合理可行的控制措施。

（4）审查控制措施。确保控制措施按计划起作用。

为了确保工作场所监控与安全程序有效，建议采取以下步骤：

澳大利亚各州和领地监管机构：

目前澳大利亚各州和领地的工作场所卫生与安全监管机构有：

- 澳大利亚首都领地：澳大利亚首都领地工作安全局（www.worksafe.act.gov.au）
- 新南威尔士州：新南威尔士州劳保局（www.workcover.nsw.gov.au）
- 北领地：北领地工作安全局（www.worksafe.nt.gov.au）
- 南澳大利亚州：南澳大利亚州工作安全局（www.safework.sa.gov.au）
- 塔斯马尼亚州：塔斯马尼亚州工作安全局（www.worksafe.tas.gov.au）
- 昆士兰州：昆士兰州工作场所卫生与安全局（www.worksafe.qld.gov.au）
- 维多利亚州：维多利亚州工作安全局（www.worksafe.vic.gov.au）
- 西澳大利亚州：西澳大利亚工作安全局（www.commerce.wa.gov.au/WorkSafe/）

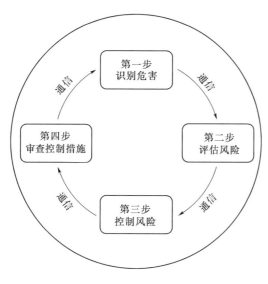

图 1.2   风险控制步骤

影响变化	■低 □中 ■高 ▨极端		
	较小	中等	较大
极有可能	可接受的风险	不可接受的风险	不可接受的风险
可能	可接受的风险	可接受的风险	不可接受的风险
不可能	可接受的风险	可接受的风险	可接受的风险

图 1.3   风险等级

（1）咨询员工和外部组织。

（2）提供信息和培训。

（3）识别和评估风险。

（4）实施和落实风险控制措施。

（5）保持并改进过程。

1.3   现场风险评估

开始任何现场作业之前，建议进行现场风险评估，包括以下内容：

（1）确定所有可能的风险。

（2）确定需采取的用于消除风险的控制方法，如不能完全消除，可最大程度降低风险。

（3）所有现场工作人员根据确定的风险以及消除或最小化风险的方法进行沟通。

建议各项任务和作业部分的相关承包商以及安装人员编制一份风险评估表。细节商定后，所有工作人员可在该风险评估文件上签字，表明他们已被告知所有相关风险，并同意所要求的安全工作流程。

> **◎ 实例**
>
> 澳大利亚安全工作署的工作守则《工作场所跌落风险管理》（2011 年 12 月）中，以下几点总结了管理高空作业风险要采取的一些措施。更多的详细信息见澳大利亚安全工作署网站（http：//www.safeworkaustralia.gov.au）的工作守则。

（1）确定跌落危险。必须确定可能因跌落导致受伤的所有地点和任务。

（2）评估风险。

1）如果发生跌落会导致什么情况发生，及其可能性？

2）该风险有多严重？

3）是否有任何现行有效的控制措施？

4）应采取什么措施来控制该风险？

5）需要采取措施的紧急程度。

（3）控制风险。

1）为消除跌落风险，是否需要避免高空作业？如可能，在地面上开展相关工作以避免跌落风险。

2）在坚固结构上作业是否可预防跌落？

3）提供和保持安全作业系统是否可以最小化跌落风险，安全作业系统包括：

a. 如合理可行，提供一个防跌落装置（例如护栏）。

b. 提供一个工作定位系统（如工业绳索技术系统），如非合理可行，提供防跌落装置。

c. 只要合理可行，提供防坠落系统。

（4）落实和保持控制措施。

a. 就如何正确安装、使用和保持控制措施制定工作程序。程序应包括检查和保持各项控制措施的计划方案。检查制度应包括以下详细信息：待检查的设备（包括其唯一标识），检查的频率和类型（如使用前检查或详细检查），发现缺陷设备时应采取的行动，记录检查的方式。

b. 向工作人员提供信息、培训和指导，包括紧急情况和救援程序，还应包括：用于预防跌倒的控制措施类型；跌落危险与事故报告程序；正确选择、装配、使用、保养、检查、维护、存放防坠落和约束设备；正确使用工具作业中所用工具和设备（例如使用工具腰带，而非携带工具）；其他潜在危险（如电气危险）的控制措施。

c. 通过由合格人员充分监督的方式对有跌落风险的工作人员进行监督，特别是在工作人员接受培训或不熟悉的工作环境时。需注意：只允许接受过作业系统有关培训和指导的工作人员进行作业，工作人员正确采取跌落控制措施。

（5）对落实有效的防跌落控制措施必须进行审查，必要时进行修订，以确保这些措施按计划起到作用，并保持良好卫生和安全风险的工作环境。控制措施可使用与初始风险确定步骤相同的方法进行审查。请咨询工作人员和他们的卫生与安全代表，并考虑以下几点：

1）控制措施在设计和操作上是否有效。

2）跌落风险是否确定。

3）工作人员是否根据提供的指导和培训使用控制措施。

应每天进行风险评估审核。即使安装可能在同一地点进行几天或几周，意识到条件和工作结果发生变化至关重要，因此必须对其风险管理进行审查。例如，夜里可能下了大雨，使滑倒的可能性增加，同时使得重物移动的难度增大。

> ● 知识点
>
> 　　使用风险评估表意味着可以每天审查风险，且可以对已确定的风险进行相应地审查和变更。

1.4　常见危险与控制

在并网光伏系统上作业有很多潜在危险。最常见的危险列于 1.4.1 节和 1.4.2 节，一些普通安全措施见 1.4.3 节。

1.4.1　物理性（非电气）危害

在光伏阵列上作业涉及户外作业，往往在屋顶上，也可能是在偏远地区，需要执行很多用手或电动工具完成的工作。一些常见的物理性危害包括：

（1）阳光照射。光伏阵列安装在高度接触阳光和遮蔽有限的地方。要注意戴帽子和遮蔽身体，以及每个小时在阴凉处定时休息，可减少阳光照射。在裸露皮肤上涂高系数防晒霜也是减少灼伤风险必不可少的措施。饮用大量液体（最好是水，禁止饮酒），将有助于减少阳光照射的影响。

（2）割伤。光伏系统的许多组件，包括金属框架、接线盒、螺栓、螺母、拉索、地脚螺栓，可能有尖锐的边缘会导致受伤。另外，孔洞边缘经常会有钻头的金属碎块，可能导致严重割伤。因此，手持金属时（尤其是在钻孔时）应戴合适的手套。

（3）碰撞。在建筑物下作业时，例如在阵列下方可能会碰头。另外，在另一名工作人员上方执行作业时会有坠落物危险，从而伤及下方工作人员。在此情况下，应保持戴上安全帽。

（4）绊倒、扭伤和拉伤。工地可能有不平地形，容易导致绊倒或扭伤，特别是在随身携带有装置时尤为如此。依据现场地形，穿着舒适的鞋子可以降低该风险。吊装重型设备可能会造成背部肌肉拉伤，所以要使用适当的吊装方法，包括用腿而非背部起吊。在某些情况下，使用设备协助移动重型设备。

（5）跌落。在较高建筑物，如屋顶上作业，无论从建筑物本身，还是从接入设备（如梯子和脚手架）上都有严重跌落危险。梯子应牢牢固定，并由一同伴支撑。同伴还可以帮助上下移动屋顶设备。请牢记，组件可像风车翼一样，在有风的时候把人撞翻。所以在这种气候条件下要格外小心。建议大组件由两人搬运。必要时，使用保护带（图 1.4）。

（6）热灼伤。暴露在阳光下的金属温度可达 80℃，如接触未快速断开，可能会造成灼伤。应戴手套并确定可能发热的任何设备。

图 1.4 使用保护带

（7）动物影响。蛇、昆虫等动物常栖息在接线盒、阵列框架和其他箱体内。在打开箱体时，始终要做好准备。了解常见本地动物（如蛇和蜘蛛）造成普通伤害的急救处理很有必要。

1.4.2 电气危害

并网光伏发电系统包含各种电气危害，包括由交流电、直流电、不同电压等级、不同的电源和不同导电材料等引起的各种危害。

> ● **知识点**
>
> 　逆变器的重量一般与其额定功率成正比。
> 　安全地将逆变器安装在适当位置可能需要两个或三个人，安装在高处时应特别小心。

当有人在电气系统上或电气系统附近作业时，会有触电危险。触电是电流流经人体所致，还可能引起灼伤和肌肉收缩。肌肉收缩特别危险，因为这会造成人员无法摆脱带电导线（摆脱电流阈值约为 6mA），同时会对心脏有影响。在此情况下，触电人员可能会死亡。触电也可能导致间接伤害，例如导致某人从梯子上跌落或被反弹到某些设备上。

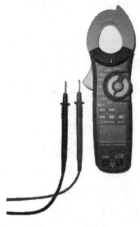

图 1.5 万用表

避免触电最好的方法是假定所有导体均带电，除非证实并非如此。应测量导体之间和导体与地面之间的电压，并用钳形电流表测量电流。这两个测试都可以使用万用表（图 1.5）进行。未查看电压和电流之前不得断开开关，且小心使用开关。另外请注意，电气原理图并非总是准确的。

光伏发电系统的一些特定电气危害如下：

（1）光伏阵列。阵列中的光伏组件应始终视为带电。太阳光落在组件上时会产生电流，仅仅试图覆盖组件（如用毯子）的做法并不安全。许多光伏系统的阵列电压大于 120V，建议将这些阵列分隔成电压低于 120V 的部分。如可能，开始工作前确保所有光伏设备隔离。

（2）逆变器。逆变器的输出电压通常为 230V 交流电压，这是可能致命的电压。因此，在逆变器和配电柜之间的所有电气互连应由持证电气人员安装和维护。

（3）布线。连接的线路应始终视为带电。裸露电线头必须用胶带或电缆连接器端接好，以防止接触。

1.4.3　一般安全措施

在任何电气系统上作业时，应遵守一般安全措施。切记最好的安全系统是意识到任何危险，以便可适当地加以控制。

（1）具有警惕性。全面检查，认真作业。

（2）团结协作。不要单独在系统上作业，并在开始工作之前，与参与安装的每位工作人员审查安全性、测试和安装步骤。

（3）定期审查安全程序。切记现场情况可能会迅速改变，应确定和控制任何新的或以往未知的安全隐患。

（4）确保所有人员和承包商接受适当的培训并了解特定系统。充分了解光伏并网系统的各个方面是必不可少的，并且在开始任何作业之前，了解待安装系统的具体情况。

（5）着装适当。应穿着天然纤维（如棉花）质地，最好是阻燃的服装。应避免合成材料，因为如遇电击燃烧，合成材料会熔到皮肤上。取下可能与电气元件接触的所有首饰，任何宽松衣服或长发要束起。

（6）穿戴适当的个人防护装备（PPE），包括但不限于安全帽、护眼装备、干燥的绝缘手套、合适的鞋和安全带等。

（7）使用适当的设备。应使用正确的作业设备。例如，根据屋顶高度和类型，使用适当的梯子和防坠落系统。此外，现场应有灭火器。

> ● **知识点**
>
> 　　防坠落系统是跌落防护等级中最低要求。实施其他措施在第一时间降低跌落可能性的方案至关重要。
> 　　如使用，重要的是要使用适合作业高度的正确防坠落装置。

（8）检查工具和测试设备。确保所有的工具和测试设备均处于正常工作状态，且每次去工作现场之前检查测试设备。

（9）认真测量。确保所有测量，包括电气和尺寸测量要准确无误。使用适当的测量设备，特别是一定要测量：裸露金属边框和接线盒的地面导电率，所有导线的对地电压，工作电压和电流。

（10）工作区域整洁有序。一个组织完善的工作现场对于成功安装设备至关重要，而且也会降低设备成为绊倒隐患或损坏的可能性。

图 1.6　急救设备标识

（11）预见意外。要对系统可能会出现的问题作出假设。例如，开关不会总是有效，电气图可能未反映系统实际配置，电流可能进入接地电路。

（12）接受急救培训。如果有人卷入事故中，急救可拯救生命。强烈建议光伏系统所有作业人员接受最新急救培训。这种培训应当包括正确的心肺复苏（CPR）技巧指导。应有明确标识（图 1.6）注明急救设备的位置，现场所有的工作人员都应该知道谁是急救人员以及受伤急救时的正确程序。

● **知识点**

　　急救培训可从许多培训组织和行业机构获得。开设有不同水平的初期和进修课程，通常只需要1～2天。建议所有企业都接受急救培训，因为在紧急情况下非常有用。

图为墨尔本闪电风暴。

第2章 直 流 电

直流电是并网光伏发电系统的一个组成部分，当阳光落在光伏电池上时，并通过适当的电池（和组件）布置，可产生足够的向某个场地供应的直流电量。

直流电通常需要转换为交流电（图2.1）。这是因为电网及大多数电器和设备都设计为使用交流电。

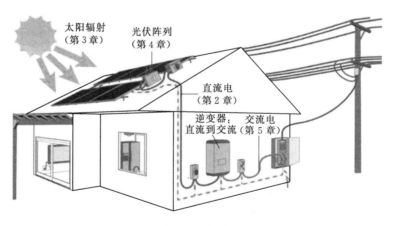

图 2.1　直流通电转换为交流电

然而直流电路的设计和作业完全不同于交流电路的设计和作业。因此，必须要了解直流电的基础知识（2.1节），以及直流电路如何工作，尤其是在太阳能应用中（2.2节）。

重要的是，要了解在并网光伏发电系统中使用不同类型的直流电路的安全要求和许可要求。这些要求见2.3节，该章节的主要原则在2.4节进行了总结。交流电的基础知识和电网概述见第5章。

2.1 直流电的特征

直流电（DC）是电流的一种形式，直流电电流始终在同一方向上运动。这不同于交流电（AC），交流电电流经常改变方向（交流电的解释见第5章）。

> **● 定义**
>
> 直流电（DC）是电流始终在同一方向上运动的电流。

直流电从高电势点流向低电势点，从源的正端子流向负端子，仅在一个方向上流动，并且只有在故障情况下会流经地面。本节涵盖电压、电流、电阻、欧姆定律、功率和能量的基础知识。

2.1.1 电压

缺乏电子（正电荷）或过量电子（负电荷）会导致物质带电荷。当电子分布相等时，该物质将是电中性的。

改变电子平衡会产生电势差，电势差可用于电路进行工作（图2.2）。要改变电子平衡，需对物质施加能量。这可能就像通过摩擦一片塑料产生静电荷一样简单，或者也可以是储存在电池中产生正负极性的化学能。

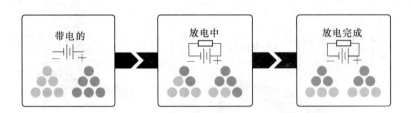

图2.2 电子从充电状态到放电状态的运动

> **● 定义**
>
> 电压是两个点之间的电势差。
> 电压测量单位为伏特（V）。

伏特（V）是测量在两个点之间移动单位电荷所需要的功的单位。一个单位电荷（6.27×10^{18}个电子）称为1库仑（C），当在两个点之间移动1库仑电荷需要1焦耳（J）能量时，两点之间有1伏特的电势差。电压是两个点之间的电势差。

电势差的标准符号为V，同时用于电压发生源（例如光伏电池）和无源元件（例如电阻器）上的电压降。

2.1.2　电流

当电势差使电荷在两个点之间运动时，运动电荷被称为电流。这种电子流的测量单位为安培（A，也称 amps）。当 1 库仑在 1 秒内流过某个给定点时，称为 1 安培电流。电流符号为 I（代表强度），是电子流浓度或强度的量度。

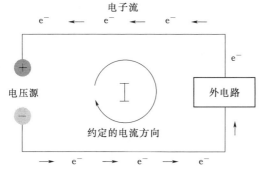

图 2.3　电子流从负极端子流向正极端子

所有电子以相同的速度运动，只有数量发生变化。因此，如果电势差翻倍，则电子数量翻倍，但它们的运动速度却不变。

电子从负极端子流向正极端子。但常规电流的流向却相反，沿着正电荷的等效路径，即从正极端子流向负极端子（图 2.3）。从负到正的电流（电子流）等于从正到负的正电荷流（常规电流）。常规电流通常用来解释电气、电子设备及电路的操作。

> **● 定义**
>
> 电流是电荷的运动，测量单位为安倍（A）。
> 常规电流是从正到负的"流"，与电子流相反。"常规电流"的使用将贯穿整本书。

然而，常规电流被理解为是从正极端子流向负极端子。

2.1.3　电阻

载流导体始终会对电流提供一定量的阻力（图 2.4）。该阻力被称为电阻，它限制了能够流过导体的电流的量。电阻符号为 R，用于测量电阻的单位是欧姆，用希腊字母 Ω 表示。

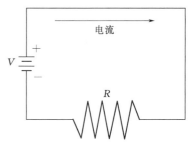

图 2.4　电路中的电阻阻碍电流的流动

> **● 定义**
>
> 电阻是电流的阻力，测量单位为欧姆（Ω）。

每种材料都具有特性电阻，这是给定温度下的固定值。材料可通过其电流阻力分类。

（1）导体。具有低电阻，电流可在很小的阻力下流过的材料。导体实例有铝、铜和银。这些导体实例按照电阻递减但成本递增的顺序列出（银是列表中最好的导体，但也是最贵的）。

（2）绝缘体。具有高电阻，电流不容易流动的材料。绝缘体实例有玻璃、橡胶等。

（3）半导体。既不是导体也不是绝缘体，但表现出两者的特性的材料。半导体的电阻取决于材料中存在的杂质。半导体实例有硅、锗和碳。关于半导体在光伏电池中的使用，在第 4 章进行了进一步说明。

2.1.4　欧姆定律

电流（I）、电压（V）与电阻（R）之间有直接关系。这些关系用欧姆定律表示为

$$V = IR$$

上式可重新排列为

$$R = \frac{V}{I}$$

在这些公式中，给出任何两个已知参数，就可以计算第三未知参数。

欧姆定律在电路中的工作原理就像水流过管道。电压（电势差）可看作是作用于水的压力，电流可看作是水的流速，阻力则是管道尺寸。如果管道一端的压力与另一端的压力不相同（即电势差），则水会流向低压端（遵循阻力最小的路径）。增大的压力差（电压）将增加水流量（电流）。减小管道尺寸会抑制水流，就像增加电阻会抑制电流一样。

2.1.5　功率

功率是电能传输的速率。电功率的单位是瓦特（W）。1 瓦特功率（1 焦耳/秒）等于 1 伏特（V）电势差在移动 1 库仑（C）电荷时 1 秒内所做的功。由于 1 库仑/秒是 1 安培（A），由此可知，功率等于电压与电流的乘积。

$$功率 = 电压 \times 电流$$
$$P = VI$$

● 定义

功率是电能传输的速率。

功率的计量单位为瓦特（W），计算为

$$P = VI$$

电流流过电缆时会有阻力。传输的一些电能被转化成热能，并作为热量耗散（也被称为焦耳加热）。该等式为

$$P_{耗散} = I^2 R$$

这些公式后面将用于确定光伏系统上元件的尺寸。

2.1.6　能量

能量是传输电功的量，是功率（P）与时间（t）的乘积，其中功率是电能传输的速

率，单位为瓦特，时间的计量单位为小时。

$$能量(瓦特 \cdot 小时) = 功率(瓦特) \times 时间(小时)$$
$$E = Pt$$

> **● 定义**
>
> 能量为传输电功的量，是功率与时间的乘积。
> 能量的计量单位为瓦特·小时（W·h）计算为
> $$E = Pt$$

> **● 实例**
>
> （1）灯泡消耗能量的速率为 60W。如果灯泡点亮 12h，会消耗多少能量？功率为 60W，时间为 12h。因此，该灯泡会消耗：
> $$60W \times 12h = 720W \cdot h = 0.72kW \cdot h$$
> （2）一个 30W 的灯泡亮了 24h。功率为 30W，时间为 24h。因此，该灯泡会消耗：
> $$30W \times 24h = 720W \cdot h = 0.72kW \cdot h$$
> 可见，两个例子中所消耗的总能量是相同的。即使第二个灯泡的电力消耗速率（功率）只有第一个的 1/2，但它用了 2 倍的时间。因此，这两种情况的能耗是相同的。

功率和能量之间的差异性是一个重要概念，因为能量消耗是确定给定期限内可再生能源系统输出的基础。能量计算稍后将用于本书中，评估 1 天或 1 年内的生活能源负荷和设计一个满足该负责生活需求的系统。

要说明能源和功率的概念，设想能量以距离计量，功率以速度计量。因此，对于该比喻，能量的计量单位为 km，功率的计量单位为 km/h。如果汽车要行驶 50km，它需要 50km 等效能量。如果汽车在 1h 内行驶该距离，所需功率为 50km/h。如果在半小时内行驶相同距离，消耗的能量（行驶距离）是相同的（50km），但其功率（该距离内的速率）增加了 1 倍（100km/h）。然而，如果汽车在 2h 内行驶 100km，能量翻倍（100km），但功率保持不变（50km/h）。

2.2　直流电路

电流从一个充电点流到另一充电点的路径称为电路。电流通过电路从能源流到负载。能源和负载可布置成彼此串联和/或并联。

在光伏系统中，光伏组件作为发电端可串联和并联，以创建一个具有特定电压和电流特性的光伏阵列。本节将回顾串联和并联直流电路的规则及配置，这是理解后续阵列设计要求的基础。串联和并联排列的光伏组件在第 4 章有进一步说明。

在研究串联和并联之前，要理解两个关键概念：开路和短路。

（1）开路。如果电流通路的任何部分断开，会形成一个没有电流通过的开路［图 2.5（a）］。开路可以使用发电端的开路电压（V_{OC}）进行说明。

（2）短路。如果发生故障，电流穿过源端子在闭合回路中流动（即无接收电流的负载），这就是所谓的短路［图 2.5（b）］。短路可以使用能源的短路电流（I_{SC}）进行说明。

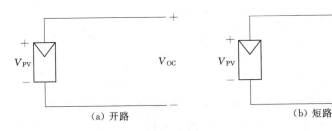

图 2.5　开路与短路

● 定义

电路是电流从一个充电点流到另一充电点的路径。
开路是电流通路断开而使电流等于 0 之处。
短路是电流穿过电源端子在闭合回路中流动的情况。

2.2.1　串联电路

如果电流连续流经电路的所有组件，则称为一个串联电路。在串联电路中，流过每个组件的电流相同。

● 要点

在串联电路中，流过每个组件的电流相同。

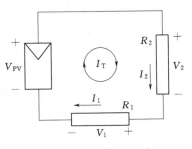

图 2.6　串联电阻电路

要了解并网光伏发电系统中的光伏阵列和直流电路，重要的是要了解电阻和源（组件）组合串联布置时会发生什么。

1. 串联电阻

思考当两个电阻器（电阻 R_1 和 R_2）与源（PV 组件）串联放置时会发生什么，如图 2.6 所示。

只有一个路径供总电流（I_T）遵循，因此电路所有部分的电流是相同的。

$$I_T = I_1 = I_2$$

施加到串联电路的总电压（V_{PV}）将由所有组件（即 V_1 和 V_2）按比例分配为

$$V_{PV} = V_1 + V_2$$

电流会受到路径中所有单个组件的阻碍（即 R_1 和 R_2），使得总电阻（R_T）为

$$R_T = R_1 + R_2$$

通过将 $V_{PV} = V_1 + V_2$ 代入等式 $V = IR$ 所得

$$I_T R_T = I_1 R_1 + I_2 R_2$$

消去电流，电路中的电流相同，则得到：

$$R_T = R_1 + R_2$$

● **定义**

标称值是用来描述电池、组件或系统的一个参考值。因此，它不是一个精确值。例如，一个 72 片电池的太阳能组件的标称电压是 24V，但相同组件的开路电压（V_{OC}）可以是 45.6V，最大功率电压（V_{MP}）可以是 35V。

● **实例**

图 2.6 的配置有产生标称 12V 电压的光伏组件。在下列情况下，穿过两个电阻器的电压是多少？

第 1 种情况：

电阻器的电阻相同（即 $R_1 = R_2$）。

解答 1：

R_1 两端的电压将等于 R_2 两端的电压。因此，电压为均压，均为 6V。

第 2 种情况：

电阻 1 是电阻 2 的 2 倍（即 $R_1 = 2R_2$）。

解答 2：

电路总电阻等于串联电阻之和。

因此，总电阻为

$$R_T = R_1 + R_2$$
$$R_T = R_2 \times 2 + R_2$$
$$R_T = 3R_2$$
$$R_2 = \frac{R_T}{3}$$

电阻上的电压为均压。由于 R_2 的电压是总电压 12V 的 1/3，因此等于 4V。

剩余的电压为 R_1 的电压，等于 $(12-4) = 8V$。

注意电阻加倍导致电阻两端的电压也倍增。

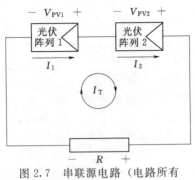

图 2.7 串联源电路（电路所有部分的电流相同）

2. 串联发电端（光伏组件）

思考两种源，如 2 个光伏组件（PV1 和 PV2），与电阻器（R）串联会发生什么，如图 2.7 所示。

在这种情况下，各光伏组件的电压将结合以获得总电压（V_T）。

$$V_{PVT} = V_{PV1} + V_{PV2}$$

与串联电阻一样，电流只有一个路径，因此电路所有部分的电流相同。

$$I_T = I_1 = I_2$$

> **● 知识点**
>
> 串联太阳能光伏组件被称为串。

> **● 实例**
>
> 如果图 2.7 的每个光伏组件具有标称电压 12V，电流容量 3.5A，则施加到电阻器 R 的电势差将为 24V，即
> $$V_T = V_{PV1} + V_{PV2}$$
> $$V_T = 12 + 12 = 24\,V$$
> 如果组件具有电流容量 $I_1 = I_2 = 3.5A$，则组件的电流 I_T 相同，即
> $$I_1 = I_2 = I_T = 3.5\,A$$

如果额定电流不同的多种电源串联连接，串联电源的总电流等于最小电源的电流。然而，具有较高电流的电源产生的过剩电流将流入电流最低的电源并转化为热量释放，导致发电端性能降低和潜在损害。因此，应避免在不同电流的发电端串联连接。

> **● 实例**
>
> 图 2.7 中，如果光伏组件 PV1 具有标称电压 6V 和电流 3A，PV2 具有标称电压 12V 和电流 6 A，两个组件通过电阻 R 的输出电压将是光伏组件各电压之和，即
> $$V_T = 6 + 12 = 18\,V$$
> 但总电流（I_T）将为最小组件电流，即
> $$I_1 = I_2 = I_T = 3\,A$$

> **● 总结**
>
> 串联组件通过各组件的电流相同。因此，随着串联光伏组件增多，电流仍保持不变，但电压继续增加。如果增加串联不同瓦数的光伏组件，则电流等于容量最小的光伏组件的电流。

3. 发电端电源极性反接

观察连接在一起的电源极性至关重要。在图 2.8 中，光伏组件看上去是串联连接。然而，仔细检查电源的极性，就会发现电源极性是反接。因此，如果它们的电压相等，则不会有电流流过电路。另外，通过电阻 R 的电位差（电压）将为 0。

4. 串联电路开路

串联电路开路状态（图 2.9）可能是由于开关打开或故障条件下熔丝熔断所致。开路表示没有电流流过，电源的开路电压可以测量。电源的开路电压（V_{OC}）通过测量开路条件下，即没有外部负载（逆变器等）连接到电路时，两个端子之间的电压获得。在这种条件下，电路中没有电流流过，可以通过在开路点测量得到总供电电压。

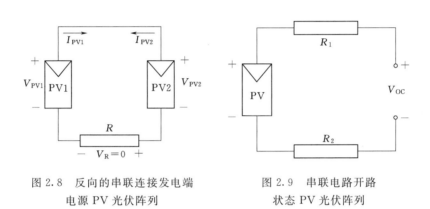

图 2.8　反向的串联连接发电端　　　图 2.9　串联电路开路
电源 PV 光伏阵列　　　　　　状态 PV 光伏阵列

> **实例**
>
> 　　如果图 2.9 中的光伏组件具有 18V 开路电压，测得的通过端子的 V_{OC} 将为 18V。

2.2.2　并联电路

当两个或多个组件以电压源方式连接时，它们形成了一个并联电路。每一组并联的组件构成一个单独的"串"，并且每个"串"具有相同的电压。流经每个分支的电流取决于"串"的电阻，因而电流可能不同。

> **要点**
>
> 　　并联电路中，每串组件的电压相同。

要了解并网光伏系统中的光伏阵列和直流电路，重要的是要了解当电阻和源（组件）的组合平行布置时的情况。

1. 并联电阻

思考当两个电阻器（电阻 R_1 和 R_2）与能源（一个光伏组件）平行布置时会发生什么，如图 2.10。穿过所有支路的电位差（电压）相同，即

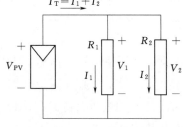

图 2.10 并联电阻电路

$$V_{PT} = V_1 = V_2$$

每个支路的电流（I_1 和 I_2）与各支路的电阻成比例。电路总电流（I_T）等于流经每个并联支路的电流之和，即

$$I_T = I_1 + I_2$$

由于上述两个特性，并联电路的总电阻的倒数与每个支路电阻倒数之和相等，即

$$\frac{1}{R_T} = \frac{1}{R_1} + \frac{1}{R_2}$$

变换公式 $V = IR$，得到电流 $I = \dfrac{V}{R}$。

将该等式代入并联电流等式 $I_T = I_1 + I_2$，即 $\dfrac{R_{PV}}{R_T} = \dfrac{V_1}{R_1} + \dfrac{V_2}{R_2}$。

消去电压，因为电路中所有支路的电压相同，从而得到 $\dfrac{1}{R_T} = \dfrac{1}{R_1} + \dfrac{1}{R_2}$。

2. 并联电源（光伏组件）

考虑当两种电源，两个光伏组件（PV1 和 PV2）并联连接时发生的情况，如图 2.11 所示。

随着并联电源增加，系统的电位差（总电压）保持恒定，假定它们的电压相同，即

$$V_T = V_{PV1} = V_{PV2}$$

然而，电源的电流值等于各个供电电流之和，即

$$I_T = I_1 + I_2$$

具有不同电压的能源不应并联连接。如果并联连接，系统会按最低支路电压运行，剩余能量将转化为热量耗散。这将导致系统性能欠佳，随着时间的推移，可能对组件造成物理性损坏。

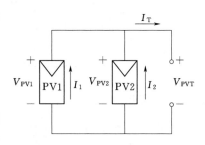

图 2.11 并联电源（光伏组件）

⬤ 澳大利亚标准

AS/NZS 5033：2014 第 2.1.6 条规定相同最大功率点跟踪（MPPT）的所有组件应具有相同的品牌和型号，具有相似的额定电气特性，以防止环路电流的形成。该条款规定，并联连接支路必须有匹配的 V_{OC}（每支路在 5% 以内）。

假设图 2.11 中的光伏组件具有标称电压 $V_{PV1}=V_{PV2}=12\mathrm{V}$，电流 $I_1=I_2=$ 3.5A。电压和电流的输出是多少？

解答：

电路的总电压为

$$V_{PVT}=12\mathrm{V}$$

总电流为

$$I_T=3.5+3.5=7\mathrm{A}$$

总结

随着多个支路的并联连接，光伏系统的电流增加，但电压保持不变，即保持最低电压。不同支路电压产生的剩余能量会从系统中释放，从而导致性能降低，并造成可能的损害。因此，光伏阵列中的各支路需要设计成具有相同的电压。

2.2.3　组合串并联电路

电源发电端，如光伏组件，可串联和并联布置，以实现系统要求的不同的电压或电流配置。

（1）串联布置光伏组件增加了发电端的电压。

（2）并联布置光伏组件增加了发电端的电流容量。

知识点

串联和/或并联光伏组件组合形成的光伏系统称为阵列。

因此，为了实现具有所需电压和电流的阵列，光伏组件可布置成串联和并联连接相结合（图 2.12）。

切记，并联连接的组串电源应具有相同的电压。因此，重要的是并联连接的组件串（串联组件）含有相同数量的具有相同电压特性的组件。同样，各组串内的组件（即那些串联的组件）需具有相同的电流。例如，图 2.12 中 I_1 和 I_2 必须相同，I_3 和 I_4 必须相同，$V_{PV1}+V_{PV2}$ 必须与 $V_{PV3}+V_{PV4}$ 相同。

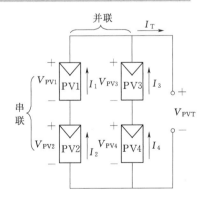

图 2.12　串联和并联光伏组件的组合

● **实例**

图 2.12 为两串两并的光伏阵列。假设每个光伏组件的工作电压是 35V，电流为 4A，那么阵列的输出电压和电流是多少？

解答：

阵列的输出电压为

$$35＋35＝70V$$

输出电流为

$$4＋4＝8A$$

● **总结**

增加串联光伏组件，形成一个组串，增加了组串的电压。增加并联光伏组串增加了阵列的电流。并联连接的光伏组串必须具有相同的电压特性。

由于每串电压必须相同，因此阵列电压等于组串电压。

2.3 直流作业

任何形式的电气作业都必须小心，直流电也不例外。了解直流电作业的安全注意事项（2.3.1节）和许可要求（2.3.2节）至关重要，因为这些可能不同于交流电作业。

● **知识点**

与直流电相比，许多电工更熟悉交流电作业，因为交流电更常用。因此，要密切注意直流电源的设计、安装和安全。

2.3.1 安全注意事项

电气作业人员有触电危险，电流流过人体将造成的肌肉突然不自主收缩。小至 10mA 的电流足以引起电击。如果流过身体的电流足够大和/或如果电流通过心脏，电击可导致严重烧伤或触电死亡（电击致死）。

肌肉收缩可能会导致人员不能摆脱带电导体。这种效果在直流电触电时更加明显，因为直流电是在一个方向上保持恒定，使得手部肌肉会保持与带电导体的紧密接触。摆脱带电导体的阈值电流取决于人的身体情况，从 6～9mA 不等。

> **● 知识点**
>
> 　　一个人的皮肤有高电阻，减少了电流流过身体的量。但是，如果皮肤破损，电阻显著降低，使得即使很低的电压也能产生有害的电流。

为了降低导致电击和不良后果的可能性，应使用相应的工作流程和安全设备，并根据有关工作场所卫生与安全立法制定工作场所卫生与安全（WH&S）程序（获取更多信息，请见第 1 章）。

2.3.2　许可要求

电路电压可以分成三类。

（1）超低电压（ELV）。定义为不超过 50V AC 或 120V DC 的电压（无纹波）。

（2）低电压（LV）。定义为超过超低电压但不超过 1000V AC 或 1500V DC 的电压。

（3）高电压（HV）。定义为超过低电压的电压。

所有并网光伏系统结合了直流和交流电路。交流电路的电压与电网供电压相同（是低电压），而直流电压依赖于阵列（超低电压或低电压）。根据相关标准、准则和条例，在光伏系统上作业应只能由具有适当资格并获准在相应电压等级上作业的人员进行。在许多情况下，由电工执行，尽管一些其他行业也会获得受限制性电气作业许可证。

> **● 澳大利亚标准**
>
> 　　根据澳大利亚国家规定，超低电压电路作业不需要电气作业许可证。但清洁能源委员会（CEC）准则要求超低电压电路作业必须由 AS/NZS 3000 中定义的合格人员执行。

2.4　直流电原理总结

1. 欧姆定律

电流（I）、电压（V）与电阻（R）之间有直接关系。这些关系用欧姆定律表示为

$$V = IR$$

2. 功率

功率（单位为瓦特）等于电压（单位为伏特）与电流（单位为安培）的乘积，即

$$功率 = 电压 \times 电流$$

$$P = VI$$

3. 能量

能量等于功率与时间的乘积，即

$$能量 = 功率 \times 时间$$

$$E = Pt$$

4. 直流电源的串联：光伏组件

光伏组件串联或组串：光伏组件或组串的电压将叠加在一起，但电流保持恒定。

电路或组串的电流等于产生串联光伏组件最小电流的光伏组件的电流。

5. 直流电源的并联：光伏组件

光伏组件并联或组串并联连接：光伏组件或串的电流为各光伏源（即组件或串）的额定电流容量的总和。

每个光伏组件或组串的工作电压将作为其额定电压保持不变：光伏阵列或组串总开路电压将等于并联组件的平均开路电压。每个光伏组件或串的工作电压将取决于连接到阵列的负载。

● **澳大利亚标准**

设计和安装并网光伏系统的相关电气标准有：

（1）AS/NZS 3000：2007 布线规则。

（2）AS/NZS 3008：2000 电缆的选择（仅交流电适用）。

（3）AS/NZS 4777：2005 能源系统通过逆变器并网。

（4）AS/NZS 5033：2014 对于光伏（PV）阵列安装和安全要求。

（5）EC 62305 防雷保护。

习 题

问题 1

在下图中，标示出：

（1）电子流动方向。

（2）电流流动方向。

问题 2

（1）电子在导体和绝缘体中的流向有何不同？

（2）以下材料是导体还是绝缘体？

每种材料的电阻是高还是低？

1）玻璃。

2）银。

3）铝。

4）橡胶。

5）铜。

6）塑料。

问题 3

在电路中,如果降低电阻,但电压保持不变,会发生什么情况?

问题 4

一个 10Ω 的电阻器有 2 A 电流流过。穿过电阻器的电压是多少?

问题 5

当 5A 的电流通过 24Ω 的电阻器时会消耗多少功率?

问题 6

用 "W" 或 "W·h" 填空。

空调器具有额定功率 1000 _____。如果运行 2.5h,会消耗 2500 _____能量。

空调器所有者决定,只希望每天使用 1500 _____的能量。

这意味着他们只让空调运行 1.5h。

问题 7

在以下电路排列中界定并绘制组件:

(1)开路。

(2)短路。

问题 8

用下图所示数值计算:

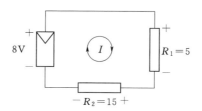

(1)电路总电阻。

(2)通过电路的电流。

(3)穿过各电阻器的电压。

问题 9

计算下图中通过各开口端子的电压。

(1)

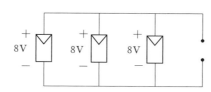

(2)

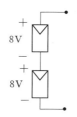

（3）

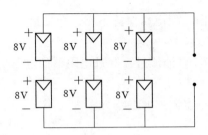

问题 10

计算下图中通过各电阻器的电流。

（1）

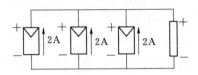

（2）

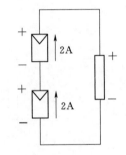

（3）

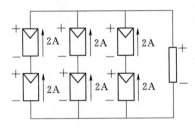

问题 11

计算下图中通过各电阻器的电流。

（1）

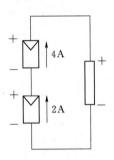

（2）

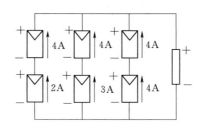

问题 12

在以下所示光伏阵列中，各组件电压 37V，电流 6A。

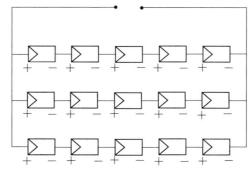

（1）阵列产生的电压是多少？

（2）阵列产生的电流是多少？

（3）阵列产生的功率是多少？

（4）如果阵列按额定功率发电 3h，则阵列产生的能量是多少？

日轨图显示了太阳在澳大利亚悉尼自东向西（右到左）的日路径以及该路径在 3 个月期间的变化。该图使用针孔相机在澳大利亚新南威尔士州悉尼拍摄。

第 3 章 太 阳 辐 射

太阳几乎是地球上所有能量的来源，无论是直接能源如阳光，还是间接能源如风、浪，甚至煤炭和石油。阳光，也被称为太阳辐射，在照射地球之前必须从太阳穿过地球大气层。太阳能电池就是将该太阳辐射转化成电能，而用于多种应用中。

太阳能电池的电力输出与太阳辐射的输入成正比，因此确定到达光伏电池或组件（光伏电池集合）的太阳辐射量至关重要。所接收到的太阳辐射根据位置、一天中的时间和一年中的时间，以及光伏电池相对于太阳位置的方向而变化。使用该信息，可将组件最佳定位，使得组件接收最多的太阳辐射，从而产生最多的电能。

因此，本章"太阳辐射"探讨了：

（1）太阳辐射的来源，以及辐射穿过地球大气层时如何变化（3.1 节）。

（2）如何量化太阳辐射，以及描述太阳辐射的关键术语（3.2 节）。

（3）如何优化光伏组件捕获的太阳辐射量（3.3 节），包括以下说明：

1）为什么太阳能组件的定位对收集最大量的太阳辐射（3.3.1 节）很重要。

2）太阳在一天中和一年中的位置如何变化（3.3.2 节、3.3.3 节和 3.3.4 节）。

3）如何确定太阳能组件的最佳定位，以最大限度地提高接收的辐射量（3.3.5 节）。

本章描述了真北和磁北之间的差异。涉及罗盘方向的任何计算都需要该信息。

3.1 太阳辐射的来源

太阳的太阳辐射穿过地球大气层到达地球。这种辐射是由一系列波长组成，光伏电池只能将特定波长转化为电能。

随着太阳能辐射穿过地球大气层，其受 3 个主要因素影响。

（1）空气中的气体，吸收不同的波长，影响了太阳辐射光谱（3.1.1 节）。

（2）反射和散射（反照），产生了散射辐射和直接辐射的不同测量（3.1.2 节）。

（3）太阳辐射穿过的大气的量，被称为空气质量，影响了上述效果（3.1.3 节）。

> ● **定义**
>
> 反射是反射光通过大气中的气体散射回太空。
>
> 散射辐射是仍到达地球表面的分散辐射。
>
> 直接辐射是直接穿过大气层到地球表面的辐射。

3.1.1　太阳辐射光谱

　　来自太阳的能量以约 1.367kW/m^2 的峰值到达地球大气层顶部，该值被称为太阳常数（G_{SC}）。该辐射以一系列不同波长从太阳发出，大部分落入紫外线（UV）、可见光和红外波段（以能量和波长递减的顺序排列）。光伏应用主要使用可见光系列。

　　随着太阳辐射光谱穿过大气层，能量被大气中的气体吸收或反射，留在地球表面的是已变辐射光谱（图 3.1）。尤其是大气中的臭氧（O_3）、氧（O_2）、水（H_2O）蒸气和二氧化碳（CO_2）几乎完全吸收一些波长。

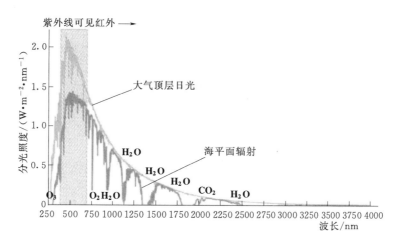

图 3.1　太阳辐射光谱

［来源：美国材料与试验协会（ASTM）地球参考光谱］

> ● **知识点**
>
> 臭氧是大气中吸收紫外线，保护地球上的生命免受其有害影响的气体。

　　图 3.1 中，吸收某些光谱的气体被标记其中（图 3.1 中加粗）。注意，海平面辐射随着这些气体的吸收而明显减少。

3.1.2　反射效应、散射辐射和直接辐射

和太阳辐射穿过大气层时改变太阳辐射光谱一样，光通过气体反射和散射减少了到达地球表面的太阳辐射的量（图 3.2）。这可以用 3 个术语，即反射效应、散射辐射和直接辐射来描述：

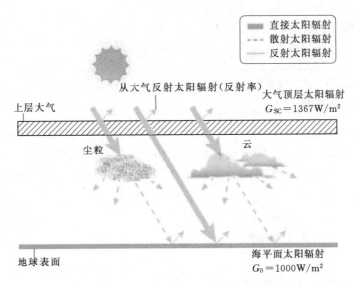

图 3.2　反射效应、散射辐射和直接辐射

（1）反射效应。从地球大气层反射的一部分入射太阳辐射的散射。举个例子，有大量冰雪的地区具有较高的反射率。反射的能量被称为大气反射率。

（2）散射辐射。进入大气层的太阳辐射中，有些在到达地球表面之前就在大气层内分散了（或吸收和重发）。这种分散辐射被称为散射辐射，通常不如直接辐射强烈。阳光明媚时，只能提供约 10% 的可见光。

（3）直接辐射。太阳辐射的其余部分，占进入大气层直接到达地球表面的总量的很大比例，被称为直接辐射。这种辐射比散射辐射更强烈。

3.1.3　空气质量

空气质量（AM）是太阳辐射在接触地球表面之前必须穿过的大气的量。上午和下午，太阳角度较低，因此太阳的光线比太阳当头时（正午）穿过的大气要多。因此，上午和下午的空气质量大于正午的空气质量。

> **● 定义**
>
> 空气质量是太阳辐射在接触地球表面之前必须穿过的大气的量。

空气质量大导致到达地球表面的太阳辐射较少，因为大气吸收、反射和散射了太阳辐射。

空气质量定义为

$$AM = \frac{1}{\cos\theta}$$

计算空气质量实例如图 3.3 所示。

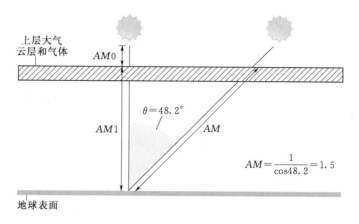

图 3.3 计算空气质量实例

其中，θ 为太阳与头顶某点连线之间的角度。地球大气之外，空气质量被称为空气质量零（$AM0$）。$AM1$ 相当于太阳正当头。

3.1.4 到达地球表面的太阳辐射

太阳常数，是地球大气层顶部太阳辐射的量，约为 1.367kW/m^2。考虑到吸收、反射和散射的影响，晴天在 $AM1$（即太阳正当头）时海平面太阳辐射量约为 1kW/m^2，该值被称为海平面峰值。

根据现场条件，1kW/m^2 的峰值可能不是一个可实现的数值。污染和云层等因素会影响到达某个场地的太阳辐射的等级。对于"平均"太阳辐射计算而言，0.8kW/m^2 可能是一个更为实际的估计值；该值被称为标称值。这些值的汇总见表 3.1。

表 3.1　　　　　　　　太 阳 参 数 汇 总

参 数	符 号	数量和单位	参 数	符 号	数量和单位
辐照度	G	kW/m^2、W/m^2	海平面峰值	G_0	1.0kW/m^2、1000W/m^2
太阳常数	G_{SC}	1.367kW/m^2、1.367W/m^2	标称值	—	0.8kW/m^2、800W/m^2

3.2　太阳辐射的测量

太阳辐射的测量可以以不同的方式表示。通常这些测量被表示为一天或一年中瞬间的辐射量，或表示为 1kW 辐射降落在 1m^2 的区域的时间范围。

重要的是要理解所用的术语和单位，以便太阳辐射的测量能得到正确解释，并能适当用于并网光伏系统的设计。太阳辐射测量的关键术语是辐照度、辐射量和峰值日照时数（PSH）。这些术语及其相应的值被用于特定地点和时间的太阳辐射数据集中。

3.2.1 辐照度与辐射量

辐照度和辐射量是用于描述太阳辐射的两个关键术语。他们是不同的概念，但很容易混淆。因此，要理解这些术语，因为即使是在太阳能相关文献中也常常错用。

（1）辐照度是每单位面积太阳能的量度，用于测量瞬时功率，单位为 W/m²（或 kW/m²）。太阳辐照度是光伏系统在任一时刻及时接收的太阳能发电量。

（2）辐射量是在给定时间（例如，1 天、1 个月或 1 年）内接收的每单位面积太阳能的总量，用于测量随时间变化的功率，单位为 MJ/m² 或 W·h/m²（或 kW·h/m²）。太阳辐射量是光伏系统在一段时间内接收的太阳能的量。

> **● 定义**
>
> 辐照度用于测量功率。
> 辐射量用于测量能量。

> **● 要点**
>
> MJ 和 kW·h 都是能量单位。
> 1kW·h 等于 3.6MJ。

光伏组件实际接收的辐照度和辐射量取决于光伏组件相对于天空中太阳的位置（即罗盘方向和倾斜角）。太阳的位置，不仅在一天之中会变化，而且全年都会发生变化。因此，组件接收的辐照度和辐射量全天和全年都会变化。评估太阳辐射的等级时需要考虑到这些变化。3.3 节对该概念进行了进一步探讨。

1. 将辐射量从 MJ 换算成 kW·h

能量的国际单位制（SI）为焦耳（J）。该单位用于任何类型的能量，由于焦耳是一个很小的单位，所以较大量的能量（例如太阳辐射）通常用兆焦耳（MJ）表示。对于太阳能（如辐射量），通常使用千瓦时（kW·h）代替 MJ，千瓦时是电力特有的能量单位。

太阳能（MJ）和辐射量（kW·h）之间的换算系数为

$$1kW \cdot h = 3.6MJ \quad 或 \quad 1MJ = \frac{1}{3.6}kW \cdot h$$

因此，若要将 1MJ 换算为 1kW·h，除以 3.6 即可。

2. 总辐射量

太阳辐射数据通常通过测量每小时直接和散射辐射获得。每小时辐照度（W/m²）用于给出总日辐射量（kW·h/m² 或 MJ/m²）。直接和散射辐射量之和被称为总辐射量，该值用于计算 PSH，详情见 3.2.2 节。

尽管外部因素会有影响，如海拔和当地云层，但通常位置越接近赤道，每年的总辐射量就会增加。例如，经历盛夏降水的位置，如达尔文和昆士兰州东北部，辐射量由于云层期延长在雨季期间会下降。

● **知识点**

由于散射照射增加，阴天的总辐射量要高于晴天。

夏季的月均辐射量通常高于冬季，主要是因为夏天日照时间较长。随着季节变化，越靠近赤道，这种差异会变得不太明显（图 3.4）。

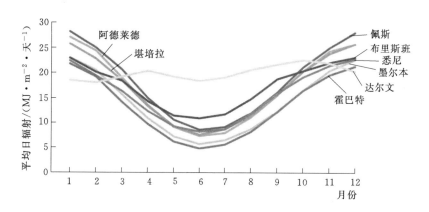

图 3.4 选定的澳大利亚城市的日均辐射量

（来源：澳大利亚气象局）

请注意，达尔文的日辐射量，不同于其他城市，通常在夏季因风暴频繁产生云层而导致日辐射量较低。

3.2.2 峰值日照时数

每日太阳照射通常被称为峰值日照时数（PSH），量化了某地接收 $1kW/m^2$ 太阳辐射的小时数。

● **定义**

峰值日照时数是用于太阳能行业测量辐射量时的能量单位。1PSH＝1h 落在 $1m^2$ 地面上的 1kW 太阳能。

PSH 值是全部以峰值 $1kW/m^2$ 接收时该地点接收的太阳辐照度（功率）的小时数。某个地点的 PSH 值等于该地白天接收的总辐射量。

● **实例**

图 3.5 中的蓝线表示某地白天接收的辐照度（太阳能发电）的不同等级。线下的淡蓝色区域表示接收的辐射量（太阳能），单位 $kW \cdot h/m^2$（或 MJ/m^2）。

橙色框表示将提供与淡蓝色区域相同的辐射量的 $1kW/m^2$ 辐照度下的小时数。在这个例子中，橙色框跨度为 4h；因此，PSH 为 4。

请记住，曲线下的淡蓝色区域面积（全天接收的总能量）与橙色框（具有设定辐照度 $1 kW/m^2$）的面积完全相同。

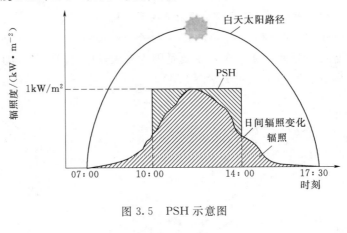

图 3.5 PSH 示意图

PSH 是设定辐照度（功率）下的小时数的测量。这不同于其他辐射测量单位：$kW \cdot h/m^2$ 是每单位面积的功率与时间的乘积，1J 等于 1A 电流通过 1Ω 电阻时消耗的能量。由于 PSH 使用峰值太阳辐照度 $1kW/m^2$ 计算，PSH 值证实与一个地点接收的辐射量 $kW \cdot h/m^2$ 的数值相同。

● **要点**

日辐射量的测量方式可以是：
* PSH
* MJ/m^2
* $W \cdot h/m^2$ 或 $kW \cdot h/m^2$

> **实例**
>
> 水平面一整天的太阳辐射为 $25MJ/m^2$。计算该地的 PSH。
>
> 第一步是将 MJ/m^2 换算为 $kW \cdot h/m^2$。已知 $1kW \cdot h$ 为 $3.6MJ$。
>
> $$25MJ/m^2 \div 3.6 = 6.94kW \cdot h/m^2$$
>
> 要获得 PSH，$kW \cdot h$ 能量值除以峰值太阳辐照度 $1kW/m^2$。
>
> $$\frac{6.94kW \cdot h/m^2}{1kW/m^2} = 6.94PSH$$
>
> 因此，要产生 $6.94kW \cdot h/m^2$ 的能量，辐射必须以 $1kW/m^2$ 的速率持续 $6.94h$。因此，PSH 值为 6.94。

与所有辐射单位一样，一个表面，如光伏组件，接收的 PSH，取决于表面的倾斜角和方向。因此，确保倾斜角和方向对于达到所有地点特定辐射要求十分重要。

3.3　捕获太阳辐射量

根据 3.2 节中的说明，一个地点接收的辐射量（能量）取决于位置（特别是纬度）、天气和一年中的时间。总辐射量以一天内水平面，如地面接收的辐射量测量。但是，一天中大部分时间太阳都不在头顶。因此，通过定位一个平面，例如一个太阳能电池组件，使其直接面向太阳，增加到达该表面的能量。该概念的说明见 3.3.1 节中。

为了能够使表面直接面向太阳，需了解太阳在全天和全年中位置如何变化。3.3.2 节对至日、昼夜平分点、高度和方位概念进行了说明，确定给定纬度下的太阳高度所需计算见 3.3.3 节，太阳路径图的说明见 3.3.4 节。

理解了太阳的位置后，可以计算太阳能组件的最佳倾斜角和方向，以最大化接收的辐射量，如 3.3.5 节所述。

对于涉及罗盘方向的计算，如定向光伏组件，必须了解磁北和真北之间的差异。相关说明见 3.3.6 节。

3.3.1　几何效应（倾斜角和方向）

由于地球的旋转轨迹，太阳相对于地球上特定位置的全天和全年均会变化。这意味着地球表面接收太阳辐射的角度全天和全年也会变化。表面相对于该角度的方向和倾斜角影响了该表面接收的太阳辐射的量。

设想两块平板太阳能电池组件，组件 A 和组件 B，每块面积为 $1m^2$。组件 A 倾斜角度（β），以使其在太阳不在头顶时直接面向太阳（图 3.6）。太阳的光线因此垂直于组件 A，并且在本实例中，组件接收了 8 条太阳光线。而组件 B 水平放置于地球表面（即角度 $\beta = 0°$），因此光线以一个角度接触组件 B，并且在这个例子中，仅捕获 6 条光线。

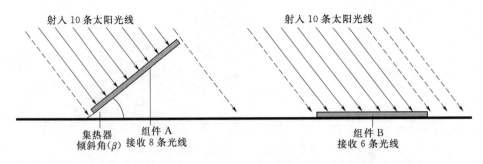

图 3.6　倾斜角对太阳不在头顶时捕获的太阳辐射量的影响

反之，如果太阳在头顶，则水平组件垂直于太阳光线，因此捕获到的光线比倾斜组件要多（图 3.7）。

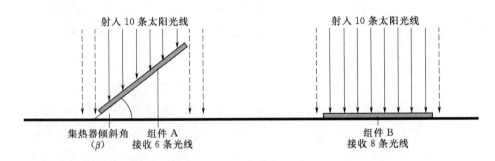

图 3.7　倾斜角对太阳在头顶时捕获的太阳辐射量的影响

从这一点可以看出，垂直于太阳的光伏组件接收的太阳辐射最多。对于直接面向太阳的组件，组件的倾斜角和罗盘方向均需考虑到。

3.3.2　确定太阳的位置

为了能够面向光伏组件，使得其接收最多的太阳辐射，必须确定太阳在全天和全年的位置。

> ● **知识点**
>
> 　　除非光伏组件全天和全年跟随太阳移动，否则需要以能在一年中接收尽可能多的太阳辐射的方式定位。

白天，太阳在天空中有一个明显的路径；始于东方，且位置低，正午上升到最高点，然后在西方沉落。白天太阳相对于地球的位置的明显变化是由地球的每日旋转（图 3.8）引起的。

一天中太阳的位置相对于某个特定位置全年都在改变。这是由于地球倾斜和围绕太阳的轨迹（从而形成了一年四季）所致（图 3.9）。

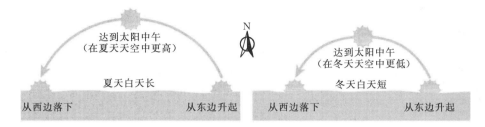

图 3.8　根据地球自转太阳东升西落

● 定义

正午是一天中太阳在日出与日落之间正好一半时的时间，即当太阳处于当日最高点时。

● 注意

越接近赤道的地区，其夏季和冬季之间的差异就越小。这是因为随着地球环绕太阳运行，赤道相对于太阳的位置几乎没有变化。

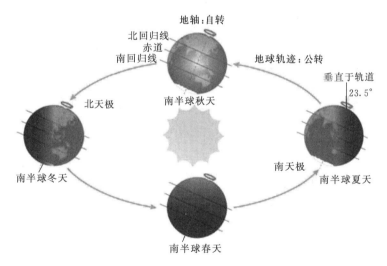

图 3.9　地球围绕太阳的轨迹

　　倾斜接近太阳的半球会经历夏季气候，其特点是白天日照时间较长，太阳在天空运行较高。南半球是 12 月左右，而北半球是 6 月左右。

　　倾斜远离太阳的半球将经历冬季气候，其特征是白天日照时间较短，太阳在天空运行较低。南半球大概是 6 月左右，而北半球是 12 月左右。

　　除了围绕太阳转动，加上地球的倾斜，产生了不同的季节，导致太阳看起来在天空中自北向南运动。

1. 至点和分点

夏至和冬至分别发生在夏季和冬季的顶点（图 3.10），分别为一年中地球每个半球最大限度地倾向于或远离太阳的时间。至点为每年 6 月 21 日（夏至）和 12 月 21 日（冬至）（日期根据年份而不同，见表 3.2）左右。6 月 21 日是南半球的冬至，北半球的夏至，12 月 21 日是南半球的夏至，北半球的冬至。

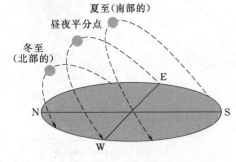

图 3.10 南半球对于回归线以外的地区
（夏至时太阳沿着最高路径运动，
冬至时沿着最低路径运动）

南半球夏至（即 12 月或南部至日）时，正午太阳将直射南回归线（23.45°S）（图 3.11）。这对应北半球的冬至。北半球夏至（即 6 月或北部至日）时，正午太阳将直射北回归线（23.45°N）。这对应南半球的冬至（图 3.11）。对于回归线以外的地区，夏至是太阳到达天空最高点的时间，得到最长光照日，冬至则是太阳到达天空最低点的时间，得到最短光照日。

分点发生在太阳直射赤道时（图 3.11）。一年中有两次分点，约为 3 月 20 日和 9 月 23 日。在分点时，南、北半球等角度面向太阳。

表 3.2　　2015—2020 年地球上至点和分点的日期（来源：美国海军天文台数据）

年份	3 月分点	6 月至点	9 月分点	12 月至点
2015	20	21	23	22
2016	20	20	22	21
2017	20	21	22	21
2018	20	21	23	21
2019	20	21	23	22
2020	20	20	22	21

图 3.11（a）中南部至点是南半球的夏至，此时太阳直射南回归线；图 3.11（b）中分点是太阳直射赤道时；一年有两次分点，这是南半球的秋分；图 3.11（c）中北部至点是南半球的冬至，此时太阳直射北回归线；图 3.11（d）中其他分点，南半球春分是指太阳直射赤道时。

● 知识点

　　"Solstice（至点）"一词来源于拉丁文 *sol*（太阳）和 *sistere*（保持直立），因为在至点，太阳在逆向运动之前会停下来（从地球上看）。
　　"equinox（分点）"来源于拉丁文 *aequus nox*（日夜等分）。

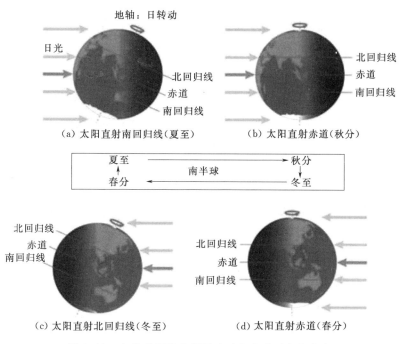

图 3.11 在地球围绕太阳运动时会出现至点和分点

> **● 知识点**

北回归线是地球在夏至期间最接近太阳的纬度。

南回归线是地球在冬至期间最接近太阳的纬度。

回归线是北回归线和南回归线之间的纬度。

北极圈和南极圈是分别靠近北极和南极，且冬季经历 24h 黑夜和夏季经历 24h 白昼的纬度。

> **● 注意**

由于公历（Gregorian Calendar）不完成匹配地球绕太阳路径的时间，至点和分点的日期与时间会随时间变化（表 3.2）。

2. 高度角和方位角

为了描述太阳相对于某个地区的位置，要用两个角度：高度角和方位角（图 3.12）。

（1）高度角（alt）是指太阳和水平面（即地平线或地面）之间的垂直角，且总是在 0°和 90°之间。事实上是指太阳在天空中的高度，由于地球的自然倾斜，该高度在夏季较高，冬季较低。对于回归线以外的那些南半球地区，除了夏天黎明和黄昏时间，太阳总是在天空北部。在南半球的回归线内，太阳在夏季的部分时间可以全天在天空南部。

（2）方位角（azm）定义了太阳的方向。太阳辐射的方位角是距正北的顺时针测量：正北为 0°，东为 90°，南为 180°，西为 270°。

从图 3.12 看出，高度角代表太阳的高度，是地平线和太阳的夹角；方位角测量的是随着太阳在一天中自东向西移动的位置距北的水平角。

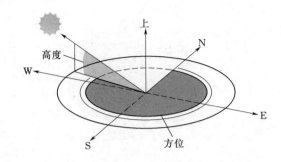

图 3.12　太阳的高度角和方位角的视觉表征方位

● **定义**

高度角是太阳距地平线的高度。

方位角是太阳的东西向位置。太阳能行业标准表示了距真北（0°～360°）的顺时针方位角；然而，方位角也可和方向（以东或以西）一同引用，（即 0°～180°以东或 0°～180°以西）。

● **知识点**

北回归线和南回归线的纬度等于地球的倾斜角（23.45°）。

这就是为什么太阳在夏至（其半球向太阳倾斜）正午时直射每个回归线。

● **实例**

表 3.3 载有新南威尔士州悉尼冬季（6 月）和夏季（12 月）全天太阳平均高度角和方位角的变化。根据这些数据，可确定正午发生的时间；即太阳在最高高度（在日出与日落之间）的时间。在澳大利亚，该时间通常在上午 11：00 和下午 13：00 之间。

表 3.3　悉尼 6 月和 12 月的高度角和方位角（使用美国东部时间）

［来源：NASA 兰利研究中心的大气科学数据中心由 NASA 兰利研究中心发电项目支持的表面气象和太阳能（SSE）门户网站］

时间	6 月（平均）		12 月（平均）	
	美国东部时间 11：44		美国东部时间 11：37	
	方位角	高度角	方位角	高度角
5：00	不适用	不适用	113.0°	5.51°
6：00	不适用	不适用	106.0°	17.10°
7：00	60.4°	1.77°	99.1°	29.30°
8：00	51.1°	12.00°	91.5°	41.60°

续表

时间	6月（平均）		12月（平均）	
	美国东部时间 11：44		美国东部时间 11：37	
	方位角	高度角	方位角	高度角
9：00	40.1°	20.90°	82.4°	54.00°
10：00	27.0°	27.80°	68.6°	66.10°
11：00	11.8°	31.90°	38.2°	76.20°
12：00	355.0°	32.70°	333.0°	77.70°
13：00	339.0°	30.00°	295.0°	68.60°
14：00	325.0°	24.30°	279.0°	56.80°
15：00	313.0°	16.20°	270.0°	44.40°
16：00	303.0°	6.53°	262.0°	32.00°
17：00	不适用	不适用	255.0°	19.80°
18：00	不适用	不适用	247.0°	8.07°

3.3.3　计算特定纬度下的太阳高度角

计算太阳在特定地点纬度下的高度角对于确定光伏组件的倾斜角和确定避免遮挡的合理安装位置是非常重要的。

某个地区的纬度是识别该地区在地球上的南北位置的角度，无论在赤道以北或以南，均介于 0°和 90°之间。北回归线和南回归线分别位于南纬 23.45°以北和北纬 23.45°以南。太阳在各至点之间有效地从直射一个回归线移动到直射另一个回归线。因此，太阳在任何地区在正午时的高度角变化为该角度的两倍，即 46.90°。

1. 太阳在分点期间的高度角

对于回归线以外的地区，分点是当太阳在赤道上空并在其最高点和最低点之间的时间。对于在赤道上的地区，分点是正午当太阳直接在头顶上的时间。

计算太阳在分点时在指定纬度下的高度角的公式（alt_{EQ}）（图 3.13）为

$$alt_{EQ} = 90° - 纬度$$

2. 至点期间太阳高度角

针对回归线以外的指定纬度，计算太阳在至点期间在北回归线或南回归线上方时太阳的高度角的公式（alt_S）（图 3.14）为

$$alt_S = 90° - 纬度$$

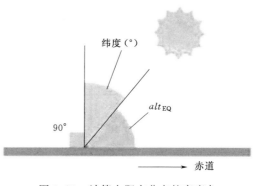

图 3.13　计算太阳在分点的高度角

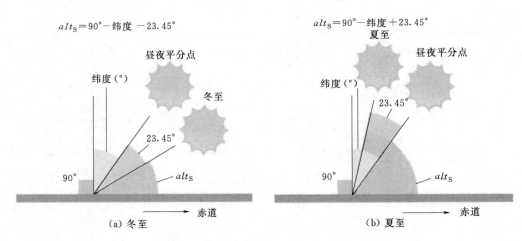

$$alt_S = 90° - 纬度 - 23.45°$$

$$alt_S = 90° - 纬度 + 23.45°$$

（a）冬至　　　　　　　　　　（b）夏至

图 3.14　计算太阳在冬至和夏至的高度角

　　加减取决于是夏至还是冬至。如是夏至，加上 23.45°，冬至则减去 23.45°。请记住，南半球夏至约为 12 月 21 日和冬至约为 6 月 21 日，和北半球相反。该公式给出的高度角是面向赤道，由于太阳在回归线以外在正午时总是朝向赤道（南半球朝北和北半球朝南）。

● **实例**

　　悉尼的纬度为 33.9°S。因此，太阳在分点和至点的高度角如下：
（1）分点

$$alt_{EQ} = 90° - 纬度$$
$$= 90° - 33.90°$$
$$= 56.10°N$$

（2）冬至（6 月或北部至点）

$$alt_S = 90° - 纬度 \pm 23.45°$$
$$= 90° - 33.9° - 23.45°$$
$$= 32.65°N$$

（3）夏至（12 月或南部至点）

$$alt_S = 90° - 纬度 \pm 23.45°$$
$$= 90° - 33.9° + 23.45°$$
$$= 79.55°N$$

　　由于悉尼是在南半球，不在回归线上，太阳在正午时总是在北部天空中，由 N 表示。太阳永远不会在头顶上方；夏至最大的太阳高度角是 79.55°（图 3.15）。

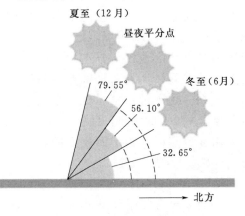

图 3.15　悉尼全年太阳高度角

　　纬度通常表示为以南或以北的度数。然而，也可以表示为度、分和秒。在该方法中，每度（°）被分为 60 分（′），每分被分为 60 秒（″）。有很多网络计算器可在两种格式之间迅速换算。

　　在南回归线和北回归线上，太阳在分点和它们各自的夏至期间会在头顶上方。对于回归线以内的地区，太阳一年中有两次在正午时会在头顶上方。在南回归线内，太阳在一年中部分时间将穿过北部天空到达南部天空，然后再回穿；同样的情形以相反的顺序发生在北回归线内。南回归线内的地区见表 3.4。

表 3.4　南回归线内地区太阳在至点期间的高度角以及太阳穿过南部天空的时间

一般纬度	地区实例（具体纬度）	太阳在至点的高度角		太阳在南部天空
		6 月 21 日	12 月 21 日	
5°S	印度尼西亚雅加达（6°12′S）	61.55°N	71.55°S	10 月 3 日至次年 3 月 9 日
10°S	澳大利亚昆士兰州约克角（10°41′S）	56.55°N	76.55°S	10 月 17 至次年 2 月 24 日
15°S	澳大利亚昆士兰州库克敦（15°28′S）	51.55°N	81.55°S	10 月 31 至次年 2 月 9 日
20°S	澳大利亚西澳大利亚州黑德兰港（20°18′S）	46.55°N	86.55°S	11 月 19 日至次年 1 月 21 日

　　对于回归线内的地区，当太阳与该地区处于同一半球时（例如，某个地区在南部回归线内，太阳在南部天空内），高度角公式会给出一个 90° 以上的值，因为高度角公式是为了面向赤道。在这些情况下，已知角应减去 180° 且太阳的罗盘方向应相反。

　　达尔文的纬度为 12.46°S，在南回归线以内。

　　因此，太阳在分点和至点期间的高度角如下（图 3.16）：

（1）分点

$$alt_{EQ} = 90° - 纬度$$
$$= 90° - 12.46°$$
$$= 77.54°N$$

（2）冬至（6 月）

$$alt_S = 90° - 纬度 \pm 23.45°$$
$$= 90° - 12.46° - 23.45°$$
$$= 54.09°N$$

（3）夏至（12 月）

$$alt_S = 90° - 纬度 \pm 23.45°$$
$$= 90° - 12.46° + 23.45°$$
$$= 100.99°N$$

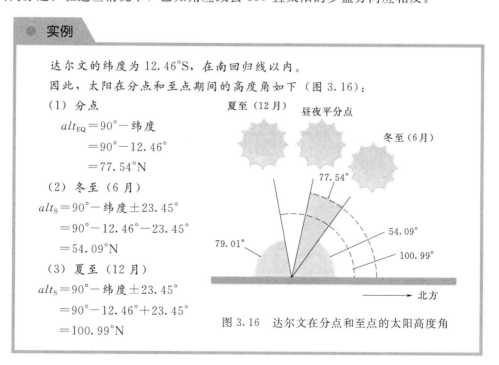

图 3.16　达尔文在分点和至点的太阳高度角

可见，12 月夏至角（南部至点）为 90°以上。这是因为太阳已经进入南部天空。在澳大利亚达尔文，太阳于 10 月 26 日左右进入南部天空，并于 2 月 16 日左右回到北部天空。要调整位于南部天空的太阳，高度角应减去 180°并颠倒方向。

$$alt_S = 180° - 100.99°N$$

$$= 79.01°S$$

要点

回归线内的地区在一年中某个时间在北部和南部天空都会有自己的正午太阳。在评估遮光源时记住这一点至关重要。

3.3.4　太阳路径图

特定地区的太阳在天空中的路径可绘于太阳路径图内的二维表面上。该图可用于确定太阳在一年中的任何一天的任何时间在天空中的位置。

存在两种不同的投影：圆柱投影和极投影；光伏行业中使用的最常见的形式是极投影，被称为立体投影（图 3.17）。

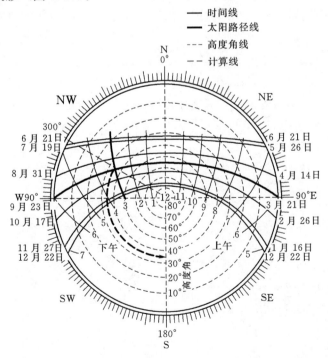

图 3.17　澳大利亚首都领地堪培拉（35°S）的太阳路径图实例

图 3.17 中横向的线是太阳路径线，表示指定日期和时间太阳的路径（与纵向时间线相交之处）。注意，由于该地区在回归线以外，尽管太阳在一天中的其他时间是在南部天空，但在正午时从未在南部天空中。太阳的位置可用日期和时间线的交点来计算。例如，9 月 23 日下午 3 时，太阳方位角将为 300°（或 60°W；通过从中心向外绘制一条线得到），纬度约为 33°N（匹配同心圆）。

立体投影太阳路径图的组成如下：

（1）方位角。在圆的圆周上表示。有些图被标记为相对于真北 0°~360°，而其他的图仅标有罗盘方向。

（2）高度角，用同心圆来表示。

（3）太阳在一年中不同的日期自东向西的路径线。

（4）日界线穿越太阳路径线的时间。

（5）太阳路径图相关的纬度。

太阳路径图可用于计算太阳的位置，从而确定特定地点的遮光量，以及一年中发生该遮光的时间。重要的是要记住，所有纬度的太阳路径图不同。给定纬度带（如 10°S~14°S）有特定的太阳路径图。

3.3.5　为获得最高性能定位太阳组件

根据 3.3.1 节的说明，一个平面（例如太阳能组件）如果直接面向太阳将接收最大的太阳辐射。要将一个组件总是直接面向太阳定位需要一个跟踪框架，以使组件随着太阳移动，跟踪器是一个昂贵的安装方案。以全年在一个固定、静止的位置平均接收最大的太阳辐射的方式定位一个太阳能组件通常更具有成本效益（对于并网光伏发电系统）。

要做到这一点，组件应面向赤道（即南半球正北，北半球正南），这样假定没有意外遮光，它们可全天接收阳光直射（图 3.18）。

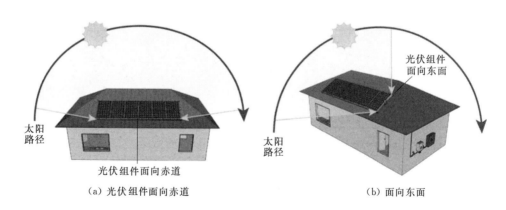

（a）光伏组件面向赤道　　　　　　　　（b）面向东面

图 3.18　光伏组件面向不同接收阳光不同

光伏组件面向赤道时，全天接收阳光直射。组件面朝东时，只在上午接收阳光直射；朝西时，只在下午接收阳光直射。

● 定义

> 4 个基本方向（或基本点）是北、东、南、西方向。

组件也应倾斜，以使其在分点（即太阳高度在北部和南部至点之间时）在正午时直接面向太阳。计算组件倾斜角的公式计算为

$$组件倾斜角 = 180° - 90° - 太阳高度角$$

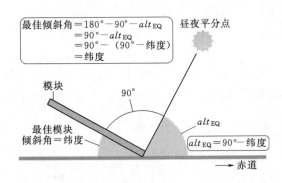

图 3.19 光伏组件接收最多太阳辐射情况

由于最佳组件性能需要获得分点的太阳高度角，因此公式变为

$$最佳倾斜角 = 180° - 90° - alt_{EQ}$$

实际上这意味着，如果光伏组件的倾斜角等于该地点的纬度，光伏组件将接收一年中最多的太阳辐射（图 3.19）。

根据太阳在分点期间正午时的高度角，太阳能组件的最佳倾斜角等于该地点的纬度，但取相反的基本方向。

● 实例

霍巴特（纬度 42°S）的最佳组件倾斜角是多少？

解答：

$$最佳倾斜角 = 180° - 90° - alt_{EQ}$$

$$= 90° - (90° - 纬度)$$

$$= 90° - (90° - 42°)$$

$$= 90° - 58°$$

$$= 42° 朝北$$

对于回归线内的地区，太阳可在天空的北部或南部。然而，太阳主要是在一个半球。因此，组件应面向该方向。对于非常接近赤道的安装，组件如果水平放置可接收最大的太阳辐射。但如第 8 章中的说明，组件的最小倾斜角应为 10°，以使落在其上的任何杂物（例如落叶、泥土等）可通过雨水冲掉。

通过定位组件，使其在分点在正午时直接面向太阳，组件将接收全年平均可接收的最大太阳辐射。夏季接收的太阳辐射会有一些损失，这是因为太阳在天空中的位置较高，但

实例

巴布亚新几内亚的首都莫尔兹比港（纬度 9.51°S）的最佳组件倾斜角是多少？

解答：

$$最佳倾斜角 = 180° - 90° - alt_{EQ}$$
$$= 90° - (90° - 纬度)$$
$$= 90° - (90° - 9.51°)$$
$$= 90° - 80.49°$$
$$= 9.51° 朝北$$

最佳倾斜角为 9.51°朝北。然而，考虑到自清洁，组件应倾斜 10°（允许自清洁的最小角度）。在莫尔兹比港，太阳从约 10 月 17 日至次年 2 月 24 日将在南部天空。不过，由于太阳在一年中大部分时间都会在北部天空，因此组件面向北方时的年产量会比朝向南方更多。

这将由冬季当太阳在天空中位置较低时接收的显著增多的辐射抵消，如图 3.20 和图 3.21 所示。

图 3.20 中，最佳倾斜角为 30.73°，但在本实例中，最接近的选择是 30°。请注意，较平坦的倾斜角导致夏季接收的辐射较多，冬季较少，较大的倾斜角会导致冬季接收的辐射较多，夏季较少。

重要的是要记住，可能有充分理由不使用组件最佳倾斜角和/或方位角，如不利的具体地点条件和某些消费者需求。例如，如果某个地点以东的高层建筑上午阻挡了太阳的视

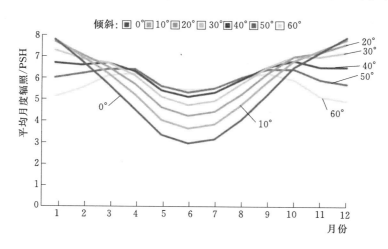

图 3.20　澳大利亚西澳大利亚州福雷斯特（30.73°S）在不同倾斜角下在
一个表面上接收的太阳辐射量（全部朝向正北）
（来源：澳大利亚太阳辐射资料手册）

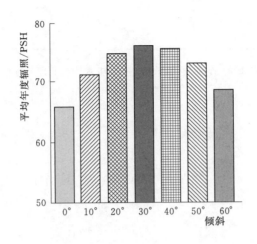

图 3.21 澳大利亚西澳大利亚州福雷斯特在一个
具有不同倾斜角的平面上接收的年均辐射量
（全部面向正北）
（来源：澳大利亚太阳辐射数据手册）

野，组件直接面向赤道很可能导致阵列接收的辐射比组件面向西方接收的辐射要少。这一点在第 11 章有进一步探讨，但选择忽略理论最佳倾斜角和方位角的其他理由包括夏季需要一个更高的输出，以抵消空调负荷，没有足够的朝北的组件安装空间，和因美观或成本原因，希望以与屋顶相同的角度倾斜组件。

太阳辐射数据源，如 AUSOLRAD 和澳大利亚太阳辐射数据手册，可用于计算不同倾斜角和方位角对组件接收的太阳辐射的量的影响。

● 参考来源

AUSOLRAD 是使用澳大利亚太阳辐射数据手册数据的计算机程序。其为多个澳大利亚城市提供了组件倾斜角和方位角各可能组合的太阳数据，以及选择不同的地面反射率值的太阳数据。

● 实例

澳大利亚太阳辐射数据手册为澳大利亚一系列地区提供了太阳辐射数据。这些数据包括一年中不同倾斜和方位下的日平均辐射，表 3.5 中的澳大利亚蓝山。从而能够计算确定以不同于最佳值的倾斜角和/或方位角定位组件产生的发电量的预计减少量。

表 3.5 蓝山不同倾斜和方向的倾斜面上的全年平均日总辐射

(来源：澳大利亚太阳辐射资料手册)

平面方位角/(°)	全年平均日总辐射/(MJ·m⁻²)									
	平面倾斜 0°	平面倾斜 10°	平面倾斜 20°	平面倾斜 30°	平面倾斜 40°	平面倾斜 50°	平面倾斜 60°	平面倾斜 70°	平面倾斜 80°	平面倾斜 90°
0	17.7	19.1	20.1	20.7	20.7	20.3	19.3	18.0	16.2	14.1
10	17.7	19.1	20.1	20.6	20.7	20.2	19.3	17.9	16.2	14.1
20	17.7	19.0	20.0	20.5	20.5	20.1	19.2	17.9	16.2	14.2
30	17.7	19.0	19.8	20.3	20.3	19.8	19.0	17.7	16.1	14.2
40	17.7	18.8	19.6	20.0	20.0	19.5	18.6	17.4	15.9	14.1
50	17.7	18.7	19.3	19.6	19.5	19.1	18.2	17.0	15.6	13.9
60	17.7	18.5	19.0	19.1	19.0	18.5	17.7	16.6	15.2	13.6
70	17.7	18.3	18.6	18.6	18.4	17.9	17.1	16.0	14.7	13.2
80	17.7	18.0	18.2	18.1	17.7	17.1	16.3	15.3	14.0	12.6
90	17.7	17.8	17.7	17.4	17.0	16.3	15.5	14.4	13.3	11.9
100	17.7	17.6	17.3	16.8	16.2	15.4	14.5	13.5	12.4	11.2
110	17.7	17.3	16.8	16.1	15.3	14.4	13.5	12.5	11.4	10.3
120	17.7	17.1	16.3	15.4	14.5	13.5	12.5	11.4	10.4	9.4
130	17.7	16.9	15.9	14.8	13.6	12.5	11.4	10.4	9.4	8.5
140	17.7	16.7	15.5	14.2	12.8	11.5	10.4	9.4	8.5	7.6
150	17.7	16.6	15.2	13.6	12.1	10.7	9.4	8.4	7.6	6.9
160	17.7	16.4	14.9	13.2	11.5	10.1	8.8	7.7	6.9	6.3
170	17.7	16.4	14.8	12.9	11.2	9.7	8.4	7.3	6.4	5.9
180	17.7	16.3	14.7	12.8	11.1	9.6	8.3	7.1	6.3	5.8
190	17.7	16.4	14.7	12.9	11.2	9.7	8.4	7.3	6.4	5.9
200	17.7	16.4	14.9	13.1	11.4	10.0	8.7	7.6	6.9	6.3
210	17.7	16.5	15.1	13.5	12.0	10.5	9.3	8.3	7.6	6.9
220	17.7	16.7	15.4	14.0	12.6	11.3	10.2	9.3	8.4	7.6
230	17.7	16.8	15.8	14.6	13.4	12.3	11.2	10.2	9.3	8.4
240	17.7	17.0	16.2	15.3	14.3	13.2	12.3	11.3	10.3	9.3
250	17.7	17.3	16.7	15.9	15.1	14.2	13.3	12.3	11.3	10.2
260	17.7	17.5	17.1	16.6	15.9	15.1	14.3	13.3	12.2	11.0
270	17.7	17.7	17.6	17.3	16.7	16.0	15.2	14.2	13.0	11.8
280	17.7	18.0	18.1	17.9	17.5	16.9	16.0	15.0	13.8	12.5
290	17.7	18.2	18.5	18.5	18.2	17.6	16.8	15.7	14.4	13.0
300	17.7	18.4	18.9	19.0	18.8	18.2	17.4	16.3	15.0	13.4
310	17.7	18.6	19.2	19.5	19.3	18.8	18.0	16.8	15.4	13.7
320	17.7	18.8	19.5	19.9	19.8	19.3	18.4	17.2	15.7	13.9

续表

平面方位角/(°)	全年平均日总辐射/(MJ·m⁻²)									
	平面倾斜0°	平面倾斜10°	平面倾斜20°	平面倾斜30°	平面倾斜40°	平面倾斜50°	平面倾斜60°	平面倾斜70°	平面倾斜80°	平面倾斜90°
330	17.7	18.9	19.8	20.2	20.2	19.7	18.8	17.5	15.9	14.1
340	17.7	19.0	20.0	20.5	20.5	20.0	19.1	17.8	16.1	14.1
350	17.7	19.1	20.1	20.6	20.6	20.2	19.3	17.9	16.1	14.1

请注意，最佳位置为 30°～40°倾斜角，面向正北±10°。

问题：

蓝山设计人员需要在将组件以10°倾斜角放置在朝北的屋顶上和将其以30°倾斜角放置在朝东（即北90°）的屋顶上之间作出选择。根据表3.5，什么阵列配置将获得最高年辐射？

解答：

以10°倾斜角放置在朝北的屋顶上：

$$全年平均日辐射 = 19.1 MJ/m^2 (根据表格)$$
$$年辐射量 = 19.1 MJ/m^2 \times 365$$
$$= 6971.5 MJ/m^2$$

以30°倾斜角放置在朝东的屋顶上：

$$全年平均日辐射 = 17.4 MJ/m^2 (根据表格)$$
$$年辐射量 = 17.4 MJ/m^2 \times 365$$
$$= 6351 MJ/m^2$$

因此，屋顶北面的组件接收的太阳辐射更多，即使它们的倾斜角不是最佳。

3.3.6 磁北和正北

对于涉及罗盘方向的任何计算和设计，了解磁北与正北之间的区别以及磁偏角（图3.22）的含义至关重要。

(1) 磁北是罗盘在任何给定地点指向的方向，即指向北磁极。磁北随时间缓慢变化。

(2) 正北（或地理北）是地球上的一个点沿地球表面到北极的方向。

(3) 磁偏角（或磁偏差）是磁北与正北之间的差异。

太阳能组件必须使用正北定位。因此需要考虑罗盘所指的北方与正北之间的偏角（偏差）。否则组件可能无法正确定位以获得最佳发电量。

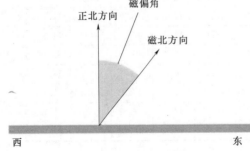

图 3.22 真北、磁北和磁偏角

● **实例**

　　在新南威尔士州悉尼，磁偏角约为 13°以东。这意味着，正北约为磁北偏西 13°，如罗盘所示（图 3.23）。

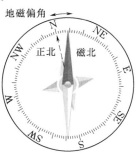

图 3.23　悉尼正北与磁北之间的磁偏角

● **知识点**

　　磁偏角可以随时间缓慢变化，且变化速率根据该地点距两极的远近而不同。对于一些远离两极的地区，每 50 年可能会改变 1°，而靠近两极的其他地区，可能会每隔几年改变 1°。

磁北与正北之间的磁偏角根据地点而有所不同（图 3.24）。因此，确定安装并网光伏

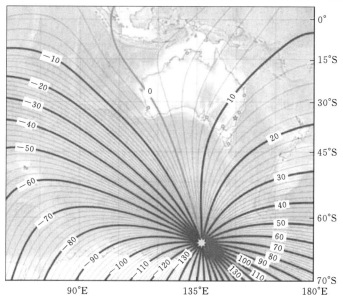

图 3.24　澳大利亚和南极的磁偏角（塔斯马尼亚岛的
磁偏角约为东 14°，珀斯的磁偏角约为西 4°）

（来源：美国国家海洋和大气管理局/国家地球物理数据中心与环境科学协作研究所）

系统的地点的磁偏角很重要。

3.4 太阳辐射原理概述

1. 辐照度与辐射量

辐照度是每单位面积的太阳能。测量单位是 W/m^2（或 kW/m^2）。太阳辐照度是太阳能光伏系统接收的瞬时辐射。

辐射量是给定时期每单位面积的太阳能。测量单位是 MJ/m^2 或 $W \cdot h/m^2$（或 $kW \cdot h/m^2$）。要将 1MJ 转换为 $1kW \cdot h$，除以 3.6。太阳辐射量是太阳能光伏系统在一段时间内接收的太阳辐射能的量。

2. 峰值日照时数

峰值日照时数（PSH）是测量一天中 $1m^2$ 的表面接收 1kW 电功的小时数。1PSH 相当于 $1kW \cdot h/m^2$。

3. 至点和分点

太阳的位置全年都在改变。

（1）分点（约 3 月 20 日和 9 月 23 日）。正午时，太阳直射赤道（纬度为 0°）。

（2）冬至（约 12 月 21 日）。正午时，太阳直射南回归线（纬度 23.45°S）。这是南半球的夏至，北半球的冬至，被称为南部至日。

（3）夏至（约 6 月 21 日）。正午时，太阳直射北回归线（纬度 23.45°N）。这是南半球的冬至，北半球的夏至，被称为北部至日。

4. 高度角和方位角

太阳的位置可以用高度角和方位角来描述。高度角是太阳的位置与地面之间的垂直角，方位角是北向与太阳的位置之间的水平角度。

要计算分点期间正午时某个纬度下的太阳高度角，使用公式为

$$alt_{EQ} = 90° - 纬度$$

要计算至点期间正午时某个纬度下的太阳高度角，使用公式为

$$alt_S = 90° - 纬度 \pm 23.45°$$

5. 组件倾斜角和方向

如已知太阳的位置，可以计算太阳能组件的最佳倾斜角和方向，以最大化接收的辐射量。组件应定位为面向赤道（即南半球正北，北半球正南），以使它们全天接收阳光直射。组件还应倾斜，以便使其在分点期间的正午时直接面朝太阳，也就是说该最佳倾斜角等于纬度（但取相反的基本方向，因为组件要朝那个方向），即

$$组件倾斜角 = 180° - 90° - 太阳高度角$$
$$最佳倾斜角 = 180° - 90° - alt_{EQ}$$
$$= 90° - (90° - 纬度)$$
$$= 纬度$$

（1）组件不可能总是最佳定位，比如在上午或下午需要最大化生产量时。

（2）为自清洁考虑，组件的最小倾斜角应为 10°。

习　题

问题 1

绘图显示直射、散射和反射太阳辐射差异，包括反照效应。

问题 2

在表格中填写正确答案。

项　目	电力/能量	单　位
辐照度		
辐射量		

问题 3

定义峰值日照时数（PSH）。

问题 4

完成下列计算。

（1）100MJ 能量是多少 kW·h？

（2）100kW·h 能量是多少 MJ？

（3）多少 PSH 相当于 3kW·h？

（4）多少 PSH 相当于 18MJ？

（5）3.3PSH 是多少 MJ？

（6）4.1PSH 是多少 kW·h？

（7）如果太阳能电池阵列 4h 发电 2kW，请问发电量为多少 MJ？

（8）如果太阳能电池阵列 5h 发电 0.5kW，请问相当于多少 PSH？

问题 5

将下列地点按 MJ/m² 由高到低排列：

奥尔巴尼、斯特拉恩、布鲁姆、米尔迪拉

问题 6

如果来自太阳的电力资料如下，请问 PSH 数是多少？

时　　间	平均辐射量/[（W·h）·m⁻²]
7：00—08：00	150
8：00—09：00	200
9：00—10：00	300
10：00—11：00	450
11：00—12：00	650
12：00—13：00	700

时　　间	平均辐射量/[（W·h）·m^{-2}]
13：00—14：00	650
14：00—15：00	450
15：00—16：00	350
16：00—17：00	200

问题 7

在下图中，绘制一个在该时间可捕获最多太阳能的组件。标示出组件的倾斜角度。为什么将组件以适当角度倾斜很重要？

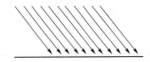

问题 8

用方位角或高度角填空。解释高度角如何影响空气质量，且空气质量为什么是重要的考虑项。

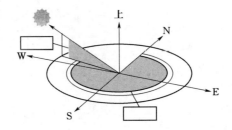

问题 9

计算以下地点在分点、冬至、夏至时间时太阳的高度角：

（1）澳大利亚昆士兰州布里斯班，纬度 27.47°S。

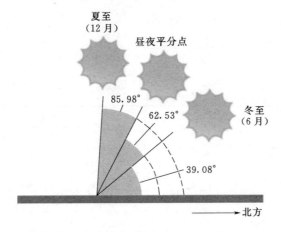

（2）巴布亚新几内亚莫尔兹比港，9.51°S。

绘图显示不同的纬度。

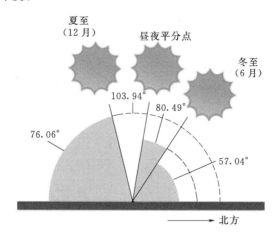

问题 10

使用下图中的太阳路径图，计算太阳在以下时间的大概位置：

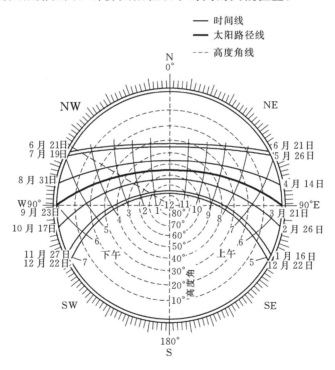

（1）8 月 31 日下午 2 时。

（2）5 月 26 日上午 8 时。

（3）10 月 17 日下午 6 时。

问题 11

以下地点的组件最佳倾斜角和罗盘方向是多少：

（1）澳大利亚昆士兰州布里斯班（27.47°S）。

（2）印度孟买（18.98°N）。

问题 12

组件的最小倾斜角应为多少，该角度为什么重要？

问题 13

磁北与真北之间的区别是什么？新南威尔士州悉尼的磁偏角是多少？哪一个用于定位太阳能电池组件？

图为多晶光伏组件。

第4章 了解光伏（太阳能电池）

光伏（PV）这一术语描述的是将太阳能（光）转换为电能（伏）。太阳能电池是在阳光的照射下能够发电的小型光伏单元。这些太阳能电池共同用于构成包含并网光伏系统的光伏组件。

本章介绍了太阳能发电、太阳能电池、光伏组件和光伏阵列（图 4.1）。包括以下内容：

（1）简单说明了太阳能电池是如何将太阳能转化为电能（4.1 节）；更详细的说明请见本章节末尾处的补充材料。

（2）详细说明了太阳能电池所具有的电气特性，特别是确定性能的操作特性（4.2 节）。

（3）说明了将太阳能电池串联组成一个光伏组件后所产生的电力输出（4.3 节）。

（4）说明了将光伏组件串联和并联组成一个光伏阵列后所产生的电力输出（4.4 节）。

有关各种光伏组件及其性能的探究，请参见第 6 章。

4.1 将太阳能转化为电能：太阳能电池如何工作

太阳能电池通过将光电效应与半导体独特的电气性质相结合而使太阳能转化为电能。这些概念确定了太阳能电池的电气特性，因此对于理解并网光伏系统的光伏阵列的设计很重要。

> ● 定义
>
> 太阳能电池是一种在太阳光的照射下产生电流的小型光伏单元。
> 光伏电池也是一个常用术语，将在本书中使用。

本节中简述了半导体的光电效应和使用，以便简要介绍一下这些概念。这些概念在本章末尾的扩展材料中进行了详述。

4.1.1　光电效应

当光照射到某些材料时，光中的一些能量可被转移到该材料中。特别是，组成光的光子可能有足够的能量，使得材料中某个原子中的电子摆脱其化学键（图 4.1）。

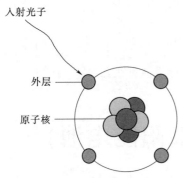
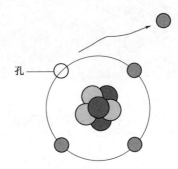

（a）入射光子碰撞前的硅原子　　　　　　　（b）电子射出了之后留下的空穴
（仅显示外层电子和原子核）　　　（碰撞之后，硅原子失去了其中一个电子，带正的净电荷）

图 4.1　光电效应

在正常情况下，释放出的电子不久会重新结合成原子，因此，净结果为零。然而，在太阳能电池中，电子受激可移到别处，从而产生一种电流。为此，需要 PN 结。

4.1.2　半导体和 PN 结

太阳能电池的电气部分是由半导体材料制成的，半导体材料通常为硅基材料。纯半导体的导电性能较差，但通过使用一种掺杂工艺掺杂杂质后，它们可通过改性变成导体。

添加到半导体的杂质具有两种类型：N 型和 P 型。

（1）N 型。所用杂质（例如磷）中的原子所含的电子比半导体材料中的原子所含的电子还要多。这就导致了存在可自由移动的电子，从而形成富电子半导体［图 4.2（a）］。

（2）P 型。所用杂质（例如硼）中的原子所含的电子比半导体材料中的原子所含的电子还要少。这就导致了存在电子空穴（正空穴），从而形成缺电子半导体。空穴通过接受邻近原子中的电子可在原子周围移动［图 4.2（b）］。

> **注意**
>
> N 型代表电子型半导体，因为半导体为富电子，所以带负电荷。
> P 型代表空穴型半导体，因为半导体为缺电子，所以带正电荷。

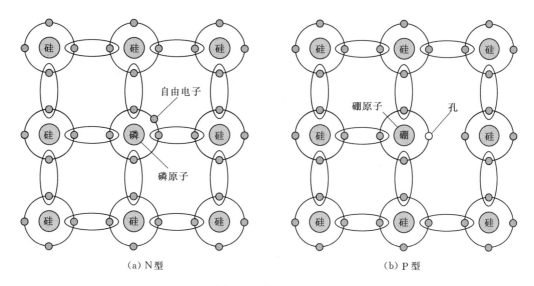

图 4.2　N 型和 P 型

此硅晶格掺杂了磷原子，从而引入了自由电子，生成了 N 型半导体。此硅晶格掺杂了硼原子，从而引入了电子空穴，生成了 P 型半导体。

当富电子（N 型）半导体连接到缺电子（P 型）半导体时，它们之间的连接被称为PN 结。通过这种连接，N 型半导体中额外的电子移到 P 型半导体中的电子空穴中，从而产生一种电场，该电场只允许电流在一个方向流动（被称为二极管）。

在 PN 结中出现的电场是指，当太阳光照射硅时，因光电效应而释放的电子受激远离产生它们的原子。这种电子往电池边缘上淀积金属栅格的移动产生了一种电流。

此基本概述介绍了太阳光照射到 PN 结的半导体部分后是如何产生电流的。附加信息可在本章节末尾处扩展材料中查询。

4.2　太阳能电池的电气特性

太阳能电池的电气输出具有特定的电气特性。了解了这些特性后，可将光伏阵列设计成运行效率最大且将产生最大能量的电池阵。

太阳能电池的电气输出具有电流—电压特性曲线的特性。这是电气输出的电流与电压之间的关系，有关说明请参见 4.2.1 节。

电流—电压特性曲线具有一些重要参数和特性：

（1）I_{SC} 和 V_{OC}。短路电流（I_{SC}）和开路电压（V_{OC}，分别定义了电流—电压特性曲线的起点和终点（4.2.1 节）。

（2）最大功率点。太阳能电池将产生最大功率的电流—电压特性曲线上的点（4.2.2节）。

（3）等效电路。定义电流—电压特性曲线形状的太阳能电池的内电阻（4.2.3 节）。

（4）填充因子。基于电流—电压特性曲线形状的太阳能电池的性能（4.2.3 节）。

4.2.1　电流—电压特性曲线

太阳能电池的电流—电压特性曲线显示了电池所产生的电的电流与电压之间的关系；每一种电流输出都有相应的电压输出。电流—电压关系取决于太阳能电池的内电阻，并受接收到的太阳辐射程度以及太阳能电池的温度的影响。电流—电压特性曲线如图 4.3 所示。

可通过设置可变电阻器串联太阳能电池产生太阳能电池的电流—电压特性曲线（图 4.4）。电流和电压将随着电阻的变化而沿着曲线改变。在最小和最大电阻下，有两个重要参数分别定义了电流—电压特性曲线的起点和终点：

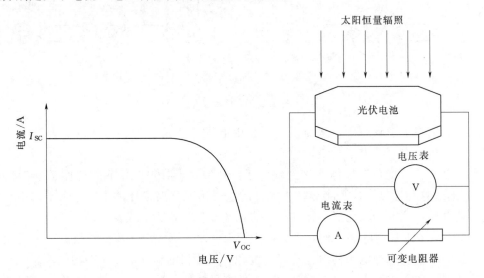

图 4.3　太阳能电池的电流—电压特性曲线　　　图 4.4　用于确定太阳能电池的电流—电压特性曲线的电路

（1）短路电流（I_{SC}）。短路时的电流，即当电阻为零时的电流。这是太阳能电池的最大电流输出。

（2）开路电压（V_{OC}）。开路时的电压，即当电阻最大时的电压。这是太阳能电池的最大电压输出。

对于 I_{SC}（$R=0$）与 V_{OC}（$R=R_{MAX}$）之间的电阻，电流—电压特性曲线给出了电流和电压组合。随着电阻的增加，电流减少，电压则增加。

每个光伏电池产生的电流—电压特性曲线均不相同，每个电流—电压特性曲线都不固定；电流—电压特性曲线受到操作条件（即辐射和温度）的影响。进一步说明请参见第 6 章。

4.2.2　最大功率点

太阳能电池所产生的功率用电流乘以电压来计算为

$$P = IV$$

● 定义

最大功率点（MPP）是电流—电压特性曲线上显示最大功率的点。它在负载电阻等于光伏电池的内电阻时出现。

电流—电压特性曲线（图4.5）显示了此功率输出。从图4.5中可看出，电流—电压特性曲线上有个显示最大功率值的点；这就是所谓的最大功率点（MPP）。该点在电流—电压特性曲线的拐点处，出现在负载电阻等于内电阻时（即图4.4中电路中的可变电阻器的电阻等于电池内电阻时）。

最大功率点处电压和电流分别被称为 V_{MP}（最大功率电压）和 I_{MP}（最大功率电流），最大功率被称为 P_{MP}。

需要重点提及的是，光伏电池不能自动获得最大功率点。

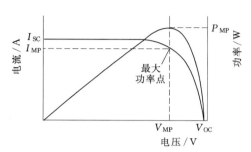

图4.5 电流—电压特性曲线上为每个点所设计的功率输出

4.2.3 等效电路

太阳能电池可用包含电流源、二极管和两个电阻器的等效电路（用简化的形式保留既定电路的所有电气特性的原理电路）来表示（图4.6）。这两个电阻代表了太阳能电池的内电阻，定义了电流—电压特性曲线的形状。这些电阻具体如下：

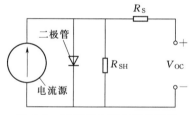

图4.6 串联和分流电阻的光伏电池的等效电路

（1）分流电阻（R_{SH} 或 R_{SHUNT}）。该电阻与电流源和二极管平行。低分流电阻允许电流泄漏通过电池结点，从而降低功率输出［图4.7（a）］。低分流电阻通常由制造缺陷所导致。

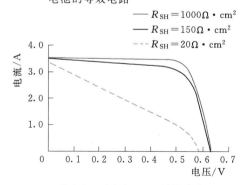

（a）分流电阻对电流—电压特性曲线的影响
（随着分流电阻的减少，MPP也减少）

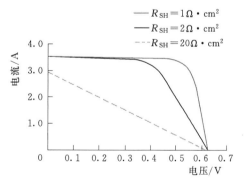

（b）串联电阻对电流—电压特性曲线的影响
（随着串联电阻的增加，MPP则减少）

图4.7 分流电阻与串联电阻对电流—电压特性曲线的影响

（2）串联电阻（R_S 或 R_{SERIES}）。这是与电流源和二极管串联的电阻。输出电流穿过串联电阻，因此如果输出电流大，它会以发热的形式造成功率损失［图 4.7（b）］。串联电阻是太阳能电池中的"寄生"电阻，比如金属触点的自然抵抗。寄生串联电阻的影响是减少电流—电压特性曲线的填充因子。

> ● **要点**
>
> 高串联电阻和/或低分流电阻减少电池的功率输出，降低其性能。

4.2.4　填充因子

填充因子（FF）是一种操作特性，显示了太阳能电池的性能，反映了电池内串联电阻值和分流电阻值。它将电池的实际最大功率点与电池的理论最大功率点相对比，这被定义为 I_{SC} 和 V_{OC}（图 4.8）的乘积。基于此，填充因子的方程式为

$$FF = \frac{I_{MP} V_{MP}}{I_{SC} V_{OC}} = \frac{P_{MP}}{I_{SC} V_{OC}}$$

$$\boxed{FF = \frac{I_{MP} V_{MP}}{I_{SC} V_{OC}} = \frac{\text{A 区面积}}{\text{B 区面积}}}$$

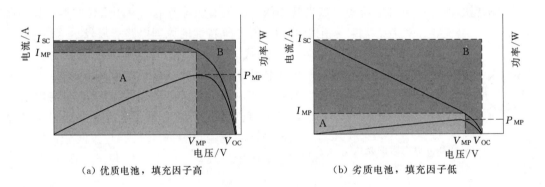

（a）优质电池，填充因子高　　　　　　（b）劣质电池，填充因子低

图 4.8　填充因子为 A 区与 B 区之比

填充因子将在 0 与 1 之间，典型值如下：
（1）普通太阳能电池。0.6 与 0.7 之间。
（2）合理高效的太阳能电池。0.7 与 0.85 之间。
（3）劣质电池。0.6 以下。

4.3　组合太阳能电池

太阳能电池通过串联方式组合在一起制成光伏组件，光伏组件为光伏系统的主要部件。光伏组件的电流—电压（I—V）特性取决于构成该组件的单个太阳能电池的电流—电压特性。

> 太阳能组件（也常称为光伏组件）由许多串联在一起的太阳能电池组成。

将相同的太阳能电池串联在一起导致作为一个单个电池相同的电流输出。这表示，组合式光伏组件的电流—电压特性曲线将具有相同的 I_{SC}，但增加了 V_{OC}（图 4.9）。这符合 2.2.1 节中所述原理。

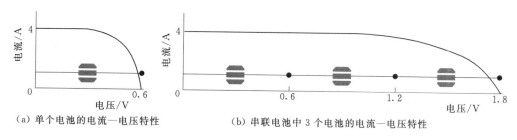

（a）单个电池的电流—电压特性　　　　（b）串联电池中 3 个电池的电流—电压特性

图 4.9　不同个数电池的电流—电压特性

如果不同的太阳能电池，即具有不同特性的太阳能电池，串联在一起，电压输出将等于那些电池的组合电压输出，但电流输出将等于最小的单个电池电流输出。

因此，组合式光伏组件的电流—电压特性曲线的 I_{SC} 将减少，V_{OC} 将增加（图 4.10）。这也符合 2.2.1 节中所述原理。

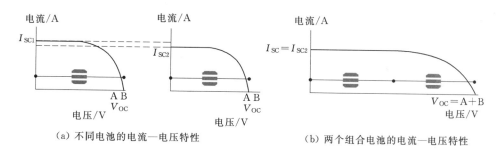

（a）不同电池的电流—电压特性　　　　（b）两个组合电池的电流—电压特性

图 4.10　两个不同电池的电流—电压特性以及这两个组合电池产生的电流—电压特性

请注意：组合电池电流—电压特性曲线的 I_{SC} 等于单个电池的最低 I_{SC}（I_{SC2}）。电压输出仍等于各电压输出的总和（$V_{OC}A + V_{OC}B$）。

4.4　组合光伏组件

光伏系统为模块化系统，在设计上可有更大的灵活性。光伏组件串联构成光伏组串，光伏组串并联构成光伏阵列（图 4.11）。对于更小的系统，光伏阵列可能仅由一个光伏组串构成。

所需阵列的电气规格将决定每个组串中组件的数量以及总共将有多少组串。

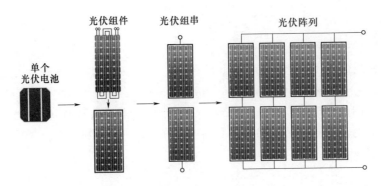

图 4.11　光伏阵列的模块化布局

4.4.1　串联的光伏组件：组串

光伏电池，即基本构件；光伏组件，即由串联组合在一起的光伏电池构成的组件；光伏组串，即许多串联组合在一起的光伏电池组件（图 4.12）；以及光伏阵列，即通常为两个或多个并联组合在一起的光伏组串（但请注意：如果单个组串或甚至单个组件构成整个系统，也可将它们称为阵列）。

光伏组件串联构成光伏组串。与太阳能电池一样，串联光伏组件导致电压输出等于组合电压输出，但电流输出却等于最小的单个组件输出。

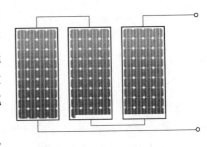

图 4.12　三个光伏组件串联
构成光伏组串

> **要点**
>
> V_{MP} 为组件最大功率点处的电压。I_{MP} 为组件最大功率点处的电流。

> **实例**
>
> 考虑图 4.12 中的光伏组串布局，在该布局中 3 个组件串联在一起。想象它们是相同的光伏组件，每个组件的电气参数具体如下：
>
> $$V_{MP} = 17V$$
> $$I_{MP} = 4A$$
>
> 由于它们是串联在一起的，组串电压输出等于每个组件电压输出的总和，组串电流输出将为最低的组件电流输出，即
>
> $$V_{MP} = 3 \times 17 = 51V$$
>
> 以及 $$I_{MP} = 4A$$
>
> 这次设想图 4.12 中的光伏组件不是相同的组件。每个组件的电气参数见表 4.1。

表 4.1	光伏组件电气参数	
组件 1	组件 2	组件 3
$V_{MP1}=17V$	$V_{MP2}=15V$	$V_{MP3}=13V$
$I_{MP1}=4A$	$I_{MP2}=3.5A$	$I_{MP3}=3A$

由于它们是串联在一起的，组串电压输出将等于每个组件电压输出的总和，组串电流输出将等于最低的组件电流输出，即

$$V_{MP}=V_{MP1}+V_{MP2}+V_{MP3}$$
$$=17+15+13=45V$$

以及　　　　　　　$I_{MP}=I_{MP3}$（最小的电流输出）
$$=3A$$

注意，如第 2 章所述，电流容量不同的组件不应串联在一起，以免性能降低，对系统造成潜在损害。

4.4.2　并联组串：阵列

太阳能电池组串并联构成光伏阵列（图 4.13）。并联太阳能电池组串导致电压输出等于单个组串的最低输出，电流输出等于组串的组合电流输出。阵列的输出将取决于实际系统配置，即光伏阵列是如何作为系统的一部分被接入的。

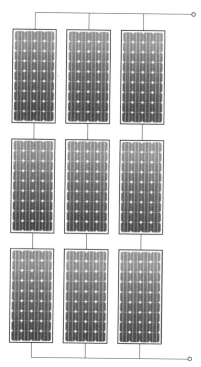

图 4.13　3 个并联的组串（每个组串都
由 3 个串联的组件构成）

> **● 要点**
>
> 光伏阵列可包含许多组件组串、单个组串或甚至单个组件，这取决于系统大小。

> **● 实例**
>
> 考虑图 4.13 中的光伏阵列布局，在该布局中 3 个组串（每个由 3 个组件构成）并联在一起。想象它们是相同的光伏组件，每个组件的电气参数具体如下：
>
> $$V_{\mathrm{MP}} = 17\mathrm{V}$$
>
> $$I_{\mathrm{MP}} = 4\mathrm{A}$$
>
> 如 4.4.1 节所述，每个组件的电气参数为
>
> $$V_{\mathrm{MP\_STRING}} = 3 \times 17 = 51\mathrm{V}$$
>
> 以及
>
> $$I_{\mathrm{MP\_STRING}} = 4\mathrm{A}$$
>
> 每个组串是并联在一起的，所以阵列电压输出等于最低的组串电压，阵列电流输出等于每个组串电流输出的总和，即
>
> $$V_{\mathrm{MP\_ARRAY}} = 51\mathrm{V}$$
>
> 以及
>
> $$I_{\mathrm{MP\_ARRAY}} = 3 \times 4 = 12\mathrm{A}$$
>
> 注意，如第 2 章所述，具有不同电压输出的组串不应并联在一起。这样就可避免阵列性能下降，避免对系统造成潜在损害。

光伏组件为串联和并联配置以满足特定的电压和电流要求。光伏阵列的功率、电压和电流特性必须与逆变器的功率、电压和电流要求相符，以便系统正常运行。这些计算需考虑操作条件对光伏阵列输出的影响，详见第 15 章。

4.5　太阳能（太阳能电池）原理总结

1. 组串级（串联组件）

（1）电压＝每个组件电压输出的总和。

（2）电流＝最小的组件电流输出。

2. 阵列级（并联组串）

（1）电压＝最低的组串电压输出。

（2）电流＝每个组串电流输出的总和。

对于由相同组件（每个组串组件数量相同）组成的阵列，电流和电压特性可总结如下：

（1）电压＝组件电压×组串中组件数量。

（2）电流＝组件电流×组串数量。

4.6 扩展资料：太阳能电池是如何工作的

如 4.1 节所述，太阳能电池通过将半导体的电气性质和 PN 结与光电效应相结合而使太阳能转化为电能。硅基半导体为太阳能电池中最常用的材料，但其他半导体材料也可使用或正在开发中。

此扩展材料详细阐述了如何使用半导体利用太阳能发电。

4.6.1 硅的原子结构

太阳能电池主要用硅基半导体制成。因为硅的原子结构以及纯硅产生的晶格结构，所以硅被当作半导体来使用。

如同大多数其他元素，硅原子由质子、种子和电子组成。

(1) 质子带正电荷。它们是原子的核心 (中心)，决定了原子是何种元素。例如，质子数为 1 的原子是氢原子，质子数为 8 的原子是氧原子，质子数为 79 的原子是金原子。硅原子质子数为 14 个。

(2) 中子带中性电荷。它们也是原子核心的一部分。通常，硅原子中子数为 14 个。

(3) 电子带负电荷。它们比质子和中子小得多，它们就如同行星绕着太阳转一样绕着核子转。静电作用力将它们保持在轨道中。不带电的原子的电子数与质子数相同；硅原子电子数也为 14 个。

在此状态下，即 14 个质子、14 个中子、14 个电子，硅处在稳定的电中性状态。

4.6.2 电子轨道

绕着原子转的电子以壳层的形式排列，被称为电子壳层。每个壳层只能容纳一定数量的电子，壳层从里到外逐渐填满。任何被原子接受的电子将加入未满壳层；如果当前所有的壳层均填满，则新建一个壳层。

硅的电子数为 14 个，其排列如下 (图 4.14)：

(1) 壳层 0 (内壳层) 有 2 个电子。该壳层为稳定的满壳层。

(2) 壳层 1 (中壳层) 有 8 个电子。该壳层为稳定的满壳层。

(3) 壳层 2 (外壳层) 有 4 个电子。该壳层内达到 8 个电子才满，因此它还能容纳 4 个电子。

未满壳层内的电子靠近原子核的程度不如满壳层内的电子靠近原子核的程度。如果电子接收到的能量等于或大于其结合能力时，它将从电子壳层中被逐出，变成自由电子。

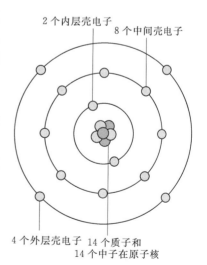

图 4.14 硅的原子结构

4.6.3 硅的晶格结构

原子在电子壳层填满时处于稳定状态。为此，原子彼此之间将共享电子，这样实际上所有的原子都具有满壳层。这种电子共享是一种被称为共价键的化学键。

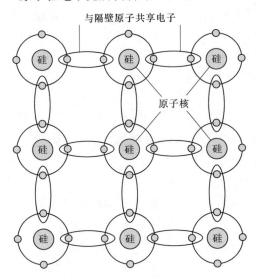

图 4.15 纯硅的晶格结构

硅原子的外层以 8 电子外壳的形式内含 4 个电子。4 个电子中每个电子都与另一个硅原子中的电子形成共价键。

硅原子现在有一个完整的外壳，结合的硅原子在一起形成稳定的晶格结构（图 4.15）。碳和锗等元素也具有半满外层，也共享该晶格特性。这种晶格结构是指纯硅不是很容易导电，即它是一个绝缘体。这是因为每个电子都与另一个原子形成强共价键，每个原子的外电子层都是满的；因此，需要许多能量来驱逐电子以使电流流动。

4.6.4 光电效应和硅

光电效应是能量从一个光子（光波粒）转移到一个原子中的一个电子中。如果有足够的能量，它会导致其中一个原子的电子摆脱其化学键。驱逐硅晶格中的电子所需能量为 1.14eV（电子伏特）。

如果转移给电子的能量超过驱逐电子所需的能量，那么多出的能量将作为热量被释放。这意味着，并不是所有的太阳辐射能量都将用于释放电子。为此，硅太阳能电池的自然最大能量转换效率低于 40%。此外，光伏组件通常覆盖着玻璃，玻璃过滤掉高能（短波长）光子，降低光伏组件的转换效率。如果转移的能量不足以释放电子，该能量将作为光重新被释放。主要的太阳能电池材料对不同波长光的响应不同，能级如图 4.16 所示。

> ● 知识点
>
> 一个光子的能量与它的波长有关。高能光子波长小（如紫外线），低能光子波长长（如微波）。

在正常情况下，被释放的电子不久又重新结合成原子，同时发射出光。发射出光的每个元素都有特定的光谱，可用于识别材料。

在太阳能电池中，释放出的电子受半导体 PN 结（在 4.5.4 节中有说明）生成的电场影响。如果电子移动到太阳能电池上的金属触点上，它将在外部接线中产生电流而发电。

①镓铟磷；②非晶硅；③碲化镉；④砷化镓；⑤磷化铟；⑥多晶硅；⑦单晶硅；⑧氧化锌/铜铟镓硒

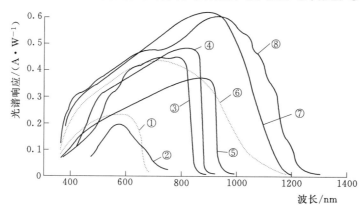

图 4.16　不同类型太阳能电池的光谱响应

［来源：Field，H. 与光谱带宽和截波光波形有关的太阳能电池光谱响应测量误差。电气和
电子工程师协会（IEEE）光伏专家会议，1997 年 10 月 3 日，美国加利福尼亚州阿纳海姆市］

4.6.5　半导体和掺杂

由于其晶格结构完善，所以纯硅是一种绝缘体，但是这可通过掺杂等工艺来改变。掺杂将杂质引入晶格中，引入额外的电子或不完整的外壳（电子空穴）。

有两种类型的杂质用于掺杂：N 型和 P 型。将硅与 N 型杂质掺杂在一起产生富电子半导体；将硅与 P 型杂质掺杂在一起产生缺电子半导体。

1. N 型半导体

用于掺杂的 N 型材料，如含磷材料，其外壳层中有 5 个电子。4 个电子在晶格中形成共价键，正如硅原子的外层电子一样，但第 5 个电子并未与任何元素相结合。该电子并不需要更多能量来驱逐，因此变成自由电子比较容易。在加入了少量的 N 型杂质之后，将会有足够的自由电子使电流流动自如，从而将硅从绝缘体变成导体。

2. P 型半导体

用于掺杂的 P 型材料，如硼，在其外壳层中有 3 个电子。在硅晶格结构中，P 型原子无足够的可共享电子来有效地填满近硅原子的外电子壳层，因此留下“空穴”。这些正空穴每个都能接受邻近原子中的电子，从而在原位留下空穴，本质上是把空穴穿过晶格。这些正空穴（以及填满它们的电子）的移动产生电流。在加入了少量的 P 型杂质之后，将会有足够的正空穴使电流流动自如，从而将硅从绝缘体变成导体。

> ● 知识点
>
> 在 PN 结处产生电场的区域被称为耗尽区。

4.6.6　PN 结

单独来看，与大多数金属一样，富电子（N 型）和缺电子（P 型）半导体都是导电材料。然而，将富电子半导体与缺电子半导体相结合导致在 PN 结处产生有趣的电气特性。

按照定义，N 型半导体有许多可用的电子，P 型半导体有许多正空穴以接受电子。在 N 型半导体与 P 型半导体之间的 PN 结处，发生了如下情况：

（1）一些电子从 N 型（富电子）移到 P 型（缺电子）材料。这使得 N 型半导体的边缘带少许正电，因为它失去了电子；P 型半导体的边缘带少许负电，因为它获得了电子。

（2）带电的差异导致在 N 型半导体与 P 型半导体之间的 PN 结处产生电场。

（3）电场导致一些电子返回到相反方向；电子被吸到 N 型半导体的带正电部分。同样的，空穴被吸到 P 型半导体的带负电部分。

（4）电子流的两个方向之间达到平衡之后，电子就不再移动，但仍会有电场（图 4.17）。

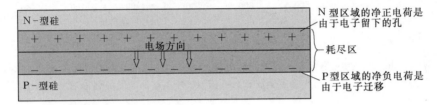

图 4.17　产生的电场原因（由于在 PN 结处 N 型半导体带正电，
P 型半导体带正电）

在太阳能电池中，在 PN 结处产生的电场可用于影响光电效应释放的电子。这在下一节中说明。

4.6.7　光电效应与 PN 结相结合

从本质上讲，太阳能电池是一个 PN 结。当太阳光照射到电池上时，通过光电效应从硅原子释放的电子受到 PN 结的电场的影响。

电子穿过电池进入电池的上表面。在进入电池的表面的过程中，一些电子可能会被硅原子再吸收，但是许多电子到达电池的表面。通过将金属触点放在电池的两侧，产生的电流可通过外部电路来收集（图 4.18）。

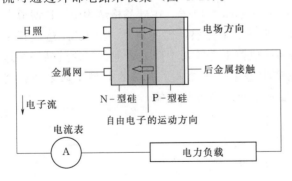

图 4.18　光电效应与 PN 结的电场相结合，
在外部接线中产生电流

并非所有光的波长都能有效地在太阳能电池中产生电流。中间可见光波长，即黄色、绿色和蓝色的光，均是最有效的波长。这些波长产生的自由电子靠近 PN 结，它们在那里不可能与电子空穴重新组合，因此会产生电流。

较长的波长，如红光和橙色光，没有足够的能量来成功释放自由电子。较短的波长，如紫外光，不能深入地穿透电池，因此它们生成的自由电子在电池表面附近产生。这些自由电子将仅仅可能与电池表面的电子空穴重新组合。

习　题

问题 1

（1）P 型杂质与 N 型杂质之间有什么区别？

（2）哪种元素是 P 型杂质的实例？

（3）哪种元素是 N 型杂质的实例？

（4）PN 结是什么？

问题 2

（1）I_{SC}是什么？I_{SC}处的电压是多少？

（2）V_{OC}是什么？V_{OC}处的电流是多少？

问题 3

在下图中，在正确位置处写出下列词语：

I_{SC}

V_{MP}

功率（W）

电流（A）

I_{MP}

MPP

P_{MP}

V_{OC}

电压（V）

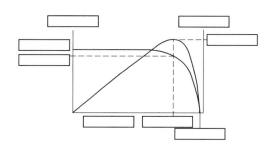

问题 4

为具有如下特性的组件绘制粗略的电流—电压特性曲线和功率曲线。计算和标注 P_{MP}，标注所有的三个轴线。

$V_{OC}=45V$

$V_{MP}=35V$

$I_{OC}=8A$

$I_{MP}=7A$

问题 5

（1）要增加输出，需要高的还是低的：

1）分流电阻。

2）串联电阻。

（2）什么原因导致分流电阻减少？

（3）什么原因导致串联电阻增加？

问题 6

（1）填充因数比较的是什么？

（2）计算具有如下特性的组件的填充系数：

$V_{OC} = 45V$

$V_{MP} = 35V$

$I_{SC} = 8A$

$I_{MP} = 7A$

问题 7

如要两个组件将要被连接。

变量	组件 1	组件 2
V_{OC}/V	45	40
I_{SC}/A	8	6

如果它们以如下方式连接，请计算最终的 I_{SC} 和 V_{OC}：

（1）串联。

（2）并联。

问题 8

填空或圈出正确的词。

串联的组件被称为 _____。当组件串联在一起时，每个组件的（电压/电流）加在一起。（电压/电流）等于最低的组件的值。

串联和并联的组串组合在一起被称为 _____。当组串并联时，每个组串的（电压/电流）加在一起。（电压/电流）等于最低的组串的值。

问题 9

请计算如下阵列的下列值：

（1）I_{SC}。

（2）V_{OC}。

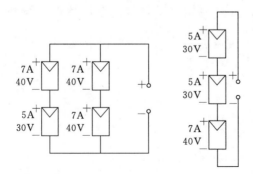

第 5 章　连接到电网（交流电）

电网连接发电机和负载，以便于电力供应（发电）可以满足需求（负载）。鉴于传统的发电站集中在电网的中心处（如燃煤电厂），当并网光伏系统为分散式系统，且连接到供电网络负载端上的电网中时，被称为分布式发电。这种分布是指光伏系统可供电给其所在地负载，电网对任何电力需求的缺口进行供电。如果光伏系统的发电量比所在地需电量还要多，通常允许光伏系统将此多余的发电量输出到电网中，以供应其他当地负载。

电网供应交流电，光伏阵列产生直流电。因此，光伏阵列的输出需要转化为交流电才可以连接至电网中。此交流输出也需要具有与电网的交流输出相容的电气特性；例如，电压和频率需要在一定范围内。本章节概述了电网的结构（5.1 节）和交流电（5.2 节），介绍了光伏系统是如何连接电网（5.3 节）。

5.1　电网概述

设计和安装并网光伏系统时，需要了解电网是如何运作的，还要了解在电网负载端安装光伏发电系统的作用。

传统上，电网是通过输配电网将大型电站连接到电力用户来运作的。电网运作的步骤如下（图 5.1）：

（1）在发电站进行发电（5.1.1 节）。

（2）为远程传输增加电压（5.1.2 节）。

（3）阶段性逐渐减少电压（5.1.2 节）。

（4）电力到达最终用户时的可用电压为 230V 交流（5.1.3 节）。

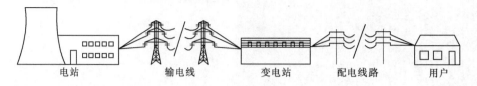

图 5.1　电网（从发电厂发电一直到民用负载）

5.1.1　发电

1. 发电机类型

发电是通过一系列不同类型的发电机进行的，以便于满足负载的直接需求。这些发电机有基本负荷发电机、峰荷发电机以及可调发电机。

（1）基本负荷发电机。所需电力大部分来自于基荷发电站。这些发电机在运行时可产生大量的电能，不能够控制它们很快产生的电量。基荷发电站包括燃煤发电厂和核反应堆。

（2）峰荷发电机。多能源发电也包括峰荷发电站。这些发电机能够快速地响应需求变化，根据需要进行开关操作。它们通常局限于较小的装置，包括燃气轮机发电站和水力发电站。

（3）可调发电机。可再生能源发电机也是多能源发电的一部分。主要的可再生能源发电机，比如光伏和风能发电机，因其能源的可变性，产生的是可变输出。

这些不同类型的发电源将连接到电网的各个不同部分，产生了集中式和分布式混合发电。

● 知识点

　　澳大利亚光伏协会（APVI）为澳大利亚太阳能光伏市场绘制了交互式地图和图表，包括有关全国电流装置的地图：http://pv-map.apvi.org.au/

2. 发电方式

（1）集中式发电。集中式发电站连接在电网的发电端。电能大量产生，通过输配电网络输送，然后被电网负载端的最终用户（如工厂、企业和住宅）使用。现有的电力系统主要是由集中式发电站组成，这种发电站使用的是各种燃料资源，如煤炭、气体、水（水力）和风力。

随着太阳能产业的发展，作为集中式多能源发电的一部分的集中式光伏发电厂的安装也得到了发展。这些集中式光伏发电厂的发电量最少时 50kWp（千瓦峰值），最大时为数百兆瓦。

● 定义

　　千瓦峰值（kWp）是太阳能产业中使用的用于描述太阳能光伏系统的标称功率的非国际基本单位；它是指标准测试条件下的峰值输出功率。

AS/NZS 4777　第 1 部分和第 2 部分（现行草案）。

AS/NZS 5033：2014　调用了 IEC 62109：2010 第 1 部分和第 2 部分以及 AS/NZS 3100：2009。

（2）分布式发电。连接到电网负载端的发电机被称为分布式发电机。许多并网光伏系统均被视为分布式发电机，这是因为它们被电力用户所拥有，位于负载附近。这些通常是较小的光伏系统，功率从 1kWp 到 100kWp 不等。其他分布式发电的实例有柴油发电机、小型风力涡轮机和微型水力系统。

分布式发电机通常安装在紧靠于预期负载的位置处。这样做的好处是不需要通过电网把发出的电力分配至用电点就能取得收益。然而，分布式发电可导致电网复杂化，电网在设计时并未考虑分布式发电。电网设计只考虑到了发电源将电力供应给负载，电网还未想到电力会逆流，即从发布式发电源返回到电网。

● 要点

在电网异常条件下，分布式发电机通常需要从电网隔离。这被称为防孤岛效应。

因此，电网必须确保它持续运转，防止供给其用户的电源出现因分布式发电输入到电网而产生的任何潜在问题。电网对分布式发电系统中使用的并网逆变器的合规和运行设定了各种广泛的要求如下：

1）电网保护要求：①防止有可能形成孤岛效应的电能注入电网；②在电网供应中断或电网超出规定设置范围的情况下运行。

2）需要具有无源和有源防孤岛效应特性，包括：①逆变器将具有至少一种有源防孤岛效应的方法，通过注入电流监控频率位移、频率不稳定度、功率波动或阻抗；②逆变器制造商必须声明它们的产品使用的是哪一种有源防孤岛效应的方法；③按照这些条件，逆变器必须在 2s 内断开电网；④逆变器的电压和频率必须满足电网的欠压/过压以及欠频/过频限值；⑤在无源防孤岛效应的条件下，逆变器必须在 3s 内断开（该时间可在要求的取样期内详细说明）。

防孤岛效应在 5.3 节和第 7 章中有更详细的说明。

5.1.2　输电和配电

输电和配电网络也被称为电网，将主发电机连接到负载。供电网络运行采用的是高电压、低电流的原则，从而保证损失的电能比采用高电流、低电压的原则所损失的电能还要少。高电压用于长距离输电，电压降到适合最终用户的电压水平。供电网络使用变压器根据需要增加或减少电压。这些变压器安置在变电站中，变电站中也有开关设备和电气保护装置。

IEC 60038：2009 规定了标准电压范围，具体见表5.1。

表 5.1　　　　　　　　　　　电　压　范　围

电压类型	AC/V	DC/V
高压（HV）	>1000	>1500
低压（LV）	50~1000	120~1500
超低压（ELV）	<50	<120 无脉冲波形

输电和配电是专为单向的电力潮流而设计的：从供电网络的发电端流向供电网络的负载端。

单线接地回线（SWER）线路是在农村地区使用的一种配电线路。它们是一种具有成本效益的长距离传输电力的方法，但回线（中线）的成本可能很大。

● 知识点

要进行接地，需要在 SWER 线路起点处安装隔离变压器，SWER 线路沿线的每座房屋也必须通过隔离变压器来连接。

SWER 线路是通过将单芯导线架设在农村地区来运行的。接地线使电路完整，以便于电力流过单线，通过接地线返回（图 5.2）。

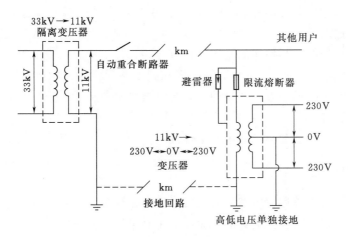

图 5.2　SWER 线路隔离变压器

虽然系统设计将需要考虑增加网络阻抗的可能性，但通常可以在用 SWER 线路供电的房屋上安装并网光伏系统。电网运营商对 SWER 连接的并网系统可能会规定特定的批准程序和要求。

5.1.3 最终用户

电力系统最终用户通常可分为三类：基本（或工业）负载、商用负载和住宅负载。

1. 基本（或工业）负载

基本（或工业）负载通常是整年整日运行的工商企业或其他实体所使用的负载。这些负载代表了相对持续的电力需求（图 5.3），包括矿井、工业港口和冶炼厂等最终用户。

2. 商用负载

商用负载通常是在白天（营业时间）用电，在晚上和周末用电量较低的工商企业所使用的负载（图 5.4）。它们包括工厂、办公室、学校和商店等最终用户。

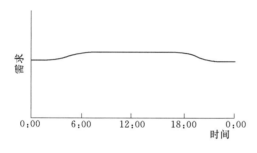

图 5.3 典型的基本负载需求曲线

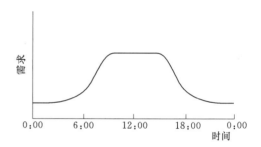

图 5.4 典型的商用负载需求曲线
（一个工作日内）

这些商用负载的电力需求很可能与光伏系统发电同时出现。这意味着，光伏系统的输出要能够全部或部分与这些商用负载的需求相匹配。

商用负载的运行时间经常会超过 1 个白班，例如一个工厂可能每周工作 7 日，三班倒，每班 8h。用于这些负载的光伏发电值会在光伏供电范围内，抵消最高电力单位成本时期内使用的电网电能。

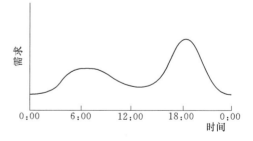

图 5.5 典型的住宅负载需求曲线
（一个工作日内）

3. 住宅负载

住宅负载包括房屋和社区建筑。居民生活用电一般早晚较高，那时候大多数居民都在家，而白天时较低，那时大多数居民都在工作或在学校（图 5.5）。根据居民的生活方式和用电负载，住宅负载的变化很大。例如，家里有还未上学的幼儿家庭，其在白天的用电量会比家里有上学的大龄儿童的家庭在白天的用电量要高得多。

5.2 交流电的特性

电网和大多数负载或电器使用的都是交流（AC）电。交流电是一种极性定期反转的电，即电流和电压定期改变方向的电。交流电波形通常为正弦波。

> ● **定义**
>
> 交流电（AC）是电流极性定期反转的电。

交流电的关键特性在下文中有论述。

5.2.1 电压、电流和功率

按照定义，交流电具有交流电压和电流波形，通常为正弦波。由于功率是电流乘以电

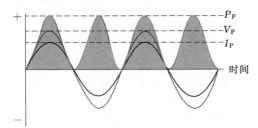

图 5.6 交流电波形的电压、电流
和功率（峰值带标志）

压所得（按照欧姆定律，2.1.4 节），交流电也具有可变的功率波形。交流电的电压、电流和功率可用其峰值（图 5.6）或其平均值来描述。峰值对电气设计很有用，这是因为它们描述了电压、电流和功率将达到的最大值。平均值对交流功率与直流功率相比较很有用，对量化一段时间内的平均能量也有用。

有两种常用于交流电的平均值：均方根（RMS）和基准平均值。

> ● **定义**
>
> 均方根（RMS）为交流功率通常被引用的方式，例如
> $$V_{RMS} = 0.707 V_P$$
> $$I_{RMS} = 0.707 I_P$$

1. 均方根电压和电流

交流信号的均方根电压（V_{RMS}）和电流（I_{RMS}）代表了电阻负载所消耗的功率量。交流电的均方根值等于直流电的电压和电流值；因此，交流信号的 V_{RMS} 和 I_{RMS} 可与直流信号的 V 和 I 直接相比较。

均方根电压与峰值电压（V_P）的平方成一定比例，同样，均方根电流也与峰值电流（I_P）的平方成一定比例。这通过公式来表示为

$$V_{RMS} = \frac{V_P}{\sqrt{2}} = 0.707 V_P$$

这同样适用于电流，即

$$I_{\mathrm{RMS}} = \frac{I_{\mathrm{P}}}{\sqrt{2}} = 0.707 I_{\mathrm{P}}$$

交流功率通常用均方根值来表示。

2. 平均电压和电流

平均电压是所有的电压值总和除以时间周期所得之商。同样，平均电流是所有的电流值总和除以时间周期所得之商。根据波形，平均电压可能与均方根电压相同，也可能与均方根电压不同（图 5.7）。平均电压用于确定变压器和电机的磁化行为。

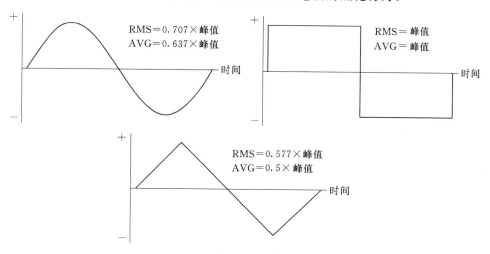

图 5.7　不同波形的均方根和平均值（AVG）的对比

● 实例

图 5.8 显示了澳大利亚的电网电源。其电压均方根值（V_{RMS}）为 230V AC。这表示，交流电源供电可产生 230V DC 信号的等效功率。为了计算峰值电压（VP），对 RMS 公式进行重新整理，计算为

$$V_{\mathrm{RMS}} = \frac{V_{\mathrm{P}}}{\sqrt{2}}$$

$$V_{\mathrm{P}} = \sqrt{2} V_{\mathrm{RMS}} = 1.414 \times 230 \approx 325\mathrm{V}$$

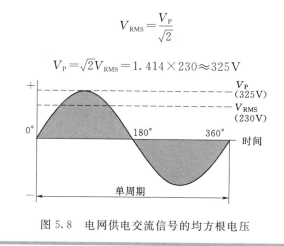

图 5.8　电网供电交流信号的均方根电压

5.2.2 频率

交流波形的频率被定义为每秒循环数，计量单位为赫兹（Hz）。电网频率为 50Hz 或 60Hz（每秒循环数分别为 50 次或 60 次）。例如澳大利亚、中国、印度尼西亚和英国的供电频率均为 50Hz，而韩国、菲律宾和美国的供电频率均为 60Hz。

频率对一些电器的运行有不同程度的影响。许多带有定时器的电器都取决于电源频率，它们的时钟将漂移，除非频率准确。重大偏差也将负面影响变压器和感应电机；特别是低频可能会烧坏此设备。

5.2.3 谐波失真

谐波失真是对交流信号电能质量的一种度量。谐波电流通常在一定程度上出现在交流信号中，它们扭曲了正弦波形。非线性负载，如开关型电源、电池充电器、荧光照明，产生谐波。在电力网供电中，这些失真通常为正弦失真，频率较高。

在逆变器中，所产生的正弦波的准确性用谐波失真来表示；谐波失真越低，逆变器输出性能越佳。并网逆变器符合相关标准中规定的所允许的最大谐波失真。如果它们不符合这类标准，通常就不允许它们连接到配网。

> **澳大利亚标准**
>
> AS 4777.2：2005 第 4.5 条规定，并网逆变器的总谐波失真必须小于 5%。

5.2.4 功率三角形

交流系统中有功功率、无功功率和视在功率之间的关系，这可被看作一个三角形来描述（图 5.9）。

（1）有功功率（也被称为有效功率和真实功率；计量单位为瓦特，W）。为交流功率的"有用"组分，"确实做功"（例如电机的旋转或灯泡的照明）。

（2）无功功率（计量单位为无功伏安，var）。由于确实不"做功"，所以经常被称为交流功率的"无功"组分。然而，无功功率需要用来维持系统中的电压，事实上促进了有功功率通过交流电路的传输。无功功率的其他用途包括向电机提供磁化功率，而电机的运作需要磁化功率。

（3）视在功率（计量单位为伏安，VA）。为有功和无功功率的向量和。

为了说明功率三角形的概念，设想一瓶啤酒（图 5.10）。瓶中实际的液态啤酒代表有功功率（W），泡沫（或啤酒头）代表无功功率（var），瓶中液态啤酒和泡沫的总和代表视在功率（VA）。一瓶啤酒中泡沫太多就不那么好了，因为这意味着啤酒瓶中的实际啤酒含量较少。然而，一瓶啤酒中没泡沫也不好，因为这可影响啤酒的香味、外观和味道。同样的，交流系统中有功功率和无功功率两者缺一不可，但是无功功率太多或太少都是有害的。

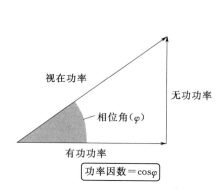

图 5.9　有功功率、无功功率和视在功率之间的关系

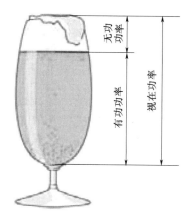

图 5.10　功率三角形啤酒类比

有功功率与视在功率之间的夹角被称作相角（φ），相角用于计算功率因数。

5.2.5　功率因数

功率因数是对电能质量的另一种度量。它显示了电压和电流之间的相移大小，即电压和电流正弦波是否彼此不同步。如果电流波形不再与交流电压波形同步，输出的可用功率（用瓦特表示）递减，电流波形滞后于电压波形（图5.11）。

功率因数被定义为输送给负载的有功功率（W）与电源所需的视在功率（VA）之比。随着电压和电流越来越不同步，功率因数减少。功率因数低，输送给负载的有功功率就减少。功率因数与交流系统相关，在此感性或容性负载可能会

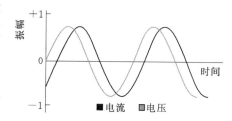

图 5.11　电流滞后于电压产生
滞后功率因数

导致交流电流波形的相位偏移。功率因数还可以通过电压和电流之间的相位角的余弦值来计算，即

$$功率因数（PF）＝\cos\varphi$$

> **注意**
>
> 　　功率因数是一个比率，因此将为 0 和 1 之间的数。为了表明电流是否先于或滞后于电压波形，新增了"领先"（电流领先于电压）和"滞后"（电流滞后于电压）这两个术语。

纯电阻性负载，如加热器和白炽灯，不会造成任何电压和电流之间的相移。这表示功率因数等于 1。

感性负载，比如电机和变压器，产生的功率因数小于 1。这被称为滞后功率因数，这是因为电流波形滞后于电压波形。功率因数低可导致额外的系统损耗并增加系统功率需

求，所以它可能是一个问题。在某些情况下可使用功率因数校正来使功率因数更接近于1。通常的做法是安装电容器，它会以相反的方向引起相移。

可使用制造商的规格或使用功率记录设备确定特定负载或器具的功率因数。在并网光伏系统中很可能看到的主要类型的负载以及它们的预期功率因数范围见表5.2。

表 5.2　　　　　　　　　　　　　不同类型的负载及其各自功率因数

负 载 类 型	器 具 实 例	功率因数
电阻性	加热元件、白炽灯、电烤箱、热水器	1.0
感性	电机、变压器、一些荧光灯、冰箱、洗衣机	0.2～0.7
感性（功率因数已校正）	具有功率因数校正功能的电感性负载（例如电机、变压器、一些荧光灯、冰箱、洗衣机）	高达 0.98
电子	紧凑型荧光灯（CFLs）、电视、电脑、音响系统	0.4～0.7

5.3　与电网相连

连接到电网的光伏系统以预测模式运行，如果无足够的光伏发电来给负载供电，可通过光伏发电和电网同时给负载供电。如果光伏发电过量，该富余电力通常可输送到电网中，以便作为电网电力供应的一部分来使用（图5.12）。

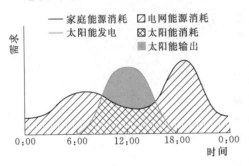

图 5.12　既使用光伏系统电力又使用电网电力的房屋的标准负载分配（多余的光伏发电量输出到电网中）

必须使用适当的逆变器将光伏系统连接到电网中。逆变器与电网相连接，确保光伏系统的电输出与电网兼容。第7章中详述了逆变器及其功能。

因安全原因，对并网光伏系统中逆变器与电网互联的方式设定了限制条件。这些限制条件预防孤岛效应，在电网出现异常情况时保护电网，这类常情况有：电网中断（即失去电源或断电）、低供电电压（即节约用电）、高供电电压、低供电频率或高供电频率。

● 定义

孤岛效应是指电网的一部分不再提供有供电设施发出的（电网）电力之时，分布式发电机持续供电给该部分电网（一个"孤岛"）的一种效应。

当显示异常电网情况时，并联逆变器必须停止输送交流电到电网中。这有效地关闭了光伏系统，这是因为无论负载还是电网都不能直接使用光伏系统发出的电；然而，请注意直流侧仍带电。这种关闭功能被称为防孤岛效应，在7.4节中有更详细的描述。当电网恢复正常后，逆变器可在规定的延时后重新连接到电网。

一些电网运营商限制并网光伏系统产生的电力输出。它们可通过如下方式进行限制：对超过一定规模的系统设定输出限制或使已安装核准的零输出设备的系统更容易连接。零输出设备的类型在 7.4.6 节中有说明。

5.4　电网连接原则总结

1. 发电机与负载

发电机可以分为三种类型：基荷发电机（例如煤炭和核能）、峰荷发电机（例如气体或水力）、变荷发电机（例如光伏和风力）。

发电也可分为集中式发电或分布式发电。集中式发电机为电力必须传输合理的距离才能到达负载的大型发电机。分布式发电机为紧靠负载的小型发电机。

电力供应给三种类型的负载：基本（或工业）负载（例如矿山和冶炼厂）、商用负载（例如办公室和学校）以及住宅负载（例如房屋）。这些负载表现为白天用电的时间和方式的不同。

2. 交流电

电网和大多数负载或电器运行的是交流电。交流电具有交流电压和电流波形，通常按照其峰值和均方根（RMS）平均数来描述。每秒循环数被称为频率；全世界的供电频率为 50Hz 或 60Hz。

3. 连接到电网

如果光伏发电不足以满足负载的需求，负载则用光伏和电网同时供电。如果光伏发电量过量，富余电力通常可上传至电网，除非电网运营商设定了输出限制。如果电网不在规定的电压和频率范围内运行，光伏系统必须从电网断开。这种安全特性被称为防孤岛效应。

习　　题

问题 1

（1）澳大利亚电网的供电电压是多少？

（2）澳大利亚电网的供电频率是多少？

问题 2

在下图方框中填写正确的词语，显示电力从发电到最终用户的路径。

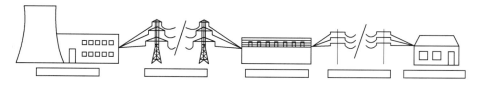

问题 3

三种主要类型的最终用户是什么，它们的标准电力需求模式是什么？

问题 4

2012 年，有多少比例的电力通过如下渠道供应给了澳大利亚国家电力市场（NEM）：

（1）太阳能？

（2）煤炭？

（3）化石燃料？

（4）可再生能源？

问题 5

有关交流电和直流电的电压范围，请填写下表。

交流和直流电压范围（IEC 60038：2009）		
电压范围	AC（V_{RMS}）	DC（V）
高压（HV）		
低压（LV）		
超低压（ELV）		

问题 6

请陈述如下场景中电网与净计量太阳能光伏系统之间的相互作用：

（1）光伏发电产生的电能给负载供电后还有多余。

（2）光伏发电产生的电能不足以给负载供电。

（3）电网不在规定的电压和频率范围内运行。

第二部分 设备

本书第二部分章节涵盖了组成并网光伏系统的设备。

并网光伏系统主要包含光伏阵列（由光伏组件组成）和逆变器。然而，还需要其他类型的设备，包括安装系统和系统平衡部件（BoS）。系统平衡部件包括电缆布线、电气保护、计量和监测装置。

第6章涵盖了光伏组件相关信息，包括可用的不同的组件技术及其运行和性能特点。本章还概述了光伏发电装置的电气防护，以及质保信息。

第7章论述了逆变器，包括逆变器的工作原理、规格、可用的不同类型和可能使用的不同类型的防护机制。

第8章涵盖了所用的不同类型的安装系统：屋顶安装、建筑一体化和独立光伏阵列，并详细介绍了各种安装和安全问题（如朝向和风荷载）。

第9章介绍了系统平衡部件，包括电缆布线、计量和监测装置。

第6章 光 伏 组 件

光伏组件是并网光伏系统的发电组成部分，由串联的光伏电池组成。组件串联和并联连接形成光伏阵列。

不同的光伏组件应用于合适的光伏系统中。为了能够选择用于特定系统的适当组件，了解组件的各个方面至关重要，包括：

（1）组件在不同条件下的性能。组件在不同外部条件下的性能变化以及这些变化如何确定光伏组件产生的电气特性（6.1节）。这建立在第4章光伏组件电气特性的说明的基础上。

（2）光伏组件技术的类型。可用来组成光伏阵列的不同类型的组件，以及各技术的优点和缺点（6.2节）

（3）组件制造方法。不同光伏组件的制造工艺和用于评估制造质量的标准（6.3节）。

（4）组件防护要求。有效运行阵列中的组件需要考虑的防护措施（6.4节）。

（5）组件可靠性。可能影响组件的问题及可用于应对这些问题的相关保证（6.5节）。

在选择系统的组件时，还应考虑详述于第12章的计算。

● 澳大利亚准则

提议用于澳大利亚并网的光伏组件必须符合相关的国际电工委员会（IEC）和澳大利亚标准。清洁能源委员会（CEC）提供了符合这些相关标准的核准组件的最新清单。清洁能源委员会的清单经定期修订并可以通过 CEC 认证网站（www. solaraccreditation. com. au）查询。

> **● 澳大利亚标准**
>
> 　　AS/ NZS5033：2014　第 1.4.2 条提及了在澳大利亚安装的组件。根据该标准，组件必须具有 IEC 61730 应用等级 A 级，并符合 IEC 61215（晶硅组件）或 IEC 61646（薄膜组件）。

> **● 要点**
>
> 　　现行澳大利亚标准不包括电势诱发衰减（PID）测试规程（6.5.5 节）。IEC 62804 涵盖了 PID 测试，但在编写本书时尚处于审批阶段。未来留意该标准，因为其可能成为修订后的澳大利亚标准和 CEC 核准组件认证要求的一部分。

6.1　光伏组件性能

　　光伏组件的电力输出特征在于其电气特性以及这些特性（即性能特征）如何受到外部因素的影响。光伏电池的核心电气特性见第 4 章，总结如下：

　　（1）最大功率点（MPP）。I—V 曲线上光伏电池将产生最大功率的点。

　　（2）最大功率（P_{MP}）。光伏电池的最大输出功率。

　　（3）最大功率点的电压（V_{MP}）。在 I—V 曲线的最大功率点的光伏电池电压。

　　（4）最大功率点的电流（I_{MP}）。在 I—V 曲线的最大功率点的光伏电池电流。

　　（5）开路电压（V_{OC}）。光伏电池的最大电压。在无负载连接到电池，因此无电流输出时实现最大电压。

　　（6）短路电流（I_{SC}）。光伏电池的最大可用电流。当电池端子连接在一起（短路），因此无电压穿过电池时实现最大电流。

　　光伏电池的这些电气特性和输出功率受以下外部因素影响：辐照度（6.1.1 节）、温度（6.1.2 节）。

　　为标准化组件制造商给出的电气特性，光伏组件的性能将在标准测试条件（STC）下进行测量。一些制造商也将提供电池标称工作温度（NOCT）下的性能数据。但 NOCT 并不是组件工作温度或性能的标准，所以其不是比较不同组件性能特征的一个有效方法，仅仅用于表示组件性能。标准测试条件和电池标称工作温度的说明见 6.1.3 节。

　　光伏电池或组件如何在标准测试条件下有效地将太阳光转化为电力是组件选择的一个重要因素，相关说明载于 6.1.4 节。

　　所有这些信息应列于组件制造商的规格表中，并应考虑所提供的制造商的容差（6.1.5 节）。

　　对光伏系统设计和组件选择至关重要的非电气因素包括：组件成本、组件寿命或质保期（年）、组件尺寸、光伏组件制造商的声誉。

6.1.1　辐照度影响

光伏组件接收的辐照度（太阳能）与组件的电力输出之间的关系的特征在于辐照度对

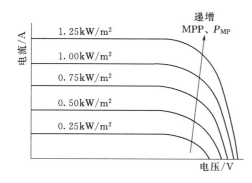

图 6.1　I—V 曲线随着辐照度的不断变化
而变化（假定电池温度恒定不变）

短路电流和开路电压的影响。这两个关键电气参数决定了 $I—V$ 曲线的形状，从而决定了组件最大功率点（MPP）和最大功率输出（P_{MP}）；这两个参数受辐照度影响：

（1）I_{SC}。辐照度与组件短路电流之间的关系几乎是线性的。例如，如果太阳能电池接收两倍太阳辐射，短路电流将增加一倍。

（2）V_{OC}。开路电压不随辐照度发生显著变化；但随着辐照度升高，开路电压略有增加。

这一关系的结果是最大功率增加，如图6.1 所示。

> **● 要点**
>
> 随着辐照度增加，I_{SC} 增加，V_{OC} 增幅较小。其结果是 P_{MP} 和 V_{MP} 增加。

6.1.2　温度影响

太阳能电池的温度与太阳能电池组件的输出之间的关系的特征在于电池温度对短路电流和开路电压有影响：

（1）I_{SC}。随着电池温度增加，短路电流增幅较小。

（2）V_{OC}。随着电池温度增加，开路电压降低。

其结果是，最大功率（P_{MP}）和该最大功率的电压（V_{MP}）随着温度的增加而降低（图6.2）。

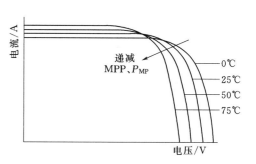

图 6.2　I—V 曲线随着温度的不断变化
而变化（假定辐照度恒定不变）

> **● 要点**
>
> 随着温度增加，V_{OC} 降低，I_{SC} 增幅较小。其结果是 P_{MP} 和 V_{MP} 降低。

电池温度与得到的电气特性之间的关系被称为温度系数。制造商将为组件的 I_{SC}、V_{OC} 和 P_{MP} 提供一个温度系数，通常作为组件规格表（表 6.1）的一部分。

表 6.1	组件的温度系数实例	
电气变量	温度符号	温度系数/$(\% \cdot K^{-1})$
I_{SC}	α	$+0.04$
V_{OC}	β	-0.33
P_{MP}	γ	-0.43

注　K表开尔文温度。

这些温度系数可用来确定电压和最大功率的减少（或增加），以及在电池温度高于（或低于）25℃（标准测试温度）时电流的增加（或减少）。相关介绍和关于如何使用这些参数的例子见第12章。

在一般情况下，高于或低于标准测试温度的温度每变化1℃，晶硅电池的输出电压变化约为 $0.4\% \sim 0.5\% V_{MP}$。温度高于25℃的电池电压输出降低，温度低于25℃的电池电压输出增加（太阳能电池的额定电池温度为25℃）。电池温度对组件电流影响很小（图6.2）。也就是说温度对功率的整体影响与温度对电压的影响成比例。

> ● 澳大利亚标准
>
> 　　系统设计中用于预估光伏组件的电池温度的一个常用方法是，如 AS/NZS 4509.2 第3.4.3.7条所建议的，在现场的平均环境温度上增加25℃。
> 　　然而，AS/NZS 5033：2014 第2.1.9条提出需要针对不同类型的装置提供预期电池温度。

光伏阵列如何进行实际安装，即使用何种安装结构，会影响电池的温度，从而影响阵列的输出功率。如果光伏组件平铺屋顶安装（嵌入式安装），热量难以消散，因此输出功率可能会降低。可使用一个远离屋顶支撑组件的安装框架，以便在组件周围形成空气流，提高散热性。

> ● 知识点
>
> 　　阵列与屋顶结构之间通常至少有50mm间隙以确保空气流动。

6.1.3　引用测试条件：标准测试条件与电池标称工作温度

由于工作条件对组件性能有影响，因此，需要使用一组标准的工作条件，从而认可不同组件之间的性能比较。主要有两组工作条件，用于表示组件的性能：标准测试条件（STC）和电池标称工作温度（NOCT）。

1. 标准测试条件（STC）

根据国际标准，所有组件均在以下标准测试条件下进行测试：

(1) 电池温度 25℃。

(2) 辐照度 1000W/m²。

(3) 空气质量 1.5。

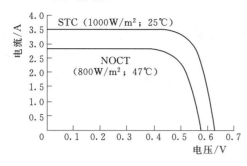

图 6.3 不同的测试条件下的典型
太阳能电池的性能曲线

2. 电池标称工作温度（NOCT）

太阳能电池的温度通常比环境温度高约25℃。这意味着，在正常工作温度条件下（假设温度＞0℃），当组件处于全日照下时，太阳能电池的温度将超过 STC 电池温度 25℃。

为此，许多组件制造商还提供了电池标称工作温度（NOCT）和组件在该电池温度下的性能。可见由于电池温度较高，组件性能降低，可以更准确的体现电池的实际性能（图 6.3）。

● **国际标准**

STC 和 NOCT 测试参考 IEC 61215：2005 和 IEC 61646：2008，测试装置参考 IEC 60904。

NOCT 基于以下参照条件引述：

(1) 环境空气温度 20℃。

(2) 辐照度 800W/m²。

(3) 空气质量 1.5。

(4) 风速 1m/s。

组件制造商提供的 NOCT 可能能够用于估计该特定组件电池温度与环境温度之间的期望差。但应记住，NOCT 是在特定的环境温度和风速下计算所得，而这些可能明显不同于现场工作条件。如上所述，基于光伏系统的设计目的，电池温度与环境温度之差的一般估计值为 25℃。

● **注意**

切记澳大利亚的现场工作条件一般都会不同于 NOCT 参考条件。

6.1.4 电池和组件效率

电池和组件的效率反映了能够转化为电力的太阳辐射能的量。这些效率数字等于吸收的能量（太阳辐射）与所产生的能量（电能）之间的比率。根据电池技术，太阳能电池仅将某些波长的阳光转化为电能。所以，存在一个每种太阳能电池技术均可达到的理论最大效率。第 4 章扩展资料中载有电池如何将太阳光转化成电能的详细信息。

组件效率会比电池效率略低，因为通过组件时会有一些额外损失。然而，相较于电池效率，组件效率更准确地反映了光伏系统中将太阳能转化为电能的量；因此，计算时应使用组件效率而非电池效率。

组件效率不影响组件的额定（最大）输出功率，因此与具有相同的输出功率的低效率组件相比，最常见的特征是高效组件外形尺寸减小。因此，对于安装空间有限的系统而言，组件效率可能是一个重要参数。因给定太阳能装机容量所需组件更少，所有采用高效率组件的系统可能会降低系统平衡的成本。

> **知识点**
>
> 　　一个组件的额定功率是该组件在 STC 下可产生的最大电能。因此，已说明组件技术的效率。

> **实例**
>
> 　　系统设计师要设计一个 1kW 的光伏阵列。设计师有两个不同组件可供选择。待选组件具有不同的额定功率和效率，但两者具有相似的外形尺寸。请问阵列的功率输出有何不同？
>
> 　　（1）组件 1 的额定功率为 200W，效率为 10%。
>
> 　　（2）组件 2 的额定功率为 250W，效率为 12.5%。
>
> 　　**解答：**
>
> 　　（1）阵列 1 由 5×200W 组件组成，额定功率 1kW。
>
> 　　（2）阵列 2 由 4×250W 组件组成，额定功率 1kW。
>
> 　　因此，无论使用哪个组件，阵列的额定功率将为 1kW，并在 STC 下产生 1kW 电能。但是，使用低效率组件意味着需要一个额外组件，以达到 1kW 的功率，因此很可能需要额外成本以及更大的空间和更多的安装设备。

6.1.5　组件规格表和制造商的容差

上述关键电气和性能特征应列于制造商提供（经常在线提供）的光伏组件规格表中或根据要求可提供。制造商还应提供规格容差，即因制造变化可能导致的规格变化量。

> **知识点**
>
> 　　制造商将以许多不同的形式规定其产品的制造容差。

实例

> 　　制造商可以以多种不同的形式提供容差。制造商仅以正数显示的容差并不一定是指组件质量较好，只是说给出了最低性能值。
>
> 　　不同制造商提供的其产品的一些容差实例如下：
>
> 　　（1）加拿大太阳能 CS6P-225M：功率容差＝0～+5W。
>
> 　　这就是说额定功率（255W）可能会变化+5W，即在 255W 和 260W 之间。
>
> 　　（2）Sunpower E20-327：功率容差＝+5%/-3%。
>
> 　　这就是说额定功率（327W）可能会变化+5%，即在 327 W 和 343.35W 之间。
>
> 　　（3）Q Cells Q Pro-G3 250：STC 测量容差：±3%（P_{MPP}）。
>
> 　　这就是说额定功率（250W）可能会上下变化3%，即在 242.5W 和 257.5W 之间。

　　根据国际标准，组件标签上需列明一些电气规格，包括：V_{OC}、I_{SC}、最大过电流保护等级、建议最大串联和并联组件配置、产品的应用类别。

6.2　太阳能电池技术类型

　　太阳能电池组件可由许多不同的材料和制造技术制造。目前市售的太阳能电池技术的主要类型如下（图 6.4）：

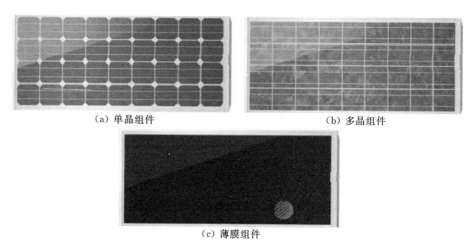

(a) 单晶组件　　　　　(b) 多晶组件

(c) 薄膜组件

图 6.4　太阳能电池

1. 硅晶电池

硅晶电池包括单晶、多晶。

2. 薄膜（或薄层）电池

这些技术在其组成及如何制造上各不相同。决定在并网光伏系统中使用某种技术时，了解每种技术的优点和缺点很重要。

　　由于制造商不断寻找制造更低成本、更高效率的太阳能电池，这一领域的研发在不断进行。

6.2.1　单晶电池

　　单晶太阳能电池是由切成薄片的掺杂硅单晶制成。这种电池为黑色，几乎被切割成正方形，晶片的直角转角因其生产方法而缺失（图6.5和图6.6）。

图6.5　单晶片和组件　　　　　　图6.6　一个由单晶组件组成的光伏阵列

　　1. 生产

　　单晶电池由半导体级硅制成，半导体级硅是已使用化学方法提纯的冶金级硅。半导体级硅熔化，并引入一个晶种。随着该晶种缓慢地从熔融硅中提出，硅围绕晶种凝固，产生了硅单晶。在该被称为提拉法（Czochralski）的过程中，硅掺杂了硼。

　　将掺杂硅晶体切成约0.2～0.4mm厚的晶片，并腐蚀以提高光捕捉率。然后用被称为扩散法的工艺使晶片的表层掺杂磷杂质，从而产生太阳能电池所需的PN结（第4章）。

　　抗反射涂层沉积在电池顶部，以减少远离电池的反射光的量，从而导致电池为黑色。金属网格（有时称为手指或触点）连接到晶片正面和背面，以使电流流过电池。一些组件制造商使用可让所有触点定位在电池背面的电池设计，最大限度地提高了电池可接收的太阳光的量。

　　2. 效率与成本

　　通常单晶电池能够达到比其他太阳能电池更高的效率。这就是说，与其他技术相比，单晶电池有一个更大的额定功率与安装面积比，使得单晶组件特别适合安装面积有限的装置。然而，值得注意的是，实验室生产的单晶硅太阳能电池的效率（超过24％）显著大于市售单晶硅太阳能电池的效率（约15％～18％）。

　　单晶电池通常比其他类型的电池更难以生产，这意味着单晶电池可能具有相对较高的"成本—功率"比。但它们的效率较高表明了一定阵列功率所需的组件较少，从而降低了装置和安装系统的成本。随着单晶组件市场的发展和多晶电池效率的增加，单晶和多晶电池技术不再有显著的效率和价格差异。

6.2.2 多晶电池

多晶太阳能电池由拼在一起的许多小晶体组成，从而使电池具有独特的颜色变化（图6.7和图6.8）。

图6.7 典型的多晶片和组件　　　　图6.8 具有多晶组件的太阳能阵列

1. 生产

多晶太阳能电池由掺杂硅的铸锭制成，与单晶硅电池一样使用了半导体级硅。掺杂硅留在铸锭内冷却而不是拉入单晶内，导致许多小晶体的形成，这些小晶体粘在一起并以铸锭的形状固化。块体切片并以与单晶电池相同的方式掺杂。

晶体需足够大，以使触及它们的光释放的电子在达到晶体边界之前由电池的PN结和金属触点收集。小晶体间界作为减慢载体运动的屏障或是穿过电池的电短路路径易于捕获电子。

若干制造商利用种小晶体比种大晶体本质上更容易这一事实已开创大规模生产多晶电池的工艺。

像单晶电池一样，多晶电池也涂有抗反射层，以减少远离电池的反射光的量，且具有连接到晶片正面和背面的金属网格，以允许电流流过。

2. 效率与成本

多晶电池通常比单晶电池的效率低，商业市场上通常为13%～16%。而实验室里研发的多晶电池效率达到20%以上。

生产多晶电池比单晶电池容易，因此制造成本较低。然而，目前全球对太阳能电池组件的大量需求主要通过单晶硅和多晶硅太阳能电池组件制造的剧增来满足，两种技术的价格非常接近。

6.2.3 薄膜电池

薄膜太阳能电池是通过将光敏半导体应用到薄层中的基材（如玻璃、金属或塑料）上

图 6.9 柔性薄膜组件（来源：全球太阳能）

制成。可以使用不同的半导体材料，从而生产出几种不同类型的薄膜电池。

薄膜技术相比其他技术的主要优点是：

（1）生产成本较低。

（2）减少对硅资源的依赖。

（3）较低的温度下降系数（6.1.2 节），是指薄膜电池受高温影响较小，因此非常适合用于炎热的气候。

（4）适宜用于建筑一体化光伏（BIPV）系统（图 6.9）。

薄膜技术的主要缺点有：

（1）效率比其他技术低，也就是说，对于光伏系统的给定装机容量，薄膜硅系统与等容量的单晶和多晶系统相比需要的表面积更大。

（2）有的薄膜组件在使用的头几个月会出现显著的性能下降。为了说明早期性能下降，受影响的薄膜组件一般按其降级等级引述。

● 知识点

印度使用薄膜电池的增长是其在炎热气候条件下的性能优越的结果。

1. 生产

术语薄膜涉及膜如何沉积，而不是电池的总厚度。薄膜层连续沉积（作为分子、原子或离子），导致太阳能电池的有源部分（靠近 PN 结的区域）仅几微米厚。这就是说，薄膜电池可薄至 $1\sim10\mu m$。通过比较，晶硅电池的深度受用于切晶片的技术限制，因此，这些电池的厚度通常是 $200\sim400\mu m$。也就是说，生产薄膜电池所用的材料明显比晶硅电池要少。

薄膜太阳能电池层沉积在基材上，例如玻璃、箔或塑料。电池层可在连续自动的过程中大面积沉积，降低了这些阵列的成本，并使薄膜电池适用于建筑一体化光伏系统（图 6.10）。

图 6.10 非晶太阳能电池作为建筑
一体化光伏装置一部分
（来源：iStock）

在薄膜组件中，电池互连在层沉积过程中集中进行。相反，晶硅片电池在电池互联时要求金属带连接到每个电池的离散点。因此，在互连单个电池的过程中可能会引起的问题不会发生在薄膜电池上。

类似于晶硅电池，薄膜电池也涂有抗反射层。

2. 类型

（1）非晶硅（a－Si）。在薄膜电池的环境中，非晶是指不具有晶格结构：硅薄膜中的原子以完全随机的方式排列。所使用的制造方法包括在玻璃表层冷凝气态硅，这样可以制成厚度可用原子层的数量来测量的太阳能电池。

由于材料是如此之薄，自由电子不能直接在PN 结中生存。因此，未掺杂的本质（I）层用于N 型和 P 型掺杂层之间，产生了 P－I－N 结构（图 6.11）。第 4 章载有更多关于半导体掺杂和PN 结的信息。

（2）碲化镉（CdTe）。CdTe 电池中所用的有源半导体是 P 型碲化镉（CdTe）和 N 型硫化镉（CdS）。

顶层玻璃下面的接触层正面是透明导电氧化物，如氧化铟锡（ITO）（图 6.12），接触层背面是一种金属，如铜-金或铜-石墨。虽然镉是一种有毒物质，但 CdTe 是无毒化合物。

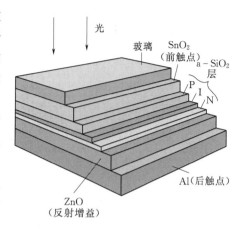

图 6.11　a－Si 电池的层状结构

（3）铜铟镓二硒（CIGS）。CIGS 电池中所用的有源半导体是掺杂有镓的 P 型铜铟二硒化物（CIGS）和 N 型 CdS。

CIGS 电池通过在含钼（Mo）的玻璃上沉积材料层制成，Mo 充当后触点（图 6.13）。顶层由氧化锌（ZnO）制成，ZnO 是一种透明的导电氧化物，允许光射入并充当电池的前触点。在前导电 ZnO 层和有源半导体 N 型 CdS 层之间，本征 ZnO 层在电池的生产过程中为 CdS 提供了一个保护层。

CIGS 不像 a－Si 的组件，其性能在初期工作阶段不会发生显著下降。然而，在高温、潮湿的条件下，却表现出不稳定性，因此必须密封良好。

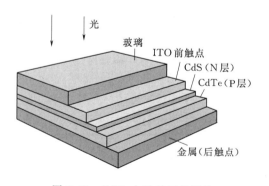

图 6.12　CdTe 电池的层状结构

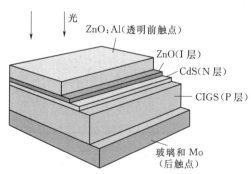

图 6.13　CIGS 电池的层状结构

3. 成本与效率

薄膜太阳能电池通常比晶体硅太阳能电池便宜，但效率较低。商业市场上 CdTe 和 a－Si组件的效率区间 9％～12％。实验室试验中，a－Si 的效率已超过 13％，CdTe 和 CIGS 技术的效率在 20％以上。

这些电池的效率低表明要实现与单晶或多晶阵列相同的输出，薄膜阵列需要更大的空间。

6.3　制造太阳能电池组件

当太阳能电池串联并物理连接在一起时，形成了太阳能光伏组件。根据电池技术生产不同的太阳能电池组件如下：

> **● 知识点**
>
> 　　硅晶片的种类，以及它们在太阳能电池组件中如何组合将决定组件的额定电压。
>
> 　　组件规格中规定的额定电压数字是该组件的最大串电压。组件规定的最大额定电压为 600V 或 1000V。

（1）晶体组件。电池单独制造并串联连接在一起（图 6.14）；通常，晶体组件由 60 片或 72 片串联连接的电池组成，但有些组件具有 48 片电池，其他组件有 96 片电池。

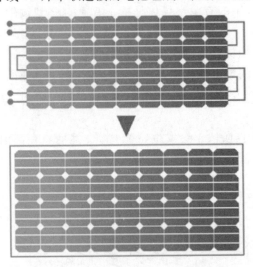

图 6.14　晶体组件中的电池串联连接
后再封装和加框

方形电池布置在一个网格中，用金属带互连，并在正面的玻璃、背面的密封剂和所用的任何底板之间"层压"。这些层用于保护电池不受水、灰尘和其他污染物影响。一种典型的密封剂是乙烯醋酸乙烯酯（EVA），该密封剂通常在真空下使用，目的是防止形成气泡。

组件周围有一个通常由铝制成的框架，以增加组件的强度和刚性。该框架还易于安装在横杆上。

（2）薄膜。电池直接印于材料上，往往是前玻璃层，这取决于薄膜技术。组件内的电池是长形薄带状，电池数量不做要求。

然后对组件进行封装以防止水、灰尘和其他污染物；薄膜组件通常封装在玻璃内。根据组件的玻璃对玻璃结构，一些薄膜组件是无框的。但组件上也可增加铝制框架。

组件还必须有输出电缆以供外部接线连接；通常这些电缆在出厂时配备了符合行业标准连接器，以确保组件随时与其他组件互连。

制造过程的质量会影响组件的寿命和效率；因此，需要了解制造商在这些过程中必须满足的标准。确定可靠的高质量太阳能制造商和供应商至关重要。表 6.2 列出了一些指标。

表 6. 2　　　　　　　　　　　　　　　制 造 商 质 量 标 志

标　志	系统类型	说　明
工艺整合	所有系统	垂直整合的公司一般都是致力于该行业的成熟光伏制造企业，在该类企业中，每一步制造过程均通过一家公司完成
质量控制	所有系统	坚定地致力于制造质量和自动化的公司很有可能始终如一地生产高品质的太阳能电池组件
研发	所有系统	投资研发的公司一般都专注于该行业，将更易于跟上行业变化
太阳能电池组件的生产量和生产时间	所有系统	大规模或快速生产的公司很可能是大公司且拥有更多的经验
市场代表性	所有系统	在多个国际市场上有多种产品的公司可能有较好的口碑
可保性	大规模系统	如果计划的大规模系统没有投保，项目不可能继续开展。因此，设计人员可以咨询保险公司，看看他们根据各种因素（如独立测试和以往经验）信任哪些产品制造商
银行可融资性	大规模系统	制造商的产品过去吸引投资的能力为判断制造商声誉提供了历史背景。公司因此可以按其银行可融资性排列（如彭博新能源财经的光伏组件制造商分级系统），但这不能代替尽职调查，因为银行可融资性不是质量的直接衡量方式

6.4　光伏组件的防护

　　这里要考虑的问题是：如果因多个原因中的任何一个，一个或多个光伏电池不通过电流，阵列的输出会发生什么变化？

　　如果电池被损坏或遮蔽（图 6.15），整个组件的电流会降低：太阳能电池组件的电池串联连接，因此如果一个电池有缺陷，会影响整个组件。如果该组件构成一个阵列的一部分，则阵列的电流也将减小。

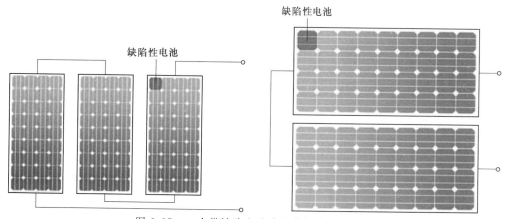

图 6.15　一个带缺陷电池或遮蔽部分的光伏串

　　如果一个电池损坏，整个阵列可以使电流强制通过故障点，这会造成该电池的温度显著上升，导致该电池进一步损坏。这种现象被称为"热斑"形成，会导致阵列输出降低。在开路电池的极端情况下，阵列输出电流将为零。

　　上述情况的影响可通过在将组件接入阵列时使用旁路二极管（6.4.1节）和/或阻塞

二极管（6.4.2节）降至最小化。二极管是使电流仅沿一个方向流动的半导体，6.4.3节载有选择二极管的相关信息。

> **要点**
>
> 串联组件的电流输出等于单个能源的最低电流输出。

6.4.1 旁路二极管

一个电池串串联连接以形成太阳能电池组件。如果发生以下情况，组件产生的功率将减少：一个或多个电池有瑕疵，一个或多个电池被遮蔽。

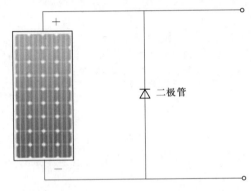

图 6.16 使用旁路二极管穿过组件

在这两种情况下，串联电池的极性将反转，并且组件的输出会降低，即使电池的其余部分处于完美的工作状态和明媚的阳光下。反极性还可能导致热量积聚，在组件中形成热斑，使组件受损（6.5.4 节）。这些原理同样适用于形成串的串联连接组件。

可以使用旁路二极管（图 6.16）在发生反向电压时为电流提供一条备选路径。旁路二极管的作用示于图 6.17。如果一个组件被遮蔽或损坏，旁路二极管的数量越多，组件的输出值就越大。

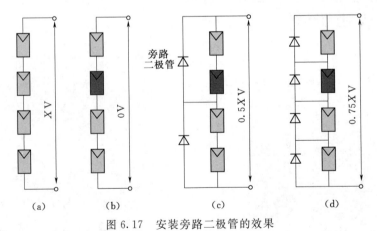

图 6.17 安装旁路二极管的效果

旁路二极管增加了阵列具有逆变器工作电压以内的工作电压的可能性。这在下面的例子中进行了说明，逆变器工作电压在第 13 章有详细说明。

在大多数商业晶体组件中，旁路二极管没有安装到每一个电池上。大多数制造商提供 1 个旁路二极管穿过 24 片电池串；在 72 片电池组件中提供 3 个二极管，或 3 个二极管穿过 60 片电池组件中的由 20 片电池组成的各串。

> **实例**
>
> 　　设想：图 6.17 所示各太阳能电池组件在 $V_{MP}=35V$ 下工作，并且该阵列用于通过具有 $80\sim150V$ 工作电压窗口的逆变器将电源连接到电网。每种情况下的输出如下：
>
> 　　(1) $V_{MP}=4\times35=140V$，因为在逆变器电压窗口内，所以这将是并网的最大功率。
>
> 　　(2) $V_{MP}=0$，不会有功率并网。
>
> 　　(3) $V_{MP}=2\times35=70V$，因为小于逆变器电压窗口，所以不会有功率并网。
>
> 　　(4) $V_{MP}=3\times35=105V$，因为在逆变器电压窗口内，所以会有一些功率并网。

从图 6.17 可知：

(1) 无旁路二极管且无缺陷或遮蔽组件。输出为 XV。

(2) 无旁路二极管，有一个缺陷或遮蔽组件（图 6.17 中加深的组件）。组件串的输出将为零。

(3) 两个旁路二极管，有一个缺陷或遮蔽组件。阵列的输出为 $0.5XV$，因为上部旁路二极管为电流穿过故障组件和顶部组件提供了一条备选路径。

(4) 4 个旁路二极管，有一个缺陷或遮蔽组件。阵列的输出为 $0.75XV$，因为缺陷组件周围的旁路二极管为电流提供了一条备选路径。

组件制造商的规格应注明配备的旁路二极管的数量。遮光对 72 片电池组件中具有 3 个旁路二极管的电池的影响如图 6.18 所示。在这种情况下，MPP 减少了大约 1/3。对于许多薄膜组件，电池旁路二极管集成在组件中。

在组件串联连接的阵列中，如果制造商尚未提供，建议每个组件应装有至少一个旁路二极管。集成旁路二极管在密闭组件接线盒中（图 6.19）。

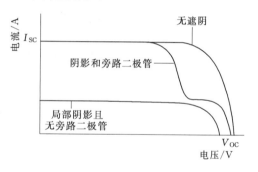

图 6.18　具有和不具有旁路二极管的
典型阵列输出

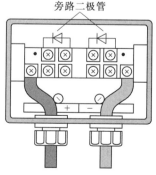

（a）组件接线盒中旁路二极管的
示意图

（b）组件接线盒中旁路二极管的
典型配置（环形）

图 6.19　组件接线盒中的旁路二极管

101

6.4.2　阻塞二极管

阻塞二极管（也被称为串联或隔离二极管）在正常系统操作期间传导电流，并与一个

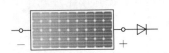

组件或一串串联组件串联布置（图6.20）。阻塞二极管的主要目的是防止电流在夜间通过组件倒流，并防止电流流入故障并联串。

图6.20　阻塞二极管的布置

阻塞二极管用于含有外部电源（例如电池），可能导致夜间功率流反向的系统中。通常用于独立光伏系统中，但并网系统不需要，除非经过组件制造商建议，因为逆变器不会允许反向流发生在并网系统中。

6.4.3　选择二极管

大多数组件包含旁路二极管，因此并网光伏系统的安装人员必须选择并安装单独的旁路二极管并不常见。

然而，当设计人员确实需要选择旁路二极管时，有无数不同类型和尺寸可供选择。选择二极管时有以下3个主要参数：

(1) 二极管允许的正向最大电流（最大连续正向电流 I_F）。

(2) 故障发生前二极管容许的反向最大电压（峰值反向电压 V_R）。

(3) 通过二极管的电压降，决定了通过二极管的功率损失。

两种主要类型的二极管是可硅控整流（SCR）二极管和肖特基二极管。它们的电压降不同：可控硅整流二极管的电压降为 $0.6\sim0.7V$，而肖特基二极管为 $0.2\sim0.4V$。如果低电压降和功率损耗很关键，应使用肖特基二极管。

> ● **澳大利亚标准**
>
> AS/NZS5033：2014　第4.3.9条概述了选择和安装阻塞和旁路二极管的要求，包括旁路二极管最低等级的以下计算：
> - 电压：2×二极管所连接的组件 V_{OC}。
> - 电流：1.4×二极管所连接的组件 I_{SC}。

> ● **知识点**
>
> 9A、600V的二极管通常用于旁路和阻塞二极管。但应随时查阅相关标准。

> ● **实例**
>
> 6A下，可硅控整流二极管的功耗约为
> $$6A \times 0.6V = 3.6W$$
> 在相同的电流下，肖特基二极管的功耗约为
> $$6A \times 0.2V = 1.2W$$

6.5　组件可靠性

太阳能电池组件的预期寿命通常大于 25 年。在此期间，组件将受多种不同的可能影响其实际寿命的内部和外部因素的影响。其中一些因素将适用于所有太阳能电池组件，一些根据组件的制造特点适用于其他组件。这些因素包括：气候暴露（6.5.1 节）、黄变（紫外线和热诱导）（6.5.2 节）、微裂缝（6.5.3 节）、热斑（6.5.4 节）、电势诱发衰减（PID；6.5.5 节）。

购买组件时适用的制造商和法定保证可以解决这些问题。光伏组件质保信息见 6.5.6 节。

6.5.1　气候暴露

光伏组件安装在将接收适当太阳辐射的位置：屋顶上或空旷地面区域。组件必须耐阵列将在该地点经历的一系列天气条件，包括：

（1）雨水和湿气。湿气渗透到保护面的背面可导致电池间的电连接腐蚀。如果水结冰，还可能给组件造成物理性损坏。

（2）冰雹。这些冰球可能高速击打组件表面，造成物理损伤。

（3）热循环。昼夜之间的温度变化可能以各种方式影响组件。

（4）风雪。随着时间的推移，阵风或雪的周期性压力负荷会损坏组件和部件。如果组件安装在一个非平面表面上，强风会造成安装结构扭曲。

6.5.2　黄变

组件制造商应进行薄膜透射测试，以确认针对紫外线和热诱导黄变的适用性（光热稳定性）。通常组件制造涉及用具有一层或多层保护性背面层的 EVA 密封剂将太阳能电池层压到玻璃上。而随着时间的推移 EVA 可能会褪色，该过程被称为黄变过程（图 6.21）。黄变为制造缺陷的一种形式，有可能影响一个批次中的所有组件。

尽管在严重的例子中 EVA 层可能变得不透明，并阻止光射到太阳能电池上，但黄变不一定会影响组件的性能。

图 6.21　左侧组件已黄变

6.5.3　微裂缝

微裂缝是出现在光伏组件中所用的电池上的分散裂缝（图 6.22）。这些裂缝可能是组件上的局部压力引起，并可能发生在组件的制造或安装过程中。

微裂缝可能导致电弧放电，并可能影响组件的性能。如果发现了微裂缝，应联系制造商。

6.5.4 热斑

热斑是暴露于高温下的光伏组件区域（图 6.23）。通常是由性能不佳（无论是从制造缺陷还是从局部遮光而言）的组件中的一个电池导致。性能不佳的电池会限制光伏组件的总输出，其他电池的功率会分散到性能不佳的电池中。这种功率耗散导致性能不佳的电池过热。

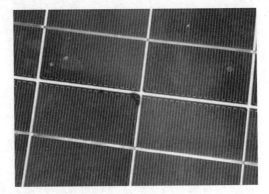

图 6.22 太阳能电池组件中明显的"蜗牛纹"，
可能表示有微裂缝
注：肉眼观察所有微裂缝可能不是很明显

图 6.23 太阳能组件上的热斑

热斑可导致组件受损，如玻璃裂化、电池裂化或焊料熔化，因此热斑是一个安全问题。为了尽量减少热斑形成的可能性，组件的定位应避免组件的某部分有恒定遮光。例如，一个悬垂物体可能导致组件的某部分总是被遮蔽。此时还可以使用旁路二极管（6.4.1 节）。

6.5.5 电势诱发衰减

作为高压（>1000V）阵列的一部分的组件可能遭受电势诱发衰减（PID），即随着时间的推移发生的组件性能退化。

PID 尤其影响那些并未功能性接地的阵列，这导致组件暴露于相对于地面（和相对于接地的组件框架）的较高负电压。PID 主要发生在晶体硅组件上，并且可以通过高温和湿气增强。

有一些组件设计方案可以减少 PID 的可能性。例如，某些抗反射涂层，具有较少的钠和弱渗透性密封剂的玻璃可以降低组件的 PID 的风险。但是，很少制造专门用于避免PID 的组件。

某些光伏系统设计方案也可以减少 PID 的可能性。例如，系统可设计使用电隔离逆变器（即使用带有变压器的逆变器），亦使阵列功能性接地，或者使用光伏补偿盒，可逆转夜间 PID 的发生。

　　使用无变压器型逆变器（第 7 章）的光伏系统不能进行功能接地。功能接地只可用于隔离逆变器。

6.6　光伏组件质保

　　通常假定光伏组件的质保期为其有效寿命。然而，市场上光伏组件的质保类型不止一种，重要的是在选择光伏组件时认真考虑所提供的质保范围（图 6.24）。

图 6.24　两种类型的光伏组件质保标签示例

　1. 太阳能电池组件的工艺保证

　　太阳能组件工艺保证，通常被称为材料或产品保证，有效期为 1～10 年，覆盖构成系统组件的所有部件，包括玻璃盖、密封剂、背板，有时还包括硅电池本身。

　　需要注意质保是由组件制造商还是系统安装方提供，以及安装方或制造商的信誉如何。同样还需了解组件是否是纯进口产品，因为制造商质保可能仅适用于制造国或销售国。

　2. 制造商的功率输出保证

　　制造商的功率输出保证是制造商对组件在特定时间段将保持在规定功率系数的保证。实际上是对构成太阳能电池组件的硅片的保证。由于这些硅片是组件受到保护且最耐用的长寿命的部分，功率输出保证通常期限为 20～35 年。

　　这种类型的保证将覆盖组件的硅片及其功率特性。该性能保证将规定保证数年内的百分比输出；例如，前 10 年，性能保证为 90%，随后是 80%，直到第 25 年（图 6.25）。

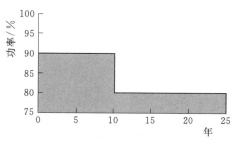

图 6.25　制造商的功率输出保证示例

习　题

问题 1

在以下轴上画一条组件在下述辐照度下的粗略的 $I-V$ 曲线（假设所有其他影响因素相同）。第一个已经完成。

（1）0.1kW/m²。

（2）0.4kW/m²。

（3）0.6kW/m²。

（4）1.0kW/m²。

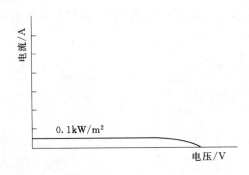

问题 2

在以下轴上画一条组件在下述温度下的粗略的 $I-V$ 曲线（假设所有其他影响因素相同）。第一个已经完成。

（1）0℃。

（2）15℃。

（3）30℃。

（4）45℃。

（5）75℃。

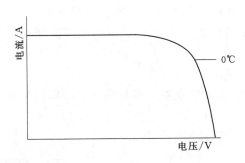

问题 3

（1）所有组件测试的标准测试条件（STC）是什么？

（2）电池标称工作温度（NOCT）条件是什么？

（3）为什么要提供组件的 NOCT 条件？

（4）为什么设计系统时要用 STC 条件而不是 NOCT 条件？

问题 4

（1）太阳能效率是什么的比率？

（2）电池效率和组件效率之间的差异？哪个更有用？

问题 5

（1）太阳能电池技术主要有哪 3 种？

（2）将这 3 种技术按效率由低到高排列。

（3）将这 3 种技术按成本由低到高排列。

（4）将这 3 种技术按相同输出所需面积由低到高排列。

（5）受温度变化影响最小的是哪种技术？

（6）单晶硅电池和多晶硅电池生产的主要区别是什么？为什么多晶硅电池的制造成本更低？

问题 6

（1）什么是热斑形成？

（2）说明旁路二极管如何降低热斑形成的可能性。

问题 7

（1）计算下列实例（虚线框标注组件损坏或遮蔽）中的输出电压。各组件的额定值为 40V。

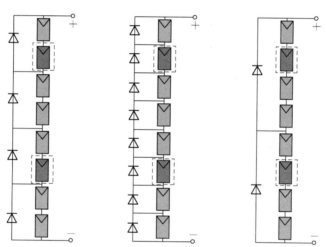

（2）评价在一个串中的多个组件上使用旁路二极管的结果。

问题 8

阻塞二极管何时用于太阳能光伏系统中？

问题 9

（1）列出气候条件可能会导致的 5 种负面影响。

（2）描述什么是电势诱发衰减（PID）。

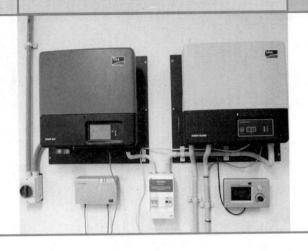

图为并网逆变器、电池变流器及相关控制和监测设备。

第7章 逆 变 器

并网光伏系统使用逆变器将光伏组件产生的直流电变换成交流电。这种交流电源输出必须与电网以及接入电网运行的电气设备兼容。逆变器有多种类型和容量：非常有必要了解这些逆变器的规格参数，可用的不同类型的逆变器以及逆变器制造商和型号提供的功能范围。

本章涵盖了以下几个方面：

（1）逆变器的工作原理（7.1节）。

（2）逆变器的关键规格参数（7.2节）。

（3）逆变器的类型（7.3节）。

（4）逆变器的防护要求（7.4节）。

（5）部分逆变器提供的监测兼容性（7.5节）。

为了匹配拟定的光伏阵列装机容量，系统的并网逆变器参数必须精确。第12章全面覆盖了这些计算。

光伏系统与电网如何互连的基础知识见第5章。

● 澳大利亚标准和准则

AS/NZS4777 第1部分和第2部分（最新草案），AS/NZS5033：2014，IEC 62109：2010 第1部分和第2部分及 AS/NZS3100：2009。

澳大利亚使用的并网逆变器必须符合澳洲标准。清洁能源委员会（CEC）提供了被认可的逆变器的清单。

CEC清单定期更新，可在CEC太阳能认证网站上获取：www. solaraccreditation. com. au。

7.1　逆变器的工作原理

大多数电器和负载使用交流电工作，因此若要使用光伏阵列产生的电能，需要将阵列的直流输出变换为交流信号。逆变器实现了将直流变换成交流的功能。

在发展初期，逆变器产生的是方波［图 7.1（a）］，后来是修正方波［图 7.1（b）］。然而，方波和修正方波输出的是低质量信号，难以与电网兼容。当时方波和修正方波的输出形式均用于独立系统（即未连接到电网的系统），但这些输出基本波形的逆变器已不再使用。现代逆变器使用微处理器和半导体开关生成近似于正弦波的波形，因此可与电网和交流负载兼容［图 7.1（c）］。

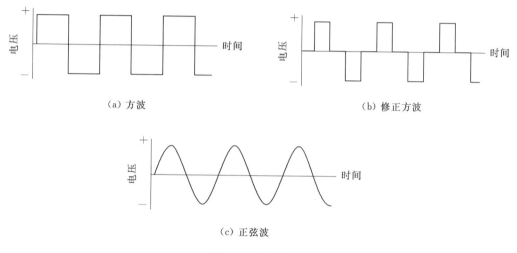

（a）方波　　　　　　　　　　　　　　　（b）修正方波

（c）正弦波

图 7.1　各种波形

在并网光伏系统中，逆变器须能与电网互连并产生与电网的电源相匹配的交流信号（7.3.1 节）。这意味着逆变器必须匹配电网的电压、频率和相角的可接受限值。

为了将直流电变换成交流电，逆变器有效结合了以下技术：

（1）开关技术。生成交流信号，为所需频率的正弦波（7.1.1 节）。

（2）电压控制（使用变压器或直流–直流变换器）。将电压匹配至所需输出电压（7.1.2 节）。

（3）控制系统。将交流输出匹配至电网的频率和电压（7.1.3 节）。

7.1.1　逆变器开关动作：脉冲宽度调制

要将直流电变换为交流电，需要变换电压（和电流），以生成所需频率的正弦波［图 7.1（c）］。可通过基于脉冲宽度调制（PWM）技术的开关动作实现。电源和负载间的装置以一定的比率开通和关断来控制平均电压。通过在不同的时刻开通逆变器电路的不同开关元件来控制输出正弦波的某部分为正或是负。PWM 控制整个过程中正弦波的幅值。

PWM 技术通过调整输出的导通时间控制输出电压。该技术使用了不同长度的快速脉冲，又被称为占空比，使得平均输出电压成为输入电压的一小部分。输出电压的幅值与接通电源的时间成比例。

● 实例

快速接通和关断一个 9V 电池，使其仅接通 1/3 的时间。则平均输出电压（通过用电容器平滑输出电压近似计算）为输入电压的 1/3。因此，输出电压为 3V（图 7.2）。

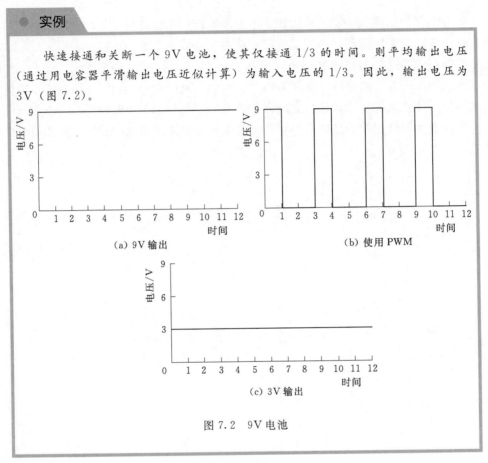

图 7.2 9V 电池

逆变器采用 PWM 技术来改变输出电压，并产生所需频率的正弦波（图 7.3）。输出通常经过电子滤波器以平滑输出。逆变器中可多次用到 PWM。

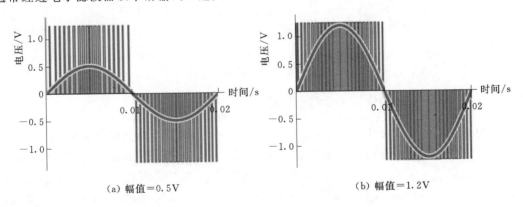

图 7.3 采用 PWM 技术产生的合成正弦波

[改变每个脉冲的长度（即宽度）可以产生各种大小的正弦波]

7.1.2　逆变器电压控制：直流-直流变换器和变压器

所需输出电压由直流-直流变换器或变压器实现。

（1）直流-直流变换器。直流-直流变换器用于改变直流信号的电压。它们是使用开关和储能元件（电容器和/或电感器）组合的开关电源。当电压匹配时，可使用开关将其变换为交流信号（7.1.1 节）。

（2）变压器。变压器可用于改变交流信号的电压。变压器实质上是两个线圈绕制在一个共同的磁芯上。交流输入电流流过原边绕组并产生电磁场，该电磁场在副边绕组中生成交流输出电压，连接负载时便产生交流电流。输出电压和输入电压之比与原边绕组和副边绕组的圈数之比相同。变压器还实现了原边和副边之间的电气隔离。

电压匹配可在开关变换之前或之后进行，这取决于逆变器的类型。每种类型逆变器的优缺点参见 7.3.2 节。

7.1.3　逆变器控制系统

逆变器的交流输出在并网时必须与交流电网的电压和频率相同。这可以通过使用交流电网信号控制直流到交流的变换（自然换向）来实现，或者通过独立控制直流到交流的变换并将交流电网信号用作参考（自换向）实现。

1. 自然换向逆变器

自然换向逆变器使用了由电网交流信号控制的晶闸管（电触发开关）。晶闸管组成桥式电路根据电网交流信号的极性改变输出极性（图 7.4 和图 7.5）。

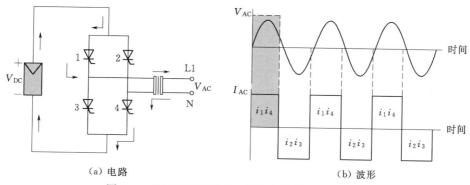

图 7.4　晶闸管组成桥式电路输入信号为正的情况

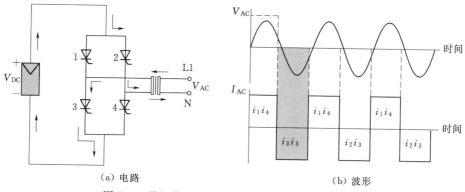

图 7.5　晶闸管组成桥式电路输入信号为负的情况

自然换向逆变器由电网控制，其优点是输出与电网同步。然而，自然换向逆变器输出方波（图7.4和图7.5），这意味着需要显著的滤波以平滑输出至正弦。自然换向逆变器通常已不再使用。

图7.4中，电气原理图显示光伏组件连接到由4个晶闸管（1～4）组成的全桥电路拓扑的自然换向逆变器。当电网输入信号为正时，晶闸管1和4导通，晶闸管2和3关断，电流通过线1（L1）流出，经由中线（N）流回，产生正向方波输出曲线。

图7.5中，电气原理图显示光伏组件连接到具有4个晶闸管（1～4）的自然换向逆变器。当电网输入信号为负时，晶闸管1和4关断，晶闸管2和3导通，且电流通过N线出，经由线L1（左侧）流回，产生了负向方波输出曲线。

2. 自换向逆变器

自换向逆变器由微处理器控制，而不是电网交流信号。它们使用半导体开关器件，例如金属氧化物半导体场效应晶体管（MOSFET）或绝缘栅双极晶体管（IGBT），替代晶闸管并使用PWM生成正弦波。一个自换向逆变器并网时仍必须参考交流电网信号，以确保输出波形同步。

自换向逆变器包含半导体开关和二极管［图7.6（a）］。半导体开关使用PWM（7.1.1节）获得合成正弦波，在某些开关关断的短暂时刻使用了二极管导通电流。得到的输出是一个与电网兼容的正弦波［图7.6（b）］。

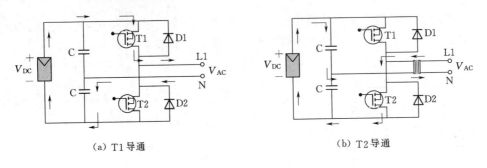

(a) T1导通　　　　　　　　　　　　　　　　(b) T2导通

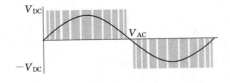

(c) 生成波形

图7.6　自换向逆变器

产生正弦波的快速开关动作会造成电磁干扰（EMI）；因此，逆变器需要使用滤波电路来满足国际要求的电磁干扰准则。

图7.6电气原理图显示了光伏组件连接至半桥自换向逆变器，电流流动指向正半周期（T1开关导通）和负半周期（T2开关导通）。图7.6（c）显示了半导体开关的PWM输出和生成的电压波形。

> **● 要点**
>
> 隔离型逆变器：包含低频变压器或高频变压器的逆变器。
> 非隔离型逆变器：使用直流开关电路而不是变压器进行电压转换的逆变器。

图 7.7 非隔离型逆变器的标准符号也可用于表示任何类型的逆变器。在 IEC 62548 中也定义了隔离型逆变器的特殊符号。

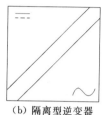

（a）非隔离型逆变器　　　　（b）隔离型逆变器

图 7.7　逆变器符号

7.2　逆变器规格

逆变器（图 7.7）有许多关于其电气和物理特性的规格参数，参见逆变器数据表 7.1。逆变器运行规格将确定可连接到逆变器的光伏阵列的特征参数、逆变器的输出特性和任何其他设计考虑事项，如拟安装位置。在本节中，设计规格分为了：直流电气规格（7.2.1 节）、交流电气规格（7.2.2 节）、效率（7.2.3 节）、物理规格（7.2.4 节）。

表 7.1　逆变器规格表示范（版本：2013 年 3 月）（来源：SMA Solar Technology AG）

技 术 参 数		Sunny Boy 3000TL	Sunny Boy 3600TL
输入（DC）	最大直流功率（功率因数为 1）	3200W	3800W
	最大输入电压	750V	750V
	最大功率点电压范围/额定输入电压	175～500V/400V	175～500V/400V
	最小输入电压/起始工作电压	125V/150V	125V/150V
	最大输入电流（输入 A/输入 B）	15A/15A	15A/15A
	每路最大输入电流（输入 A/输入 B）	15A/15A	15A/15A
	独立最大功率点输入个数/每个最大功率点的输入路数	2/A：2；B：2	2/A：2；B：2
输出（AC）	额定功率（230V，50Hz）	3000W	3680W
	最大视在功率	3000VA	3680VA
	额定电压/范围	220V，230V，240V/180～280V	220V，230V，240V/180～280V
	额定频率/范围	50Hz，60Hz/−5～5Hz	50Hz，60Hz/−5～5Hz

续表

技 术 参 数		Sunny Boy 3000TL	Sunny Boy 3600TL
输出（AC）	额定频率/额定电网电压	50Hz/230V	50Hz/230V
	最大输出电流	16A	16A
	额定功率的功率因数	1	1
	功率因数可调范围	过励磁，功率因数0.8（超前）～欠励磁，功率因数0.8（滞后）	过励磁，功率因数0.8（超前）～欠励磁，功率因数0.8（滞后）
	接入相数/连接相数	1/1	1/1
效率	最大效率/欧洲加权效率	97%/96%	97%/96.3%
保护装置	直流断路器	●①	●
	接地故障监测/电网监控	●/●	●/●
	直流极性反接保护/交流短路电路容量/电位隔离	●/●/—②	●/●/—②
	剩余电流监视单元	●	●
	防护等级（根据 IEC 62103）/电压等级（根据 IEC 60664-1）	I / III	I / III
基本参数	尺寸	490mm/519mm/185mm	490mm/519mm/185mm
	重量	26kg	26kg
	工作温度范围	−25～60℃	−25～60℃
	噪声（典型）	25dB（A）	25dB（A）
	待机损耗（夜间）	1W	1W
	拓扑学	无变压器	无变压器
	冷却方式	对流	对流
	防护等级（根据 IEC 60529）	IP65	IP65
	气候类型（根据 IEC 60721-3-4）	4K4H	4K4H
	相对湿度最大允许值（无冷凝）	100%	100%
特性	直流连接/交流连接	SUNCLIX/弹簧夹终端	SUNCLIX/弹簧夹终端
	显示	图像	图像
	界面：RS485/蓝牙/高速熔丝/网络连接	○③/●/○/○	○/●/○/○
	多功能继电器/功率控制模块	○/○	○/○
	质保：5年/10年/15年/20年/25年	●/○/○/○/○	●/○/○/○/○
	认证和批准（额外的要求）	AS 4777，C 10/11，CE，CEI 0-21，EN 50348，G 59/2，G 83/1-1，IEC 61727，NRS 097-2-1，PEA，PPC，PPDS，RD 1699，RD 661，UTE C 15-712，VDE-AR-N 4105，VDE 0126-1-1	AS 4777，C 10/11，CE，CEI 0-21，EN 50348，G 59/2，G 83/1-1，IEC 61727，NRS 097-2-1，PEA，PPC，PPDS，RD 1699，RD 661，UTE C 15-712，VDE-AR-N 4105，VDE 0126-1-1
	类型名称	SB 3000TL-21	SB 3600TL-21

① ●表示标准配置。
② —表示不可用，数据在额定条件下。
③ ○表示可选配置。

7.2.1　直流电气规格

逆变器的直流电气规格确定了逆变器可连接的光伏阵列的工作特性。这些特性包括阵列配置，以及输出电流、电压和功率。逆变器和阵列的匹配过程详见第 12 章。

应考虑的逆变器直流电气规格包括：最大直流输入功率、最大输入电压、最大功率点跟踪（MPPT）电压范围、输入和 MPPT 的数量、每路 MPPT 输入的最大电流。

1. 逆变器的最大直流输入功率

这是能够连接到逆变器直流输入端的光伏阵列最大功率。标准设计中建议阵列的峰值功率不能超过最大允许的直流输入功率。对于超配情况（超配情况参见第 12 章），即阵列最大功率大于逆变器最大直流功率的项目，应由逆变器制造商确认超配如何影响逆变器及其质保。

2. 逆变器的最大输入电压

逆变器的最大输入电压决定了可在各阵列组串中串联的电池片的最大数量。该最大数量应考虑到温度对光伏组件电压的影响。为安全起见，不得超过最大输入电压。大部分领先的逆变器制造商都有在超过最大输入电压时关机的安全机制，但系统设计不应依赖于逆变器的安全机制。

> **要点**
>
> 组件串联时，组件的电压相加。

3. 逆变器的 MPPT 电压范围

MPPT 电压范围是逆变器能够工作的电压范围。如果阵列的输出电压过低，逆变器没有足够的电力来工作。如果超过 MPPT 最大电压，由于跟踪器不起作用，阵列会运行在较低的功率点，可能发生性能问题。该规格将最终决定阵列中每串电池片的最大和最小数量。该计算还应考虑温度对光伏组件电压的影响，第 12 章中有详细说明。

> **要点**
>
> MPPT：最大功率点跟踪。

4. 逆变器输入数量和 MPPT 数量

主要有两种逆变器多路输入方式，了解它们之间的区别至关重要。

（1）多路输入使用一个 MPPT。为系统保护（更多信息见第 13 章）目的，除非厂家有明确规定，否则建议假设没有内部保护。

（2）每路输入都具备 MPPT。为系统保护目的，这种类型的系统多数需电气隔离。应与逆变器制造商进行确认。

AS/NZS 5033：2014 第 4.2 条规定阵列的最大开路电压必须使用最低预期工作温度计算（注意：电压随着温度的降低而增加）。

较大的逆变器通常会是上述方式的组合：多个 MPPT，每个 MPPT 具有多路光伏输入。描述逆变器 MPPT 和光伏组串连接的信息可以由各个逆变器制造商使用不同的术语和描述方式。因此，拟使用的逆变器的 MPPT 功能应在设计光伏系统之前确认。

● 实例

SMA Sunny Boy 3000TL 规格表（表 7.1）包括以下直流输入信息：
(1) 独立 MPP 输入数量＝2。
(2) 每个 MPP 输入的组串数＝ A：2；B：2。
这些数据表明，该逆变器具有两个 MPPT，每个 MPPT 有两路输入（图7.8）。也就是说逆变器一共有四路光伏输入。

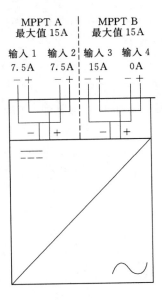

7.8 SMA Sunny Boy 3000TL MPPT 结构的电气原理图

图 7.8 中有两个 MPPT（最大 15A），每个 MPPT 有两路输入（最大 15A）。在一个 MPPT 中使用两路输入，每串的最大电流为 7.5A（显示为 MPPT A）。只使用一路输入时，最大输入电流为 15A（显示为 MPPT B）。

5. 逆变器各路光伏输入的最大电流

逆变器的各路输入具有额定最大电流。多路输入的单 MPPT 逆变器具有 MPPT 最大总电流。确定该参数非常重要,因为其决定了每路输入的最大电流。

● 实例

如前面实例中所述,SMA Sunny Boy 3000TL 具有两个 MPPT,每个 MPPT 有两路输入。规格表(表 7.1)包含以下信息:

(1) 输入 A/B 中各组串的最大输入电流＝15A/15A。

(2) 输入 A/B 的最大输入电流＝15A/15A。

这表明,每串的最大电流为 15 A,但每个 MPPT 的最大电流也是 15 A。也就是说 MPPT 两路输入的最大汇总电流不得超过 15 A。因此,如果系统每个 MPPT 有两路组串,则每串的最大电流为 7.5 A。如果系统在每个 MPPT 中使用单路光伏输入,该路输入可接入 15 A 的最大组串电流,但不能使用第二路输入(图 7.8)。注意:并联进一个 MPPT 的所有组串应电气参数匹配。

7.2.2 交流电气规格

由于逆变器要将直流电转换成交流电,必须在向家庭负荷供电并向电网输出电能之前实现与交流电网同步。逆变器的运行要求由电力公司和有关标准规定。逆变器与电网同步的运行规范基于当地电网特性并因国家而异。

需要理解和考虑的与系统设计相关的逆变器规格包括:额定输出功率、功率因数、输出电压和频率、谐波畸变。

● 澳大利亚标准和准则

AS/NZS 4777 概括了并网逆变器的交流输出规格,以便与澳大利亚电网兼容。

逆变器的功率因数和总谐波失真要求见 AS 4777.2 4.4 节。

在澳大利亚,逆变器的总谐波失真必须小于 5％。

CEC 的认可安装人员设计准则规定逆变器的交流输出不得小于阵列输出的 75％。

---

1. 逆变器的额定输出功率

这是当逆变器输入足够的直流功率时可产生的最大功率。该参数提供了能够连接到逆变器的阵列容量的一般准则。

如果光伏阵列生成的功率多于逆变器的额定功率(光伏系统阵列容量过大,如第 12 章所述),逆变器仍只能输出其额定功率。如果阵列生成的功率明显小于逆变器的额定功率,逆变器的效率将会降低:逆变器的最大效率在逆变器的输出大于逆变器的潜在功率的最低百分比时实现；例如，峰值效率（96%）可在逆变器最大输出的50%时实现，并逐渐降低，直至达到逆变器容量的100%。不是所有的逆变器均提供相同的功能特性，因此必须研究逆变器的规格。为确保该逆变器接近其额定效率，阵列和逆变器的匹配非常重要。

电网服务供应商可基于额定输出功率限制并网允许的最大光伏额定功率。例如，一些网络不允许单相连接超过5kW，或三相装置中相间最大不平衡视在功率为5kVA。

2. 逆变器的功率因数

一些逆变器能够自定义交流输出的功率因数（更多功率因数相关信息见第5章）。这使得逆变器能够匹配并网点的功率因数，甚至可改善功率因数。

不具备上述功能的逆变器仅能保持功率因数为1。这可能导致某个节点的功率因数明显恶化。

3. 逆变器的输出电压和频率

逆变器的输出电压和频率必须适合并网。有两套主要的国际电压和频率要求如下：

（1）V_{RMS} 230V，频率50Hz（用于澳大利亚，印度、欧洲、非洲和大部分亚洲地区）。

（2）V_{RMS} 110V或120V，频率60 Hz（用于美国、加拿大、日本，大部分南美洲地区和中东部分地区）。

4. 逆变器的谐波畸变

谐波畸变是用于描述逆变器输出波形质量的值。数值较小，以百分比表示，描述的是类似于完美正弦波的输出。高值表示输出将导致一些电网中断。逆变器输出的谐波畸变百分比必须符合相关标准和电网运营商的要求。

● **知识点**

在澳大利亚，无功功率控制（即动态功率因数调整）必须在逆变器上禁用。逆变器必须可运行在0.8超前和0.95滞后之间的某个静态功率因数点。

7.2.3　逆变器效率

逆变器的总效率"输出能量"和"输入能量"之间的比值受其两个主要功能产生的损耗影响，即：

（1）光伏组件或阵列的最大功率点跟踪（MPPT）。

（2）直流电转换成交流电。

1. 逆变器的跟踪效率

逆变器的一个主要功能是跟踪光伏组件或阵列的最大功率点（MPP）。然而，逆变器无法完全做到这一点，导致了可从光伏阵列获得的最大瞬时直流功率（P_{ARRAY}）和输送到逆变器从直流变换为交流的实际瞬时直流功率（P_{DC}）之间存在差异。这种可用功率到获得功率之间的差异被称为跟踪效率（η_{TR}），计算为

$$\eta_{TR} = \frac{P_{DC}}{P_{阵列}}$$

式中　$P_{阵列}$——阵列能够产生的瞬时最大直流功率；

　　　P_{DC}——输入到逆变器的瞬时直流功率。

2. 逆变器的转换效率

逆变器的另一个主要功能是将直流电转换为交流电。在这个过程会因逆变器内的变压器（如果逆变器内使用了）、电子控制系统和其他监控系统产生损耗。这些损耗用转换效率（η_{CON}）表示为

$$\eta_{CON} = \frac{P_{AC}}{P_{DC}}$$

式中　P_{DC}——瞬时直流输入功率；

　　　P_{AC}——瞬时交流输出功率。

3. 逆变器总效率

逆变器的总效率，被称为逆变器效率（η_{INV}），是这两个单项效率（跟踪和转换）的乘积，即

$$\eta_{INV} = \eta_{RT}\,\eta_{CON}$$

逆变器通常会损失标称功率的 $0\%\sim5\%$，一旦逆变器达到其额定功率的 10%，许多逆变器效率会达到 90%（图 7.9）。当逆变器运行在 $50\%\sim80\%$ 的额定功率之间时，通常可达到其峰值效率。随着系统功率全天候变化，逆变器的效率也在发生变化。

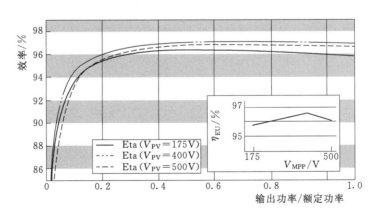

图 7.9　逆变器效率曲线实例（SMA Sunny Boy 5000TL）

（来源：SMA Solar Technology AG）

7.2.4　逆变器物理规格

必须研究逆变器的物理规格，以确保其适合预定安装位置。在选定安装位置之前，必须知晓制造商的安装建议。

应考虑的规格包括：尺寸和重量、通风要求、防护等级（IP）。

1. 逆变器的尺寸和重量

需要知晓逆变器的尺寸和重量，以便确定适合逆变器的安装位置和安装过程。例如，一个非常重的逆变器可能不适合壁挂式安装。

2. 通风空间

逆变器运行产生的热量将决定逆变器在额定参数下安全运行所需的通风散热。

3. 逆变器防护等级

逆变器防护等级规定了逆变器柜体的防水、防尘性能。防护等级以一个两位数的 IP 号给出，其中第一个数字表示固体颗粒入侵防护（最大值为 6），第二个数字表示液体渗入防护（最大值为 9）。

> **● 澳大利亚标准**
>
> IEC 60529：2004　对机械箱体和电器外壳提供的防护等级进行了分类和分级。
>
> AS/NZS 5033：2014　第 4.3.3.1 条规定，所有户外设备防护等级至少为 IP54。靠近阵列的设备必须为 IP55。

> **● 实例**
>
> 逆变器防护等级 IP54，表示：
>
> （1）5 级固体颗粒入侵防护。粉尘进入量不足以干扰设备正常运转。
>
> （2）4 级液体渗入防护。水从任何方向溅落均对柜体无害。

7.3　逆变器类型

必须选择适合并网光伏系统的正确类型的逆变器。本节基于以下内容对可用的逆变器类型进行讨论：

（1）并网型、离网型和多模式逆变器之间的区别（7.3.1 节）。

（2）带变压器的逆变器与不带变压器的逆变器之间的区别（7.3.2 节）。

（3）逆变器和光伏阵列连接的不同方式（7.3.3 节）

7.3.1　并网型、离网型和多模式逆变器

市场上逆变器有 3 种类型：并网型逆变器、离网型逆变器和多模式逆变器。理解这些逆变器类型之间的区别十分重要。

1. 并网型逆变器

并网型逆变器（图 7.10）能够产生与电网兼容的交流信号。典型配置（图 7.11）是使光伏系统经由逆变器和配电柜连接到电网和/或负载（取决于安装地点的计量方

图 7.10 并网型逆变器示例——Fronius IG TL
（来源：Fronius International GmbH）

式）。这种逆变器必须产生相关标准规定的可接受电压和频率范围内的电能。并网型逆变器不能独立输出交流：逆变器必须参考电网电压以便连接电网。如没有电网电压，逆变器将无法运行。

并网型逆变器通常含有 MPPT 跟踪器，可保持光伏阵列运行在其最大功率点。逆变器有一个直流电压运行范围，在逆变器产生必要的交流输出以匹配电网前，太阳能光伏组件必须运行在该区间范围内（更多关于 MPPT 电压范围的信息，请参考第 12 章）。

并网逆变器需要电网保护，以确保逆变器在电网异常工况下不会向电网输出电能。施加于并网逆变器的运行规范要求逆变器具有主动和被动保护系统，且在一定的条件下必须关闭逆变器，详见 7.4 节。

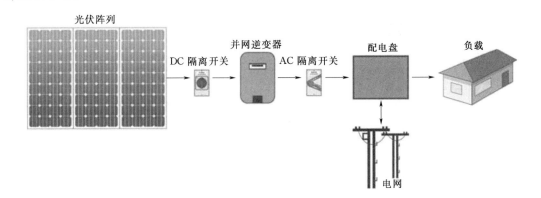

图 7.11 典型的并网光伏系统配置

2. 离网型逆变器

离网型逆变器（图 7.12）不连接到电网：这些逆变器使用储能系统作为其电源，逆变器的输出提供运行参数内的等同电源。逆变器的交流输出可以产生正弦波、方波或修正方波。现在市场上的绝大多数离网型逆变器输出为正弦波。这些逆变器不连接到电网，因此不需要符合电网的质量标准。确认离网逆变器波形是否适用于预期负载非常重要。

离网发电系统的标准配置（图 7.13）将充电控制器和蓄电池组连接到逆变器。光伏阵列不直接连接到离网型逆变器：阵列连接到太阳能控制器，该控制器将电源馈

图 7.12 离网型逆变器示例

送到电池储能系统和逆变器。太阳能控制器可以具备 MPPT 功能，但离网型逆变器不具有与并网型逆变器相同的 MPPT 功能。

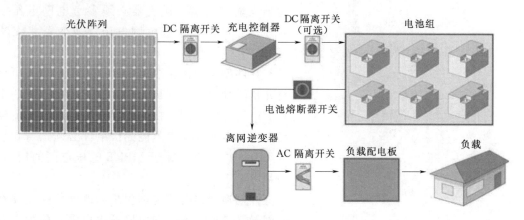

图 7.13　典型的离网光伏系统配置

由于离网逆变器连接到蓄电池组，电池组具有特定的电压规格；也就是说，逆变器需被设计成在标称电池电压下运行，如 12V、24V、48V 或 120V 直流电。

> **● 澳大利亚标准**
>
> AS/NZS 4509：2009 涵盖了离网逆变器，多模式逆变器还需要提供 AS 4777：2005 和 AS 62040：2003 或 IEC 62109：2010 认证。

3. 多模式逆变器

多模式逆变器（图 7.14）能够在两种模式下运行：并网运行和离网运行。典型配置类似于离网光伏系统，但可额外连接至电网（或其他发电机）以提供备用（图 7.15）。这些逆变器用于带电池储能的并网光伏系统，并允许在一定条件下（如电网中断或控制电费过高）通过光伏阵列和电池为负荷供电。

连接带并网光伏系统中的多模逆变器和储能电池的方法有很多。更多信息见 GSES 的其他出版物。

图 7.14　多模式逆变器示例——Selectronic SP Pro
（来源：Selectronic）

7.3.2　隔离型和非隔离型逆变器

3 种主要类型的逆变器如下：

（1）带低频变压器的隔离型逆变器。

（2）带高频变压器的隔离型逆变器。

（3）非隔离型（不带变压器）逆变器。

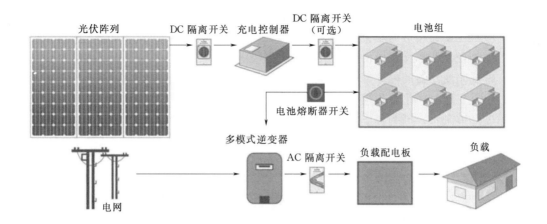

图 7.15　使用储能电池和多模式逆变器的并网光伏系统的典型配置

> **知识点**
>
> 　　变压器提供了电气隔离，即逆变器直流和交流侧之间的电气分隔。
> 非隔离型逆变器因没有变压器而不具有此电气隔离功能。
> 隔离型和非隔离型逆变器的不同名称见表 7.2。
>
> 表 7.2　　　　　　　　隔离型和非隔离型逆变器的不同名称
>
> | 隔离型逆变器 | 非隔离型逆变器 |
> | --- | --- |
> | 电气隔离逆变器 | 非电气隔离逆变器 |
> | 带变压器的逆变器 | 不带变压器的逆变器 |

1. 带低频变压器的隔离型逆变器

带低频变压器的隔离型逆变器（图 7.16）是老式逆变器。

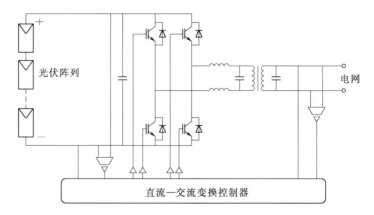

图 7.16　带低频变压器的隔离型逆变器原理图

带低频变压器的隔离型逆变器的主要优点如下：

(1) 逆变器构造简单。

(2) 直流侧和交流侧使用变压器实现电气隔离。

带低频变压器的隔离型逆变器的主要缺点如下：

(1) 变压器产生电力损耗。

(2) 重量重，因为变压器绕组。

● 知识点

　　由于逆变器的直流侧和交流侧之间没有电气隔离，不带变压器的逆变器具有特定的接地要求（有关接地要求的更多信息见第 13 章）。

2. 带高频变压器的隔离型逆变器

设计带高频变压器的隔离型逆变器（图 7.17）的目的为避免低频变压器的功率损耗，同时保留使用变压器电气隔离交直流侧的优点。

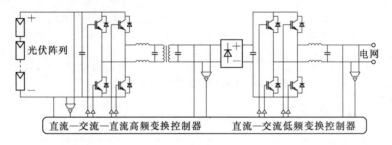

图 7.17　带高频变压器的隔离型逆变器原理图

带高频变压器的隔离型逆变器的主要优点如下：

(1) 变压器提供了直流侧和交流侧之间的电气隔离。

(2) 重量比带低频变压器的逆变器要轻。

(3) 运行效率比带低频变压器的逆变器高。

带高频变压器的隔离型逆变器的主要缺点如下：

(1) 逆变器电路复杂。

(2) 运行时会产生高频噪声。

● 知识点

　　较之低频变压器，高频变压器更轻且电力损耗更低。

3. 非隔离型（不带变压器）逆变器

非隔离型逆变器不含变压器（图 7.18），因此逆变器的直流侧和交流侧间没有电气隔离。

不带变压器的逆变器的主要优点如下：

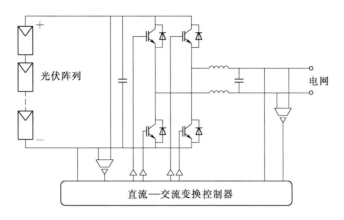

图 7.18　非隔离型逆变器示意图

（1）和带变压器的逆变器相比体积更小、质量更轻。

（2）效率比带变压器的逆变器高。

不带变压器的逆变器的主要缺点如下：

（1）逆变器的直流侧和交流侧之间没有电气隔离。

（2）没有变压器，逆变器可能会向电网注入直流电流。为了防止这种情况，有时会使用一个小型隔离变压器。

（3）逆变器运行需要光伏系统提供更高的输入电压。

> ● 知识点
>
> 　　由于逆变器的直流侧和交流侧之间没有电气隔离，不带变压器的逆变器具有特定的接地要求（有关接地要求的更多信息见第 3 章）。

7.3.3　光伏阵列与逆变器的接口

市场上有许多逆变器类型和尺寸适用于光伏阵列：从单组件逆变器到多串阵列逆变器，从发电小于 1kW 的小型阵列逆变器到发电量为数百千瓦的大型阵列逆变器。本节描述了下列类型的并网逆变器及每种逆变器的功能：微逆变器、单路跟踪逆变器、多路跟踪逆变器、集中式逆变器、带太阳能优化器的逆变器（组件级 MPPT）。

1. 微逆变器

微逆变器（图 7.19）是不带变压器的小型逆变器（有些会使用隔离变压器减小电流的直流分量）。微逆变器设计安装在一个阵列中的每个或每两个太阳能电池组件背面或附近。

微逆变器具有相较其他类型的逆变器的一些显著优点：

图 7.19　微逆变器示例
（来源：Enphase 能源）

（1）每个微逆变器具有一个 MPPT，因此各光伏组件将运行在最大功率点。经由微逆变器获得的单个组件 MPPT 功能可产生较高的阵列总输出，尤其是当系统中的单个组件工况不同时（例如，在一天中不同时间影响不同组件的阴影遮挡）。

> **● 要点**
>
> MPPT 使用电子器件控制其所连接的光伏组件运行，以使组件在最大功率点工作并产生最大电力。

（2）由于微逆变器都位于组件上，因此所需要的直流电缆比传统阵列逆变器要少。每个微逆变器的交流输出可以并联，然后在适当位置并网。

（3）由于不需要直流保护装置，较少的直流电缆降低了安装、布线和设备成本。

（4）微逆变器与光伏组件一样也是模块化的。因此，未来在允许并网时可在系统添加装有微逆变器的组件模块。对于使用其他类型逆变器的系统，能够连接到单个逆变器的光伏组件的最大数量将受逆变器的规格限制。

（5）阵列状态监测可在组件级通过微逆变器实现，这使得故障定位更加简单准确。在大型太阳能设施中排查性能问题时，这种类型的故障定位设备可节约成本。

使用微逆变器的主要缺点如下：

（1）微逆变器的每单位功率成本比其他类型逆变器更高。增加的逆变器成本被安装费用的减少抵消。

（2）微逆变器安装在光伏组件上，可能经受高温环境。与安装在环境温度较好地点的逆变器相比，逆变器部件需承受额外的热应力。

（3）微逆变器更换（如需要）涉及从阵列上拆除组件以检修逆变器。

微逆变器通常经由接入点的交流电网系统或信息通信网络提供全面的数据记录和通信功能。

图 7.20　单路跟踪逆变器示例
（KACO Powador 7700，含有 1 个 MPPT
和连接到该 MPPT 的 4 个输入点）
（来源：KACO 新能源）

2. 单路跟踪逆变器

单路跟踪逆变器（也称为单组串逆变器）整个阵列使用一个 MPPT，用于小型并网光伏系统（图7.20）。MPPT 建立了阵列的最大功率点，然后在全天针对不同工况保持运行在 MPP。

单路跟踪逆变器连接到单个组串或多个组串（图 7.21）。多个组串可经由单个输入点连接到逆变器，也就是说各组串需在输入逆变器前并联，或通过多个输入点连接到逆变器（如与图 7.20 中的 KACO Powador 一样）。

将多个组串连接到单路跟踪逆变器可能使阵列的输出功率较低。一个组串的输出低于其他组串时会发生这种状况，例如由于阴影遮挡，逆变器跟踪的是整个阵列的最大功率点而不是单个组串。

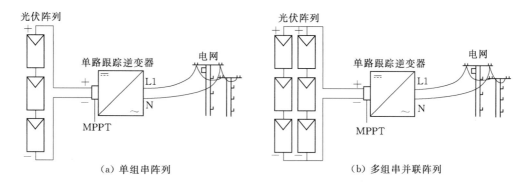

（a）单组串阵列　　　　　　　　（b）多组串并联阵列

图 7.21　单路跟踪逆变器配置

单路跟踪逆变器的功率在 1～12kWp 之间，可配置在单相或三相系统中，输入电压从 ELV（超低电压）至 1000V DC 不等。对于较大的系统，多个单路跟踪逆变器可能比单个多路跟踪逆变器更便宜（图 7.22）。

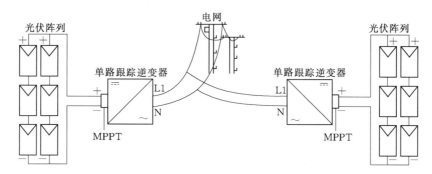

图 7.22　大型阵列使用多个单路跟踪逆变器的配置

3. 多路跟踪逆变器

多路跟踪逆变器（也被称为多组串逆变器）具有多个 MPPT（图 7.23）。每个组串，或每组组串，可连接到一个独立的 MPPT（图 7.24），以获得每个组串或每组组串的最大功率点。

图 7.23　多路跟踪逆变器示例（SMASunny
　　　　 Boy 3000TL，该逆变器具有两个
MPPT，每个 MPPT 有两个输入点）
（来源：SMA 太阳能技术 AG）

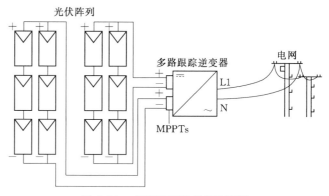

图 7.24　多路跟踪逆变器的配置

对于阵列中组串或一系列组串定位在不同方向，多路跟踪逆变器能够产生比单路跟踪逆变器更高的电量。例如，一个阵列包括建筑物东边屋顶和西边屋顶的组串会优先使用多路跟踪逆变器而不是单路跟踪逆变器。

4. 集中式逆变器

集中式逆变器（图 7.25）用于大型并网光伏系统，相当于多路大型组串并联逆变器。集中式逆变器的使用方式和具有多个组串的单路跟踪逆变器类似，所不同的是集中式逆变器的光伏阵列可能分成若干子阵列，每个子阵列包括若干组串（图 7.26）。

图 7.25　SMASunny 中心 100kW
逆变器的安装
（来源：SMA 太阳能技术 AG）

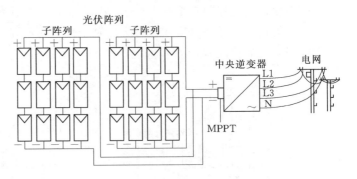

图 7.26　具有子阵列和三相输出的集中式逆变器配置

一些集中式逆变器拆分成功率单元，任一时刻使用的功率单元的数量取决于光伏阵列的输出（图 7.27）。例如，如果阵列发电量仅为其容量的 50%，则这种类型的逆变器将只使用其功率单元的 50%。这提高了系统的效率。

5. 带太阳能优化器的逆变器：组件级 MPPT

太阳能优化器（也称为功率优化器和组件 MPPT）是连接或嵌入到每个组件的直流—直流变换器，用于帮助组件运行在其最大功率点（图 7.28）。对于安装中配有太阳能优化器的组件，逆变器的功能是控制优化器，并将直流电转换成交流电。这些优化器的制造商通常会提供能够就所有预期功能与优化器通信的兼容逆变器。一些优化器产品能够与其他品牌的逆变器一同工作，但应确认这种情况下的兼容性和功能性。

逆变器与太阳能/功率优化器一起使用的优点如下：

（1）每个光伏组件运行在其最大功率点。可产生较高的阵列总输出，特别是对于系统中部分组件和其他组

图 7.27　带功率单元的集中式
逆变器示例（Fronius IG Central）
（来源：Fronius）

件运行工况不同（例如因阴影遮挡、尘污或方位不同）。

（2）与光伏组件一样，组件级优化器提供的最大功率点跟踪功能是模块化的。因此，根据逆变器部件的额定功率和并网许可，可按需求添加额外的带优化器组件到系统中。

使用太阳能优化器和普通逆变器组合的主要缺点：该设备组合的单位功率成本大于其他类型的逆变器。

优化器一般通过逆变器部件提供数据记录和通信。

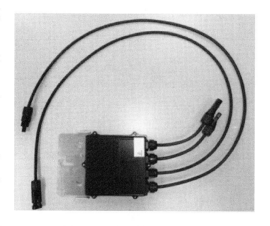

图 7.28　太阳能优化器示例

表 7.3 总结了光伏阵列与逆变器之间的 5 种类型接口的优缺点。

表 7.3　　　　　　　　　　光伏阵列与逆变器之间的 5 种类型接口比较

逆变器类型	微逆变器	单路跟踪	多路跟踪	集中式	与组件优化器一同使用的逆变器
功率范围	100～500W	700～30000W	2000～30000W	30kW～1MW	100～700W（每个优化器） 2～17kW（每个逆变器部件）
MPPT	每 1 个或 2 个组件	每个阵列	每串或每组串	通常每个阵列	每个组件
输出	单相	单相或三相	单相或三相	三相	单相或三相
典型效率	95%～96%	93%～97%	97%	97%	98%
优点	（1）每个组件具有 MPPT。 （2）较少的直流电缆。 （3）易于添加更多的组件	（1）容易购得。 （2）单位功率成本低于微逆变器	（1）多个 MPPT。 （2）容易购得。 （3）单位功率成本低于微逆变器	（1）单位功率成本较低。 （2）效率较高。 （3）一个维护点	（1）各组件具有 MPPT。 （2）单个逆变器。 （3）易于添加更多的组件
缺点	（1）可能具有较高的单位功率成本。 （2）更换发生故障的微逆变器较难。 （3）可能具有较高的热应力	整个阵列仅有一个 MPPT	比单路跟踪逆变器贵	如果逆变器出现故障，无冗余备用，但具有内部使用功率单元的型号除外	可能具有较高的单位功率成本

7.4　并网逆变器保护系统

并网逆变器充当光伏发电系统连接到本地配电网的接口。然而，并网光伏系统在电网异常时可能出现复杂工况。为此，需使逆变器在以下情况与电网断开以保护电网：

（1）电网中断（停电）。

（2）电网运行电压和频率高于或低于允许的电压和频率阈值。

● **澳大利亚标准**

AS/NZS4777 第1部分和第2部分（最新草案）。

AS/NZS5033：2014 引用 IEC 62109：2010 第1部分和第2部分及 AS/NZS 3100：2009。

● **要点**

电网保护：逆变器在以下情况下与电网断开连接：

（1）电网中断（停电）。

（2）电网超出允许电压和频率范围（高于或低于）。

使逆变器在这些情况下断开可保护电网并防止孤岛效应（7.4.1节）。并网逆变器包括两种类型的电网保护。

（1）被动式保护。如果逆变器检测到电网工况高于或低于逆变器电压和/或频率设定值（7.4.2节），逆变器从电网断开。

（2）主动式保护。如果没有稳定的电网参考信号，逆变器将促使其被动保护策略起作用（7.4.3节）。

有时，电网保护功能可能导致逆变器与电网错误断开，7.4.4节探讨了其原因。逆变器也有多级自保护功能，防止逆变器遭受阵列或外部因素带来的损害，详见7.4.5节。

某些电网运营商对并网光伏系统输送到电网的电量加以限制。他们通过对一定规模以上的系统实施输出限制或优先考虑安装核准过的零输出设备（ZED）的系统来实现这一点。

7.4.1 防孤岛效应

当电网发生异常工况或中断时光伏系统主要会导致两个问题。

（1）孤岛效应。分布式发电设备（例如光伏并网系统）在公用电网断电之后继续向部分电网供电的情况，从而产生了"孤岛"（图7.29）。输出的电能可能会对此时输电线上作业人员的安全构成威胁，并可能对电网供电产生其他问题（图7.30）

图7.30中断路器关断流向故障点的电流（来自电站），但不能关断流向其他方向的电流（来自住宅光伏系统），这样就对试图修复故障的工作人员产生了安全隐患。

（2）保护电网。如果发生孤岛效应，会导致从光伏系统发出的电能不再与电网其余部分保持相同的电压和频率，这是很危险的。当电网供电恢复且孤岛效应停止时，电压或频率之间的差异可能会损坏配电线、逆变器以及电网上的其他设备。

为了避免这些问题，并网逆变器必须包含相关电路，以确保在电网出现异常时逆变器

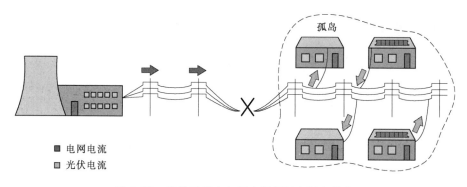

图 7.29　光伏系统在电网中断期间向孤岛供电

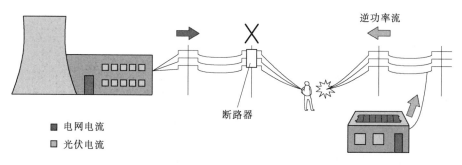

图 7.30　双向潮流带来的问题

关闭输出。虽然直流侧仍然带电，但这可以有效地关闭光伏系统。这种关闭功能被称为"反孤岛效应"，且表明光伏发电不会恶化电网工况或对在线路作业人员造成伤害。

　　当电网恢复正常时，通过设置定时延迟启动（通常至少 1min），逆变器将重新连接电网（图 7.31）。

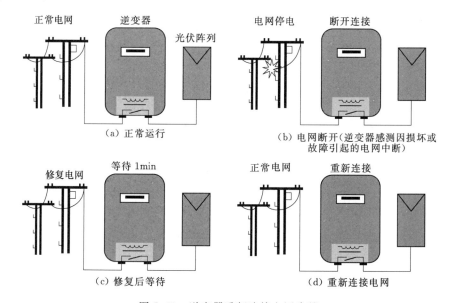

图 7.31　逆变器重新连接电网步骤

> **● 知识点**
>
> 　　当一个地区的多个光伏系统在停电期间继续向某部分电网供电时，便发生孤岛效应，因为每个逆变器参照其他逆变器的综合输出，并认为电网仍然运行。这需要在一系列特定情况下且发生概率很低。

> **● 澳大利亚标准**
>
> 　　AS 60038：2012 规定可接受电网电压限值为＋10％和－6％。

7.4.2　被动式保护

　　如果出现电网故障或电网运行超出允许电压和频率范围，被动式保护系统会断开逆变器和电网的连接。这些设定的电压和频率限值植入逆变器程序，并根据相关标准和/或电网批准决定。在某些情况下，这些参数变更可与当地电网协商。被动式保护也称为被动式防孤岛保护。

　　有 4 种形式的被动式防孤岛保护，包括：欠压保护（如果低于 V_{MIN}）、过压保护（如果高于 V_{MAX}）、欠频保护（如果低于 f_{MIN}）、过频保护（如果高于 f_{MAX}）。

　　如果电网电压超出 V_{MIN} 到 V_{MAX} 的范围或频率超出 f_{MIN} 到 f_{MAX} 的范围，逆变器的断路装置在设定时间段（通常为 2s）内动作。

> **● 实例**
>
> 　　供电电压特性由相关标准和电网运营商确定。
>
> 　　在澳大利亚，容许的电压范围由 AS 60338：2012 确定为标称电源电压的＋10％和－6％。假定电源电压 230V_{RMS}，相应的限值为
>
> $$V_{MIN} = 216V$$
>
> $$V_{MAX} = 253V$$
>
> 　　澳大利亚在 AS 4777 中确定的容许供电频率范围为
>
> $$f_{MIN} = 48Hz$$
>
> $$f_{MAX} = 52Hz$$

　　如果电网处于工作电压上限，特别是在大型系统中，逆变器的被动式保护系统可能会出现误动作。这是由于逆变器和电网之间可能会有电压抬升，导致逆变器在实际电压并不高时检测到电压过高。7.4.4 节进一步阐述相关内容。

7.4.3　主动式保护

　　主动式保护系统（也称为主动式防孤岛保护）强制逆变器的被动式保护在某些工况下

工作。逆变器将允许检测到的异常"漂移"，以使逆变器在其规定的被动保护参数下关机。

如果有限区域内有足够数量的逆变器连接电网且该区域电网供电发生故障，会出现逆变器相互影响，并提供电网基准信号的问题，这将使每个逆变器继续运行。电压和频率将成为彼此的基准信号并保持在运行限值范围内，从而不触发被动式保护。因此，光伏系统在断电期间保持向部分电网供电，而此时线路应是不工作的，如此便产生了孤岛效应。

> ● 定义
>
> 　主动式保护在被动式保护可能不工作时促使其生效。

> ● 澳大利亚标准
>
> 　AS 4777.3：2012 规定逆变器必须至少有一种主动防孤岛方法。

主动式保护有多种不同方法，包括：

（1）频率不稳定性。逆变器的频率在没有频率基准的情况下存在内在的不稳定性。这种不稳定性会导致"过频"或"欠频"保护工作。

（2）频率漂移。没有频率基准时，逆变器将使其频率偏离标称值，触发频率保护系统。

（3）功率变化。如果电网没有稳定的电压，逆变器输出功率的周期性变化将会导致电压漂移，从而触发欠压或过压保护。

（4）电网阻抗监测。在德国，逆变器须通过向电网注入电流脉冲来监测配电系统的阻抗。由于德国电网是一个巨大的光伏市场，许多逆变器制造商将这一功能并入其逆变器的标准。该功能可在电网不够发达的地方产生问题，如允许，可以禁用。在大多数国家，只有在逆变器有一个其他的主动防孤岛方法时方可停用该功能。

7.4.4　误跳闸（电压抬升）

当电网运行电压超出允许的电压限值时，逆变器被动式保护的电压上限将断开光伏系统。然而，逆变器保护策略可能因逆变器与电网之间的电压抬升而误触发。

如果电网运行在电压上限以下，逆变器端电压抬升可能会导致其检测到电网电压高于 V_{MAX}，而此时电压实际上低于 V_{MAX}，这将导致逆变器启动其被动式保护系统来保护电网，而电网实际上并未超出其允许电压范围。

逆变器端电压抬升是由逆变器与并网点之间的电缆阻抗引起。阻抗增加导致电压抬升。为了能够评估并网系统中可能的电压抬升，需要评估多个电缆敷设路径：从逆变器到配电柜；从配电柜到并网点；从并网点到输电线。并网点以外的电网阻抗在某些条件下可能也需要加以考虑。

> ● 要点
>
> 　电压抬升的主要原因是逆变器向电网输送电流。

● **实例**

（1）图 7.32 阐明了一个并网系统和逆变器在向电网输送电能时可能遇到的电压上升。如果电网运行值接近其电压上限（在这个例子中，240＋10％＝264V），可能迫使逆变器电压高于其交流电压的上限。这将导致逆变器一直关机，直至其运行环境满足限值范围，届时逆变器会等待所需重连时间后重新并网。

在这个例子中，逆变器和电网（输电线）之间的交流电压差为 12V。这种级别的电压差通常仅发生在大型并网光伏系统中。

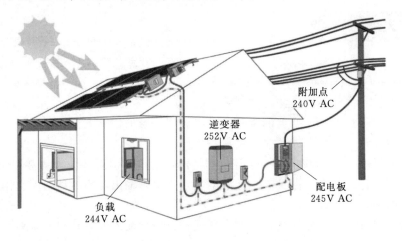

附加点
240V AC

逆变器
252V AC

配电板
245V AC

负载
244V AC

图 7.32　逆变器与电网之间的电压抬升示例

（2）图 7.33 给出了安装在澳大利亚标准电网线路上的并网光伏系统的电压读数例子。电压抬升值是逆变器和电网的最大电压之差。在这个例子中，逆变器电压超过跳闸上限 260V，因此会有两次误跳闸（虚线）。

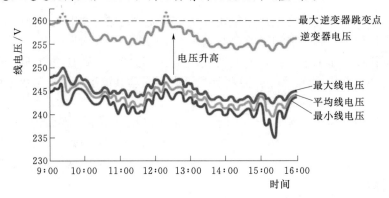

图 7.33　逆变器与电网的电压记录比较示例
（显示电压抬升致使逆变器两次超过其跳闸上限，从而发生误跳闸）

与小型系统或不向电网输送大量电能的系统相比，在向电网输送大量电能的大型系统中发生逆变器端电压抬升引起的误跳闸概率更高。误跳闸也更可能发生在安装有许多并网光伏系统的区域。这是因为大量光伏电能输出导致电网在其电压上限下工作的可能性较高。

一些逆变器能够"穿越"电网中的电压波动，这些逆变器可能适合运行在不稳定的电网系统中。

7.4.5　自保护

为了防止逆变器损坏，有 3 种主要的自保护形式，包括：极性反接保护、过温保护、输入过压保护。

这些保护旨在在一定条件下保护逆变器，但损坏仍有可能发生，最好尽可能避免这些条件。

1. 极性反接保护

很多但不是所有的逆变器都具有极性反接保护。这一功能可以在阵列极性反接逆变器时防止逆变器损坏。然而，在任何情况下，连接之前检查太阳能电池组件的极性都至关重要，因为逆变器仍可能损坏。大多数逆变器的质保不包括因极性反接造成的损坏。

2. 过温保护

逆变器必须有足够的通风和冷却；让逆变器运行在高于其额定工作温度的高温工况下会损坏设备。重要的是，根本不允许逆变器在极端高温工况下运行。

随着逆变器温度上升超出制造商的运行规范，有些类型的逆变器将通过降低输出功率来保护自身免受过温损坏。逆变器将在制造商指定的温度下关机，且保持断网状态，直到逆变器冷却至其要求的运行工况。

市场上逆变器会注明其 IP 等级，以说明逆变器是否适合安装在某些室内、室外工作环境和温度下。无论所示 IP 等级如何，任何逆变器的拟安装位置应符合逆变器制造商的安装建议，以确保逆变器安装在适合逆变器高效、安全运行的温度下。

3. 输入过压保护

逆变器有一个最大直流输入电压。对于一些类型的逆变器，该值与 MPPT 电压范围的上限相同，而对于其他类型的逆变器，该值大于最大 MPPT 电压。

有些类型的逆变器具有针对高输入电压的内置保护形式。例如，有些逆变器设计成关机来保护逆变器的电子元件。然而，在任何时候均应避免使逆变器处于过高的输入电压下。

> ● **澳大利亚标准**
>
> AS 1939 第 5 条和第 6 条给出了不同 IP 等级的定义。

部分电网可能不需要光伏发电系统，电网运营商可限制这些区域的并网光伏发电系统发电。产生的电量明显低于该地白天负荷的小型光伏系统可自然不受这些限制；然而，对于这些区域的大多数光伏系统，需要一台防逆流设备以保证发电受限或为零。

图 7.34 防逆流设备示例
（来源：GNT 工程）

如果阵列开始发电，一些限电设备将关闭逆变器。这可以通过切断逆变器的交流电源，从而使逆变器判定电网失压，并激活其防孤岛保护来实现。此类设备操作简单，可有效确保零输出，但如果用户的电力需求频繁降至低于光伏系统产生的电量，这些设备会显著降低系统的总发电量。因此，这些设备非常适合用于不太对外输送电力的系统（即电力需求通常高于光伏发电量的系统），但出于网络合规性考虑，需要一台防逆流设备（图 7.34）。

其他防逆流设备能够降低逆变器的输出，以满足负荷需求，这样就对外发电。这些设备的优点是，在负荷需求低于光伏系统产生的电量时，光伏系统将继续工作，但运行在较低的输出功率下。然而，这些设备往往更为复杂和昂贵，并且只能与特定型号的逆变器一同使用。

重要的是要确认电网运营商批准拟使用的防逆流设备。

7.5 监测

许多逆变器有内置监测系统，可提供系统运行数据。这些数据可以用逆变器的控制屏、蓝牙、GSM、Wi-Fi 或通过电力载波通信访问。

如果有数字屏幕，可获得瞬时数据，包括：阵列电压（V DC）、阵列电流（A DC）、电网电压（V AC）、输出电流（A AC）、输出功率（kW AC）、当天发电量（kW·h）。

多数逆变器的监测和数据记录系统将提供以下数据：月度和年度的日发电量［图 7.35（a）］、日发电量［图 7.35（b）］。

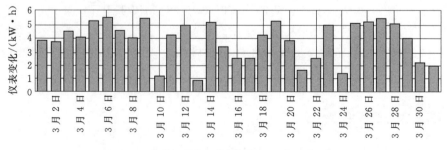

(a) 2015 年某一月中每天发电量(2015 年 3 月 1—31 日)

图 7.35（一） 光伏监测系统输出示例（GSES 培训中心系统）

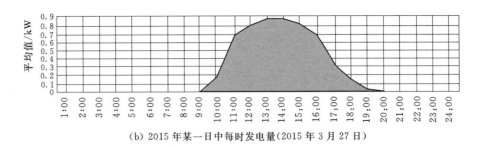

(b) 2015 年某一日中每时发电量(2015 年 3 月 27 日)

图 7.35（二）　光伏监测系统输出示例（GSES 培训中心系统）

额外的监测和/或数据记录设备可用于提供以下数据：日照率和/或辐照度、环境温度、组件温度、风速（对于安装带跟踪器的系统很重要）。

7.6　扩展资料：逆变器单位功率因数输出的影响

产生静态功率因数的并网逆变器能恶化电网供电的总功率因数。如果因功率因数差而受到电网运营商处罚，这对商业运营而言是个问题。

> ● **注意**
>
> 　　交流电源系统的功率因数是有功功率与视在功率之比，范围从 0 到 1。单位功率因数描述了电流和电压同相位时的情形，例如，带阻性负载。

下面对该概念进行举例解释。

> ● **实例**
>
> 　　满负荷运行时，工厂拥有有功负载 100kW，功率因数为 0.95（滞后）。使用功率因数计算公式，即
>
> $$功率因数 = \frac{有功功率}{视在功率}$$
>
> $$视在功率 = \frac{有功功率}{功率因数} = \frac{100kW}{0.95} = 105.26kVA$$
>
> 　　以下公式表示无功功率，一种与容性和感性负载相关的功率形式，测量单位为 var。
>
> $$无功功率 = \sqrt{(视在功率)^2 - (有功功率)^2}$$
>
> $$无功功率 = 32.9kvar$$

为了减小静态功率因数的负面影响，一些逆变器提供无功控制功能：使逆变器匹配功率因数或提高功率因数。然而，值得注意的是，并非所有的电网运营商都允许逆变器使用无功控制。

实例

工厂安装了在功率因数为 1 下产生 60kVA 功率（即 60kW 有功功率）的光伏系统。这 60kW 有功功率将工厂的有功负荷降至 100－60＝40kW。然而，无功功率需求保持不变。

这改变了来自电网的电能的功率因数，即

$$功率因数＝\cos\left(\tan^{-1}\frac{无功功率}{有功功率}\right)＝\cos\left(\tan^{-1}\frac{32.9\text{kvar}}{40\text{kW}}\right)＝\cos（39.4）＝0.77$$

现在无功功率和负荷的比例增加，因此功率因数恶化。尽管工厂已减少从电网获取的用电量，但并没有减少无功电力负荷，电网运营商可能要求他们安装电容器组以校正静态功率因数。

该工厂目前使用的是具备无功控制功能的逆变器。

替代输出单位功率因数（功率因数为 1）的逆变器，逆变器产生与该电网节点功率因数（0.95）相同的电能，这意味着，光伏系统输出的 60kVA 由有功分量和无功分量组成。

因此，光伏系统将工厂的有功负荷降至 100－57＝43kW，无功负荷降至 32.9－18.7＝14.2kvar。

该电网节点得到的功率因数与最初的功率因数相同。逆变器也可用于通过匹配该地的无功负荷（32.9kvar）来补偿该电网节点的功率因数。

虽然这会使得该电网节点具有单位功率因数，即零无功负荷，但这意味着，与其他实例相比，光伏系统的实际发电量会减少。也就是说，光伏系统对工厂的电费节约作用会减弱。因此，通常最好是使用逆变器控制功率因数达到可接受的水平而不是获取单位功率因数。

习　题

问题 1

为什么并网光伏系统需要使用逆变器？

问题 2

简要解释在 DC/AC 逆变过程中如何使用脉宽调制（PWM），并列举一台使用 PWM 的设备。

问题 3

使用表 7.1 中的逆变器规格表回答下列问题：

（1）逆变器带变压器还是不带变压器？

（2）SunnyBoy 3600TL 的额定输出功率是多少？

（3）SunnyBoy 3600TL 的最大效率是多少？

（4）SunnyBoy 3600TL 的最大直流输出电压是多少？

（5）这些逆变器不具有什么保护功能？为什么没有该功能？

问题 4

IP 等级是什么？IP54 表示什么意思？

问题 5

简要描述并网逆变器、离网逆变器和多模式逆变器之间的区别。

问题 6

列出低频变压器隔离型逆变器、高频变压器隔离型逆变器和非隔离型逆变器的优缺点。

问题 7

解释什么是微逆变器。在系统中使用微逆变器哪些优缺点？

问题 8

被动式防孤岛保护有哪 4 种类型？

问题 9

自保护有哪 3 种类型，以及如何避免与每种保护相关的不利工况？

问题 10

指出光伏系统中监测至关重要的一个原因。

图为用于倾斜组件的倾斜安装系统。

第8章 安 装 系 统

安装在光伏阵列中的光伏组件应产生最大发电量，并具有适当的支架结构以经受真实的应用环境。本章论述了为达到上述两个目标所需的多种安装系统和技术。

8.1节陈述了在不考虑光伏系统安装位置的情况下和安装系统相关的一些主要考虑因素。本章其余部分涉及了光伏系统的三种主要类型的安装结构。

（1）屋顶式安装。适用于依附在建筑物屋顶的光伏系统。多见于安装在住宅或办公楼上的系统中（8.2节）。

（2）光伏建筑一体化（BIPV）。将光伏组件集成进建筑物并成为建筑物的一部分（例如屋顶或墙壁）（8.3节）。

（3）地面式安装。光伏系统安装在地面上。通常用于大型"绿地"系统（8.4节）。

> ● 澳大利亚标准
>
> AS/NZS 5033：2014 第2.2条概述了支架结构和组件安装布置的机械设计要素。

8.1 安装系统注意事项

在设计安装系统时必须考虑到安装位置、光伏组件和光伏组件配置，以便安全地固定光伏阵列，优化光伏组件定位以获得最大发电量。为特定的场地和光伏系统进行屋顶式和地面式安装系统场地设计时需要考虑以下因素：

（1）工程认证（8.1.1节）。

（2）风荷载（8.1.2 节）。

（3）组件方位（8.1.3 节）。

> **● 澳大利亚标准**
>
> 　　澳大利亚安装系统和风荷载的相关标准为 AS/NZS 1170.2：2011 结构设计作用——风荷载作用。

8.1.1　工程认证

　　任何安装系统应具有制造商的产品信息，以规定在何种安装工况下安装系统能够按照相关标准提供工程认证。通常，此信息将规定在既定风荷载下安装的光伏系统所需的安装系统组件。在将产品的工程认证与安装计划相匹配之前，必须了解系统结构和气候条件。

　　最常用的专有安装系统"套件"提供这样的认证。如果安装计划不适合现场所述条件或结构，系统的安装将由结构工程师来认证。通过工程认证，可保障工业范围内的质量和安全，系统设计师和安装工有责任遵循这些惯例。

8.1.2　风荷载

　　"风荷载"一词用于描述气流对已安装的系统施加的各种力。风可将各种力同时引到光伏系统上：向下、向上、侧向以及上述组合（图 8.1）。因此，光伏系统的设计和安装必须要确保这些结构能够经受住风力带来的特定场地荷载。设计和安装不正确可导致安装系统被大风损坏或吹走（图 8.2）

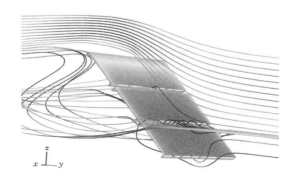

图 8.1　太阳能电池组件上各种风力示意图
（来源：COMSOL）

图 8.2　风荷载设计不当的安装系统
在大风时从屋顶脱落
［来源：Brooks Engineering（布鲁克斯工程）］

　　适当设计和安装的安装系统必须符合相关标准要求，包括正确使用屋顶式安装中必要的附件或地面式安装系统的安装基础。任何屋顶式安装结构的边缘要比内部区域遭受更大的风力。因此，在给屋顶式安装系统定位时应确保：光伏组件不紧靠屋顶边缘或悬在上面；屋顶边缘和光伏系统之间留有清晰的边界（有时称为"边缘带"）；屋顶面积留有可在光伏阵列四周走动的安全通道，可提供定期维护。制造商的安装系统结构指南应规定边缘带要求。

安装系统的风荷载认证不仅和安装系统相关，它还是针对以规定方式安装特定安装系统的特定场地认证。

> **● 实例**
>
> 澳大利亚标准 AS/NZS 1170.2：2011 将澳大利亚分为 4 个不同的风区。每个风区的划分基于该区域内会出现的预期风速。每个区域的安装结构必须由适当的材料构成，使用质量和数量都达标的屋顶固定件和固定支架来承受风力。

8.1.3 组件方位和安装配置

本节中组件方位涉及组件是否以与屋顶成横向或纵向的方位安装，而非以地理方向安装（图8.3）。安装配置是指组件与安装轨相连的方式（垂直或平行）（图8.4）。

组件方位和安装配置将取决于阵列所需的可用空间以及屋顶的尺寸。在指定区域内以横向方位能够安装更多的组件；需配置组件和安装轨的连接，以便在屋顶上设定固定点。

组件的配置将影响所需的安装设备数量，安装轨平行安装的组件将需要更长的导轨和更多的固定点来支承结构。多数成套出售的安装系统能够兼容两种安装配置。

图8.3 太阳能电池板的横向方位
（来源：艾思玛太阳能技术股份公司）

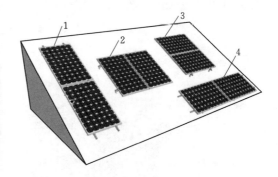

图8.4 安装好的光伏组件
1—纵向方位且与安装轨平行；2—纵向方位且与安装轨垂直；
3—横向方位且与安装轨垂直；4—横向方位且与安装轨平行

8.2 屋顶式安装系统

用于并网光伏阵列的屋顶式安装系统通常安装在住宅或办公楼的屋顶上。屋顶可提供最佳太阳能资源，通常代表适合光伏系统的未利用空间。

屋顶式安装系统通常使用一系列中间夹和尾端夹将光伏组件固定到安装轨上。该安装轨使用固定支架安装在屋顶上。

屋顶式安装系统的设计需要考虑 3 个主要部件：

(1) 安装架或安装轨。用于支撑组件、按需要倾斜组件、保障足够气流以冷却组件 (8.2.1 节)。

(2) 屋顶连接件或固定件。用于按屋顶类型使用适当的方法将安装架固定到屋顶上 (8.2.2 节)。

(3) 组件连接件或安装夹。用于在不损坏组件或影响性能的前提下将组件固定到安装架上 (8.2.3 节)。

对于屋顶式安装光伏阵列，制定了各种有关阵列固定和安装规则的标准、法规和指南。包括地方政府法规、有关安装结构的承重和风荷载的特定场地审批以及针对太阳能阵列和相关设备的电气安全标准。

安装在建筑物上的组件必须符合耐火试验标准。该要求旨在当组件、接线盒或相邻布线内出现电气故障时防止火势蔓延。地面安装的组件不一定要符合耐火试验标准。

8.2.1　安装支架：齐平安装和倾斜安装

安装支架对光伏组件起支撑作用，按需要倾斜支架促进空气流通以冷却组件。

大多数光伏组件在安装和设定倾斜度时都要考虑让组件一年内阳光直射时间尽可能长，从而实现发电量最大化。实现该目的的最简单方法是以和安装地点纬度相同的角度倾斜安装光伏组件（更多信息见第 3 章）。

> ● 要点
>
> 建议倾角至少为 10°，以便组件表面的自然清洁。

组件下方的气流有助于降低高温对组件功率输出的负面影响（图 8.5）。为了让气流流过组件的背面，组件的安装应确保组件和屋顶之间有足够的间隙。应考虑间隙对结构风荷载的影响。

屋顶坡度将决定适合的安装架类型，即齐平式安装系统或倾斜式安装系统（图 8.6）。

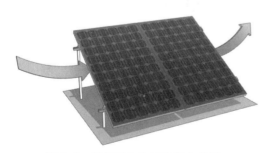

图 8.5　组件下方的气流带走热量，
冷却组件并增加功率输出

图 8.6　在不同的屋顶坡度上分别使用倾斜（前面）
和齐平（背面）安装系统

图 8.7 齐平式安装系统实例
（来源：康能公司）

齐平式安装系统将光伏组件与屋顶以相同的角度安装，因此适用于斜屋顶。倾斜式安装系统使光伏组件倾斜并远离屋顶平面，适用于平屋顶。倾斜式安装系统也可用在斜屋顶上，以匹配纬度使组件朝向赤道。

齐平式或倾斜式支架系统的使用应考虑组件倾斜度、气流、风荷载以及美观度。

1. 齐平式安装系统

齐平式安装系统安装光伏组件时，使其处于与屋顶相同的仰角。光伏组件通常固定在用屋顶支架连接屋顶结构的安装轨上（图 8.7）。

由于齐平式安装紧靠屋顶，所以组件下方保持通风非常重要。足够的气流可以冷却组件，降低损耗，提高阵列发电量。安装支架和屋顶之间需留有合理的间隙（例如大于 50mm），以提供足够的通风。太阳能电池组件和屋顶表面之间气隙的变化会影响系统的风荷载；随着气隙的增加，必须要考虑这种影响。

一些制造商供应的齐平式安装系统不需要安装轨，而是直接固定到屋顶上（参见如下实例）。

> **实例**
>
> Zep Solar 公司生产具有连锁专利设计的齐平式安装系统。太阳能电池组件支架内含一个槽道，接插件锁入该槽道并将组件固定到可兼容的屋顶连接件上（图 8.8），组件之间也互锁。因此这种安装系统不需要安装轨。
>
>
>
> 图 8.8 无安装轨的 ZS 波齐平式安装系统

2. 倾斜式安装系统

当屋顶平面的斜度或方位不适合齐平式安装时，应考虑倾斜式安装。倾斜式系统将组件远离屋顶放置，使用连接安装轨和屋顶的倾斜支腿连接到组件并固定到屋顶上（图 8.9），或使用压载系统在不穿透屋顶的情况下固定倾斜组件（图 8.10）。

（1）优势。与齐平式安装支架相比，倾斜式安装支架具有以下优势：

1）组件倾角可控。设计安装时倾斜组件可获得最优的太阳能资源，使系统发电量最大化。

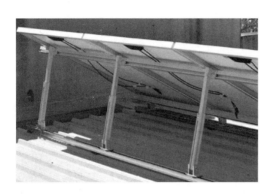

图 8.9 平屋顶上正在安装倾斜式安装系统　　图 8.10 使用压载物而非屋顶连接件的倾斜
　　　　　　　　　　　　　　　　　　　　　　　　式安装系统（来源：康能公司）

2）增加了组件背部的气流。冷却组件，改善功率输出。

3）为平屋顶提供最小的组件倾斜度。建议最小倾角度 10°以促使组件玻璃表面的自然清洁。

（2）设计约束。与齐平式安装支架相比，倾斜式安装支架有以下设计约束：

1）风荷载增加。与齐平式安装系统相比，倾斜式安装系统的结构设计必须考虑系统升高后增加的风荷载。

2）对其他组件的遮挡。内含多列光伏组件的倾斜阵列必须考虑倾斜组件对后面组件的遮挡可能性。各列光伏组件之间需保持足够间距以降低这种影响，因该设计导致的任何遮挡必须在包含系统性能计算中。

3）对客户或地方政府来说美观度降低。光伏组件从屋顶突起，因而更显眼。

4）额外的工程和/或安装费用。安装支架将升高光伏组件使其远离屋顶，增加了费用，且屋顶上因安装光伏阵列增加了重量，有可能需要加固。

应将这些系统的任何设计或成本约束与系统效益进行权衡。最好使用次佳倾斜的齐平式安装阵列，发电量会有所降低，但系统成本更低，或增加阵列容量以产生预期功率。可能需要根据地方政府要求，以确定不与屋顶齐平的光伏阵列是否需要任何审批。

● 注意

　　常用物的术语在工业范围内变化较大；例如安装支架也可称为固定支架或连接件。因此，在开始安装前，对光伏系统设计中使用的术语的含义进行统一和解释非常重要。

8.2.2　屋顶固定件：屋顶支座

大多数屋顶式安装系统都用一连串安装夹将光伏组件固定到安装轨上：中间夹用在光伏组件之间，尾端夹用在安装轨上组件串的任一端。

安装轨使用固定支架连接到屋顶。常用的支架材料有铝、不锈钢、镀锌钢。所使用的固定支架类型取决于屋顶类型：针对金属、瓦片、木瓦等屋顶使用不同的固定支架。在没有无损坏穿透屋顶的简易方法时，可使用非穿透性支架和连接方法以减小对屋顶的损坏。

支架的位置取决于安装轨之间所需的间距（参照产品安装指南），但该间距也需要和所连接屋顶下方的檩条或压条之间的间隔相适应。所用的安装连接件必须适合该结构的建筑材料。例如：某安装指南中所述产品主要指的是硬木屋面结构；然而在欧洲，固定件可能只适合软木。

1. 固定到金属屋顶

金属屋顶上的典型安装（图 8.11）具体为：支架用螺钉穿过瓦楞屋顶的屋脊（尖顶）进入下方的檩条或椽子（图 8.12）。这些支架连接到安装架或安装轨，组件通过夹子固定其上。金属屋顶材料包括波纹铁、优耐板和镀铝锌钢板。

图 8.11　在波纹金属屋顶上安装的
光伏阵列（来源：康能公司）

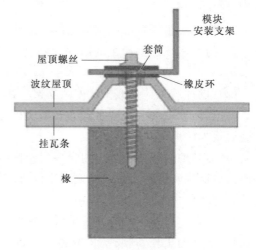

图 8.12　波纹屋顶安装支架
（带螺钉和橡胶防水垫圈）

一些安装系统不使用安装轨，组件使用一系列屋顶连接件直接夹到屋顶上。直接夹紧必须考虑金属屋顶下方连接点的位置。如果组件的连接点之间的间距比组件纵向方位间距还要大，需要将组件以横向方位安装。

如 8.2.2 节所述，可对某些类型的金属屋顶使用非穿透性屋顶安装架。

当在金属屋顶上作业时，应考虑多种因素，以保持安全并降低损坏屋顶的风险：

（1）任何通电线缆的裸露端不可与屋顶接触。

（2）金属屋顶会变得很热。

（3）破坏屋顶的保护涂层可能导致积水、漏水和腐蚀。木屑和其他碎片（钻削废料）应至少每天清理一次，确保表面不被沾染破坏。

（4）电位不同的金属必须进行电气隔离。这包括组件边框、安装支架、屋顶支架和屋顶。如果不对电位不同的金属进行电气隔离，可能会造成屋顶和系统其他部件的腐蚀。

> **● 知识点**
>
> 　　为了防止电化学腐蚀，可能需要电隔离，以便电位不同的金属互相连接，例如金属屋顶上的金属屋顶支架。安装系统的制造商应能够对绝缘部件提供指导（例如三元乙丙橡胶垫圈）。

> **● 澳大利亚标准**
>
> 　　AS/NZS 5033：2014　第 2.2.7 条概括了在金属屋顶上安装光伏系统所要使用的材料，包括考虑电位不同的金属之间连接产生电化学腐蚀。

（5）如果使用木质安装架，湿木可产生水或析出腐蚀化学成分，从而加速屋顶腐蚀。

2. 固定到瓦屋顶

标准屋顶瓦片需要挂瓦钩，挂瓦钩是一个支架，用于固定到瓦片下方的椽子上，通常至少通过三个固定点；瓦片上方还有一个弯曲的"鹅颈"伸出臂，用于固定安装轨（图 8.13）。

(a) 示意图一　　　　　　　　　　　　　　　(b) 示意图二

图 8.13　固定安装轨

有各种设计以适应不同的瓦片材料和形状（图 8.14）。差异包括挂瓦钩是否固定到椽

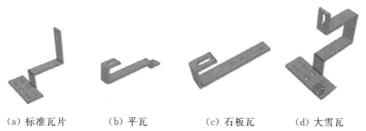

(a) 标准瓦片　　　(b) 平瓦　　　(c) 石板瓦　　　(d) 大雪瓦

图 8.14　适合各种瓦片的屋顶挂钩

子的顶端或侧面以及安装轨相对于瓦片的方位。通常，每个挂瓦钩上方布置的瓦片都需要进行切缝加工，以便挂瓦钩伸出时不将瓦片提起（可能会影响防风雨性能）。

根据瓦片的厚度，可能需要木垫片填充支架与椽子或桁架之间的缝隙，以便延伸臂不靠在瓦片上。光伏阵列的重量不应施加在瓦片上，而是应由挂瓦钩传到椽子或桁架上。

注意：安装用螺钉固定到椽子顶面的瓦片支架时，首先要钻定位孔以防螺钉头折断。

> **● 参考来源**
>
> 　　博思格钢铁公司（BlueScope Steel）对将光伏组件安装到钢制屋顶提供了有用的指导：良好的实践指导——钢制屋顶与光伏板；36 号技术公报（2013 年 8月）。http：//www.bluescopesteel.com.au/files/dmfile/TB36Aug2013.pdf

3. 吊挂螺栓

吊挂螺栓是一种可用于多类型屋顶的固定方法，比如波纹钢屋顶或沥青屋面板。吊挂螺栓穿过屋面材料钻进桁架，安装轨通过支架固定到挤压螺栓（图 8.15）。它们需要优质密封以防止水在钻点渗入屋顶。

吊挂螺栓的优点是：与标准固定支架相比，其长度和强度均增加了，有时被称为 L形脚或 T 形脚，还有良好的通风和较少的屋顶固定点。

4. 非穿透性屋顶安装系统

穿透屋顶的安装支架不适合所有类型的屋顶。它们可能会影响屋顶的防水或阻碍屋顶的自然膨胀和收缩，导致屋顶变形。使用隐蔽固定件穿透屋顶可使保修失效，或要求承包商对防水性能承担 20 年期的保修责任。

非穿透性屋顶安装是一种防止这些类型的屋顶受损的方法，在某些类型的屋顶上安装非穿透性安装系统（如果适合）还更简便和便宜。

已有多种非穿透性安装系统无需钻入屋面材料就可牢固地固定光伏阵列。包括压载式和钳夹式安装系统。

（1）压载式安装系统用于带防水膜的平屋顶或轻微倾斜的屋顶以及不适合钳夹式安装系统的屋顶。这种安装系统使用特别设计的框架将光伏阵列固定到屋顶上，框架上装有压载物（例如混凝土砖）（图 8.16）。务必要确保屋顶足够牢固，可承受压载重量；压载系

图 8.15　瓦楞屋顶上的吊挂螺栓
（来源：Unirac）

图 8.16　压载式安装系统—the SolarSimplex
［来源：ZEN Renewables Ireland
（爱尔兰 ZEN 可再生能源）］

统通常用在平坦且结构牢固的混凝土屋顶上。

（2）钳夹式安装系统是一种非穿透性屋顶安装系统，可用在某些类型的屋顶板上。屋顶材料和屋顶支撑结构一起承受钳夹式安装系统的重量，因此设计师和/或安装工应检查屋顶材料和屋顶支承结构在结构上是否足够支撑光伏阵列。

> **实例**
>
> **KlipKlamp**
>
> KlipKlamp（Ladder Technologies）可用在 Klip‐Lok™ 屋顶的建筑上，比如许多大型的商业建筑。这些安装夹考虑到有无安装轨的光伏组件无需穿透就可完成固定（图 8.17）。
>
>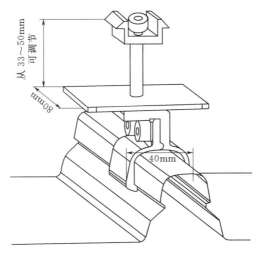
>
> 图 8.17　在 Klip‐Lok™ 屋顶上安装 KlipKlamp®
> 的技术图
>
> （来源：Ladder Technologies）
>
> **S‐5!**
>
> S‐5!™ 系统为各种类型的金属立接缝屋顶提供类似于 KlipKlamp® 的安装系统（图 8.18 和图 8.19）。
>
>
>
> 图 8.18　S‐5! 中间夹
>
> （来源：Unirac）
>
>
>
> 图 8.19　S‐5! 中间夹（左）和
> 尾端夹（右）
>
> （来源：Unirac）

SolarFamulus Air

　　Conergy（康能公司）提供的 SolarFamulus Air 是一种压载式非穿透性屋顶安装系统（图 8.20），用于在平屋顶上抬升组件。将压载物置于底轨中压住安装系统，安装挡风板可减少风荷载和所需的压载物尺寸。

图 8.20　SolarFamulus Air

（来源：康能公司）

8.2.3　组件固定：安装夹

　　光伏组件通常用安装夹固定到安装系统上，安装夹将组件边框固定到平行安装轨（图 8.21）。一些组件配有安装孔，可将安装孔用作安装的固定点。不建议尝试将框架的其他任何部分用作固定点，因为这会损坏组件和/或使组件保修失效。

　　安装夹设计成连接到安装轨还是直接连接到安装支架上取决于框架设计。直接夹到屋顶安装支架上可能会限制光伏阵列布局的变化（如 8.2.2 节所述）。安装夹不应遮住光伏组件的电池片，应只延伸到组件边框，不可碰到玻璃，以防玻璃受压裂开。

　　应按照光伏组件制造商的说明书连接安装夹。说明书中包含光伏组件的具体安装要求，比如安装夹在哪定位以及在哪需要支撑轨。大多数安装系统制造商将建议，对于使用两个支撑轨的安装，支撑轨之间的间距要足够大，以便使 50%～75% 的组件位于两个支撑轨之间，如图 8.22 所示。

图 8.21　安装夹实例

图 8.22　轨道之间的间距

8.3　光伏建筑一体化

　　集成进一部分屋顶或墙面的太阳能组件被称为光伏建筑一体化（BIPV）。由于 BIPV 安装于屋顶，不引人注目，所以被认为是美观的，经常成为建筑师的首选。在法国和德国等一些国家，给予光伏建筑一体化比其他光伏系统（包括齐平式安装系统）更高的上网电价(FiT)。

8.3.1　部分集成式 BIPV

部分集成式光伏系统是一种光伏组件没有成为墙面或屋顶防水材料一部分的系统；这种类型的安装依赖于光伏阵列下方安装的单独的防水层（图 8.23）。部分集成式光伏系统可能是满足适用该系统的国家高额电价补助要求的一种比较便宜的方法。

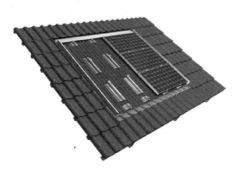

图 8.23　部分集成式光伏系统
（来源：康能公司）

部分集成式 BIPV 可适用多种形式。一些系统使用低调的金属波纹屋顶截面和安装系统来尽可能齐平地安装组件。长而窄的非晶组件在市场上也有售。由于这些组件的背面上有一粘胶层，所以它们可固定在几种不同类型的宽底盘金属屋顶表面和其他薄膜之上（图 8.24）。

8.3.2　全集成式 BIPV

全集成式安装使用光伏组件作为建筑物基础结构不可分割的一部分，例如替换部分屋顶或墙面。全集成式系统，特别是太阳能瓦（图 8.25 和图 8.26），需要密切关注消防安全，确保系统内的电气故障不会引发屋顶或墙面内起火。

为了兼具功能性和美观性，可巧妙地将组件集成到建筑物中。例如使用半透明的玻璃组件，各电池单元之间会有一些光射入，但仍能起到遮挡作用（图 8.27）。

还有一个用例是将太阳能电池组件集成到停车场的遮阳篷中（图 8.28）。图 8.28中，系统容量 1.15MWp，有 12 个遮阳构筑

图 8.24　在屋顶薄钢板上使用层板安装
Kalzip® AluPluSolar
［来源：Corus Building Systems
（霍高文建筑系统）］

物，每个长度均为 85m，可为 816 个停车位遮阳，同时减少了购物中心的空调账单。太阳能电池组件为汽车起到遮挡作用，取水供现场使用，同时又发电给当地负荷，例如购物中心空调站或电动汽车充电站。

图 8.25　一片太阳能瓦
（来源：Nu‑Lok Roofing Systems）

图 8.26　集成到屋顶中的太阳能瓦
（来源：Nu‑Lok Roofing Systems）

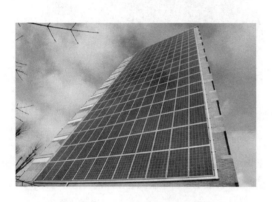

图 8.27　公寓大厦上的太阳能外墙
（来源：Robert Paul van Beets/Shutterstock.com）

图 8.28　集成到法国 St Aunès 购物中心遮阳篷
的太阳能电池组件
（来源：Sunvie）

> **● 实例**
>
> 　　典型的矩形 60 片电池组件的尺寸约为 1650mm×990mm。组件可通过两个长度方向超过 1650mm 或宽度方向超过 990mm 的轨道支撑。然而，许多制造商仅对组件钳夹在长侧的安装提供保修。这是因为钳夹在短侧可能在风从正上方吹组件产生强应力时不能提供足够的结构支撑，有可能导致组件弯曲和玻璃破裂。

　　从工程角度来说，BIPV 项目比标准屋顶安装更为复杂，需要建筑师、多专业工程师和地方政府紧密配合。

8.4　地面式安装系统

　　地面式安装光伏系统适用于大型"绿地"安装或半农属性上的大型安装（图 8.29）。与屋顶式安装系统相比，地面式安装系统通常面临的可用于阵列的场地限制较少。

地面式安装系统可使用一个固定式地面安装架或跟踪式安装架，后者在白天变动以调节光伏系统的位置。单轴或双轴跟踪支架的使用可减少太阳能光伏组件的使用数量，这是因为太阳能装置会"跟踪"太阳，从而增加发电量。

如同任何安装，地面式安装系统需要对现场进行综合评估以确定任何遮挡、土壤类型和适用性信息。遮挡评估也必须考虑每列组件造成的遮挡以防后面组件被遮挡。

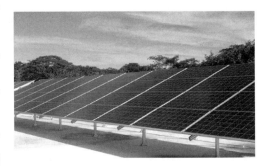

图 8.29　地面式安装光伏系统

8.4.1　地面式安装系统的类型

地面式安装系统可分为固定式安装系统和跟踪式安装系统。

（1）固定式安装系统的组件以固定方位朝向太阳。固定式系统更简单，和追踪式系统相比成本较低，通常为模块化系统。可使用打桩的地脚螺钉、地轮传动的基础柱、地面高的混凝土基础或压载式基础来安装系统支撑点。

（2）跟踪式安装系统按照太阳的路径转动光伏组件，从而优化光伏阵列的阳光入射角。跟踪系统更复杂，成本更高，相比固定式系统会带来额外的潜在故障点，它们的转动部件需要定期维护，而固定式系统则不需要。跟踪系统可为单轴（即东西向转动）或双轴（即在两个坐标轴中移动）。

1. 固定模块化安装系统

固定模块化安装系统既适合小型光伏阵列，也适合大型光伏阵列。组件固定在预制安装架上，每个安装架光伏组件设计容量多达 10kW。这些固定安装架中有一些适用于大容量光伏阵列。

组件可夹在或用螺栓固定在安装架或使用组件可滑入的 U 形槽道的框架结构上。无论哪种方式，框架结构都固定到混凝土基础上（图 8.30）。在土壤适合、风况足够温和的区域，螺旋地桩可替代混凝土基础（图 8.31）。

图 8.30　使用混凝土基础的地面式安装阵列

图 8.31　使用螺旋地桩的地面安装系统
（来源：Landpower Solar）

一些安装结构为 U 形槽框架设计，这可以让组件滑入槽中，便于快速安装，降低用工成本。

2. 固定打桩式安装系统

对于大型的地面安装，打桩式安装可能比较适合。打桩机用于将装配支架如镀锌钢柱、钢管、工字钢或混凝土墩锤入地面。然后，将类似于屋顶式安装系统中的铝制轨道固定在装配支架上，以便于再将组件固定于其上。该系统允许一定弯曲度的跨距，允许其遵循地面的轮廓。这意味着可在不平整地面上进行安装，而无须花费巨额资金使用运土设备来平整地面（图 8.32）。

图 8.32 固定打桩式安装系统

安装所需的岩土勘测以及租用打桩机的成本意味着，打桩式安装系统对容量小于 100 kWp 的系统来说可能不划算。

使用打桩式安装系统可更快地安装大型系统，同时节约了场地准备中的开挖和打混凝土基础所需花费的时间和金钱。需要岩土工程师来勘察地面和检查土壤密实度、土壤类型、土壤含水量和岩石或碎石尺寸；松软的土壤需要将桩打得更深。例如：一些产品可能需要 2.5m 的打桩深度。现场勘察将为工程师提供柱子所需间隔的必要结构信息。

打桩式安装无需固化时间来让混凝土凝固，这在混凝土要花更长时间凝固的较冷和较潮湿地区可节省时间。

地面安装系统还需要实施土建工程、挖沟以及排水管理。这可能要求咨询土木工程师。

3. 跟踪式安装系统

在系统的发电量很重要或场地空间限制安装区域的情况下，跟踪器可增加发电量并在每天维持更长时间的峰值功率。

与固定式系统相比，跟踪式系统的安装和设备成本通常更高，需要的维护也更多。然而，与传统的固定式系统相比，这些增加的成本可通过上午和下午更高的发电量来补偿。通过相应的计算可以发现使用单轴或双轴跟踪器增加了光伏阵列的发电量，所增加的经济获益可弥补额外的安装和维护成本。随着组件成本费用的降低，增加光伏阵列容量比安装跟踪系统更划算。

单轴跟踪器在一个东西轴线上转动太阳能电池组件，以便一整天从黎明到黄昏都跟踪太阳的路径（图 8.33 和图 8.34）。

8.33 在 14MW 装置中使用的 SunPower 单轴"查表式"跟踪器

（来源：enerG 杂志）

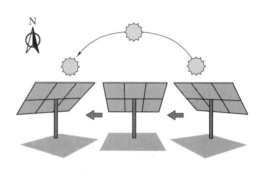

图 8.34 单轴跟踪器作用原理

双轴跟踪器从黎明到黄昏（即东西向）都跟踪太阳的路径，并通过以下方式针对太阳位置从夏至到冬至的季节性移动做出相应的调整：在夏季时将光伏组件的倾斜度调平些，冬季时调陡些（图 8.35 和图 8.36）。双轴跟踪器在离赤道较远的位置效率最高，在这些地区太阳位置的季节性变化最为明显。

两种类型的跟踪器在日照时会进行"跟踪"（转动），在一天结束时会回到早晨的起点处。

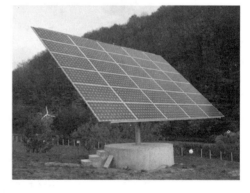

图 8.35 柱上双轴跟踪器

（来源：Solarseeker）

● 知识点

　也有被称为季节性跟踪器的手动倾斜盘，用它们来季节性手动调节阵列倾斜度。

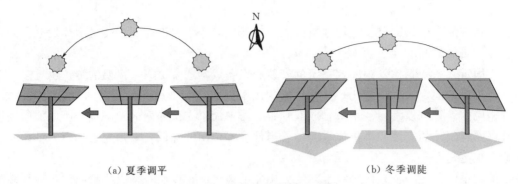

（a）夏季调平　　　　　　　　　　　　　　　（b）冬季调陡

图 8.36　双轴跟踪器作用原理

8.4.2　地面式安装系统列高（阵列高度）

　　地面式安装系统通常将倾斜的光伏组件并排安装成光伏阵列。这些并排列可以为一个组件高（图 8.37）或多个组件高（图 8.38）。按照每列的组件数量，安装结构必须要有适当的基础来支撑增加的重量和风荷载。

图 8.37　单组件高的地面式安装阵列

图 8.38　多个组件高的地面式安装阵列

　　在每个结构上组件相互堆叠增加了安装的复杂性和成本，但却使得阵列所需的组件列数有所减少。设计师必须确保装置的各列之间有足够的间距，以便安装和维护所需的设备或车辆能够方便和安全地在装置周围移动。

作为地面式安装系统布局设计的一部分，每列组件的阴影遮挡必须予以计算和考虑；太阳能电池阵列各组件产生的阴影遮挡取决于该阵列为多少倍组件的高度。为了避免每列组件遮挡后面的一列组件，同时又要确保组件在限定空间内运行，设计师或安装工必须计算每列组件之间所需的空间。

● 注意

增加组件的列高导致阴影更长，所以各列之间的间距必须进一步拉开。因此，多组件高阵列将与更多的单组件高阵列占地面积相同。

各列组件与地面之间的距离（即安装系统的高度）可能也需要考虑植被生长，以便于组件的最底部在维护巡检期间不会受到植物的影响。

● 实例

随着每列组件垂直方向的数量减少，预防遮挡所需的间距也减少，可能降低了对专业（以及大型）维护设备的需求。例如：

（1）设计为四列的光伏阵列（即四组件高）可能在各列之间需容纳载重汽车以进行阵列安装。

（2）设计为双列的光伏阵列（即两组件高）可能需容纳割草机以维护地面。

（3）设计为单列的光伏阵列可能只容许一个人进出，使用手推车来安装阵列或手推式剪草机来进行维护。

习　题

问题 1

（1）风荷载是什么，为什么一定要考虑它？

（2）解释气旋多发区和预期风速低区域在风荷载方面的差异以及安装工会如何处理此差异。

问题 2

（1）解释为什么组件下的气流很重要。

（2）哪种类型的屋顶安装通风最好？

问题 3

列出倾斜安装系统的 3 个好处以及齐平安装系统的至少 3 个好处。此处倾斜意指光伏阵列高出屋顶表面。

问题 4

对于如下类型的屋顶，建议并解释倾斜式系统、齐平式系统或压载式系统是否是最好的。

（1）金属平屋顶。

（2）混凝土平屋顶。

（3）20°倾角的倾斜屋顶。

问题5

在下面的屋顶剖面图上，绘制一个用于安装的挂瓦钩。

问题6

BIPV（光伏建筑一体化）是什么？列出 BIPV 系统尽可能多的优缺点。

问题7

（1）为何要使用跟踪系统，跟踪系统是如何运作的？

（2）可用的两种跟踪系统类型是什么？

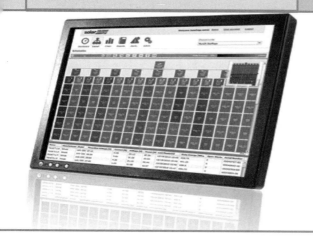

图为系统监控程序(来源：SolarEdge)。

第9章 系统平衡设备

光伏系统内不只有光伏组件、逆变器和安装架，还包含更多的设备和零部件。这种额外的设备统称为系统平衡（BoS）设备。必须正确设计和安装 BoS 设备，以便系统按预期安全运行。

主要的系统平衡零部件如图 9.1 所示。本章对每个系统平衡零部件均做了介绍：

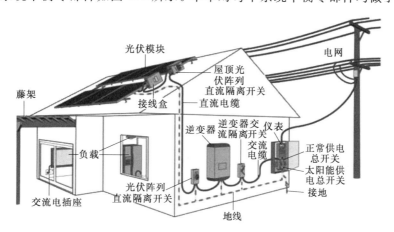

图 9.1　作为并网光伏系统一部分的系统平衡零部件

（1）电缆。电气连接每个零部件的线缆（9.1 节）。

1）直流电缆。阵列之间的电缆（光伏组串和光伏子阵列电缆）以及进出光伏组串汇流箱和光伏阵列汇流箱的阵列电缆（9.1.1 节）。

2）交流电缆。逆变器和电网连接点之间的电缆（9.1.2 节）。

（2）电气保护装置。关键的安全部件，包括过流保护、分断装置、接地和防雷保护（9.2 节）。

（3）组串汇流箱和阵列汇流箱（在较大系统中）。电缆连接点和保护设备外壳（9.3 节）。

（4）计量装置。监控和记录电能的装置，可以为净余计量或总计量（9.4 节）。

（5）系统监控装置。集成到逆变器或单独的监控装置（9.5 节）。

9.1 电缆

并网光伏系统需要交直流电缆将相关零部件连接在一起。交直流电缆为针对各自电气特性而专门设计，不应交换使用。

并网光伏系统中的直流电缆有以下几种（9.1.1 节）：

（1）光伏组件电缆。通常预连接到组件上，将一组光伏组件串联形成组串。

（2）光伏组串电缆。将一串组件连接到光伏组串汇流箱。

（3）光伏子阵列电缆。在较大型系统中，用于将光伏组串汇流箱连接到光伏阵列汇流箱。

（4）光伏阵列电缆。将光伏组串汇流箱（或大型系统中的光伏阵列汇流箱）连接到光伏阵列直流隔离开关。

（5）逆变器直流电缆。将光伏阵列直流隔离开关连接到逆变器的直流侧。也可称为光伏阵列电缆，但在本书中单独列出以便进行额外说明。

并网光伏系统中的交流电缆（9.1.2 节）为交流供电电缆。这些电缆将逆变器连接到逆变器交流隔离开关（如需要可在逆变器中），然后再连接到配电柜中的并网点（光伏阵列总开关）。

光伏阵列的接地电缆也是并网光伏系统的重要组成部分。用来保护系统设备和人，使其在故障时免受危险，一些系统运行有时也需要。由于接地是系统保护的一部分，所以在第 9.2 节有提及。

对并网光伏系统中电缆如何正确选型和确定尺寸的细节，请参见第 14 章。

> **澳大利亚标准**
>
> AS/NZS 5033：2014 第 4.3.7 条规定如下：
>
> （1）所有连接头配对必须为来自同一制造商的同一型号。
>
> （2）光伏阵列中使用的电缆应具有以下特性：
>
> 1）防紫外线（若暴露于环境中）。
>
> 2）标称值满足过流保护装置或最大额定工作电流。
>
> 3）柔韧，允许电缆移动。
>
> 4）单芯、加强绝缘。
>
> 依照 AS/NZS 5033：2014，用于光伏阵列的所有电缆必须满足 TüV - Rheinland（德国莱茵）规定的 PV1 - F 要求。

9.1.1 直流电缆

直流电缆用在光伏组件和逆变器的直流侧之间。务必确保所使用的直流电缆按照适用标准正确标识。

1. 组件电缆

组件通常在背面自带连接到组件接线盒的正负极电缆。这些电路用于将组件连接成组串。每对电缆都有一个公连接头和一个母连接头（或"插头"）以便快速、安全地将组件连接在一起（参见如下的连接部分）。电缆和插头也可单独购买，这样的话就可调整组件电缆长度以满足特定的安装要求。组件电缆线径通常为 $4mm^2$。

2. 组串、子阵列、阵列和逆变器直流电缆

组串电缆将多串组件连接到光伏组串汇流箱。在较大型系统中，子阵列电缆用于将光伏组串汇流箱连接到光伏阵列汇流箱。阵列电缆用于将光伏组串汇流箱（或大型系统中的光伏阵列汇流箱）连接到光伏阵列直流隔离开关。最后，在光伏阵列直流隔离开关与逆变器之间使用直流电缆连接。

系统电缆的长度将根据系统设计和布局而变化，因此，应按照安装要求供应电缆。可用的典型直流电缆线径为 $2.5mm^2$、$4mm^2$、$6mm^2$ 和 $10mm^2$。这些尺寸适合大多数安装。电缆线径的计算在第14章论述。

注意：因为电缆连接器随制造商和型号的不同而不同，所以要将插头和其配件连接到电缆上必须要使用适当的工具。请参阅组件制造商的安装导则。

> ● **澳大利亚标准和指南**
>
> 依据 AS/NZS 5033：2014 和 CEC 导则，任何互连插头和插座的配对必须为来自同一制造商的同一型号。

3. 直流电缆互联器

可用于光伏组件的直流电缆互联器和附件种类繁多，这些互联器产品可通过使用各种转接器将互连的光伏组件串联或并联在一起。

"多触点"这一术语为那些多触点产品的专有品牌名称。该名称及其缩写"MC"已被业界广泛采用，在许多情况下，竞争产品的制造商误导地将其用作互联器的一般术语。作为产品名称的一部分，字母 MC 后的数字指的是插针的直径，例如 MC4 连接器有 4mm 的插针（图 9.2）。

互联器为一个单触点连接器，无论使用哪种类型的产品，它应遵守相应的保护和安全规范。任何配套使用的互联器应来自同一制造商的同一型号。

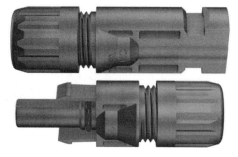

图 9.2 Multi-Contact MC4 公（上）和
母（下）连接头

（来源：Multi-Contact AG）

9.1.2　交流电缆

交流电缆使用在逆变器交流侧与并网点之间，将逆变器、逆变器交流隔离开关（如需要）以及配电柜内的并网点（光伏阵列总开关）连接在一起。

逆变器的电压通常为单相 230VAC，因此，所需电缆与一般家用电器中使用的电缆相同。在较大型系统中，逆变器可能为三相 400VAC。

单相逆变器通常会使用三芯电缆：火线（A）、零线（N）和地线（E），即"2C＋E"。三相逆变器通常会使用五芯电缆（A1、A2、A3、N 和 E；即"4C＋E"）或四芯电缆（A1、A2、A3 和 N）加上单独的地线。大型电缆可作为单芯电缆出售。

输电公司对交流电缆中容许的电压升高有要求。这些限制将针对装置的配电区，务必要在系统的设计阶段获得这些具体要求。交流电缆中的电压升高在第 14 章中进一步论述。

> ● 澳大利亚标准
>
> 所有的交流线缆必须遵守 AS/NZS 3000：2007 的要求。
>
> 依据 AS 4777：2005，并网点为位于配电柜中的光伏阵列主电源开关。

9.1.3　附件

为了确保安全而整齐地安装电缆，将需要管道、束线带、电缆夹夹具以及管夹（图 9.3）等附件。大型光伏系统，比如商业系统，也可使用管道和电缆桥架来安装电缆。

> ● 澳大利亚标准
>
> AS/NZS 5033：2014 第 4.3.6.3 条中有导管和电缆夹的要求。

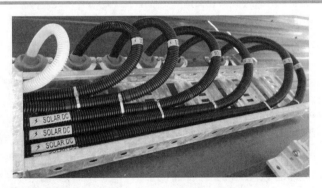

图 9.3　管道、电缆夹和束线带等辅助产品

9.2　电气保护装置

电气保护对于确保并网光伏系统的安全运行至关重要。它包含以下一系列不同类型的

保护：

（1）过流保护装置。在故障时自动断开，旨在防止零部件和电缆因过载或短路电流损坏。

（2）分断装置。允许系统部分电气隔离。并网光伏系统同时需要直流电路和交流电路的断开措施。

（3）接地装置。在故障时保护系统设备和人免遭危险。在某些系统中，接地也可以改进系统性能。

（4）防雷保护装置。防雷保护包括为防止直接和间接雷击的接地和过压保护组合。

应知晓并遵守所有适用的标准和导则。根据系统容量和设计规范，每个组串、每个子阵列以及整个阵列可能都需要过流保护和分断装置。如果逆变器使用多路直流输入，应检查适用于这类型设备的安装要求，因为每路直流输入可能都需要阵列过流保护和分断装置（更多信息参见 13.2 节和 13.3 节）。有关电气保护装置的更多详情在下文和第 13 章中论述。

● **澳大利亚标准**

　　AS/NZS 5033：2014 中表 4.3。

　　低压阵列（＞120V DC）应配置：

　　（1）在每个子阵列的正极线路上安装分断装置（建议为带载分断）。

　　（2）在每个阵列的正极线路上安装带载分断装置，该装置必须能锁定在断开位。

　　也建议配备如下：

　　在每个阵列组串的每个正极线路上安装空载分断装置。

9.2.1　熔断器和断路器

熔断器和断路器均为过流保护装置。电流超过其额定值将使装置动作，产生开路。在许多情况下，断路器可用作分断装置和过流保护装置。此时需要谨慎选择断路器。

1. 熔断器

熔断器通常由绝缘外壳及内部的一小段导体材料组成。熔断器主要包括插片式熔断器和圆柱形盒式熔

图 9.4　圆柱形盒式熔断器

断器（图 9.4）。它们的尺寸要能承载负载电流，但在故障时开路——导体材料在过流时熔断，从而断开电路。熔断器为一次性保护装置，因此在动作之后必须更换。并网光伏系统中使用的熔断器应按照国际标准选定参数。

● **国际标准**

　　IEC 60269-6 内含可在光伏系统中使用的熔断器要求。

---

2. 断路器

断路器是用于保护电路的机械装置，在故障时断开电路，当故障清除后可复位，因此可重复使用，此特性与熔断器不同。在多数情况下，只要断路器参数适当，断路器也可用作开断装置。

断路器有许多"极点"。此处"极点"指开关控制部分，可在变换时断开电路。每个极点都有两个接线端子，一个在开关下方，另一个在开关上方，导体（即连接其他零部件的电缆）用电线接入接线端子。

断路器关断时，内部机制运作断开每个极点的两个端子间的金属触点，从而从物理上断开电路。当触点分开时，触点之间产生瞬态直流电弧（等离子放电）。这种瞬态电弧如果不遏制和熄灭，可能会引发火灾，因此，断路器带灭弧装置，不同型号的断路器所配的灭弧装置也不同。断路器均有灭弧室，在灭弧室中多个金属断口导致电弧来回绕弯，使电弧一直延伸到电压无法支撑为止［图9.5（a）］。状况良好且接线正确的断路器灭弧速度很快，30～150ms。断路器一定要能够快速灭弧，以免引发火灾［图9.5（b）］。

（a）断路器内部构造　　　　　（b）断路器着火

图9.5　断路器内部构造及着火照片

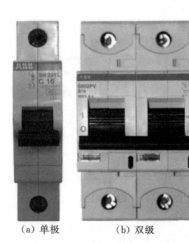

（a）单极　　（b）双级

图9.6　单极和双极无极性断路器

电极数量与断路器在断开电路时可保护的导体数量相同。但实际受保护的导体数量可能与电极数量不匹配，因为电极可串、并联连接。例如单极交流断路器［图9.6（a）］保护一个导体并有两个接线端子；然而，光伏系统有两个直流导体（正极流出、负极流回），因此，光伏系统中使用的直流断路器必须至少为双极［图9.6（b）］。

双极断路器有正极导体进/出端子、负极导体进/出端子四个接线端子。注意：出于安全考虑，光伏系统的正负极导体需要同时关断；因此，直流断路器必须要配置一个可同时操作所有电极的手柄［图9.6（b）］。

电极在断路器内可串、并联连接，因此被保护的电极更少，但每个电极的额定电压更高。例如：四极直流断路器能保护四个独立的导体

（即两个独立光伏组串的正负极导体），也可在内部连接成只接受两个更高电压（两个电极串联）的导体，如图 9.7 所示。请注意：并不是断路器中的所有电极都需要使用，但电极的串并联减少了可用于接受导体的接线端子数量。

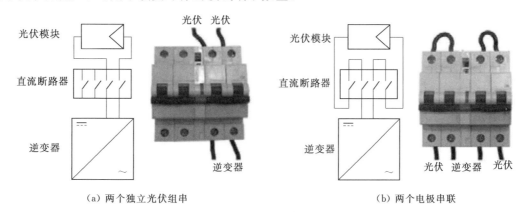

（a）两个独立光伏组串　　　　　　　　　　　（b）两个电极串联

图 9.7　将组件（或组串）连接到四极断路器的不同方式

直流断路器可分为无极性断路器和极性断路器。

（1）无极性。直流断路器应始终使用无极性断路器，其无论以什么方向安装均能有效操作。

（2）极性。直流断路器不应再继续使用极性断路器，可按照通行的标准和导则禁止使用（澳大利亚已实施）。因为极性断路器必须按照电流方向安装。当接线不正确以及带载关断时，极性断路器无法熄灭直流电弧，因此会着火。较早的系统中可能使用极性断路器，可通过正负极接线端子上的丝印标记识别。有关极性断路器的更多信息，请参见本章末尾的扩展材料。

> **● 澳大利亚标准**
>
> 按照 AS/NZS 5033：2014 第 4.3.4 条的规定，不允许使用极性断路器。

9.2.2　直流过流保护装置

与所有电气系统一样，光伏系统很容易出现电气故障，比如短路，从而导致大电流流过系统。对于每个组串、子阵列以及整个阵列而言，过流保护可能需要，也可能不需要，这取决于光伏系统的容量和配置。对于住宅安装，组串的过流保护通常是唯一需要的过电流保护。有关过流保护的具体要求和设计，请参见 13.2 节。

> **● 要点**
>
> 与配电柜内的所有电路一样，配电柜需要配置交流过流保护装置（AS/NZS 3000：2007）。交流过流保护装置通常与光伏阵列总开关合并（9.2.4 节）。

9.2.3　直流分断装置

直流分断装置是断开直流回路以隔离零部件的手动开关，一般分为两类。负荷开关装置可在通流时分断；无载开关装置只能在无电流时分断。按照现行标准，所有的直流分断装置必须为无极性，并且按照光伏系统的设备位置和可见性要随时可用。

> ● **澳大利亚标准**
>
> 　　AS/NZS 5033：2014 规定了直流分断装置的要求。
>
> 　　AS/NZS 3000：2007 第 7.3.4.1 条和 AS 4777：2005 第 5.3.3 条规定了光伏阵列交流分断装置的要求。

并网光伏系统中安装的直流分断装置有组串隔离开关；子阵列隔离开关；光伏阵列直流隔离开关。

1. 组串隔离开关

低压（120～1500V DC）和特低电压（<120V DC）系统，建议每个组串电缆都配置一个无载分断隔离开关。大多数电池板制造商都以插接件的形式提供。详情参见 13.3.1 节。

2. 子阵列隔离开关

对于低压和特低电压系统，通常要求每个子阵列配分断装置以实现隔离。该装置不一定要是负荷型，但是由于子阵列系统通常比较大，使用负荷开关比较有利。详情参见 13.3.2 节。

3. 光伏阵列直流隔离开关

光伏阵列直流隔离开关（也称为隔离器）为安装在光伏阵列与逆变器直流侧之间的直流分断装置。光伏阵列直流隔离开关应该为负荷直流型开关，该开关随时可用，同时能断开所有电极。如果阵列为低压阵列，这种直流分断装置必须锁定在分断位置。

> ● **要点**
>
> 　　"隔离器"为隔离开关的别名。除了在标注中之外，该术语已在标准中被淘汰；然而，它在行业内还很通用。
>
> 　　"隔离开关"是无载分断装置的专用名词。

系统中阵列直流隔离开关的数量取决于适用标准以及光伏系统的配置和布局。通常，邻近光伏阵列处（如果系统安装在屋顶上）需配置一个隔离开关，另一个隔离开关邻近逆变器安装。在某些情况下，一个隔离开关可满足这两项要求。详情参见 13.3.3 节。

> ● **澳大利亚标准**
>
> 　　按照 AS/NZS 5033：2014 第 4.2 条的规定，光伏阵列最大电压计算如下：
> $$光伏阵列最大电压 = V_{OC} + {}_\gamma V_{OC}\,(T_{min} - T_{STC})\,M$$

式中 V_{OC}——组件开路电压；

     $_\gamma V_{OC}$——V_{OC} 的组件温度系数，V/℃；

     T_{min}——最小电池温度；

     T_{STC}——电池的标准工况温度（25℃）；

     M——阵列组串中的组件数量。

直流断路器可用于光伏阵列直流隔离开关。这些断路器必须为负荷型和无极性型。通常也使用旋转式隔离开关（图 9.8）。

图 9.8 两种类型的旋转式光伏阵列直流隔离开关

9.2.4 交流分断装置

光伏阵列总开关为安装在配电柜上的交流分断装置。是一个具有适宜额定参数的交流断路器，因此它是负荷型开关，对所有的火线起作用并配有电路过流保护，这与配电柜上所有电路的情况一样。该开关也可能称为太阳能电源总开关或逆变器电源总开关。

注意：一些区域配电规范要求光伏阵列总开关可切换交流火线和中线。安装者应检查区域配电规范以确认是否满足本地要求。

临近逆变器交流侧可能需要配置额外的负荷开关（图 9.9）（称为逆变器交流隔离开关或太阳能阵列交流隔离开关）。按照现行要求，如果逆变器不在光伏阵列总开关配电柜的视距范围内，则有上述要求。详情参见 13.4 节。

图 9.9 作为紧邻光伏逆变器的光伏阵列隔离开关的交流断路器（在外壳内）

> **● 知识点**
>
> 在逆变器处安装额外的交流隔离开关降低了当有人在逆变器视野之外工作时其他人在配电柜处启动系统的风险。

9.2.5 接地装置

接地系统通过地桩将故障电流引入大地，可保护设备和人免遭过流危险。光伏阵列裸露的导电部件（特别是光伏组件与金属安装系统的铝制框架）与大地之间使用等电位连接，可以使任何部件之间无电位差。

铝制组件框架可通过使用适当的产品，比如 Wiley Electronics（威利电子）的 WEEB（垫圈、电气设备连接导体）、UniRac 的接地线夹以及其他合适的夹具，连接到安装架上（图 9.10）。WEEB 为一个带尖齿的不锈钢垫圈，尖齿可穿透组件框架的不导电防护层，建立组件框架与安装架间的电气连接。WEEB 接线片也可防止铝制框架结构与接地铜电缆之间出现电化学腐蚀。

图 9.10　组件框架接地的各种 WEEB 垫圈

一些光伏系统可能也需要功能性接地。某些类型或品牌的组件可能也需要，以便它们按规范运行或免遭腐蚀。有关接地的更多信息参见第 13 章。

> **● 定义**
>
> 等电位连接（或保护性接地）涉及电气接地的金属导体部分，以便于其电压（电位）始终与地电位相同。出于安全考虑，需要这种连接来使人免遭电击。
>
> 通过对比，功能性接地旨在确保光伏阵列获得最佳性能，但它只有在制造商指定时才需要。

光伏安装标准通常要求光伏阵列的接地装置始终维持接地或连接点的连续性，这意味着，移除单个组件时不会影响系统的接地连续性。

9.2.6 防雷保护装置

雷电产生的浪涌脉冲可损坏光伏系统的零部件，无论是阵列或电网的某部分被雷电击中均可能产生损坏。按照相关标准的要求，处于重大雷击风险区域的系统需要装设防雷装置。

防雷结合了接地（例如避雷针）和浪涌保护。接地系统通过电缆将雷击电流导入大地，电缆的线径由接地系统决定。

浪涌保护器（SPDs）保护设备免遭直接或间接雷击引起的过电压。逆变器的直流侧（保护来自阵列的雷击）、交流侧（保护来自交流电网的雷击）需要装设浪涌保护器。

> ● 澳大利亚标准
>
> AS/NZS 3000：2007 和 AS/NZS 5033：2014 中论述了接地要求。
> AS/NZS 1768：2007 规定了防雷要求。

9.3　组串汇流箱和阵列汇流箱

组串汇流箱通常用于将阵列中的组串电缆连接成阵列电缆以进入逆变器。内部也可安装过流保护和分断装置。在配有子阵列的大型系统中，可能既有组串汇流箱，也有阵列汇流箱。

> ● 要点
>
> 汇流箱也称为接线盒，通常在无任何保护装置的柜体使用该术语。例如在组件背面有接线盒，尽管它们在并网型组件中通常是密封的。

如果存在多个并联组串，组串汇流箱内有来自不同光伏组串的正负极电缆汇集连接点。与逆变器连接（通过光伏阵列直流隔离开关）的汇流箱只有一个直流正极和负极阵列电缆出线（图 9.11）。户外放置的汇流箱如内含屋顶光伏阵列隔离开关，则防护等级必须至少为 IP54 或 IP55。

 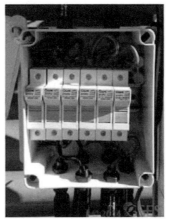

（a）阵列汇流箱　　　　（b）内含组串过流保护的接线盒

图 9.11　汇流箱

Ⅰ—底座；Ⅱ—组串过保护；Ⅲ—浪涌保护器；
Ⅳ—阵列直流隔离开关；Ⅴ—逆变器

　　即使阵列仅包含一个组串，也可使用阵列汇流箱。在逆变器的阵列电缆线径大于阵列内光伏组件的互联电缆时特别有用。阵列汇流箱可用于容纳直流阵列分断装置。

　　如果不需要过流保护，可使用 Y 连接器来代替阵列组串或阵列子阵列的组合（图 9.12 和图 9.13）。

图 9.12　Y 连接器（来源：Multi - Contact）

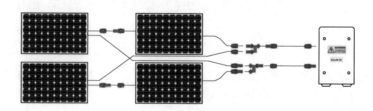

图 9.13　Y 连接器用于并联阵列中的组件

9.4　计量装置

　　电表记录流经它的电能，传统上用来计量用户在电网使用的电量。电能通常以 kW·h 来计量，商用电表也经常以 kW 为单位记录电量。

● 要点

　　kW·h 是电能的计量单位，计算公式为功率（单位为 kW）乘以使用时间长度（单位为 h）。

　　电力零售商按照与用户之间签订的用电合同中规定的价格（每 kW·h 的价格）收取电费。电价在各个零售商和区域之间变化，对居民、商用和工业客户给出的电价也不相同，电价还会根据用电时间上下波动。

　　并网光伏系统需要一个能够记录光伏系统净发电量的计量工具，记录的发电量为系统净馈入电网电量。电力零售商可为系统发出的电能支付上网电价（FiT）。FiT 的数值将取决于该系统是统计净发电量还是总发电量（9.4.2 节中有论述）。

9.4.1　电表类型：简易与智能

电表有多种类型，从简易机械电表到先进的智能电表。这些电表可以以不同方式来获得光伏系统发电量。

1. 机械电表

最简单的电表为一台带刻度转盘的机械装置，当有电流流过时，如用户用电时，转盘旋转〔图 9.14（a）〕。该电表在其寿命期内记录累计的用电量，类似于汽车的里程表。机械电表的特性是无论一天内哪个时间段用电，其记录的电费是相同的，即"统一"的电价。

（a）简易机械电表　　　　　　（b）智能电表

图 9.14　机械电表和智能电表

2. 先进的分时段电表

分时段电表能测量特定时间段内通过的电量。例如分时段电表能够测量每半小时的用电量。这使得电力零售商能够按照基于"使用时间"的电价对客户计收电费，此时电价可在一天内变化，尽管可能还使用统一电价。

3. 智能电表

智能电表为具有远程通信功能的分时段电表〔图 9.14（b）〕。例如它可以发送实时用电数据给在线门户网站或公用数据库。让业主知道他们是如何用电的，从而可以尝试改变用电习惯以节约开支。此外，智能电表也可传递信号，以便在电网供电紧张时响应需求关闭高耗能电器。

9.4.2　计量类型：净余计量与总额计量

并网光伏系统的计量可分为净余计量和总额计量（图 9.15）。两种计量系统均测量发出和消耗的总电量，但是由于这两种计量系统的设置方式不同，所以测得的数据是不同的。在净余计量中，光伏系统发出的电能优先在现场使用；多余电量（假定无储能）被输送到电网（适用时可收取上网电价）；不足部分以协议电价从电网获取。在总额计量中，所有的光伏发电量都被输出到电网中（适用时可收取上网电价），所有的现场用电都从电网获取（以协议电价）。

（1）净余计量。净余计量的设计宗旨是让客户能直接使用光伏系统发出的电。因此，

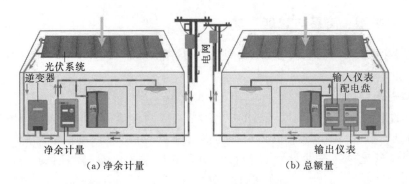

图 9.15　净余计量和总额量的对比

（a）净余计量　　　　　（b）总额量

未被电站使用的光伏电（即净余发电量）输送至电网中并被电表计量才是净余计量。当光伏系统发电不足或关闭时（比如在晚上），电表也计量从电网吸收的电能（即净耗电量）。因此，输送和吸收电能的实测净余量并不分别是发电量和耗电量的总数。

（2）总额计量。总额计量的设计宗旨是将光伏阵列发出的所有电能都输送到电网并进行计量；由电网供应所有的电站用电。因此，输出电量的实测值与光伏系统的总发电量相同；输入电量的实测值与客户的总用电量相同。

这两种模式下，客户通常同意按其中一种方式计量发电量，收取上网电价。电力零售商的上网电价安排将指明它是总发电量电价，还是净发电量电价。如果上网电价比客户购电价高，则总额电价将更合适：客户将以比自己购电价更高的价格售电。然而，如果上网电价低于购电价，净余计量系统将允许客户首先使用他们自己的光伏发电，并直接抵消他们从电网消耗的高价电。

按照用电收取的电价以及支付给发电或输电的上网电价，业主应知晓签订净余电价或总额电价合同的财务结果。用户被告知以确保他们完全理解电费账单构成；不管光伏系统发电多少，极可能会出现用于零售和商业电力账号的持续服务费。

● 实例

总额上网电价

业主安装了上网电价为 0.5 澳元/(kW·h)（总发电量）的 2.5kWp 光伏系统。他们与电力零售商签订合同，以 0.25 澳元/(kW·h) 的价格买电。平均一天他们的系统发电量为 10kW·h，而他们的家庭用电量为 15kW·h。

收入（从零售商获得的钱）：

$$10kW·h × 0.5 澳元/(kW·h) = 5.00 澳元（收入）$$

电费（付给零售商的钱）：

$$15kW·h × 0.25 澳元/(kW·h) = 3.75 澳元（支出）$$

余额：

$$5.00 - 3.75 = 1.25 澳元（收入）$$

零售商将在这天支付给用户的钱比用户支付给零售商的钱多 1.25 澳元。

净余上网电价

业主安装了上网电价为 0.05 澳元/(kW·h)（净发电量）的 2.5kWp 光伏系统。他们与电力零售商签订合同，以 0.25 澳元/(kW·h) 的价格买电。平均一天他们的系统发电量为 10kW·h；一半在现场使用，另一半输送到电网（因为在发电时不需要，也不能存储供后续使用）。他们的家庭用电量为每日 15kW·h。

收入：

系统的一半发电量（5kW·h）以 0.05 澳元/(kW·h) 的价格输送到电网：

$$5kW·h×0.05 澳元/(kW·h)＝0.25 澳元（收入）$$

电费：

5kW·h 的太阳能发电部分抵消每天所需的 15kW·h，因此客户只需从其电力零售商购买 10kW·h 的电：

$$10kW·h×0.25 澳元/(kW·h)＝2.50 澳元（支出）$$

余额：

$$0.25－2.50＝－2.25 澳元（支出）$$

客户需为当天的用电向零售商支付 2.25 澳元。如果业主能够使用他们的全部光伏发电量（例如通过使用可供后续使用的储能），他们就会获得更好的收益。如果他们使用了全部的 10kW·h 自发电，没有发电收益，仅仅需要购买 5kW·h 的电和支付 1.25 澳元。

对于净余计量上网电价，通常在现场用电比发电更具经济效益。对于总额计量上网电价，现场使用的相对光伏发电量不影响该计划的财务结果，因为是由光伏系统输送到电网的总电量支付电费。

1. 净余计量配置

设置净余计量是为了用光伏系统发电抵消现场用电，并将多余的电输送到电网，同时也是为了光伏系统供应现场负荷，并且只在发电量多于负荷时输出电能至电网。

在净余计量中，光伏系统和负荷一起连接到电表的同一侧。可用两种方式设置电表（图 9.16）。

（1）最简单的电表配置是使用两个机械电表，一个用于输入（即净用电量），另一个用于输出（即多余发电量）。它们都是用稳定装置（机械爪）安装的，稳定装置允许它们以一个方向运行（或转动）。

（2）可使用电子电表记录两个方向的电量。

2. 总额计量配置

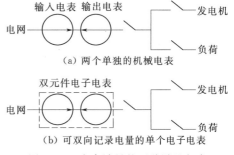

图 9.16　净余计量的两种设置方式

总额计量分别测量总用电量和总发电量。设置总额计量是为了先将光伏系统发出的全部电力输出到电网，而后再给现场使用。可用两种方式设置电表（图 9.17）。

（1）最简单的电表配置使用两个机械电表，一个用于输入（即总用电量），另一个用于输出（即总发电量）。它们都是用制动器安装，只允许单向转动。

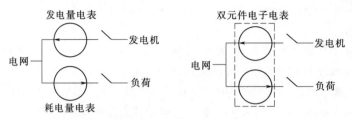

（a）两个单独的机械电表　　　（b）可分别记录发电量和用电量的单个电子电表

图 9.17　总额计量的两种设置方式

（2）可使用电子电表分别记录发电量和用电量。

9.5　系统监控装置

监控系统提供光伏系统的运行和性能信息（图 9.18）。可使用逆变器（如第 7 章中所述）或单独的监控装置来实现监控功能。单独的监控装置可以是简易型千瓦时电表，用于测量电量，也可以是可多方面测量发电量的先进数据记录仪。光伏系统供应商或逆变器制造商可提供单独的监控装置。

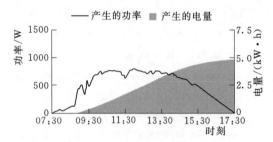

图 9.18　监控系统的图形输出

系统监控提供的信息包括：

（1）发电量。在一段时间内的发电量。系统可提供不同的发电量统计，例如安装后小时发电量、日发电量、年发电量以及总发电量。

（2）电压。系统在不同时间点的运行电压。

（3）功率。系统在不同时间点的运行功率。

（4）温度。系统在不同时间点的运行温度。

（5）收益。系统节省或赚取的总资金。

监控的输出可通过各种方式获得，见表 9.1。

表 9.1　　　　　　　　　　系统监控输出方式总结

系统监控输出	描　述	优　点	缺　点
逆变器显示屏	逆变器有一个可显示系统统计信息的显示屏，比如发电量和瞬时功率	（1）不需要独立的监控系统。 （2）监控系统已装好	（1）浏览较慢。 （2）必须在逆变器处访问数据。 （3）显示屏小
电缆连接	通过计算机连接电缆来访问逆变器或监控系统	（1）可在计算机上访问数据。 （2）安全、稳定、快速连接到电脑。 （3）范围比无线广，但受限于电缆成本	（1）必须在逆变器或监控系统附近访问数据。 （2）电缆成本增加

续表

系统监控输出	描　述	优　点	缺　点
无线	通过计算机无线访问逆变器或监控系统	(1) 方便快速访问。 (2) 可在计算机上访问数据	(1) 连接可能不可靠。 (2) 引入了数据安全问题。 (3) 信号强度限制，范围有限
门户网站	逆变器或监控系统将监控数据上传到网络，可通过计算机访问	(1) 可在任何地方通过互联网访问数据。 (2) 可能不需要安装程序。 (3) 可在计算机上访问数据	(1) 引入了数据安全问题。 (2) 需要连接网络

　　系统监控装置的适宜性取决于业主的要求以及光伏系统的用途。小型住宅式并网光伏系统业主可能比较喜欢看逆变器显示屏；而安装在学校的光伏系统可能需要门户网站，这样就能在各处访问监控数据并将该数据用于教学。按照系统的装机容量，系统监控、数据记录和数据访问可由意向买家或融资主体来指定。

　　最重要的是，安装现场及其通信设施一定要能够支持计划的监控访问和传送。

● 实例

　　SMA 产品的两种数据传输方式对比，见表 9.2。

表 9.2　　　　　　　　　　SMA 产品的两种数据传输方式对比

项　目	蓝牙技术（无线电）	RS485 电缆
典型应用	中小型太阳能系统	大中型太阳能系统
优势	降低了成本和精力	高速可靠
可参与运行的设备数量 （系统监视和逆变器）	每个蓝牙网络多达 50 台	每个 RS485 总线多达 50 台
范围	在户外各个装置间可达 100m	每个 RS485 总线 1200m
数据检索设备 （例如 SUNNY Beam 或 SUNNY WebBox）	每个网络多达 4 台（取决于参 与运行的设备数量）	每个 RS485 总线 1 台

　　两种传输方式如图 9.19 和图 9.20 所示。

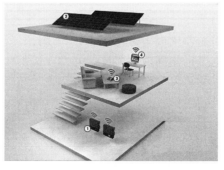

图 9.19　蓝牙监控装置
（来源：SMA 太阳能技术股份公司）

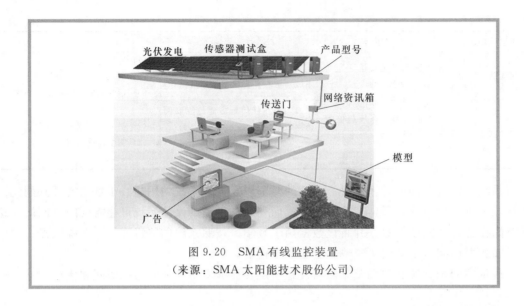

图 9.20　SMA 有线监控装置
（来源：SMA 太阳能技术股份公司）

9.6　扩展材料：极性和无极性直流断路器

9.6.1　极性断路器

极性直流断路器被认为不再适用于并网光伏系统。如果安装不正确，带载分断时不能熄灭直流电弧，可能造成火灾。然而，极性断路器可能已用在较早的安装中，为保证系统安全，必须确保极性断路器已被正确安装。

极性断路器可通过每个电极正负端子上的印刷标记目测识别。这些标记指明了电流应流过电极的方向：从正极端子（标记为"＋"）到负极端子（标记为"－"）。请注意：这不一定与连接的导体的正负极性有关。发电设备决定了导体的极性，因此在导通前，断路器电极是没有真正的极性的。

图 9.21　ABB 极性断路器

传统的电流从光伏阵列的正极流出，在经过电路中的其他部件之后，流入光伏阵列的负极。因此极性断路器的正确连接是从光伏阵列的正极端子连接到断路器电极中标记为"＋"的端子（使该端子成为正极），光伏阵列的负极端子连接到另一个断路器电极中标记为"－"的端子（使该端子成为负极）。只要电流以正确的方向流过电极（从正极端子到负极端子），任何电极都可以为正极或负极。因此，光伏系统的正极导体从标记为"－"的端子离开断路器，但它仍旧是正极导体，因此它应该连接到下一个零部件的正极端子上。将断路器上的正极端子和负极端子简称为进线端和出线端更为清晰。

1. 标记：仅在一侧

极性断路器可能仅在断路器的一侧（通常为底部）标有"＋"号和"－"号，例如 ABB、GE 和 Terasaki 的极性断路器（图 9.21）。

能量源（太阳能系统中的光伏阵列）是要连接到有符号显示侧：阵列输出正极连接到标有"＋"的端子上，而阵列输出负极连接到标有"－"的端子上。这些断路器的顶部端子只是每个电极相应的极性，因此，只要电流以正确方向流过电极，光伏组件也就可以接入断路器的顶部端子（图9.22）。

2. 标记：在两侧

极性断路器可能在两侧都有标记，例如 Clipsal、Klöckner 和 Moeller 的极性断路器。它们在顶部和底部都有"＋"号和"－"号，每个断路器电极都有一个指示电流的正负极对（图9.23）。

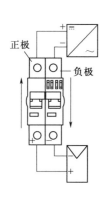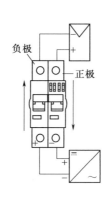

图 9.22　适合连接仅在底部有标记的极性直流
断路器的两种配置

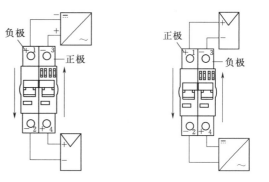

图 9.23　两个在两侧均有标志的单极
Moeller（德国金钟穆勒）极性断路器

导体一定要连接到极性断路器上，以便于电流从正极端子流到负极端子。无论阵列是否连接到断路器的顶部或底部，阵列的正极导体必须连接到断路器上标有"＋"的电极端子上，阵列的负极导体必须连接到另一个电极上标有"－"的端子上（图9.24）。接线时需要格外小心，以免将两个导体连接到同一个断路器电极上造成阵列短路。

9.6.2 无极性断路器

不管电流以什么方向流过，无极性断路器均可作为负荷开关安全操作，并用于故障电流保护。可以通过上面有无"＋"或"－"标记来识别无极性断路器（图9.25）。

图 9.24　适合连接在两侧有标志的极性
直流断路器的两种配置

阵列的正极端子可连接到断路器的任何电极端子上。然后，将阵列的负极端子连接到另一个电极的匹配端子（图9.26）。确定匹配端子的位置必须通过查询断路器的说明书。

AS/NZS 5033：2014 第 4.3.4 条的规定，不允许使用极性直流断流器。

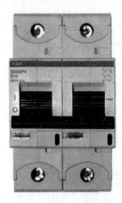

图 9.25　双极非极性断路器

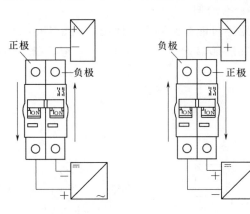

图 9.26　阵列的正极端子可连接到
非极性断路器的任一端子上

● 要点

不管阵列连接到断路器的哪一端，阵列的正负极输出必须连接到断路器上各个电极各自的"＋"和"－"输入端子。

习　题

问题 1

用 BoS 部件的名称填写下图。

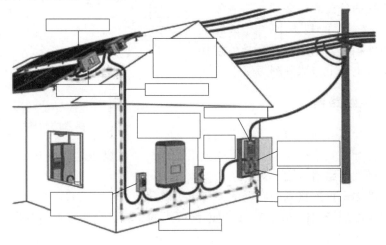

问题 2

说明系统的哪部分使用：

（1）直流电缆。

（2）交流电缆。

问题 3

描述为什么以下类型的保护是必要的。

（1）过流保护装置。

（2）分断装置。

（3）接地。

（4）防雷。

问题 4

（1）描述熔断器和断路器之间的区别。

（2）描述极性断路器与无极性断路器之间的区别。

（3）在澳大利亚，光伏系统中允许安装极性断路器与无极性断路器吗？

（4）你能如何快速地说出极性断路器与无极性断路器的不同之处吗？

问题 5

（1）阵列接线盒的作用是什么？

（2）Y 形连接头何时可用于组合阵列组串或子阵列组串？

问题 6

（1）如果客户有一个先进的分时段电表，它们有可能处在什么类型的电价？

（2）如果客户有一个机械电表，它们有可能处于什么类型的电价？

（3）列出对于电网来说配置一个有通信功能的智能电表的好处。

（4）列出对于客户来说配置一个可以与负荷进行通信的智能电表的好处。

问题 7

客户安装了 3.5kWp 光伏系统，一天内的参数具体见下表。

上网电价类型	净余电价
卖电价格	0.06 澳元/（kW·h）
购电价格	0.24 澳元/（kW·h）
住宅用电量	23kW·h
光伏发电量	12kW·h

发电的一半（6kW·h）供给用电设备，另一半输送到电网中。假定 3 个多月以来平均住宅用电都维持在 23kW·h/d，而平均发电量维持在 12kW·h/d。

（1）计算。

1）每日发电收入。

2）每日购电支出。

3）客户的最终日结存。

4）客户 3 个月以来的电费单（90d）。

5）使用太阳能节约了多少资金？

（2）下表显示了客户房屋的负荷分布。

负荷	功率 /kW	实际使用时间 /h	电能 /(kW·h)	使用时间	光伏提供的电能 /(kW·h)
照明	0.5	5	2.5	一整天	0.75
洗碗机	2	1	2	下午	2
干衣机	2.5	1	2.5	晚上	0
洗衣机	2.5	1	2.5	晚上	0
冰柜	0.1	24	2.4	一整天	0.72
冰箱	0.02	24	0.5	一整天	0.15
空调	0.8	3	2.4	下午	2.4
热水器	7.2	1	7.2	午夜	0
电视	0.5	2	1	晚上	0
总计	23	6			

1）使用所提供的负荷分布，可实施怎样的负荷管理以提高净余上网电价效益？

2）如果在引入负荷管理之后将100%的太阳能电量供应负荷，则3个月会节约多少电能？

第三部分 设计与安装

第三部分各章涵盖了并网光伏系统的设计与安装。

并网光伏系统的正确设计与安装将确保使用的设备是合适和划算的，系统容量适当，设计满足客户需求并且安全。总体而言，可使用正确的方法设计和安装系统，从而使系统的效率和用处最大化。

第10章包含进行国内能源评估和采用各种节能技术降低整体能耗的信息。

第11章包含如何正确评估并网光伏系统安装位置以及如何识别影响并网光伏系统设计和安装的所有因素。

第12章讲述了正确匹配太阳能电池阵列与逆变器的规格和容量的方法。

第13章解释了并网光伏系统中确保人身安全和设备寿命的系统保护要求。

第14章是对并网光伏系统中所需的所有布线设计的综述。

第15章描述了并网光伏系统中的潜在损耗以及如何在计算系统收益时将这些损耗考虑在内。

第16章讲述了安装并网光伏系统所有部件的最佳范例，包括阵列、逆变器、系统保护、电缆、接地、监控设备和标记。

第17章显示了在并网光伏系统开始发电之前对系统进行调试的正确方法。

第18章包含有关系统维护和故障排除程序的信息。

第19章包含在设计并网光伏系统时经济分析的重要性以及如何进行经济分析。

第20章广泛覆盖了大型（商业或公共）并网光伏系统的设计和安装。

安装节能照明是提高能效和节电的有效方法。

第 10 章 用 电 评 估

用电评估是任何家庭都可开展的一项有益运用，可识别节电和/或省钱的机会。通常消费者购买太阳能光伏系统是为了尽可能降低其从电网获取的电量。为了评估这种方式能节约多少电能，应进行用电评估和用电密度评估，算出用电量和使用时间（图 10.1 和 图 10.2）。

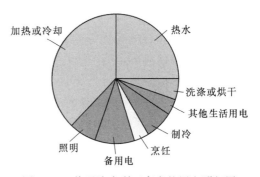

图 10.1　普通澳大利亚家庭的用电明细图
（数据来源：yourhome. gov. au. ）

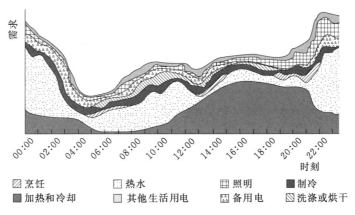

图 10.2　澳大利亚家庭的夏季负荷曲线图

> **● 定义**
>
> 用电密度是一段时间的用电量。

为了尽可能让客户省钱，首要目标是减少从电网购电。可以通过以下两种方式实现：

（1）降低或消除一些负荷或一些时段的用电。

（2）用太阳能光伏系统给一些负荷或一些时段供电。

某一场地的用电评估提供了有关用电量和用电时间段的必要信息（10.1节）。根据用电评估以及在与业主商谈后，建议实施负荷管理或能效测量（如10.2节和10.3节中所述。这些测量是一种降低业主耗电的经济办法，可限制用于抵消负荷所需的光伏系统的容量。）

10.1 负荷评估

负荷评估是对用电量以及现场每个用电负荷（电器）用电时长和时段进行估计。用电评估给出了业主的用电模式，该信息可用于确定太阳能发出电能中使用或输出的比例，把握住任何节能时机。

负荷评估程序对分析系统在不同条件下的项目收益很重要，例如在使用不同净余计量上网电价时。一般情况下，为了让在最低至零的净余上网电价下运行的系统获得最佳财务收益，现场应尽可能多地使用光伏电，这意味着尽可能减少向电网输出光伏电。

负荷评估可作为光伏系统设计的基础，以便于在现场尽可能多地使用光伏电。负荷评估信息也可用于规划光伏系统的倾斜角和方位，以便系统的输出匹配房屋的分时用电需求。当确立了房屋的用电密度和需求时，系统设计师可建议在中午使用太阳能发电以代替电网，将一些用电负荷转移到此时运行判断是否省钱（有关负荷转移的更多信息，请参见10.2节）。

> **● 注意**
>
> 与使用电网1kW·h电能相比，净余上网电价下通常每输出1kW·h电能被支付的费用更低。因此，使用太阳能光伏系统来减少电网用电比向电网发电更为划算。

可用列表进行简单的负荷评估（10.1.1节），或者使用电能记录设备进行一段时间内更准确的负荷评估（10.1.2节）。

10.1.1 用列表方式进行负荷评估

可在与业主协商后用列表方式完成简单的负荷评估，以展示一段时间内的典型能耗。能耗模式在各个季节均不相同，因此，可通过将夏季和冬季分别列表来更详细地开展评估。

知识点

一户家庭很可能在夏季和冬季有不同的用电模式。这主要是由于不同的温度（例如：夏季需要制冷，冬季需要供暖）以及不同的日长（因为冬季白天时长短，所以需要更多的照明）所致。

表中所列项目应至少包含电器描述、电器功率、使用时间以及产生的能耗。

实例

光伏系统设计师咨询了业主以确定现场设备的使用模式以及该设备能耗的任何预期变化，比如增加设备使用或清理所导致的变化。该程序是在咨询了夏季和冬季的用电量之后完成的。

设计师确认了所有电器的规格，信息记录在表 10.1 中。

表 10.1　　　　　　　　　夏季和冬季家庭用电情况

电器描述		功率/W	约计时间（夏季）	约计时间（冬季）	用电量＝功率×小时数（夏季）/（W·h）	用电量＝功率×小时数（冬季）/（W·h）
照明						
卧室灯	2×10W 节能灯	20	6：30－7：30AM	6：30－7：30AM	20	20
			9：00－10：00PM		20	
	2×30W 卤素床头灯	60	9：00－11：00PM	9：00－11：00PM	120	120
厨房灯	1×15W 节能灯	15	6：30－7：30 AM	6：30－7：30 AM	15	15
			7：00－8：00PM	6：00－8：00PM	15	30
	3×15W 卤素灯	150	7：00－8：00PM	6：00－8：00PM	150	300
客厅/餐厅灯	6×5W LED 灯	30	7：00－11：00PM	6：00－11：00PM	120	150
其他房屋灯	2×10W 节能灯	20	8：00－9：00PM	7：00－9：00PM	20	40
小计（照明）					480	675
供暖和冷却	客厅空调（夏季制冷，冬季制热）	1500	4：30－9：00PM	6：00－10：00PM	6750	6000
	卧室逆循环空调（夏季制冷，冬季制热）	1500	9：00－11：00PM	6：30－7：30AM	3000	1500
	落地扇	60	6：00－10：00PM	—	240	0
	电蓄水热水器	2000	8：00－11：00AM	8：00－12：00PM	6000	8000
			10：00PM－1：00AM	10：00PM－1：00AM	6000	6000
	冰箱（压缩机循环平均 24 个多小时）	65	24h 循环		1560	1560
小计（供暖和冷却）					23550	23060

续表

电器描述		功率/W	约计时间（夏季）	约计时间（冬季）	用电量＝功率×小时数（夏季）/（W·h）	用电量＝功率×小时数（冬季）/（W·h）
烹饪	烤箱	2100	6：00－7：00PM	6：00－7：30PM	2100	3150
	微波炉	1000	6：30－6：36PM	6：30－6：36PM	100	100
	电磁炉	1800	6：30－7：00PM	6：30－7：00PM	900	900
小计（烹饪）					3100	4150
清洁	洗衣机	600	6：30－7：30AM	6：30－7：30AM	600	600
	洗碗机	1000	9：00－11：00PM	9：00－11：00PM	2000	2000
	烘干机	1000	不适用	7：30－9：30AM	0	2000
小计（清洁）					2600	4600
娱乐	笔记本电脑	50	6：00－8：00PM	6：00－8：00PM	100	100
	电视机	150	6：00－9：00PM	6：00－9：00PM	450	450
小计（娱乐）					550	550
总　　计					30280	33035

图 10.3 显示了这个家庭的用电明细。热水和空调占据这个家庭用电的一大部分。

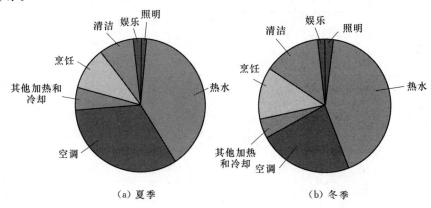

（a）夏季　　　　　　　　　（b）冬季

图 10.3　这个家庭的用电明细图

图 10.4 为用图形表示的负载曲线。在光伏系统发电时，该家庭并未消耗许多电能。因此，将一些负荷（比如洗碗机）转移到中午来使用太阳能是有好处的，

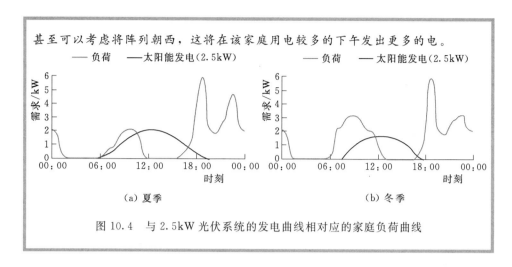

图 10.4　与 2.5kW 光伏系统的发电曲线相对应的家庭负荷曲线

10.1.2　使用电能记录设备进行负荷评估

在一段时间内使用电能记录设备，例如典型的夏季或冬季月，可提供全面而详细的负荷信息。总用电量和各个电器用电量均可监控，在相当长的时间内记录可以提高准确性。

有许多不同复杂程度的电能记录装置可供选用。一些传感器（比如硬接线电表）需要由合格电工来安装，而另一些传感器（比如插座式安装电传感器）可由业主轻松安装。传感器上可能有一个屏幕以查看数据或将数据传输（通常使用无线）到中央集线器。通常可通过在线网站查看和分析结果。

监控最好持续几周，最短时间为一两天。监控时长越短，越难以获得典型运行状况。通过监控平日和周末，数据可解释不同时段用电不同的原因。如果可能，应对夏季和冬季都进行记录，以确定用电的季节性变化。

为了确保计算最准确，在超过一定容量的光伏系统应使用电能记录设备，但数据记录服务可能会产生费用。

10.2　负荷转移

可通过变更用电模式来实现负荷转移，以实现最大程度使用太阳能发电。例如，将部分晚间用电转移到中午就可使用更多的光伏系统发电，减少电网用电（图 10.5）。

负荷评估是确定是否有需要进行负荷转移的基础。一些负荷不能够转移，例如晚上需要照明，不能转移。有一些电器不是按时间使用的，适合作为转移负荷；例如可在白天而不是晚上运行洗衣机或泳池泵。还可以通过软件应用或专有控制管理系统来使用"智能"家居电器，比如 Clipsal 的控制总线系统。

当业主使用分时段电价时最能体现负荷转移的潜在价值，这意味着一天内不同时段内的电价不同，下午/晚间电价通常最贵。通过将负荷转移到"太阳时"（即太阳高照时），客户可减少在峰段从电网购电，进而减少电费支出。

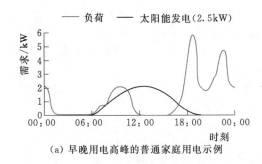
(a) 早晚用电高峰的普通家庭用电示例

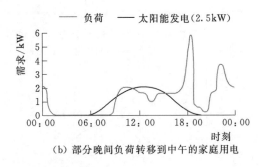
(b) 部分晚间负荷转移到中午的家庭用电

图 10.5 两种用电模式对比

10.3 节能简介

节能倡导的策略是减少建筑物耗能，同时又维持居民同等的生活水平。例如，节能措施可在不降低居民舒适度的前提下减少房屋供暖或制冷所需的电能。

节能措施是对并网光伏系统安装的补充，减少能耗意味着需从电网获得的电能减少，所需安装的光伏系统的容量也会减少。这两种变化都会产生经济效益。

节能措施经常会产生相关费用，例如要安装保温或将更换更节能的电器。采取节能措施减少耗能的成本应与其他措施的成本进行比较，例如安装大型光伏系统的成本，可抵消较高的用电。

普通澳大利亚家庭用电明细如图 10.1 所示。家庭中最大的耗能电器为供暖和制冷装置（10.4 节），然后依次是热水器（10.5 节）、照明（10.6 节）以及其他电器（10.7 节）。

节能同样应用于商用建筑，以实现一段时间内的财务节约和舒适度改进。

10.4 节能：供暖和制冷

如上所述，供暖和制冷在一个普通家庭耗能最多。有许多方式既可减少房屋供暖和制冷的电能消耗，又使室内维持在舒适的温度。

供暖和制冷的能效原则包括：

（1）使用被动式太阳能建筑设计原则，使从太阳获取的热量和空气流动带走热量最大化。

（2）使用各种方法维持舒适的温度。

（3）使用高效手段给建筑物供暖或制冷。

10.4.1 阳光直射和遮挡

阳光直射带来大量的热量（太阳能辐射）。通过避开夏季的阳光直射，可减少制冷的需求；冬季让阳光射入还将提供一个免费的热源。因此，房屋安装夏季阻挡阳光直射而冬季允许阳光射入的遮阳装置后会带来收益，比如藤架或栽种适当的落叶乔木（图 10.6 和

图 10.7)。

● **注意**

在设计藤架和其他遮挡装置时有几个相关的特定场地因素需要考虑。更多有关澳大利亚特定因素的信息，请登录 http：//www. yourhome. gov. au.

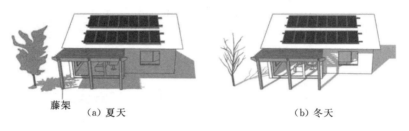

藤架　　(a) 夏天　　　　　　　　　　　(b) 冬天

图 10.6　藤架

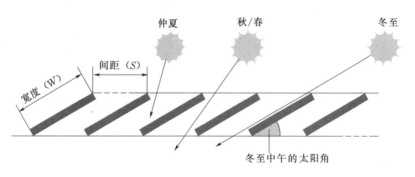

图 10.7　根据特定位置的太阳角设计藤架中板条的宽度、间距和角度

● **知识点**

在澳大利亚有 4 个主要的气候区：
(1) 热带/亚热带。
(2) 干旱/半干旱。
(3) 暖温带。
(4) 温带。
不同的气候都要求建筑物的供暖或制冷方式不同。

10.4.2　窗户

建筑物内外可以通过窗户和其他光滑表面进行大量的热传递。夏季，降低通过窗户传递的热量可减少建筑物的制冷耗能。冬季，白天太阳的热量进入，在日落后还可以保持温度；窗户需要隔热，以便锁住热量。例如可使用窗帘，在冬季的白天，窗帘一直拉开以便让阳光的热量进入，晚上关闭窗帘来保温。如果有热量散发出去，就需要对该空间供暖。

降低热传递的方案为：

（1）双层玻璃。每扇窗户都由中间有气隙的两块玻璃板组成，从而降低通过窗户的热传递（图 10.8）。

（2）窗帘和百叶窗。带保温特性的适当材料可在窗户和房间之间形成一种隔热气隙。在夏季白天时，窗帘和百叶窗应保持关闭，以减少进入房间的热量。在冬季白天时，窗帘和百叶窗可打开，让阳光的热量进入，晚上可关闭以保持房间内温度。

（3）外遮阳装置。外部遮阳限制了照射到窗户的直射阳光量，这对于建筑物的西侧降低夏季午后阳光照射特别重要。可使用伸缩式遮阳装置来阻挡夏季阳光，但可让冬季阳光照射进来。

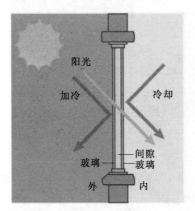 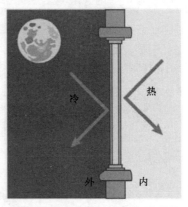

（a）双层玻璃让阳光进入但在夏季将热量阻挡在外　　（b）双层玻璃在冬季夜晚保持室内热量

图 10.8　双层玻璃

10.4.3　通风和空气流动

通风和空气流动可以将新鲜空气带入室内并有助于维持室内适宜的温度。良好的通风设计能获得凉爽的微风，使房间在炎热和潮湿的环境下保持凉爽，或在炎热的晚上从室内快速有效地排出热气。

可通过将门和窗设置在房屋的两边以促使风流过，从而实现空气对流（图 10.9）。吊扇也是使冷气流动并在房间内产生空气流动的一种低能耗解决方案。

10.4.4　保温和储热物质

建筑物的保温材料可以降低住宅的冷热传递，有助于保持室内温度稳定。若无保温措施，室内温度将很大程度上受到室外条件的影响，可能需要提高供暖和制冷需求。保温材料一般可安装在墙内、地板下和天花板上。

给建筑物做保温需要考虑储热物质。储热能力强的建筑材料，如混凝土和砖块，可以在白天储存热量，在夜间释放热量。冬天可利用该原理储存白天的热量。安装光滑的混凝土楼板，冬季阳光可在白天给地板加热，晚上将储存的热量辐射出去。然而，仍需要保温措施来限制夏季的热量吸收和冬季的热量损失。

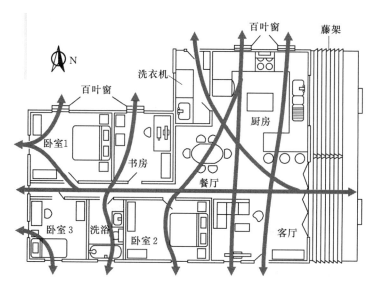

图 10.9　空气流动解决方案

10.4.5　空调和其他供暖及制冷设备

在研究供暖和制冷设备之前，应注意改善建筑物的保温性能（10.4.1 节～10.4.4 节）。改善保温性能有助于减少设备的数量或改进设备的工作方式。如果房屋内部分成多个区域，可针对如何有效地对这些区域进行供暖和制冷以及对所需设备的数量进行改善。例如在生活空间和卧室之间使用密封的门隔断，则卧室不使用时就没必要对卧室进行供暖和制冷。

> **知识点**
>
> 在冬季供暖每上升 1℃，或在夏季制冷每降低 1℃，都会增加 5%～10% 能耗。

有 3 种主要的方式可有效地给建筑物供暖和制冷。

（1）吊扇（可反转）。吊扇是一种可在夏季和冬季使用的低耗能设备。夏季，叶片旋转向下吹动空气，可以加快身体的自然降温。冬季，叶片旋转将冷空气向上吸，迫使暖空气下沉。适合的风扇产品上会配置带逆转功能的叶片。

（2）空调。空调如果与保温以及其他形式的供暖和制冷配合使用，可提供一种有效的供暖和制冷方式。夏季，空调温度应设置在 23～25℃。冬季，空调温度应设置在 18～21℃。

（3）蒸发冷却器。蒸发冷却器是一种通过加湿而使空气冷却的低耗能设备。蒸发冷却器仅适合干热的天气而不是潮湿的夏天。为了有效制冷，蒸发冷却器应配合打开门窗以便空气流动。

10.5　节能：热水

热水通常是家庭的第二大耗能。尽管选择节能的方式加热水有助于减少耗能，但减少热水使用量也很重要。例如可以缩短淋浴时间或安装节水花洒。

> ● 要点
>
> 　　对于洗碗机或洗衣机等电器，如果水加热功能设置成使用管道热水代替电加热，就能实现节能。

加热水的方法有很多，电或燃气为首选能源。电热水器和燃气热水器主要有 4 种。

（1）储水式热水器。这类热水器最为常见。电储热水系统可在非高峰时段给水加热，此时电价较低。热水储存于保温水罐中，需要时使用。

（2）即热式热水器。也称为连续流动加热器。这些设备在需要热水供应时工作，并且大多为燃气设备。

（3）太阳能热水器。太阳能热水器通过收集和传递太阳的热量来加热水。电或燃气可用于在需要时额外加热，因此加热水使用的燃气或电量大幅度减少。太阳能热水器主要有真空管和平板式两种。平板式通常更便宜，很适合炎热的气候和阳光充足的环境。真空管式通常贵些，但它们更适合凉爽的气候。更多信息可参见 GSES 出版的《太阳能热水系统》。

（4）热泵系统。热泵系统通过收集外部空气的热量来加热水。电或燃气可在需要时提供额外加热，但用量会大幅减少。

> ● 知识点
>
> 　　政府可能会设立激励措施来更换老式的热水系统，安装太阳能或热泵热水器。

每种设备的主要优缺点见表 10.2。

表 10.2　　　　　　　　　　不同水加热设备的优缺点
[来源：澳大利亚瑞姆有限公司（Rheem）提供的实例图片]

设备种类	储水式热水器 （电热水器）	即热式热水器 （燃气热水器）	太阳能热水器	热泵系统
优点	（1）前期投资小。 （2）加热水的费用是按照使用了多少热水来支付的	（1）前期投资小。 （2）加热水的费用是按照使用了多少热水来支付的；运行成本取决于燃气价格。 （3）热水量无限制。 （4）安装尺寸较小	（1）使用免费能源，减少了用电量或用气量。 （2）如果自然加热不够，可用电或燃气来补充	（1）使用免费能源，减少了用电量或用气量。 （2）不需要屋顶空间来安装。 （3）如果自然加热不够，可用电或燃气来补充

续表

设备种类	储水式热水器（电热水器）	即热式热水器（燃气热水器）	太阳能热水器	热泵系统
缺点	（1）用电量大；费用高（取决于电价）。 （2）每日热水供应量受储水罐容量限制	（1）需要接通燃气。 （2）运行时使用大量燃气。 （3）运行时需要最低流量，热交换器需要一定的时间才能达到温度，因此可能会浪费水	（1）需要合适的屋顶空间和更复杂的安装。 （2）需要储水罐（可与系统一起设在屋顶上）。 （3）可能不适合一些较冷的气候。 （4）与传统的热水器相比安装成本更高	（1）需要储水罐。 （2）可能不适合一些较冷的气候。 （3）产生噪声。 （4）与传统的热水器相比安装成本更高

10.6　照明

为减少照明用电，简单而有效的方法是利用自然光和安装节能照明。近年来，随着照明产品效率的显著提高，照明成本也有所降低。节能照明产品广泛普及，政府部门提倡的换灯计划和补助计划表明全社会都将此作为一种有效的节能方法。

10.6.1　自然光

白天使用自然光就可以不用人工照明，实现节能。使用自然光的技术包括：

（1）定位好窗户，以便让自然光进入房屋的相关区域。双层玻璃或有色百叶窗适合让光线射入，但阻隔热量。

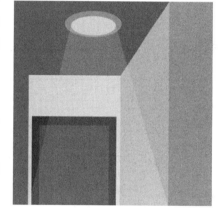

图 10.10　天窗

（2）在白天的使用区域安装天窗（图 10.10）。设计优良的天窗可给房间提供柔和的均匀照明，同时又不会让过多的热量进入。

（3）给内墙涂上较浅的颜色以反射室内光线而不是吸收光线。

> ● **知识点**
>
> 　　所有照明的色温（颜色表现）均不相同。例如，有暖白（显示为粉色）灯光和蓝白色灯光，它们都为冷色调照明。

10.6.2　节能灯

安装节能照明是提高能效和节电的一种有效方法。任何节能照明方案增加的成本都可在产品寿命周期内通过减少用电以及延长产品寿命来抵消。

人工照明以流明（lm）（光通量单位）和发光的色温来衡量。流明表示发出的可见光量，一盏 800lm 的白炽灯和一盏 800lm 的 LED（发光二极管）灯将产生同等的可见光量。色温表示对光的"感觉"："暖"黄（或粉白色）光对"冷"蓝白色光；这通常用开尔文（K）来表示（图 10.11）。各种照明在表 10.3 中有进一步描述。图 10.11 中，人工照明（顶部）：火柴火焰 0～1700K，白炽灯泡 2700～3300K，荧光灯或紧凑型荧光灯（CFL）灯泡 2700～6500K、LED 灯泡 2700～7000K、LCD（液晶显示）或 CRT（阴极射线管）屏幕 6500～10500K。自然（底部）光：日出或日落 2000～3000K、月光 0～4100)、晴天的正午阳光 5500～6000K、阴天 0～6500K、晴朗的蓝天大于 10000K。

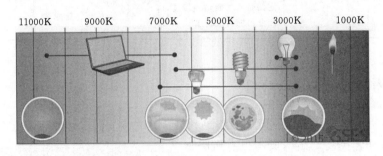

图 10.11 光照色温的开氏温标（带实例）

表 10.3　　　　　　　　　不同照明技术和亮度下的能耗
（来源：美国能源部）

描述和参数		白炽灯	卤素灯	紧凑型荧光灯（CFL）	发光二极管（LED）
描述		一种旧式的照明灯具，在许多国家都已不再销售。它在发光前实际上是一个加热的灯丝。白炽灯非常不节能	该灯为钨丝和周围卤素气体的组合。卤素灯能够在更高的温度工作，与白炽灯相比发光效率更高。卤素灯工作时产生热量，不能光手对它进行任何操作。它们是良好的集中亮光源。目前，在市场上主要被 LED 灯替换	一种对传统荧光灯的改进，可改造成传统的灯具配件以取代白炽灯，进而提高能效	发光二极管（LED）成组地组合成球型或灯具配件，以产生明亮且节能的光源。LED 被用于多种场合，如红绿灯和车头灯，技术进步已使成本下降至与其他竞争技术相当
瓦数	450lm	40W	29W	11W	9W
	800lm	60W	43W	13W	12W
	1100lm	75W	53W	20W	17W
	1600lm	100W	72W	23W	20W
额定寿命		1 年	1～3 年	6～10 年	15～20 年
效率		最低			最高

● 澳大利亚标准

　　2012 年温室和电能最低标准（GEMS）法案中涵盖了电器能效评级；有关更多信息，请登录 http://www.energyrating.gov.au/about/

10.7　能效：电器

节能电器的使用以及有效的节能措施是降低能耗的另一种有效方式。大多数电器都有能效标识，这样就可以在各型号之间进行标准化比较（图 10.12）。一般来说，新电器的能耗比旧电器少得多。

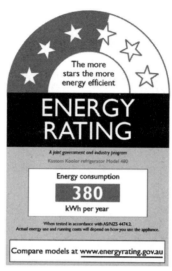

图 10.12　电器节能标识实例〔来源：www.energyrating.gov.au，澳大利亚联邦 2015 年设备能效（E3）计划〕

常用大型电器的节能方式如下：

（1）冰箱和冰柜。废弃老冰箱、冰柜和立式冰箱，特别是二手冰箱，因为这些设备非常耗电。将冰箱放置于通风良好的阴凉位置，以便它更有效地运行。由于卧式冰柜能够更有效地储存冷空气，与同等体积的冰柜相比需要制冷更少，所以其运行效率较高。

（2）洗衣机和烘干机。尽可能使用冷水洗涤和晾干。

（3）洗碗机。仅在满负荷下清洗，最好使用管道热水而不是用洗碗机来加热。

（4）电视机。目前，LED、LCD 和等离子电视都很流行。LED 电视最节能，等离子电视最耗能。耗电根据屏幕的亮度而变化，亮度高耗电多。固定好电视位置，降低来自窗户或照明的眩光，否则可能需要增加电视亮度。

（5）计算机。不使用时要关闭电脑，包括显示器。

（6）待机电源。关闭墙上的电器插座以减少不必要的待机耗电。

在家里使用可远程访问的开关、计时器和自动控制装置也可降低能耗。

习　　题

问题 1

（1）负荷转移如何能减少从电网消耗的电能。

（2）列举两个适合转移的负荷实例。

问题 2

应如何设计藤架以尽可能减少夏季阳光直射，尽可能增加冬季阳光直射？

问题 3

使用双层玻璃的原理是什么？双层玻璃在夏季的白天与冬季的晚上之间是如何转变功能的？

问题 4

讨论与太阳能热水器相比电或燃气蓄热式热水器的建设成本与运行成本。

问题 5

以最节能到最耗能的顺序列出 4 个主要类型的电灯泡。

问题 6

哪种类型的电视最节能？

图为安装者完成现场评估。

第11章 场 地 评 估

并网光伏系统必须依据安装场地的情况进行专门设计。一个良好的场地评估必须基于精确的系统设计和安全的系统安装，确保光伏系统充分发挥其性能。评估过程中还要对特定场地的危害和潜在的安装风险进行识别（图11.1）。

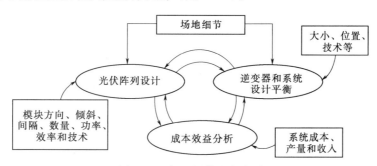

图11.1 场地评估注意事项

场地评估由两个阶段组成，即桌面研究（11.1节）和现场评估，即实地考察（11.2节）。两个阶段相结合才能够在并网光伏系统的设计中做出准确的决策。主要内容包括：

（1）光伏阵列的位置和配置。确定适当的光伏阵列位置以及适合现场的可用空间和可行的阵列配置（11.3节）。

（2）阵列安装要求。确定安装面的适宜性以及所需的安装类型（11.4节）。

（3）逆变器位置。确定逆变器以及所有监控设备的合适位置（11.5节）。

（4）并网。确定现场的并网条件，包括配电箱的位置、工况以及电源容量（11.6节）。

（5）气候因素。理解当地环境对系统设计和安装的影响，包括温度、风、盐雾和雪（11.7节）。

（6）维护和安全。明确现场的维护要求，知道如何确保系统安全接入电网（11.8节）。

基于准确的场地评估，可以设计出适合特定场地的最佳并网光伏系统（11.9 节）。

11.1　桌面研究

在进行场地评估前，可进行桌面研究以提供有关现场的初步信息。该信息可用于评估系统的性能，识别系统设计所面临的问题。桌面研究包含现场的初步性能估计，这取决于能使用的信息量，这些信息量包括：

（1）当地的太阳辐射数据。用于评估一个系统的发电量。这些数据可能揭示因太阳能资源有限而不适合安装光伏系统，例如经常多云的场地。

● **数据来源**

太阳辐射数据可从如下渠道获得：
（1）NASA（美国国家航空和宇宙航行局）表面气象学和太阳能数据资料集。
（2）澳大利亚太阳辐射数据手册（Exemplary Energy）。
（3）澳大利亚政府气象局。
（4）PVGIS EU 联合研究中心（欧洲和非洲）。

（2）当地的温度数据。用于评估温度对系统性能的影响。对于炎热气候，系统设计将需要尽可能减少热量对部件效率的负面影响。可通过不同的方法来实现，例如充足的通风或不同的组件技术。

（3）从场地业主获得的信息。包括屋顶的结构图纸和环境等。

（4）场地航拍照片和大概位置。用于帮助计划现场考察，识别目标或建筑物，例如阵列位置、危险源和遮挡物。

（5）场地尺寸。用于评估场地信息，例如可用的安装区域、安装表面定位以及潜在的遮挡物。该信息可从航测图、网络地图、建筑物平面图获得。

11.2　现场评估

实地考察是现场评估的一个基本组成部分。实地考察可以为系统设计提供准确测量，因为桌面研究本身不足以为可靠的系统设计提供足够信息。

实地考察可以识别特定场地的潜在危险性。光伏系统设计师通过实地考察来讨论系统设计的预期和限制条件，评估房屋的负荷，提出节能措施，从而更大程度地满足业主要求。

要想顺利地进行实地考察，一定要做好以下准备：

1. 安全计划

在实地考察之前应进行预检查评估。应予以识别和管理的危险实例包括：

（1）进入屋顶梯子的使用。

（2）在湿滑或陡屋顶上行走。

（3）检查通电的导线。

（4）雨天或大风。

（5）进入屋顶空间。

2．使用检查表

使用评估检查表有助于明确检查项，确保所有的项目都已按要求进行。可重复使用的检查表将作为有价值的场地评估工具。附录 1 中给出了场地评估检查表实例。

3．使用工具

准确地测量场地和确保场地安全，需要使用不同的工具。

（1）为了确保场地安全，应使用的工具和设备包括橡胶底靴、防护皮手套、防尘口罩和手电筒（在屋顶使用时）、护目镜和安全帽。

（2）对拟安装场地的各个方面进行测量，包括可用的安装区、屋顶的倾斜角度和方位、可能的设备位置之间的距离时，需要使用的工具包括卷尺、梯子、屋顶粉笔、倾斜仪（用于测量倾角）、激光测量工具和指南针。

（3）测量场地的太阳能资源和气候条件，特别是可能的安装区域的任何遮挡，需要太阳能选址工具，如 Solar Pathfinder 或 SunEye。

11.2.1　识别特定场地危险

所有并网光伏系统都有明显的或不太明显的 WH&S 危险存在。这些危险在第 1 章中做了描述，包括电气和物理危害。这些特定场地危险应当在每个安装场地的现场评估过程中识别并记录。

特定场地危险包括：

（1）崎岖地形。系统设备将如何安全地运送到现场？

（2）大风。大风会导致光伏组件在安装过程中像风帆一样吗？

（3）进入屋顶区。在屋顶作业需要采取什么保护措施？需要高空作业培训吗？

（4）架空电线。在安装过程中是否存在物体，特别是长金属物体接触架空电线的风险吗？

（5）动物。现场有狗或其他动物对作业形成危害吗？

需要对每个拟安装场地填写风险评估表。该表格应包括安装过程的各个方面，每个方面都应予以记录，并指出识别出的风险以及解决方法。所有的安装人员都应了解有关该场地的风险识别和管理情况。

11.2.2　与场地管理人员或业主沟通

现场评估为场地管理人员和业主提供了一个良好的面谈机会，双方借此机会可以就系统预期以及所有已识别的设计限制条件达成一致。各方之间的良好沟通是确保系统安装符合设计要求的基础。这种信息交流也将确保系统设计师和安装人员在开始系统设计和安装之前知晓所有限制条件。

讨论内容包括以下要点：

（1）安装的预期结果。系统设计师应确认光伏并网系统的安装目标。可能的话，安装目标应成为系统设计的一部分。例如，场地业主可能希望尽可能减少电费。在此情况下，应尽可能紧密匹配现场负荷来设计光伏阵列（对于净余计量设置）。场地业主也可能想减少温室气体排放，为此不管现场负荷有多大，他们都想要尽可能大的阵列。

（2）预算。场地业主可能会制定一个明确的研究过的预算，在这种情况下，系统设计师应确认所有预算限制，确保系统设计考虑到这些限制。系统设计师往往需制定多种成本估算来展示场地的不同设计选择。

（3）安装问题。必须告知场地业主任何影响系统设计和安装的场地条件。例如屋顶状况或可用的电网供电质量。

11.2.3 电能使用评估

利用光伏发电量来抵消业主电网用电量，可以降低业主的用电成本。此时非常有必要进行电能评估以估算将在现场直接使用的光伏发电量，选择节能的时机。

通过减少在现场消耗的电能，能有效对太阳能发电起到补充作用，因此可减少匹配负荷所需的太阳能电池阵列。可通过多种方式实现，例如安装节能照明，将旧电器更换成较新的更节能的电器，或关闭电器而不是使它们处于待机状态。第 10 章详述了用电评估的开展以及节能机会的识别。

11.3 光伏阵列的场地评估

桌面研究和现场评估是光伏阵列设计的基础，以此可以决定光伏组件的安装场地以及光伏阵列的装机容量。场地评估完成后，可对光伏系统的产出（发电量）进行更为准确的估算。

评估光伏阵列的安装场地，可以参照以下标准：

（1）安装场地的太阳能资源特性（11.3.1 节）。

（2）周围建筑物和物体在一天不同时段造成的全部遮挡影响（11.3.2 节）。

（3）光伏组件要设定的必要方位和倾斜度（11.3.3 节）。

> **注意**
>
> 可能有理由在次佳位置、方位或倾斜度下安装一些或所有太阳能组件。这种安装带来的影响，包括对系统产出的成本和收益都必须予以分析（11.9 节）。

（4）可用区域能够安装的组件数量，包括规定行间距（11.3.4 节）。

（5）光伏阵列对安装场地的美观造成的影响（11.3.5 节）。

（6）屋顶材料、结构和环境，同一个屋顶平面上是否有足够的屋顶空间来容纳光伏阵列（11.4.1 节）。

只有在确定太阳能资源可用性和计划安装位置之后才可算出准确的光伏系统产出。设备规格所提供的设备性能数据应用作任何系统产出计算的起点。计算得出的特定场地光伏阵列产出应构成提供给系统业主信息的基础。

11.3.1　场地的太阳能资源

安装场地的太阳能资源以一天和一年内不同时段接收到的平均辐照水平以及整年内的太阳角度为特征。

光伏阵列每年的发电量与安装场地所接收到的太阳辐照水平成线性比例关系。如第 3 章所述，各光伏组件的发电量也取决于组件相对于太阳（太阳高度角）的倾斜度和方位。当光伏组件正对太阳时，发电量最大。太阳的角度也用于建立全天候的遮挡模式。

> **● 要点**
>
> 在澳大利亚，安装的光伏组件的最佳方位朝北，倾角与场地纬度相差 $5°\sim10°$（正负均可）。更多信息参见第 3 章。

某一安装场地一年内的太阳路径以及接收到的辐照水平均由该场地的纬度（如日照小时数所显示）和气候来确定，包括降雨量和云层（图 11.2）。场地的桌面研究应包括该场地的预期辐照值以及太阳路径。现场评估应包括使用太阳能选址工具进行太阳辐照评估，包括场地遮挡。

> **● 要点**
>
> 由于太阳全年都在变化位置，偶尔的遮挡也会在全年发生变化。

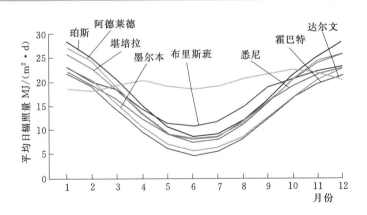

图 11.2　澳大利亚各城市的平均日辐照量（来源：澳大利亚气象局数据）

11.3.2　场地的遮挡

遮挡（即使只在一个组件上）会显著减少光伏阵列的输出。经常的局部遮挡也会在组件中形成"热斑"，严重时将发生永久损坏。因此，一定要准确地识别一整日和一整年内安装场地的遮挡情况。遮挡通常是由于以下因素：

（1）自然景观，如安装场地位于山谷或靠近丘陵。

（2）树木或其他植物（图 11.3）。

（3）其他建筑物。

（4）屋顶的其他部分。

（5）屋顶上的附属装置，如电视天线、烟囱和管道。

光伏阵列理想的安装场所是全年整日都无任何遮挡的地方。如果不可能的话，应找寻一处 9：00—15：00（这时太阳辐照度最大）光照充足的位置来安装光伏阵列。安装场地的遮挡可使用太阳能选址工具来分析。

1. 遮挡分析工具和设备

使用工具可对安装场地全年的遮挡进行量化计算和评估，从而避免一年多次实地考察现场。

（1）Solar Pathfinder（太阳能探路者）。该装备利用太阳路径图来确定拟安装场地的遮挡情况（图 11.4）。指定纬度带的太阳路径图显示了一年内每个月整天的太阳位置。太阳路径图上方设置了塑料圆顶以反射安装场地的全景，显示遮挡物。所反射的遮挡物与太阳路径图之间的交叉点确定一整年的场地遮挡情况（图 11.5），从而计算系统的特定场地性能。

图 11.3　常见的遮挡物——树
（来源：Antony F. Bickenson）

图 11.4　Solar Pathfinder（太阳能探路者）装备
（来源：Solar Pathfinder）

（a）显示遮挡影响范围

（b）追踪的遮挡路线

图 11.5　Solar Pathfinder（太阳能探路者）遮挡情况

（2）Solmetric SunEye。这种测量装置（或类似装置）是数字版的 Solar Pathfinder（图 11.6）。它拍摄水平数字图像，分析周围物体对指定纬度的影响。可购买附件，如 GPS 装置，来进一步提高分析的准确度。数码照片使用鱼眼镜头，可提供全年内水平数字图像以及遮挡量。SunEye 也具有倾角计和指南针功能，可以分别测量屋顶坡度和方位。如果无 Solar Pathfinder 或类似装置可用，可估算现场物体的遮挡影响。整日阴影长度和方向的变化规律为：早上阴影将向西投射；傍晚阴影将向东投射（图 11.7）。附录 2 包含冬至（这时太阳路径最低，因此阴影最长）那天内不同时段阴影长度的实例表。

图 11.6　Solmetric SunEye 210
（来源：Solmetric）

2. 带遮挡的阵列设计考虑要点

对阵列的遮挡将影响阵列的性能。虽然无遮挡是最理想的，但也存在遮挡不可避免的情况。当出现因偶然遮挡导致系统预期性能下降（如发电量减少）的情况时，设计师需要给出必要的解释。

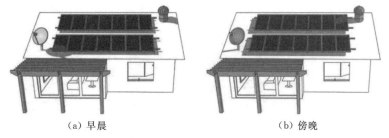

（a）早晨　　　　　　　　（b）傍晚

图 11.7　阴影变化规律

● **注意**

为了补偿遮挡所造成的功率损失，可以安装额外的光伏组件，但将增加系统成本。因此需确认系统整体设计，因为系统设备改变将产生额外的费用。

3. 遮挡对太阳能阵列性能的影响

为了尽可能减小遮挡对阵列的影响，可以在组件中安装旁路二极管以确保当一个或多个光伏组件被部分遮挡时光伏阵列输出最优（6.4.1 节）。然而，遮挡时光伏阵列的工作电压将减小，这可能导致阵列电压降到逆变器的运行范围之下，即逆变器停止工作（在第 12 章中有详细说明）。如果遇到这种情况，光伏阵列组串配置就需要设计成当组串中组件被遮挡时 MPP 电压不会降到逆变器运行范围之下。

● **实例**

（1）屋顶能容纳包含 12 个组件的太阳能阵列，4 个组件在白天不会被遮挡，但是其他 8 个组件将在 10：00 之前和 14：00 之后被部分遮挡。

由于这种遮挡，12 个组件组成的总阵列不会在 10：00 之前和 14：00 之后运行在最佳状态，但是该阵列将在 10：00 与 14：00 之间运行在最佳状态。应基于上述条件计算系统的年发电量并确定可能的经济收益，以便于系统业主能够决定他们是否接受这项提议。

（2）系统设计师选择使用 10 个组件串联的或 5 个组件串联后再两串并联的组串。在每个组串中第 1 个组件受到遮挡；组件装有旁路二极管（图 11.8）。

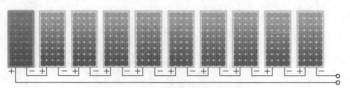

(a) 10 个组件串联，1 个被遮挡

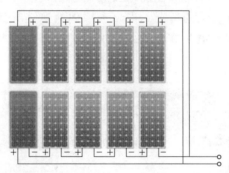

(b) 由 5 个组件构成的组串两个并联，每个组串中都有一个组件被遮挡

图 11.8　两种组串连接方案

所选组件的 MPP 电压 $V_{MP}=35V$，所选逆变器的 MPPT 范围（或逆变器电压范围）为 $150\sim400V$。

当无遮挡时，每个组串的 V_{MP}（不含损耗）为

10 个串联的组件

$$V_{MP}=10\times35=350V（接近逆变器电压范围的上限）$$

5 个组件构成的两个组串

$$V_{MP}=5\times35=175V（接近逆变器电压范围的下限）$$

因此，无遮挡时，两种配置都适合该逆变器的电压范围，都是可接受的选择。

当每个组串中都 1 个组件被遮挡时，每个组串的 V_{MP}（不含损耗）为

10 个串联的组件

$$V_{MP}=9\times35=315V（在逆变器电压范围内）$$

5 个组件构成的两个组串

$$V_{MP} = 4 \times 35 = 140 V(\text{不在逆变器电压范围内})$$

第二种配置不再匹配逆变器电压范围，会在仅有 1 个组件被遮挡时导致逆变器关机或大幅减少发电量。因此，第一种配置（由 10 个串联的组件组成）为该系统的更好选择。

11.3.3　组件方位和倾角考虑要点

在场地评估过程中，应测量和记录任何倾角和方位限制（更多信息参见第 3 章）。应以理想的方式安装光伏组件，使得组件的方位和倾角最佳，从而在全年度每日接收的太阳辐射量最大。

光伏阵列的最佳倾角取决于场地的纬度；最佳倾角将在 5°~10°之间（比场地纬度高或低）。关于阵列方位，南半球的组件应朝正北，北半球的组件应朝正南。然而，最佳的理论倾角和方位可能不适合某些系统。

> **● 重要提示**
>
> 组件的最佳倾角在 5°~10°之间（比场地纬度高或低）。
>
> 然而，光伏组件的安装应至少有 10°的倾角，以便自清洁。若无此倾角，组件上将积聚杂物和灰尘（图 11.9）。
>
>
>
> 图 11.9　平装式太阳能电池板上杂物和灰尘聚积

由于地面式和平屋顶式阵列安装可以安装成任何方位或倾角，因而常常可获得最大发电量。而安装在斜屋顶上的阵列通常被限制与屋顶的朝向保持一致，经常为齐平式安装，倾角与屋顶相同。如果齐平式安装的组件不能将阵列放置在最大发电量方位，阵列的输出将按照实际倾角和方位计算。更多有关使用场地限制阵列设计的信息，请参见 11.9 节。

> **● 实例**
>
> （1）安装在澳大利亚南部阿德莱德的光伏阵列。
>
> 该区域位于南半球，纬度为34.9°。
>
> 最佳倾角与纬度相差在5°~10°以内，因此阵列的倾角应在24.9°~44.9°之间。如果阵列的倾角超出此范围，组件将接收到较少的辐照量（少于最佳值）。
>
> 由于阵列位于南半球，在回归线之下，阵列理想的方位应设定成朝向正北。
>
> （2）安装在澳大利亚昆士兰州库克镇的光伏阵列。
>
> 该区域位于南半球，在南回归线之上，纬度为15.4°。
>
> 最佳倾角与纬度相差在5°~10°以内，因此阵列的倾角范围应在5.4°~25.4°之间。然而，光伏组件应至少有10°的倾角，以便于自清洁。因此，阵列的倾角范围应在10°~25.4°之间。
>
> 阵列位于南半球，但在回归线以内。这意味着，在夏季的某些时候，太阳将在天空南方而非北方。然而，将该阵列朝向正北仍会获得最大年发电量。

不处于最理想朝向倾角的阵列接收的辐照量较少，导致年发电量减少。

> **● 知识点**
>
> 对于场地有限的区域，无论可用场地多少，可选择高效组件最大化阵列输出。

11.3.4　可用安装区域评估

尽管受预算限制，能安装的阵列容量还是由能在可用的屋顶空间或地面区域上安装的组件数量决定。相应的计算需要以下两类数据：

（1）各组件的占地面积。

（2）合适的屋顶或地面区域的尺寸。

将组件的尺寸和组串之间所需的间距相加可以确定组件的占地面积。倾斜安装的组件需要在组串间留有足够的间距，以便各个组串不遮挡背后的组件（图11.10）。

适合的屋顶或地面区域的外形尺寸应包含可用区域的形状，以及考虑风荷载或安装维护所需的配件和空间。面积测量可通过建筑图或施工图来确定，或在实地考察时进行精确测量。

图11.10　列间距不适合的光伏安装

利用该信息就可计算适合安装区域的组件最大数量。也许不可能使用全部潜在的安装区域或太阳能电池组件选型可能会受区域大小的限制，特别是在长而窄的屋顶区域。

1. 光伏阵列间距计算

与齐平式屋顶安装的组件可配置为平板网格结构，各列组件彼此紧邻。而倾斜式屋顶安装或地面安装的组件必须考虑它们所投射的阴影，各列组件的定位应确保其不遮挡背后的组件。为防止各列组件之间出现遮挡，需通过计算找出各列光伏组件之间所需的最小间距（图 11.11）。最小列间距应为组件后面最长的阴影长度，组件占地面积长度与整个投影长度相同。请注意：太阳的方位角对于计算组件后面的阴影长度也是必需的。

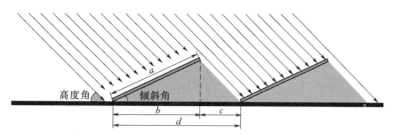

图 11.11　光伏阵列间距计算示意图

a—模块长度；b—模块下的影子长度；c—模块后的影子长度；d—模块足迹长度

为了计算倾斜组件的垂直高度，可使用三角法（使用毕达哥拉斯定理）（图 11.12 和图 11.13）。

垂直高度＝sin 倾角×组件长度

对于倾斜式屋顶安装阵列，如纵向安装，则使用组件的长边作为上式的组件长度；如横向安装，则使用组件的短边作为上式的组件长度。对于地面安装阵列，组件的长度将取决于组件方位以及每串组件的垂直方向数量（更多信息请参见 8.4.1 节）。

建议设计列间距来避免冬至日（南半球大约为 6 月 21 日，北半球大约为 12 月 21 日）的 8：00—16：00 之间组件对后面组件的遮挡。通过利用冬至日（此时太

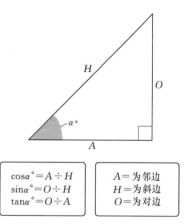

图 11.12　毕达哥拉斯定理

● 毕达哥拉斯定理

毕达哥拉斯定理适用于直角三角形。

如果已知一个角（直角除外）和一条边，另外两条边的长度可通过图 11.12 中所示方程式来计算获得。

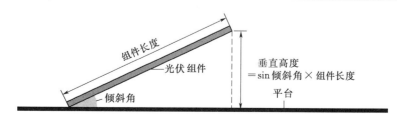

图 11.13　利用毕达哥拉斯定理来计算倾斜组件的垂直高度

阳高度角最低）太阳的高度角以及在 8：00—16：00 之间太阳的方位角来计算。最小列间距等于组件背后的最长阴影。

● 参考来源

太阳高度角数据可从澳大利亚政府地球科学局网站-地球监测和参考系统 http：//www.ga.gov.au/geodesy/astro/smpos.jsp 获得。

这些时段组件背后的阴影遮挡也用毕达哥拉斯定理来计算。这些计算相当复杂，因为它们是用三维方式来计算的，方程如下：

$$组件背后的阴影长度 = 垂直高度 \times \frac{\cos 方位角}{\tan 高度角}$$

$$= \sin 倾斜角 \times 组件长度 \times \frac{\cos 方位角}{\tan 高度角}$$

$$组件下方的阴影长度 = \cos 倾斜角 \times 组件长度$$

$$组件占地面积长度 = 组件背后的阴影长度 + 组件下方的阴影长度$$

● 实例

在澳大利亚昆士兰州布里斯班，在平屋顶上使用倾斜式安装系统安装阵列。组件尺寸为 1.6m×0.8m，以横向安装，即组件的长边平行于屋顶。

倾斜式安装系统将以 27°的倾斜角（和布里斯班的纬度相同）放置组件。澳大利亚地球科学局网站可用于查找冬至 8：00—16：00 布里斯班太阳的位置。在这些时段太阳高度角和方位角约为：

时间	太阳高度角	太阳方位角
8：00	15°	53°
16：00	11°	304°

为计算所需的列间距，计算组件背后投影长度（最小列间距）公式为：

$$组件背后的阴影长度 = 垂直高度 \times \frac{\cos 方位角}{\tan 高度角}$$

$$= \sin 倾斜角 \times 组件长度 \times \frac{\cos 方位角}{\tan 高度角}$$

8：00：

$$组件背后的阴影长度 = \sin 27° \times 0.8 \times \frac{\cos 53°}{\tan 15°} = 0.81m$$

16：00：

$$组件背后的阴影长度 = \sin 27° \times 0.8 \times \frac{\cos 304°}{\tan 11°} = 1.04m$$

16：00所需的最小列间距更大，因此应使用该参数。因此，各列组件应隔开大于1.04m的间距。

组件占地面积，包括投射的全部阴影，计算公式为

组件下方的阴影长度＝cos倾斜角×组件长度＝cos27°×0.8＝0.71m

组件占地面积长度＝组件背后的阴影长度＋组件下方的阴影长度

$$=1.04+0.71=1.75m$$

计算结果如图11.14所示。

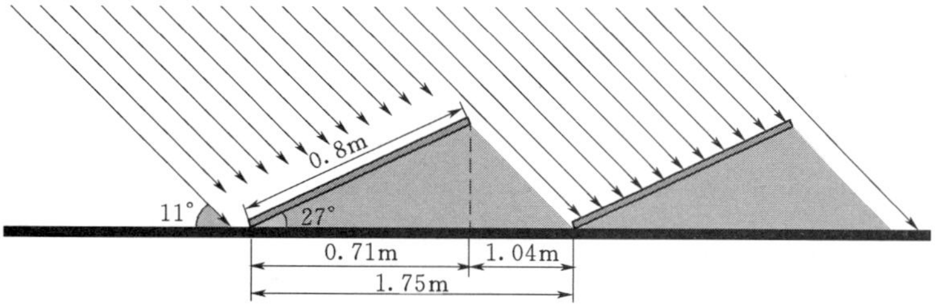

图11.14 该阵列的最小列间距（不按比例）

2. 区域内可安装的组件最大数量计算

在安装空间很充足的情况下，阵列的尺寸可能由其他因素（比如预算）来决定。但在可用空间有限或有突出物的屋顶上进行安装时，装机容量将受在可用空间内能安装的组件的数量限制。

计算安装到给定区域的组件数量涉及参数包括区域的尺寸、形状以及组件尺寸和各组件间距。光伏组件可纵向安装，也可横向安装。安装轨可横向或纵向放置于屋顶上；所需屋顶配件和材料必须为拟定安装专门选定。注意，不同的光伏组件制造商和类型提供的组件效率也不同。低效组件与高效组件相比，需要使用更多组件获得规定的装机容量，以及更大的安装区域。

计算可用区域内安装的组件最大数量，按照如下步骤进行。

> **注意**
>
> 晶硅组件的单位功率（每千瓦）占地面积为$6\sim8m^2$（例如，2kW阵列的占地面积为$12\sim16m^2$）。薄膜太阳能电池板的效率较低，因此需要较大的安装区域来安装同等容量（例如，2W的阵列可能需要$20\sim30m^2$的安装区域）。

（1）可用空间测量。可用空间的形状和尺寸应使用建筑物或场地平面图或通过直接测量来确定。对于屋顶来说，沿屋顶的水平距离定义为长度，屋顶底部与顶部之间的距离定义为宽度（图11.15）。地面测量时，长边定义为长度，短边定义为宽度。屋顶安装应包含屋顶四周的边缘地带。边缘地带改变施加在阵列上的风荷载，提供行走空间以保障安装和维护安全。安装支架制造商说明书通常规定在指定风区内安装本产品所需的边缘间距。

图 11.15　屋顶形状范例

（2）确定组件尺寸和占地面积。组件为矩形，可与屋顶成纵向（图 11.16）或横向（图 11.17）安装。齐平安装组件可安装成各列之间无间距，但倾斜组件则需要各列之间有间距（如上所算）。各组件之间应留有少量间距（约 20mm）安装组件夹。在本书中，组件或占地面积的长边定义为长度，而短边定义为宽度。

图 11.16　纵向安装系统实例
（来源：康能公司）

图 11.17　横向安装系统实例
（来源：SMA 太阳能技术股份公司）

（3）计算纵向安装组件的最大数量。可采用以下方法：

1）计算可安装的阵列行数。将安装空间宽度除以组件长度和组件间距之和。应从安装屋顶的可用宽度扣除所有必需的边缘地带。

2）计算可安装的阵列列数。将安装空间长度（扣除所有必需的边缘地带）除以组件宽度和组件间距之和。

3）将上述两个值相乘，得出该安装区域可纵向安装的组件最大数量。

（4）计算横向安装组件的最大数量。可采用以下方法：

1）计算可安装的阵列行数。将安装空间宽度除以组件长度和组件间距之和。应从安装屋顶的可用宽度扣除所有必需的边缘地带。

2）计算可安装的阵列列数、将安装空间长度（扣除所有必需的边缘地带）除以组件宽度和组件间距之和。

3）将上述两个值相乘，得出该安装区域可纵向安装的组件最大数量。

在开始安装之前，必须检查制造商的安装说明和产品规格，以确保符合要求并检查保修有效。如果有非矩形区域，可将这些区域拆分成不同的矩形组合，然后使用上述计算方式确定每个区域组件的最大数量。

> **● 注意**
>
> 通常将组件夹在长边上并在规定的间距范围内来计算光伏组件支撑。
>
> 如果组件是通过短边夹紧到安装架，则组件可能不享有保修。

> **● 实例**
>
> 一座房子有一个矩形朝北的屋顶，该区域长 8.7m，宽 4.2m。将要使用的组件长 1.6m，宽 1m，所需边缘地带各边均为 200mm。每个组件之间也需要 20mm 的间距。
>
> 可安装在屋顶上的组件的最大数量是多少？
>
> 纵向安装组件的数量如图 11.18 所示。

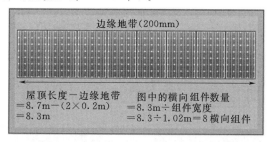

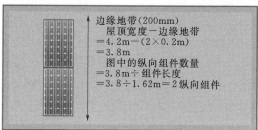

图 11.18　计算纵向安装组件的数量

如图 11.18 所示，可用屋顶空间为长 8.3m，宽 3.8m，每个组件占地面积为长 1.62m，宽 1.02m。在纵向方位下，横向可安装 8 个组件，纵向可安装 2 个组件，总共 16 个组件。

横向安装组件的数量如图 11.19 所示。

如图 11.19 所示，在横向方位下，横向可安装 5 个组件，纵向可安装 3 个组件，总共可安装 15 个组件。因此，可安装在该屋顶上的组件的最大数量为 16，这通过组件的纵向方位安装来获得，如图 11.20 所示。

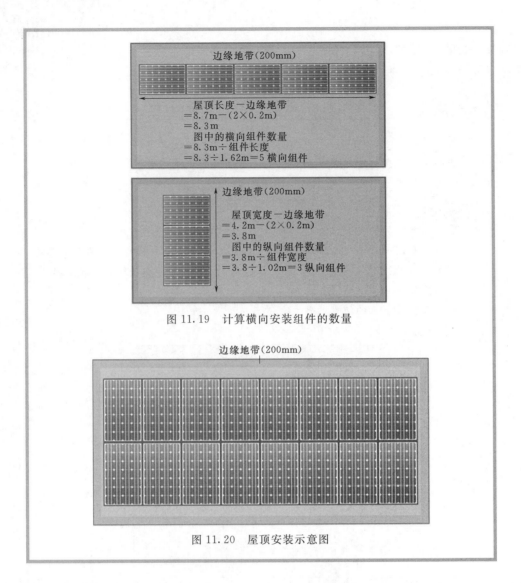

边缘地带(200mm)

屋顶长度－边缘地带
＝8.7m－(2×0.2m)
＝8.3m
图中的横向组件数量
＝8.3m÷组件长度
＝8.3÷1.62m＝5横向组件

边缘地带(200mm)

屋顶宽度－边缘地带
＝4.2m－(2×0.2m)
＝3.8m
图中的纵向组件数量
＝3.8m÷组件宽度
＝3.8÷1.02m＝3纵向组件

图 11.19 计算横向安装组件的数量

边缘地带(200mm)

图 11.20 屋顶安装示意图

11.3.5 美观

光伏阵列对场地美观的影响也是需要考虑的因素,尤其当太阳能电池阵列的外观对于业主很重要时,如场地位于很显著的地段或建筑物已列入遗产目录。光伏阵列的美观取决于阵列从地面的可视度、使用的组件以及安装结构的类型。

为了减少光伏系统对建筑物美观的影响,可采用光伏建筑一体化(BIPV),即组件成为建筑物外立面的一部分(图 11.21)。但 BIPV 可能会减少阵列的通风,从而导致

图 11.21 BIPV 太阳能瓦 (来源:Stratco)

发电减少。

使用黑色组件支架和衬背板的光伏组件可以使得整个阵列颜色更均匀。这些组件的黑色配件可导致电池实际温度上升，并减少反射入电池的光量，从而也会减少阵列发电。

倾斜的或抬高的屋顶式组件安装通常最不美观，因为这些组件远离屋顶表面，甚至可能以不同于屋顶朝向的方位安装以优化太阳能资源。如遇到这类问题，可将组件后移远离屋顶边缘，或者根据需要使用另一种安装系统。

11.4　阵列安装的场地评估

阵列设计的场地评估应包括阵列安装的要求。应确定安装表面的适宜性以及安装设计所需的参数。

> **● 澳大利亚标准**
>
> 光伏场地评估和系统设计的相关标准和规范包括：
>
> （1）澳洲建筑法。
>
> （2）AS/NZS 1170.2：2011　结构设计载荷——风荷载。
>
> （3）AS/NZS 2050：2002　屋顶瓦片的安装。
>
> （4）AS/NZS 1562.1：1992　平板屋顶和墙面覆层的设计与安装——金属。
>
> （5）AS/NZS 1562.2：1999　平板屋顶和墙面覆层的设计与安装——波纹纤维增强水泥。
>
> （6）AS/NZS 1562.3：2006　平板屋顶和墙面覆层的设计与安装——塑料。
>
> （7）AS/NZS 4055：2012　房屋风荷载。

11.4.1　屋顶的适宜性

对于屋顶式安装的光伏阵列，屋顶的适宜性应作为场地评估的一部分。应采用以下准则：

（1）屋顶的结构完整性。应对屋顶覆层和屋顶支柱进行评估，确保它们能够承受阵列的重量和风荷载。

（2）屋顶覆层的类型及其条件。屋面覆层材料确定了所需安装附件的类型，如挂瓦钩、屋顶支架或非穿透性安装系统。对屋顶寿命和状态的评估也能表明安装期间屋顶受损的风险水平。

（3）足够的阵列面积。如阵列场地评估中所述，必须评估屋顶的朝向以确定其接受太阳辐照量的程度以及有多少表面积可供使用。评估还应确认阵列周围有足够的边缘距离以便于安全地进行安装和维护并满足任何风荷载要求。

（4）屋顶尺寸。屋顶的倾斜度和朝向将决定阵列的设计和安装类型，水平安装式或倾斜安装式。屋顶的尺寸和高度也是阵列设计的一部分，这些数值对于阵列安装很重要。

（5）采用 BIPV（建筑光伏一体化）。特别是对于还未建成的建筑物，屋顶设计可以考虑评估使用 BIPV。

> **● 实例**
>
> 　在澳大利亚，瓦屋顶通常由具有一定间距的桁架和屋顶压条组成以适合安装特定的瓦片，间距为 320～345mm。这些瓦屋顶能够支撑一个人在上面行走，承受 $40kg/m^2$ 的持续负荷。
>
> 　典型的 250V 电压的太阳能电池组件占地面积约为 $1.6m^2$，重量（包括组件边框）约为 20kg。即使考虑到最大 $10kg/m^2$ 的阵列支架重量，像这样的瓦屋顶也能够支撑太阳能电池阵列的重量。

如果因结构完整性低、有阴影遮挡或朝向不适当导致屋顶区域不适和安装使用时则可考虑地面安装系统。

11.4.2　地面区域的适宜性

对于地面安装阵列，通常采用混凝土基础或螺旋地桩来安装（大型阵列可使用桩基底座）。场地评估应确定哪种基础是适合的，以及场地准备、阵列支承和结构安装所需的土方工程量。

图 11.22　挖前拨号
（来源：澳大利亚挖前拨号服务协会）

系统安装应与场地边界保持一段距离；勘察员可协助进行定位。应识别包括水、电和通信在内的地下设施并留有足够的空间距离。建议获取该区域的公共设施图以识别可能存现的危害（图 11.22）。挖前拨号是在澳大利亚全境对地下设施进行定位的一项免费咨询服务。参见网站或拨打 1100。

应遵守建筑相关法律和规划法规来设计地面安装系统；可能还包括必须向地方政府提出的开发申请。

11.5　逆变器的场地评估

场地评估需要确定放置逆变器的适宜位置以及适合该位置的逆变器。逆变器的场地评估应考虑电缆路径和长度，开断方式，监控设备的位置，安装表面以及暴露于外界环境、极端温度和灰尘的可能性。

11.5.1　逆变器安装位置选定

逆变器的位置将决定光伏阵列与电网之间的电缆路径以及开断方式。因此，在选定逆变器的位置时应将阵列和配电盘的位置考虑在内。应考虑以下原则：

（1）电缆长度通常应尽可能短以降低损耗。特别是逆变器的位置选定应确保逆变器与配电盘之间的电缆长度尽可能的短。电缆路径和长度在第 14 章中详述。

（2）如果逆变器不在光伏阵列屋顶隔离开关位置的可视范围内或不在配电盘位置的可视范围内，则可能需要额外安装隔离开关。有关这部分的详细要求，请参见第 13 章。

逆变器应安装在能够支承其重量的适当表面上，比如墙面。应考虑安装位置的受热情况，通风不当的位置将导致逆变器过热，增加系统损耗（图 11.23）。逆变器的安装手册将内含产品正确安装的建议。

为了保护逆变器和人员安全，应考虑逆变器的安全性。如有人员进出方面的考虑时，微型逆变器可作为合适的选择。例如场地可对能接近系统电缆和逆变器的通道进行限制或封锁。通过场地评估将有助于提供最切实可行且性价比高的逆变器安装方式。

11.5.2　按安装位置选择逆变器

如第 12 章所述，逆变器通常是按照阵列容量来选择的。然而，还有一些基于逆变器安装位置的特性需要考虑。

（1）IP 防护等级。逆变器的防护等级应满足其可能遭受的雨量和灰尘量等级的要求。

图 11.23　逆变器安装示例

（2）抗紫外线。暴露于阳光中的户外逆变器应具有相应的抗紫外线性能。

（3）系统监控。无线或门户网站监控可能适合安装在户外或不易触碰到的逆变器。

11.5.3　监控设备的位置选择

如果监控设备是逆变器的一部分或者监控接口通过有线方式与逆变器连接，应将逆变器安装于方便接入的位置。如果系统监控基于无线方式或门户网站方式，则需要评估信号范围和潜在的干扰源。

监控设备的显示器应安装在满足访问级别的位置。监控部件通常包括安装在每台逆变器中的数据卡、相关联逆变器之间的串行接口、连接到数据记录器或计算机界面的接口以及其他可能用于温度、辐照量和用电量测量的附件。

11.6　电网连接的场地评估

对配电盘和总电源的评价应作为并网光伏系统场地评估的一部分。根据阵列的位置以及计量表计的类型将逆变器在总配电盘或最近的配电板处连接到总电源。

应检查配电盘或配电板（如适用），确保它们适合光伏系统接入。检查内容应包括：

（1）确认结构材料。老式配电盘/配电板通常由石棉制成。应遵循报告流程和在石棉上及其周边作业的适当程序，遵守处置石棉材料的法定要求。

（2）评估可用空间。老式配电盘/配电板可能空间有限。为了能从逆变器进行连接安装，需要在其内部设置适当的防护、标识和计量装置。有关计量和标识的位置，请参见相关标准、法规和当地配电要求。

> **● 知识点**
>
> 　　所有的计量都位于总配电盘。
>
> 　　带有总计量装置的光伏系统必须直接连接到总计量表；因此，它必须连接到总配电盘处。
>
> 　　带有净电量计量装置的光伏系统可接在总配电盘或配电板处。

　　（3）电网接入评估。应确定配电盘/配电板与电网之间的接线规格、长度和相序配置；对此，电路原理图将很有帮助（图 11.24）。

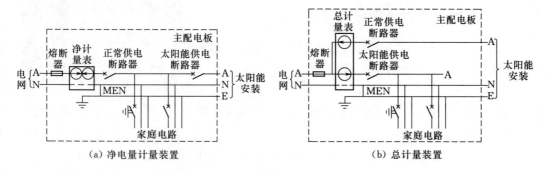

图 11.24　接线示意图

　　应联系当地电网运营商以获得系统接入许可。特别对于在农村地区和城市地区使用装机容量大于 5kWp 的系统，在设计过程中应尽早向电网运营商申请接入许可，从而确保工程可继续推进，并检查是否需要对系统设计进行修改。

> **● 澳大利亚指南**
>
> 　　有关连接到电网的要求，请联系当地的直接电网服务提供商（DNSP）。例如：一些网络提供商要求在给予批准之前提供电压升高的计算（有关电压升高的更多信息，请参见第 7 章）。也应确定替换仪表的安装要求。

11.7　气候评估

　　为了给光伏发电项目选择适当的光伏组件和逆变器，并适当地设计安装结构，务必要考虑当地气候因素并了解它们造成的影响。气候评估内容应包括当地温度范围、当地风力条件、沿海注意事项、雷天注意事项。

11.7.1　当地温度范围

　　所有电气设备在高温下损耗都会较大。设计并网光伏系统时，尤其要考虑温度对光伏组件的影响，因为炎热天气会使组件的输出减少。温度对组件的影响程度取决于太阳能电池的类型，通常表述为温度超过 STC 温度 25℃时每升高 1℃造成的功率损耗百分比，称为温度系数，在第 15 章中有进一步描述。

在酷热气候条件下，薄膜组件由于受温度影响较小，可作为适当的组件选择类型。然而，薄膜组件的效率比传统晶硅组件的效率要低，因此通常更适合具有更多安装空间的场合。

● 实例

考虑在艾丽斯斯普林斯安装两个 1kWp 光伏系统，该系统以 70℃ 的电池温度（即 25°STC 温度加上 45°）运行。

(1) 使用三菱 MA100T2 组件的 1kWp 非晶硅（薄膜）系统

$$功率温度系数 = 0.2\%/℃$$

$$温度损失 = 45 \times 0.2 = 9\%$$

(2) 使用夏普 NE-Q7E3E 组件的 1kWp 多晶系统

$$功率温度系数 = 0.485\%/℃$$

$$温度损失\ 45 \times 0.485 = 21.8\%$$

在这种高工作温度下，薄膜系统效率优于多晶系统，但是薄膜阵列需要更大的安装区域、更多的安装设备和较长的安装时间。

高温也将影响逆变器，特别是当逆变器安装在户外，暴露于阳光中时。在高温地区，逆变器应置于通风良好的阴凉处。

11.7.2　当地风力条件

当地风力条件应作为阵列和安装结构设计的一部分予以考虑。安装结构应满足预期的风力水平和结构荷载。一般情况下，光伏组件不应安装到屋顶的边缘。易遭受大风的区域最适合镶嵌式安装的组件或光伏建筑一体化，因为这类安装可减少阵列的风荷载。光伏阵列的性能与吹过组件背板（对流气流）或组件正面的风的冷却效果有关。

11.7.3　沿海注意事项

位于海岸附近的并网光伏系统应选用耐受高盐、海雾侵蚀性能满足相关标准要求的部件。应使用经盐雾测试的光伏组件以及耐受盐分和湿度侵蚀设计的逆变器。

11.7.4　雪天注意事项

在易遭受大雪的地区，积雪会增加安装结构上的承重，对光伏组件的表面造成向下的压力。光伏组件设计国际标准中规定，安装结构和光伏组件应能承受 5400Pa 的压力。

有关光伏组件的抗盐性详情，请参见：

（1）IEC 61701：2011 光伏（PV）组件盐雾腐蚀试验。

（2）IEC 61215：2005 地面用晶体硅光伏（PV）组件——设计鉴定和定型 中对光伏组件抗大雪的评级进行了介绍。

11.8　系统维护和安全

介入安全是光伏系统维护所必需满足的要求，同时也应作为场地评估的一部分来考虑。系统各部件应支持外部介入以便于实现操作、利于安全和维护，同时还应便于具有资质的检验员每年至少一次系统检查工作的开展，以确保零部件和系统性能达到预期标准。

应防止植被遮挡组件，此项维护要求应纳入设计考虑中，特别是对于地面安装的阵列。相关措施包括人工修剪阵列区域的杂草或采用低成本维护方式，即利用牲畜（比如绵羊和鹅）实现草皮修剪（图 11.25）。注意：不是所有的牲畜都适宜，例如山羊比绵羊好奇心重，可能会咬断组件线缆，从而伤害自己和损坏系统，这对系统业主来说代价较大。

图 11.25　绵羊维护地面安装光伏系统
四周的草坪（来源：Sam Simson）

也应考虑修剪树木或植物。不仅伸出的树枝会遮挡组件并降低其输出，而且鸟类和蝙蝠等的粪便也会沾污组件表面并降低其输出。任何位于易受鸟类或蝙蝠粪便污染区域的阵列需要更高频度的手动清洁。可用鸟道钉或铁丝来防止鸟类落在组件边缘上。

由于阵列区域通常要通过梯子才能进入，且其他零部件也被安置于建筑物内，因此屋顶安装阵列的安全通常不是问题。然而，地面安装的阵列目标明显，进出比较方便。按照地方法规应设立围栏以防未经授权的人员进入光伏阵列。大型光伏系统可采用安全摄像头、运动传感器甚至安全巡逻等手段确保安全；但由于成本高，不适用于小型光伏系统。

11.9　特定场地光伏系统设计

安装屋顶太阳能阵列的理想场地应是一片面向赤道，坡度与当地纬度相适应且附近无树木或其他遮挡物的适当面积的屋顶区域。然而，大部分场地存在朝向不理想或阴影遮挡的问题。光伏系统设计人员必须清楚何种设计方案能最好地将已评估的场地条件与业主的需求和资金投入相结合，从而达到满意的结果。

> **● 要点**
>
> 　　对于南半球，组件的最佳方位是面朝赤道，即面向北方。组件某一位置的最佳倾斜角等于该位置的纬度角，允许公差达到 $10°$。例如，悉尼的纬度为 $34°$，因此最佳倾角为 $34°\pm10°$。

11.9.1　组件的次优倾斜角

　　最佳年发电量是通过将光伏组件按所在地维度设置相同倾斜角获得的。可将组件设置为次优倾斜角的情况如下：

　　（1）在倾斜屋顶上安装与屋顶齐平的组件成本更低，也更美观，但这可能会导致组件无法达到最佳倾角。

　　（2）用于安装多行组件且空间有限的平屋顶。将每一行组件设置为较低的倾斜角以缩短阴影长度，从而拉近组件行间的距离。这将会在屋顶上多安装一行组件。安装额外一行组件的成本将增加，但总发电量也会随之增加。需要注意的是组件至少需要保持 $10°$ 的倾斜角以便于自清洁。

　　（3）对某个季节有更高要求的场所。冬季用电量较多（例如用于加热）的场所可通过设置较高的阵列倾斜角，在冬季产生更多的电量。夏季用电量较多（例如用于制冷或灌溉）的场所可通过设置较低的阵列倾斜角，在夏季产生更多的电量。倾斜角对夏季和冬季发电量的影响应仔细计算，并针对这些场景进行权衡。

> **● 参考来源**
>
> 　　清洁能源协会的网站提供了主要城市列表，该列表显示了在不同组件倾角和方位下辐射量（即功率）的损耗百分率：www. solaraccreditation. com. au/installers/compliance – and – standards/accreditation – guidelines. html

11.9.2　朝向不同的组件安装

　　在南半球，将组件朝北可获得最佳年发电量。在北半球，将组件朝南可获得最佳年发电量。如果阵列设置不是最佳朝向，那么阵列的年发电量也将偏低。可将组件设置为不同朝向的情况包括：

　　（1）无最佳朝向的屋顶或者可用于阵列安装的最佳朝向的屋顶区域面积太小。

　　（2）朝向不同，空间有限的屋顶，各串组件可按不同朝向安装（例如一串组件朝北，而另一串组件朝西）。要在这种情况下获得最高发电量并满足行业导则，需要配置带多路 MPPT 功能的逆变器或使用微型逆变器，但会增加系统的设备成本。系统设计人员可提供不同屋顶平面上系统发电量的计算。

　　（3）早晨或下午经常遭遇多云天气或大雾天气的场所。在这些情况下组件的安装定位要确保在晴天少云期间发电量达到最大值。例如在南半球，经常会遭遇晨雾的场所，组件要朝向西北方向，以便尽可能捕捉午后阳光。

> **● 知识点**
>
> Fronius 逆变器制造商已发现，在东西阵列（即一个组串朝东，一个组串朝西，这两个组串均连接到单路 MPPT 上）上使用单路 MPPT（最大功率点跟踪）逆变器时，可能仅有 1‰ 的电力损耗。然而，按照 AS/NZS 5033：2014 第 2.1.6 条的规定，所有连接到 MPPT 的光伏组件应朝向同一个方向。

（4）系统发电量在早晨或下午更有价值的场所。场所拥有者可能想要在下午使用光伏发电，那时的电价更贵。可将该系统组件阵列朝向西面以获得在下午时比朝向北面接收到的更多的太阳能辐照量。下午气温炎热并经常伴有风暴的场所阵列朝东会更合适，该阵列在早晨接收到的太阳能辐照量将更多。尽管以此方式安装阵列总体而言会减少发电量，但在需要时会产生更多的电能。

11.9.3 在有遮挡区域安装组件

在全天无遮挡的地方安装组件可获得最大发电量。然而，有时遮挡是不可避免的。系统设计人员需要考虑评估场地的所有信息，并设计适合该场地的光伏系统。应向业主提供基于特定场地和系统的发电量评估报告。使用带多路 MPPT 的逆变器或微型逆变器是针对遭受阴影遮挡的系统性能优化的一种解决方案。任何设备选型变化引起的成本变化应纳入系统报价中。

习 题

问题 1

应在预研中收集哪种信息？为什么每一种信息都很重要？这种信息来源于何处？

问题 2

为什么一定要与未来的系统拥有者明确系统建造的目的？提供两个建造目的导致两种不同系统设计方案的案例。

问题 3

列出影响一个场地太阳辐射水平的三种因素。

问题 4

列出三种可使阵列接收到的太阳辐射量最大化的设计特点。

问题 5

列出在安装人员评估屋顶是否适合安装太阳能光伏系统时应关注的四个特点，以及它们的重要性。

问题 6

如果安装场地多雪，应该考虑什么？如果安装场地靠近沿海，应该考虑什么？

问题 7

列出安装人员在选择逆变器的位置时应考虑的四种特性，以及它们的重要性。

问题 8

计算在悉尼（纬度 33.86°S）的某一阵列中各组件之间应保留的最小间距。客户想要系统全天产生最大发电量，且不受空间的限制。组件将安装在水平屋顶上，组件倾斜角为 33°。使用的组件为长 1.5m，宽 0.9m，横向安装。下表给出了 6 月 21 日（冬至）该位置的太阳高度角和方位角。

时间	高度角	方位角
8：00	9.8°	53.1°
9：00	19.0°	42.6°
10：00	26.3°	30.0°
11：00	31.1°	15.3°
12：00	32.7°	359.2°
13：00	30.8°	343.2°
14：00	25.7°	328.6°
15：00	18.1°	316.3°
16：00	8.8°	305.9°

问题 9

一座屋顶为矩形且朝北的房子，屋顶长 10.8m，宽 5.4m。屋顶按照规定角度倾斜。使用的组件为长 1.5m，宽 1m，边缘需留有 200mm 的间距。每个组件之间也需要留有 20mm 的间距。

可安装在该屋顶上的组件最大数量是多少？这些组件应以什么方位安装？画图对你的答案进行说明。

问题 10

假设你在澳大利亚墨尔本的某个场地。列出为该处屋顶设计光伏阵列时需要考虑的所有事项。

图为正确匹配阵列和逆变器的实用
光伏系统（来源：SMA）。

第 12 章　阵列和逆变器的匹配

并网光伏系统的设计必须保证选择的光伏阵列与所选逆变器性能相匹配，必须通过大量具体的计算来确定与拟选定的逆变器相适合的阵列配置（图 12.1），特别是阵列的功率、电压、电流值要在逆变器额定功率、额定电压、额定电流以及逆变器的最大功率点跟踪（MPPT）范围以内。

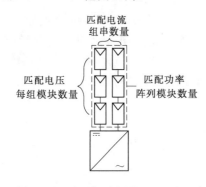

图 12.1　阵列与逆变器匹配示意图

1. 匹配阵列和逆变器的步骤

（1）选择逆变器（12.1 节）并确定其额定值。

（2）匹配阵列和逆变器规格（概述见 12.2 节）。

1）使阵列电压与逆变器的额定电压相匹配（12.3 节），确定每个组串最多和最少可安装的组件数量。

2）使阵列电流与逆变器的额定电流相匹配（12.4 节），确定最多可设置的组串数量。

3）使阵列功率与逆变器的额定功率相匹配（12.5 节），确定阵列中组件数量的最大值。根据逆变器额定功率条件对光伏阵列进行超装也是可行的。详情见 12.6 节。

由于阵列的运行条件，尤其是温度和辐照度会影响组件的功率、电压和电流，因此以上计算的关键部分是确定阵列的运行条件。

2. 保证阵列和逆变器匹配计算准确性的原因

（1）保护逆变器。如果阵列输出超过逆变器额定值一定程度，逆变器很可能损坏。

（2）发电量最大化。如果阵列输出超过逆变器的 MPPT 额定值，MPPT 功能就无法使光伏阵列运行在最大功率点（MPP），从而导致系统发电量减少。

多路 MPPT 多路输入逆变器的其他注意事项见 12.7 节，完整实例见 12.8 节。

12.1　逆变器的选择

根据以下条件选择合适的逆变器：

（1）光伏阵列的能量输出。

（2）根据逆变器的操作规程确定阵列配置。

（3）系统应使用一个集中式逆变器还是多个小型逆变器。

选定逆变器后就可以确定阵列配置。

12.1.1　系统发电量和功率

很多并网光伏系统的设计都着重于系统可发出的总电量。这些电量可用于抵消从电网获取的电量，或者赚取上网电价。

> ● 澳大利亚标准
>
> AS 4777：2005 适用于容量不超过单相 10kVA 和三相 30kVA 的逆变器。对于容量较大的系统，电力分销商会对系统并网提出其他要求。

在这种情况下，发电量要求应在与拟建光伏系统相关的多个要素的基础上与系统相匹配，即光伏阵列的规模、接收的辐射量、系统总效率。

计算出光伏阵列的大小后，如果组件的安装空间有限，则空间将决定光伏阵列的最大尺寸（更多详情见 12.1.2 节）。

> ● 实例
>
> 澳大利亚布里斯班一小型企业使用阶梯电价，每 3 个月（91 天）交 1 次电费。3 个月期间内 2500kW·h 以内用电量按 0.20 澳元/(kW·h) 计费，超过 2500kW·h 的用电量按 0.40 澳元/(kW·h) 计费。
>
> 该企业 3 个月大约使用 3300kW·h 的电量，现欲将其总耗电量减少至 2500kW·h 以下，即 3 个月周期内该企业至少要减少 800kW·h 的用电量（相当于每天减少用电 8.79kW·h）。该企业希望通过使用光伏发电达到此目标。
>
> 光伏阵列会以 30°的倾斜角朝向北方。由于该企业每天至少要减少 8.79kW·h 从电网获取的用电量，而 6 月（澳大利亚冬季）的太阳照射量最低，所以使用 6 月的太阳平均辐射数据。
>
> 根据以上参数，太阳辐射数据显示光伏组件每天要接收到 $4.72P_{SH}$。
>
> 用每天需要生产的电量（8.79kW·h）除以计算所得的 P_{SH} 值（每天 $4.72P_{SH}$）计算出所需阵列和逆变器的容量大小。系统损耗（假定为 20%）也应包含在计算内（有关系统损耗的内容见第 15 章）
>
> $$阵列容量 = \frac{8.79}{4.72P_{SH} \times (1-0.2)} = 2.3kW \cdot h$$
>
> 所以，此安装适合使用 2.5kW 的阵列和逆变器。

逆变器规格也可以通过要求的最大功率来进行计算。该步骤对于想将输入电网的电量减至最少的系统所有者来说应特别注意。

> **● 实例**
>
> 一企业想通过安装并网光伏系统抵消部分白天的耗电量。9：00—17：00 的办公时间内，该企业会有 3kW 的负荷。另一个需要考虑的问题是该企业只能获得每千瓦时 4 分钱的固定上网电价，所以企业不希望安装的系统生产出多余的电量。
>
> 所以此例中的企业适合使用 3kW 或再稍小一些的逆变器。

考虑到系统以后的性能升级，可安装一个较大的逆变器。但逆变器运行所需的组件有最小值限制，所以逆变器最大不能超过系统可运行的限制值（详情见 12.3 节）。

> **● 注意**
>
> 未来对系统进行升级时，之前安装的组件可能已无法使用。如果要进行系统扩展，建议选择具有组串独立运行配置的逆变器（详情见 12.1.2 节）。

12.1.2 阵列安装位置

阵列安装位置经常会使可安装组件的数量受到限制。居民屋顶的总尺寸通常是有限制的，同时也可能出现斜屋顶，这两者都会对组件安装可使用的空间造成限制。商业建筑的屋顶可能会有很多障碍物，如天窗、供暖系统、通风设备、冷却塔、通信设备等，这些都会限制可利用的、适合安装太阳能电池板的空间，进而限制可安装光伏组件的数量。给定区域内可以安装的组件数量决定了逆变器的容量。

斜屋顶可能是由不同朝向的几个部分组成的。在全部或部分屋顶区域安装组件会导致组件朝向不同的方向，每一串的组件数量也可能不同。在这种情况下，可以考虑使用多路 MPPT 的逆变器、微型逆变器或几个单路 MPPT 逆变器。通常情况下，使用微型逆变器或几个单路 MPPT 逆变器的成本更高。

如果光伏系统所有者以后可能对系统进行扩容，安装时适合使用多路 MPPT 逆变器。

> **● 要点**
>
> MPPT 会对连接到自身的单个或若干个组串进行控制，使这些组串运行在最大功率点（MPP）。如果所连接的组串中组件数量不同，或者组串的朝向不同，那么每个组串都会有不同的 MPP，最终这些组串会按最小的 MPP 运行，从而输出也会有所减少。
>
> AS/NZS 5033：2014 条款 2.1.6 要求同一组串上的所有组件的倾斜角和朝向应相同（误差在 ±5° 以内）。

> **实例**
>
> 　　澳大利亚堪培拉一居民想在其房屋的斜屋顶上安装一个并网光伏系统。由于系统可获得高的接入电价，所以屋主希望安装的系统可以发出比每日耗电量多的电量。屋主还想抵消掉夏天下午时使用空调制冷所消耗的电量。
>
> 　　系统设计人员对屋顶进行了测量和计算，得出如果该房屋使用 250Wp 的组件，系统可配置为：朝北的屋顶上安装 6 个组件、朝东的屋顶上安装 10 个组件、朝西的屋顶上安装 10 个组件、朝南的屋顶上安装 6 个组件。
>
> 　　组件的朝向会影响系统发出的电量，所以朝北的屋顶上可以安装尽可能多的组件，其次是朝西的屋顶。因为朝北的组件能接收到的太阳直射光最多，所以发出的电量最多；朝西的组件下午时发电量最佳。
>
> 　　利用朝北和朝西的屋顶面积，设计员计算出了阵列的构成情况：
>
> $$16 \times 250\text{Wp} = 4\text{kWp}$$
>
> 　　由于阵列包含不同规模的组串并且朝向不同，所以应使用双路 MPPT 逆变器。SMA 阳光男孩 4000TL 逆变器的最大直流输入为 4200W，含两路 MPPT，满足本例的要求。
>
> 　　一天中，朝北的组件和朝西的组件发出最大电量的时间不同，所以建议使用容量较低的逆变器，比如 SMA 阳光男孩 3000TL 逆变器，它的最大直流输入为 3200W，含两路 MPPT。但是如 12.2 节所述，要确定组件的最佳数量以及满足逆变器要求的阵列配置，必须了解详细的系统性能，完成阵列和逆变器的匹配计算。

12.1.3　成本

逆变器的成本以及成本对系统投资回报潜能的影响也要考虑在内。较昂贵的逆变器会产生更好的经济效益，例如，昂贵的逆变器发电效率高，能发出较多电量来抵消增加的成本投入。所以应对系统的预算及投资回报率进行分析（详情见第 19 章）。

通常情况下，影响资金投入量的逆变器特性包括：

（1）额定功率。通常，提高额定功率会造成成本的增加。

（2）MPPT 数量。多路 MPPT 逆变器通常会比单路 MPPT 逆变器贵。多路 MPPT 可能会增加系统的发电量，但也不尽然。

（3）隔离和非隔离。隔离型逆变器通常比非隔离型逆变器贵，原因是隔离型逆变器包含变压器，制造时使用了更多铜。另外，隔离型逆变器较重，所以运输成本更高。一般来说，带变压器的逆变器效率较低，因此发电量也较低。

（4）微型逆变器或太阳能优化器。微型逆变器或太阳能优化器安装在每一个组件上，或者每隔一个组件进行安装。大量使用微型逆变器或太阳能优化器会增加系统设备的成本，但可以减少整体安装的成本，并增加发电量。

（5）效率。相同拓扑结构的情况下，效率高的逆变器比效率低的逆变器贵。

（6）厂商。对于不同厂商生产的逆变器，其零售价的高低通常能显示出其所用零件的质量、保修期的时长、提供的售后服务等。

> **注意**
>
> 　　安装的逆变器容量比所需的逆变器容量大不一定就是好。逆变器运行有对组件最小数量的要求（12.3节），运行功率低时效能也低。

12.2　匹配计算概述

　　阵列和逆变器的匹配计算必须包括额定功率、额定电压和额定电流。额定电压决定每串组件数量的最小和最大值。额定电流决定阵列中并联组串数的最大值。额定功率决定阵列中组件数量的最大值。

　　这些额定值可以图形的方式来呈现，如图12.2所示。

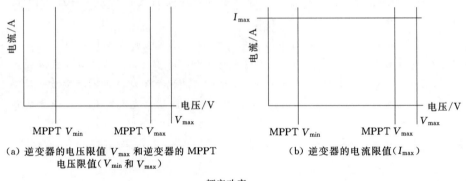

（a）逆变器的电压限值 V_{max} 和逆变器的 MPPT
电压限值（V_{min} 和 V_{max}）

（b）逆变器的电流限值（I_{max}）

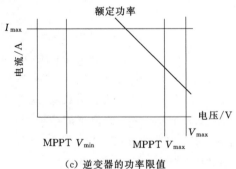

（c）逆变器的功率限值

图 12.2　额定值表示

> **要点**
>
> 　　逆变器的最大输入功率对应图12.2中的斜线。斜线上每一点的 IV 表示逆变器的额定功率。

在右上角由水平线、垂直线和斜线围成的三角区域内，电压乘以电流大于逆变器的额定功率。图 12.3 表示阵列的电流—电压特性曲线应始终满足的条件：应大于 MPPT 的最小电压 V_{min} 并小于 I_{max}、V_{max} 及额定功率。

阵列的电流—电压特性曲线因组件的辐照度和电池温度的不同而产生变化（详情见第 6 章），所以必须按照预期的工作条件设计阵列。这样当辐照度和温度发生改变时，阵列输出依然可以保持在逆变器的额定电压、额定电流及额定功率的范围内。

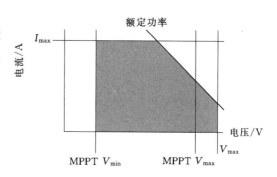

图 12.3　阵列的电流—电压特性曲线

● 要点

温度升高时，组件电压减小，反之亦然。

● 实例

在预期的工作条件下，阵列的电压、电流和功率特性必须处在逆变器允许工作参数范围内。图 12.4 为阵列在最低电池温度 0℃ 及最高电池温度 75℃ 时的电流—电压特性曲线。如果两条电流—电压特性曲线都处在逆变器允许工作参数的范围内，那么该阵列适用于该地点，并与逆变器相匹配。

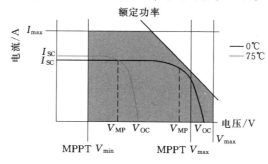

图 12.4　阵列在 0℃ 和 75℃ 时的电流—电压特性曲线

阵列输出不能超过逆变器的额定电流或处在 MPPT 的最小电压 V_{min} 与逆变器的最大电压 V_{max} 之外 [图 12.5 （a）]。某些情况下可以对阵列进行设置，使其可以在不超出逆变器 V_{max} 和 I_{max} 范围且处在逆变器额定功率的范围外安全运行 [图 12.5 （b）]，这称为阵列超配，详见 12.6 节。

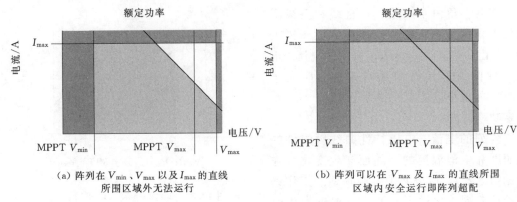

（a）阵列在 $V_{\min}$、$V_{\max}$ 以及 $I_{\max}$ 的直线 所围区域外无法运行

（b）阵列可以在 $V_{\max}$ 及 $I_{\max}$ 的直线所围 区域内安全运行即阵列超配

图 12.5 阵列的运行范围

12.3 阵列和逆变器匹配参数——电压

阵列和逆变器的匹配计算结果将决定阵列中每个组串的最大和最小组件个数，确保阵列电压始终位于逆变器的额定电压范围内（图 12.6）。该阵列的运行电压（通常是最大功率点电压，V_{MP}）应在逆变器最大功率点跟踪电压范围内，且在任何可预见的工况下，阵列的开路电压 V_{OC} 应始终小于逆变器的最大输入电压 $V_{\max}$。

最大输入电压：如果阵列输出电压超过逆变器的最大输入电压，则可能损坏逆变器。

最大功率点跟踪（MPPT）电压范围：若阵列的最大功率点（MPP）不在逆变器最大功率点跟踪电压范围内，即低于或高于最大功率点跟踪电压范围，则该逆变器将无法跟踪阵列的最大功率点，从而限制阵列输出。

电压范围表明阵列中每一个组串（串联）中组件数量均有最大和最小限制。组件的工作电压会受组件温度的影响（图 12.7）。因此，数据表中给出的组件电压配置须根据当地的最低温和最高温进行调整。数据表中的数据是在标准试验条件（STC）即电池温度 25℃，辐照度 1000W/m² ，空气质量为 1.5 的条件下计算得到的。

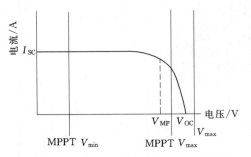

图 12.6 阵列与逆变器电压匹配示意图

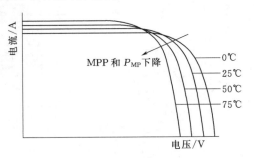

图 12.7 温度对组件最大功率点电压和 开路电压的影响

> **要点**
>
> 组件串联将增加组串电压（电池组件并联增加电流）。这就是逆变器的额定电压决定组件串中能够串联组件数量的原因。

1. 最小电池组件数量

计算最小电池组件数量以确保组串电压不低于逆变器最大功率点跟踪电压范围的最小值。按预期最高电池温度调整得到的电池组件的最小工作电压（12.3.2 节）须大于逆变器最大功率点跟踪电压范围的最小电压。

2. 最大电池组件数量

计算最大电池组件数量以确保组串电压不会超过逆变器最大输入电压，理论上不能在高于最大功率点跟踪电压范围的最大值条件下工作。计算包括以下两个项目：

（1）最大输入电压：所用组件的最大可能电压；数值为最低预期组件温度调节后的开路电压（12.3.3 节）。

（2）最大功率点跟踪的最高电压阈值：所用组件的最高工作电压；数值为最低预期组件温度调节后的最大功率点电压（12.3.4 节）。

● **要点**

使用开路电压超过逆变器额定最大输入电压的组串可能会损坏逆变器，同时会造成安全隐患。因此，精确计算最大组件数量是必要的。

利用电压温度系数计算最高预期温度和最低预期温度时的组件电压，详见 12.3.1 节。

● **实例**

一光伏系统设计采用具有如下运行参数的逆变器：最大输入电压为 500V，最大功率点跟踪电压范围为 180～400V。表 12.1 显示额定工况下计算的组件电压值（计算这些数值的方法在本节后续内容中有介绍）：

表 12.1　　　　　　　　　额定工况下计算的组件电压值

参　　数	0℃	75℃
开路电压 V_{OC}/V	40.7	31.7
最大功率点电压 V_{MP}/V	33.7	23.9

计算每一个组串的组件数量，确保阵列不超过逆变器的最大输入电压范围并在最低工作温度（0℃）和最高工作温度（75℃）情况下保持在最大功率点跟踪电压范围内。

图 12.8 所示为 8～11 个组件范围内每个组串正确的组件数量。7 个组件的组串和 12 个组件的组串的最大功率点电压均不在逆变器最大功率点跟踪电压范围内，所以应至少为 8 个组件。12 个组件的开路电压小于逆变器最大输入电压，但低温情况下，最大功率点电压略超出逆变器最大功率点跟踪的电压范围。因此每个组串最理想的组件数量为 11。但是，系统内每个组串使用 12 个组件并不是关键问题，因为组件只有在清晨会暴露在最低温度下，并超出最大功率点跟踪范围。

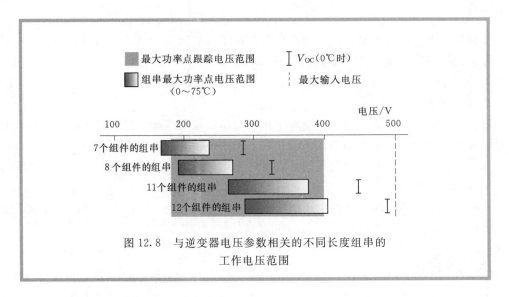

图 12.8　与逆变器电压参数相关的不同长度组串的
工作电压范围

12.3.1　利用电压温度系数

电压温度系数指电压受温度变化影响的程度，用来确定非标准试验条件下不同温度时的组件电压，可以是开路电压，也可以是最大功率点电压。

给定温度下的组件电压由以 V/℃ 为单位的电压温度系数乘以组件温度与标准实验条件温度（25℃）的差值（图 12.9）来确定。

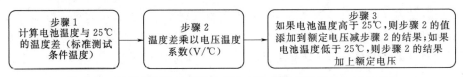

图 12.9　利用电压温度系数计算特定温度条件下组件电压的步骤

电压温度系数并非总是以 V/℃ 为单位，还可能以每摄氏度百分比（％/℃）给定。本节将详述如何应用这些不同形式的电压温度系数。

> ● 注意
>
> 　　有些温度系数单位为 K 而不是℃。K 和℃ 具有相同的增量，因此可采用同样的方式利用这些温度系数。

1. 单位为 mV/℃ 或 V/℃ 的电压温度系数

以 V/℃ 为单位的电压系数为最简形式，用温度差乘以电压温度系数可得到组件电压的变化量。

> ● 要点
>
> 　　为确保组串电压不会降至逆变器最低工作电压，应按 75℃ 计算最低组件电压。

● 实例

利用 V/℃

组件数据表给出以下数值：V_{MP} 为 45.2 V（STC），V_{MP} 的电压温度系数为 $-160\text{mV}/℃$。

也就是说，在标准试验条件温度 25℃ 的基础上每升高 1℃，最大功率点电压将下降 160mV（0.16V）。

组件温度 75℃ 比标准试验条件温度 25℃ 高 50℃。因此，最大功率点电压会下降 $0.16\text{V} \times 50℃ = 8\text{V}$；75℃ 时最大功率点电压为 $45.2\text{V} - 8\text{V} = 37.2\text{V}$。

● 要点

数据表给出的开路电压和最大功率点电压即标准试验条件下的开路电压和最大功率点电压。由于电池组件可能工作在比标准试验条件高或低的温度，故开路电压和最大功率点电压需要做相应的修正（较高温度产生较低电压，反之亦然）。

2. 单位为 ％/℃ 的电压温度系数

有两种利用以每摄氏度百分比给定的电压温度系数的方法，即利用温度差将 ％/℃ 转换为 V/℃ 或者将 ％/℃ 转换为组件电压的百分比。这两种方法在下例中均有描述。

● 知识点

组件工作时，实际组件温度通常比环境温度（即空气温度）高 25℃，但仍取决于具体安装情况。如水平安装的电池组件空气流动受限，所以温升较高。

● 注意

若温度系数为负数，只要正确增减电压，就可以忽略符号。应记住电压随温度增加而降低。

● 实例

利用 ％/℃

电池组件数据表给出以下数值：开路电压 V_{OC} 为 37.5V（标准试验条件），开路电压温度系数为 $-0.4％/℃$；计算组件温度为 0℃ 时的开路电压。

方法 1：转换为 V/℃

为确保使用正确的单位，将百分比转换为小数：

$$-0.4％/℃ = -0.4％/℃ \div 100 = -0.004/℃$$

然后用小数的温度系数乘以标准试验条件下的组件电压（此例中为开路电压 V_{OC}）。

$$电压温度系数(V/℃) = -0.004/℃ \times 37.5V = -0.15V/℃$$

用此数字计算0℃时的开路电压。由于0℃低于标准试验条件下的25℃，故开路电压增加。

0℃时，组件温度比标准试验条件下的温度低25℃。

因此，开路电压会增加

$$0.15V/℃ \times 25℃ = 3.75V$$

0℃时的开路电压为

$$37.5V + 3.75V = 41.25V$$

方法2：转换为%/V

为确保使用正确的单位，将百分比转换为小数：

$$-0.4\%/℃ = -0.4\%/℃ \div 100 = -0.004/℃$$

然后用小数形式的温度系数乘以组件温度与标准试验条件下的组件温度差。由于计算的是0℃时的数值，组件温度比标准试验条件低25℃：

$$电压温度系数(\%/V) = -0.004/℃ \times (-25)℃ = 0.1$$

然后用STC条件下的开路电压乘以上述计算所得的0.1得到电压增量为

$$电压增量 = 0.1 \times 37.5V = 3.75V$$

按前述方法可得0℃时的开路电压为

$$37.5V + 3.75V = 41.25V$$

利用以下公式计算组件的最大功率点电压为

$$V_{MP(X℃)} = V_{MP(STC)} + [\gamma_V \times (T_{X℃} - T_{STC})]$$

式中 $V_{MP(X℃)}$ ——特定温度（X℃）下的最大功率点电压，V；

$V_{MP(STC)}$ ——标准试验条件下的最大功率点电压（即额定电压），V；

γ_V ——负电压温度系数，V/℃；

$T_{X℃}$ ——组件温度，℃；

T_{STC} ——标准试验条件下的温度，℃（即25℃）。

● 实例

若未给定最大功率点电压的电压温度系数该怎么处理？

若制造商未给出组件最大功率点电压的电压温度系数，则有两种选择：

（1）使用开路电压的温度系数：这是最简单的方法，可给出合理估计。

（2）使用 P_{MP} 的温度系数：温度对 P_{MP} 的影响与对最大功率点电压的影响成比例。这是因为温度变化时电池组件的 I_{MP} 相对恒定（图12.7），温度每增加1℃，I_{MP} 仅增加0.004%。

利用 P_{MP} 温度系数的方法能否使用，主要取决于系数是否以%/℃或W/℃为单位。本章结尾处的扩展材料会给出两个案例。

12.3.2　计算组串中组件的最小数量

计算每一组串中组件的最小数量，确保组串电压不会下降至最大功率点跟踪范围的最小阈值以下。若阵列或组串的最大功率点电压 V_{MP} 下降至逆变器最小工作电压以下，则逆变器可能停机或无法在光伏阵列的最大功率点上运行（图 12.10）。若阵列或组串的开路电压 V_{OC} 下降至逆变器最小工作电压以下，则逆变器将停机。这两种情况均可能导致系统发电量降低。图 12.10 中，组件温度 75℃ 时，阵列 I-V 曲线显示其最大功率点电压超出了逆变器的最大功率点跟踪范围（但开路电压仍在此范围内）。逆变器将一直控制光伏阵列工作在逆变器的最大功率点跟踪范围内，而此时的运行点并不是阵列的最大功率点。这将降低功率转换效率，随之降低输出功率。

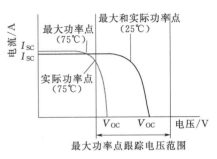

图 12.10　阵列 I-V 曲线

> ● 注意
>
> 　　光伏组件的电压随光照强度的减少而降低，这将影响最大功率点电压。这一点在本章末尾的扩展材料中有具体描述。

为保证电池组件电压不会下降至逆变器的最大功率点跟踪电压阈值以下，计算须考虑 3 个关键因素（图 12.11）：

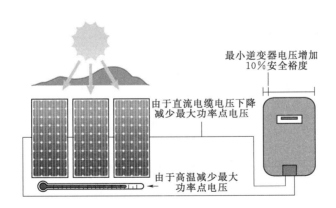

图 12.11　计算组件最小数量时应考虑的 3 个关键因素

1. 电池组件电压随温度升高而降低

计算预期最高组件温度下的最大功率点电压数值。尽管凉爽气候时可以使用相对低的组件最高温度，但仍建议计算所用的组件温度不低于 75℃。

● 实例

预期最高组件温度取决于光伏系统的安装位置。在澳大利亚的许多城市，如墨尔本、悉尼等，夏季的环境温度达 30～40℃。因此，有效组件温度会高于 55～65℃（环境温度 25℃）。

很重要的一点是要记住屋顶的实际环境温度高于气象局提供的温度值。也就是说，屋顶上组件所处的运行温度高于最初评估的温度。

2. 组件和逆变器间直流电缆的电压降

直流电缆内的电压降意味着输入逆变器的电压比组件产生的电压小。组件的电压特性需要弥补这一点，即用电池组件的最小电压乘以压降效率。

例如，3％的电压降指组件的最小电压应乘以 0.97[（100％－3％）＝97％＝0.97]以满足 3％的损失。

3. 逆变器最小电压的安全裕度

为了确保组件电压不会降至逆变器最小电压以下，计算时应考虑逆变器最小电压 10％的安全裕度。此安全裕度还应考虑可能影响电池组件电压的其他因素，如：逆变器并非始终在理想最大功率点运行、最大功率点电压随辐照度减少而降低、制造公差、阵列遮挡。

用逆变器最小电压除以光伏组件最小工作电压（最大功率点电压）即可得到一个组串中组件的最小数量。在图 12.12 有详细说明。

即

$$一组串中组件的最小数量 = \frac{最小\ MPPT\ 电压}{最小组件电压（X℃时）}$$

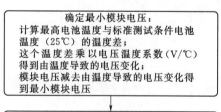

图 12.12 计算组件最小数量的步骤

● 实例

组件规格如下：最大功率点电压 V_{MP} 为 35.4V，最大功率点电压温度系数为 －0.16V/℃。

所用逆变器的最大功率点跟踪范围最小电压值为 140V。预期最大组件温度为 75℃，且假定直流侧电缆的电压降为 2%。

为确定可连接的组件最小数量，需计算最小组件电压和最小逆变器电压。

1. 最小组件电压

（1）组件温度和标准试验条件的温度差为

$$75℃ - 25℃ = 50℃$$

（2）乘以最大功率点电压的电压温度系数（V/℃）（忽略负号）为

$$50℃ \times 0.16V/℃ = 8V$$

（3）用额定最大功率点电压减去该电压值（由于温度高于 25℃）

$$35.4V - 8V = 27.4V$$

（4）乘以 0.98 以补偿 2% 的线路压降为

$$27.4V \times 0.98 = 26.85V$$

2. 最小逆变器电压

用逆变器的最大功率点跟踪最小电压乘以 1.1（10% 安全裕度）

$$140V \times 1.1 = 154V$$

3. 组件的最小数量

用最小逆变器电压除以最小组件电压

$$154V \div 26.85V = 5.7$$

向上取整得到组件的最小数量为 6。因此，每个组串中应使用最少 6 个组件以确保组串电压高于逆变器最大功率点跟踪的最小工作电压。

上文给出的公式也可以用于计算最小组件电压。替换最小组件电压中的（1）～（3）步。

$$V_{MP(X℃)} = V_{MP(STC)} + [\gamma_V (T_{X℃} - T_{STC})]$$
$$V_{MP(75℃)} = 35.4V + [-0.16V/℃ \times (75℃ - 25℃)]$$
$$= 35.4V + (-0.16V/℃ \times 50℃)$$
$$= 35.4V + (-8V) = 27.4V$$

12.3.3　计算组串中组件的最大数量

计算每个组串中组件的最大数量以满足下列条件：

（1）开路电压 V_{OC} 不超过逆变器最大输入电压。若超过，可能会损坏逆变器。

（2）工作电压 V_{MP} 不得超过逆变器最大功率点跟踪范围的最大电压阈值。若超过，阵列将无法运行在最大功率点，从而降低产生的功率。只要组串的开路电压不超过逆变器最大输入电压，就可以串联更多的组件（阵列超配的相关内容见 12.5 节）。

针对这些计算，应考虑组件在清晨时的输出电压。清晨时，组件处于温度最低状态，空气温度低且组件还未运行升温。随着太阳升起，逆变器将承受组件的开路电压，因为此时逆变器还未同期并连接至电网（图 12.13）。

早晨时，由于组件还未接收太阳的辐射热量，组件温度几乎接近环境温度。在澳大利亚的某些地区，黎明的温度可能低至 $-10℃$，沿海地区可能接近 $0℃$。

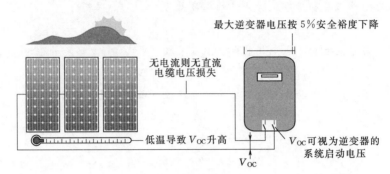

图 12.13 计算组件最大数量时应考虑的 3 个关键因素

为了确定组件的最大数量，根据以下 3 个关键因素进行计算（图 12.14）：

1. 组件电压随温度降低而升高

在预期最低组件温度条件下计算组件的最大电压（工作期间），最有可能发生的时段在清晨。建议使用 $0℃$ 作为最高参考温度。对于较冷气候条件下，应使用小于 $0℃$ 的温度数值。

2. 开路电压 V_{OC} 时组件和逆变器间直流电缆不存在电压降

计算应在开路电压条件下进行。也就是说由于电缆没有通流，故不存在电压降。

3. 最大逆变器电压的安全裕度

为了确保组件电压不会超过逆变器的最大输入电压，建议考虑逆变器最大电压的 5%作为安全裕度。此安全裕度是为了保护逆变器，确保其不会经受过高的电压。

计算组件最大数量的步骤如图 12.14 所示。

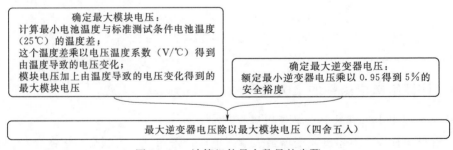

图 12.14 计算组件最大数量的步骤

术语"最大输入电压"也称为最大光伏开路电压、逆变器最大输入电压、最大直流输入电压、最大直流电压。

组件的最大开路电压 V_{OC} 为

$$V_{OC(X℃)} = V_{OC(STC)} + [\gamma_V(T_{X℃} - T_{STC})]$$

式中　$V_{OC(X℃)}$——特定温度（X℃）时的开路电压，V；

　　　$V_{OC(STC)}$——标准试验条件下的开路电压，即额定电压，V；

　　　　　γ_V——电压温度系数，$-$V/℃；

　　　$T_{X℃}$——组件温度，℃；

　　　T_{STC}——标准试验条件温度，℃（即 25℃）。

组件最大工作电压（最大功率点电压）为

$$V_{MP(X℃)} = V_{MP(STC)} + [\gamma_V(T_{X℃} - T_{STC})]$$

式中　$V_{MP(X℃)}$——特定温度（X℃）时的 MPP 电压，V；

　　　$V_{MP(STC)}$——标准试验条件下的 MPP 电压，即额定电压，V；

　　　　　γ_V——负电压温度系数，V/℃；

　　　$T_{X℃}$——组件温度，℃；

　　　T_{STC}——标准试验条件温度（即 25℃），℃。

> ● **注意**
>
> 　　组串的开路电压不得大于逆变器的最大输入电压，这一点很重要，否则可能损坏逆变器。

由于清晨组件最大功率点电压低于逆变器最大功率点电压范围的最大值，因此这并不关键，因为此时的额外电压输出小而不明显；且随着太阳照射到组件，组件温度开始升高并超过最低环境温度。

$$一个组串中组件的最大数量 = \frac{最大逆变器电压 \times 安全裕度}{最大组件电压（X℃时）}$$

最大输入电压是由组件计算的最大电压值决定的。这需要利用按预期最低组件温度修正后的开路电压值。

最大功率点跟踪电压的最大阈值是由组件最大运行电压决定的。这需要利用按预期最低组件温度修正后的最大功率点电压。

规定的最大输入电压可能不同于最大功率点跟踪电压范围的上限值。此时，逆变器能够在大于最大功率点跟踪电压最大值的电压值上工作。但是当处在该较高电压值时，逆变器将不会跟踪阵列的最大功率点。

> ● **知识点**
>
> 　　有时使用最大功率点跟踪电压范围的安全裕度可能导致组件的最大数量低于最小数量。在这种情况下，可以忽略安全裕度以修正此问题。
>
> 　　如不存在安全裕度，则系统设计需获得批准，否则可能造成系统性能降低。

● 实例

　　组件规格如下：开路电压 V_{OC} 为 60.5V，最大功率点电压 V_{MP} 为 50.2V，开路电压温度系数为 $-0.14V/℃$，最大功率点电压温度系数为 $-0.146V/℃$。

　　所选择的逆变器最大输入电压为 700V，其最大功率点跟踪电压范围最大值为 570V。预期最低组件温度为 $-5℃$。计算能够连接的组件的最大数量。

　　第一步：最大输入电压。

　　1. 最大开路电压

　　(1) 组件温度和标准试验条件温度之差为

$$-5℃-(25℃)=-30℃$$

　　(2) 再乘以开路电压温度系数（V/℃）

$$-30℃×（-0.14V/℃）=4.2V$$

　　(3) 再加上额定电压（当温度低于 25℃ 时）

$$60.5V+4.2V=64.7V$$

　　(4) 由于是开路电压，不包括电压降。

　　2. 最大输入电压

　　用逆变器的最大输入电压乘以 0.95（安全裕度为 5%）得最大输入电压

$$700V×0.95=665V$$

　　3. 组件的最大数量

　　用最大输入电压除以组件最大开路电压，得

$$665V÷64.7V=10.2$$

　　向下取整得到组件的最大数量为 10，因此，每个组串的最大组件数量为 10，确保组串电压低于最大输入电压。

　　以下各式可用于替换最大开路电压的第 (1) ～ (3) 步：

$$V_{OC(X℃)}=V_{OC(STC)}+[\gamma_V(T_{X℃}-T_{STC})]$$
$$V_{OC(-5℃)}=60.5+\{-0.14×[(-5)-25]\}$$
$$=60.5+[-0.14×(-30)]=60.5+4.2=64.7V$$

　　第二步：最大功率点跟踪电压范围最大阈值。

　　1. 最大功率点电压的最大值 V_{MP}

　　(1) 组件温度和标准试验条件温度之差为

$$-5℃-(25℃)=-30℃$$

　　(2) 再乘以最大功率点电压温度系数（V/℃）

$$-30℃×（-0.146V/℃）=4.38V$$

　　(3) 再加上额定最大功率点电压（当温度低于 25℃ 时）

$$50.2V+4.38V=54.58V$$

　　(4) 清晨无明显电压降，由于无明显电流，所以不需要计算电压降。

2. 最大功率点跟踪电压的最大值

用逆变器的最大输入电压乘以 0.95（安全裕度为 5%）得最大功率点跟踪电压的最大值

$$570\text{V}\times0.95=542\text{V}$$

注意：对最大电压考虑 5% 的安全裕度以确保一致性。但该裕度值不是必须采用的。使用 5% 的安全裕度可使逆变器损坏的风险最小化，例如当组件的最低温度被低估时。除了这种情况，一般不必考虑此安全裕度。

3. 组件的最大数量

用逆变器最大电压除以组件最大电压得

$$542\text{V}\div54.58\text{V}=9.93$$

向下取整得到组件的最大数量为 9。因此，每个组串中组件的最大数量为 9，可确保组串电压低于逆变器的最大功率点跟踪电压范围最大值。

那么组串中使用 9 个还是 10 个组件呢？为确保逆变器不受损坏，每个组串中组件的最大数量为 10。因为比起要确保组串电压低于最大功率点跟踪的最大电压，最低温条件下逆变器损坏才是最令人担心的问题。清晨是阵列温度最低的时候，此时，几乎不存在电流，也几乎无功率输出。在这些情况下，组串是否确实在最大功率点上也就不是问题了。当太阳照射到电池组件一小段时间后，温度会快速升高且组串中的 10 个组件的最大功率点电压会快速降至低于逆变器最大功率点跟踪电压的最大值。

注意：若此例中不考虑 5% 的安全裕度，则 10 个组件的最大功率点电压仍然会低于 570V。

以下各式可用于替换最大功率点电压的最大值的计算：

$$V_{\text{MP}(X℃)}=V_{\text{MP(STC)}}+[\gamma_V(T_{X℃}-T_{\text{STC}})]$$
$$V_{\text{MP}(-5℃)}=50.2+[-0.146\times(-5-25)]$$
$$=50.2+[-0.146\times(-30)]$$
$$=50.2+4.38=54.58\text{V}$$

● **澳大利亚标准**

AS/NZS 5033：2014 3.1 条规定，住宅体系光伏阵列的最大电压不得超过 600V。

● **要点**

电池组块的电压随温度下降而增加。

12.4　阵列和逆变器匹配参数——电流

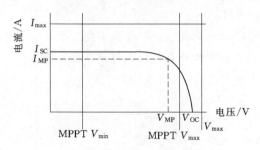

图 12.15　工作电流（通常为 MPP 电流）应始终低于逆变器的最大额定电流

光伏阵列与逆变器的电流匹配计算决定了能够与逆变器连接的并联组串的最大数量。计算可确保阵列电流不超过逆变器直流输入的额定电流值，从而保证既不会减少系统输出，也不会损坏逆变器（图 12.15）。

逆变器的电流限制意味着光伏阵列受到并联组串最大数量的限制。

计算时会用到组件短路电流 I_{SC}。逆变器一般不会经受组件短路电流，但可以为计算结果增加安全裕度。与组件电压相同，外部因素对组件短路电流的影响也应考虑在内。

> **要点**
>
> 　组件并联会增大电流输出。逆变器的额定电流决定了能够并联连接的组串数量。

1. 辐照度

组件电流主要受辐照度影响，辐照度越高，电流越大 ［图 12.16（a）］。组件数据表中给出的 I_{SC} 值需要修正后使用，因为该值是在 STC 条件下以 $1kW/m^2$ 的辐照度进行计算得到的数据。该数据是大多数光伏阵列经受的最大辐照度水平。

> **注意**
>
> 　一般来说，组件短路电流 I_{SC} 的辐照度无需调整。数据表中的 I_{SC} 值为最高辐照度 $1kW/m^2$。

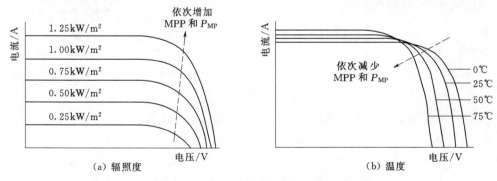

图 12.16　外部因素对组件电流的影响

2. 温度

光伏组件的电流受电池温度的影响较小，温度升高，电流会轻微上升 [图 12.16 (b)]。对组件短路电流进行温度修正可快速估算出组串的最大数量。如果涉及的组串较多，或者快速计算未得出明确的答案，则应对按照温度修正后的组件短路电流进行全面计算。公式为

$$组串最大数量 = \frac{逆变器最大电流}{组件短路电流}$$

> ● **实例**
>
> 　　（1）逆变器最大直流输入电流为 20A，使用组件的短路电流为 7.4A（STC 标准）。用逆变器最大直流输入电流除以组件短路电流，可以估算出并联组串的最大数量为
>
> $$\frac{20A}{7.4A} = 2.7$$
>
> 　　对所得数值进行向下取整（所得数值即为可使用的最大值），即最大并联两个组串。
>
> 　　由于计算结果是通过向下取整所得，舍去了较大数值（0.7），且组串数量较小，因此即使按照温度修正组件短路电流，结果也不变。
>
> 　　（2）逆变器最大直流输入电流为 30A，使用组件的短路电流为 7.3A（STC 标准）。
>
> 　　用逆变器最大直流输入电流除以组件短路电流，可以估算出并联组串的最大数量为
>
> $$\frac{30A}{7.3A} = 4.1$$
>
> 　　即 4 个并联组串（向下取整）。
>
> 　　由于计算结果只舍去了很小的数值（0.1），可以看到对组件短路电流值的微小调整也会影响到最终结果，如最终可能连接到逆变器的组串数量为 3 个。
>
> 　　因此，该例可使用温度修正后的组件短路电流重新进行计算。

使用温度修正的组件短路电流计算并联组串的最大数量，原理与电压匹配的计算相似。方法步骤如图 12.17 所示。

组件最大电流的计算公式为

$$I_{SC(X℃)} = I_{SC(STC)} + \gamma_{ISC}(T_{X℃} - T_{STC})$$

式中　$I_{SC(X℃)}$——特定温度（$X℃$）的短路电流，A；

$I_{SC(STC)}$——标准试验条件下的短路电流，A；

γ_{ISC}——电流温度系数，A/℃；

$T_{X℃}$——组件温度，℃；

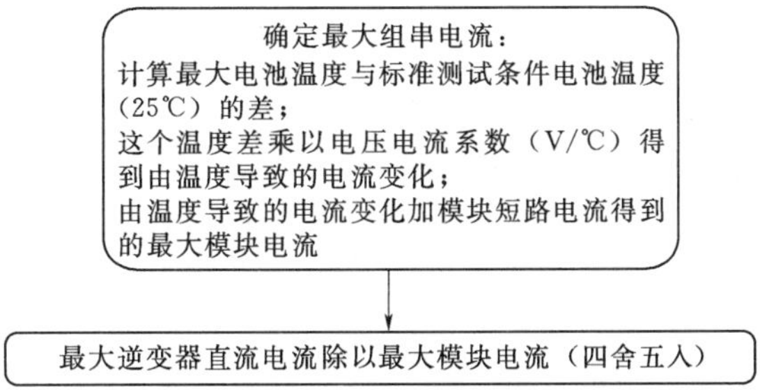

> 确定最大组串电流：
> 计算最大电池温度与标准测试条件电池温度（25℃）的差；
> 这个温度差乘以电压电流系数（V/℃）得到由温度导致的电流变化；
> 由温度导致的电流变化加模块短路电流得到的最大模块电流
>
> ↓
>
> 最大逆变器直流电流除以最大模块电流（四舍五入）

图 12.17　计算并联组串最大数量的步骤

T_{STC}——标准试验条件下的温度（即 25℃），℃。

● **实例**

组件的短路电流为 6.2A，短路电流的温度系数为 0.065%/℃。要连接的逆变器的最大直流输入电流为 31.6A。电池的预期最高温度为 75℃。计算可接入该逆变器的并联组串的最大数量。

1. 组件最大电流

（1）将电流的温度系数转换为 A/℃

$$0.00065/℃ \times 6.2A = 0.004A/℃$$

（2）计算组件温度与 STC 温度的差值

$$75℃ - 25℃ = 50℃$$

（3）所得结果乘以组件短路电流温度系数（A/℃）

$$35.4V - 8V = 27.4V$$

（4）所得结果乘以 0.98，用以计算 2% 的电压降落

$$27.4\,V \times 0.98 = 26.85V$$

2. 并联组串的最大数量

用逆变器的最大直流输入电流除以组件最大电流得

$$31.6A \div 6.4A = 4.94$$

向下取整得到组串的最大数量为 4 个，因此，逆变器最多可连接 4 个并联组串。

以下公式可替代上述组件最大电流的计算：

$$I_{\text{SC}(X℃)} = I_{\text{SC(STC)}} + [\gamma_{\text{ISC}}(T_{X℃} - T_{\text{STC}})]$$

$$I_{\text{SC}(75℃)} = 6.2 + [0.004 \times (75 - 25)]$$

$$I_{\text{SC}(75℃)} = 6.2 + [0.004 \times (50)]$$

$$= 6.2 + 0.2 = 6.4A$$

注：使用简单计算时，用逆变器的最大直流输入电流除以未经温度修正的组件短路电流，结果为 31.6A÷6.2A＝5.09，向下取整为 5 个组串。

综上，要确保在高温条件下光伏阵列输出电流不超过逆变器允许输入电流，组串的最大数量为 4 个。因此在一定情况下，按温度修正短路电流以得到更准确的答案是很重要的。

逆变器会对光伏组串或光伏阵列的电流输出进行控制。在 I_{MP} 接近最大标称电流时，逆变器可通过减少电流防止过热。对此逆变器可通过追踪 $I\text{-}V$ 运行曲线，增加电压以减少电流输出，从而实现减小电流的目的。但这样会导致光伏组串或光伏阵列运行在低功率点（图 12.18）。

> **要点**
>
> 　　组件的额定功率是在 STC 标准条件下计算的，即 $1kW/m^2$ 的辐照度和 25℃ 的电池温度，具有良好的运行条件。因此，组件的额定功率几乎等于组件产生的最大输出功率。

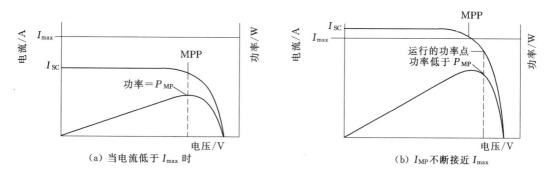

（a）当电流低于 I_{max} 时　　　　　　　　（b）I_{MP} 不断接近 I_{max}

图 12.18　逆变器对电流输出的控制曲线

12.5　阵列和逆变器匹配参数——功率

　　利用组件的额定功率确定能安装的组件最大数量，使光伏列阵容量始终低于逆变器的额定功率（图 12.19）。用逆变器的额定功率除以组件的额定功率即可计算出组件数量的最大值。

$$组件的最大数量 = \frac{逆变器额定输入功率}{组件额定输出功率}$$

　　逆变器生产商会根据功率给出逆变器的不同额定值要求。

　　（1）最大光伏阵列额定功率，即适合连接逆变器的光伏阵列的推荐最大额定功率（单位通常为 kWp 或 Wp）。如果给出了

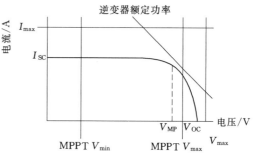

图 12.19　MPP 和逆变器的额定功率关系示意图

最大光伏阵列额定功率，则应用该值来计算组件数量的最大值。

　　（2）最大直流输入功率。逆变器可转换成交流功率的直流功率的最大值。由于该数值已考虑光伏列阵的输出损失，故数值小于光伏列阵最大功率（详情见第 14 章）。如果不知道最大光伏阵列额定功率，可使用最大直流输入功率值来计算组件数量的最大值。

　　（3）最大交流输出功率，即逆变器能发出的交流功率最大值。

　　具有一路以上最大功率点跟踪（MPPT）的逆变器可能需要应对不同的最大光伏列阵功率值来满足各路 MPPT 以及整个逆变器的功率要求。遇到这种情况时，MPPT 最大光伏阵列额定功率和逆变器最大光伏阵列额定功率都应符合拟定光伏阵列的要求。

由于电压、电流特性的限制，每次都将最大数量的光伏组件连接到逆变器上是不太可能的，就限制了列阵的配置。相关计算见 12.3 节和 12.4 节。

> **● 注意**
>
> 　　由于列阵与逆变器之间存在电能损耗，如温升降额、覆灰降额、电压损耗等，若使用逆变器的最大直流输入功率值进行计算，则实际可以安装比计算结果稍大的列阵。但建议在实施上述操作前先与逆变器生产商进行确认。

> **● 实例**
>
> 　　光伏组件的额定功率为 260W，使用推荐的最大光伏列阵额定功率为 5.6kW 的逆变器时，最多可连接多少块光伏组件？
>
> 　　答：首先对额定功率进行单位统一换算。在本例中，使用 kW 作为单位，因此要将组件额定功率的单位转换为 kW，即
>
> $$260W \div 1000 = 0.26kW$$
>
> 　　用逆变器的额定输入功率除以组件的额定输出功率即可计算出组件数量的最大值
>
> $$组件最大数量 = \frac{逆变器额定输入功率}{组件额定输出功率} = \frac{5.6kW}{0.26kW} = 21.5 \text{ 个}$$
>
> 　　向下取整可得，该列阵的最大组件数量为 21 个。

> **● 实例**
>
> 　　一台逆变器有两路 MPPT，每路 MPPT 的最大光伏阵列输入功率为 3000W，逆变器总的最大光伏列阵输入功率为 5000W。设计者想将 5000Wp 输入逆变器中。可以将 3000W 连接到一路 MPPT 上，再将剩下的 2000W 输入另一路 MPPT 中。

12.6　列阵超配

列阵超配的情况是指系统保持在逆变器电压和额定电流范围内时，将超过功率匹配计算允许的组件数量连接到逆变器上。

光伏阵列无法持续发出最大功率。原因有很多，如组件安装倾斜角和朝向（见第 15 章）、云层遮挡、高温、灰尘，甚至仅是每天中的不同时刻（例如，上午和下午的照射量比中午少）。在辐照度减少的情况下，阵列超配可以提升逆变器的功率输出。当列阵处于最佳运行状态时，逆变器会通过控制电压和电流来处理额外的功率（图 12.20）。

注意，上午和下午时分，由于阵列超配，可用功率也有所增加。中午时，通过控制电压和电流，可"限幅"掉多余的阵列功率，所以 5kW 以上的区域表示浪费了的能量。

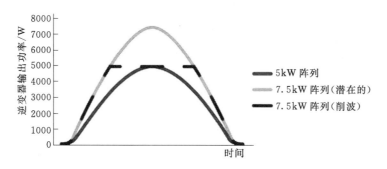

图 12.20　将功率为 5kW 的逆变器连接到功率为 7.5kWp
的超配阵列时的"限幅"效果

只要电压保持在逆变器正常 MPPT 运行电压范围内，即便光伏阵列输出功率接近逆变器的最大额定功率，逆变器 MPPT 功能也可控制阵列输出在低电流、高电压工况下（图 12.21）。适合阵列超配的逆变器可增加阵列的工作电压，从而减少电流，引起阵列功率的减少，这样就不会超过逆变器的 I_{max}。此操作会引起功率输出降低，低于逆变器的最大标称功率。设计阵列使其不超过逆变器可承受的运行电压以保证逆变器不受到损害是十分重要的。

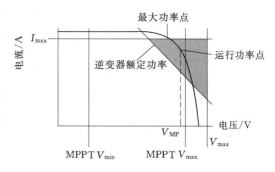

图 12.21　超配列阵的 I-V 曲线

> ● 知识点
>
> 　　阵列额定功率与逆变器额定功率之比用来表示系统阵列超配的数量。例如，3kW 的逆变器和 6kWp 的阵列的超配比例为 2(6/3)。

当逆变器的电压和额定功率不允许多种配置或造成无法充分利用逆变器容量时，阵列可超配。记住，如果要确保列阵始终不超过逆变器的运行电压范围，列阵超配前必须进行综合的系统设计。

> ● 要点
>
> 　　阵列的 V_{OC} 不得超过逆变器的电流和电压输入额定值，否则可能会损坏逆变器。一些逆变器在运行电流超过其规定范围时可保护自身不受损坏，但在开路电压超过规定范围时，所有逆变器都会损坏。

● 实例

电压匹配计算显示，在给定逆变器 MPPT 电压范围内，组串中可串联 9～12 个组件。功率匹配计算显示，列阵中最多可使用 17 个组件。

（1）阵列不超配时，对照表 12.2 进行思考。

表 12.2 组 件 配 置

配 置	组件总数量/个	是否符合电压范围规定	是否符合额定功率规定
12 个，1 串	12	是	是
13～17 个，1 串	13～17	否	是
8 个，1 串	16	否	是
9 个，2 串	18	是	否

因此，唯一对应的配置为将 12 个组件串联成 1 串。逆变器按功率可连接 17 个组件，但只连接了 12 个组件，因此无法充分利用逆变器的功率。

（2）列阵超配。电压必须始终处在规定电压范围内。从上表可知，每串 9 个组件，共 2 个组串并联符合电压要求但不符合额定功率的要求。通过计算可知，这个配置的运行功率会超过额定功率。

由于云层遮挡等诸多原因，大多数时候光伏列阵生产的功率小于逆变器能承受的最大功率值。如果光伏列阵生产的功率超过逆变器能承受的功率值（比如在一个凉爽的晴天），逆变器会通过控制偏离光伏列阵最大功率点来限制输出功率。这将使光伏阵列在特定时间里降低运行功率，但总发电量增加。

● 注意

如果阵列的额定功率明显小于逆变器的额定功率，逆变器的效能无法最优化发挥。

● 澳大利亚指南

现行 CEC 设计指南规定，与阵列有关的逆变器功率不得小于其配置阵列容量的 75%。也就是说列阵超配后的容量不应大于逆变器交流功率的 133%。

阵列超配会引起系统总体输出功率的增加。随着光伏组件成本的降低，在有利发电条件下，即使阵列输出被"削顶"，增加组件数量也是经济可行的。考虑到逆变器经常以最大功率运行，购买方应向逆变器生产商进行咨询，确保超配列阵与逆变器的组合不会造成逆变器使用寿命的缩短。

在设计列阵超配前，应联系逆变器生产商，确认其设备适用于该工况且不会影响到逆变器的保修期及产品的使用寿命。对此，生产商应以书面形式将其建议传达给购买方。

12.7　多 MPPT 多路输入逆变器

很多逆变器都有多路输入，可连接多个光伏组串。其中一些逆变器将多路输入在内部连接到同一路 MPPT 回路上，还有一些逆变器则将多路输入连接到不同的 MPPT 回路上。用户需了解其使用的多路输入逆变器属哪种类型，以确保阵列配置的正确性。

每路输入和每路 MPPT 的额定电流和额定电压应作为列阵和逆变器匹配计算的基础。

（1）每路输入都有最大额定电流（常受连接器的额定电流限制）。很多市面上的单路输入逆变器和多路输入逆变器都有接头连接，每个接插头的额定电流可能限制在 20A 或 25A 内。如果需要用到更高的组串电流（在逆变器总额定电流的规定范围内），可使用多个接插头进行连接。如果条件允许，也可使用逆变器的终端接线模块进行连接，将光伏阵列通过硬接线方式连接至逆变器。

（2）每路 MPPT 都有最大额定电流限制，这会限制可连接到每路 MPPT 上的组串数量。

（3）每路 MPPT 都有工作电压范围限制，这会限制连接到每路 MPPT 上的组串中组件的数量。

（4）每路 MPPT 都有额定输入功率限制，这会限制连接到每路 MPPT 上的总组件数量。

完成每路 MPPT 的计算后，就可以决定列阵配置的情况了。

● **知识点**

连接到一路 MPPT 上的多个组串应具有相同安装容量和朝向，也就是相同数量的串联组件。但是，逆变器中不同路 MPPT 可连接不同规模的组串和（或）具有不同的安装朝向。

● **要点**

如果使用了多路阵列电缆，每路阵列电缆都应使用相应的隔离开关进行保护。

● **实例**

一逆变器有两路 MPPT，每路 MPPT 有两路输入，两路 MPPT 的额定电流和额定电压相同。

阵列及逆变器匹配的计算已完成并给出以下的参数（表 12.3）：阵列中组件的最大数量为 23，每个组串的组件最小数量为 6，每个组串的组件最大数量为 9，连接到每一路 MPPT 的组串最大数量为 2。

表 12.3　　　　　　　　　　　　　　MPPT 输入

MPPT1/个		MPPT2/个		总组件数量/个
输入 1	输入 2	输入 1	输入 2	
7	7	9	N/A	23
8	8	7	N/A	23

基于给定参数可知，有两种配置方法可安装最大数量的组件。

注：同一路 MPPT 的每个组串的组件数量应相等，但各自独立的 MPPT 回路连接的组串数量可以不同。

12.8　完整案例

图 12.22 为阵列和逆变器匹配的详细计算步骤。

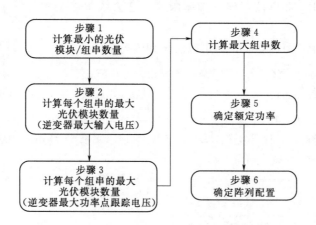

图 12.22　阵列和逆变器匹配的详细计算步骤

● 要点

没有给出 V_{MP} 温度系数时，可用 P_{MP} 的温度系数代替。见本章末的扩展材料部分。

下例通过完整的计算过程完成了阵列和逆变器匹配。

实例

所推荐采用的太阳能组件为天合光能 265W 单晶组件（TSM－DC05A）（表 12.4），逆变器为福尼斯 IG60 型逆变器（表 12.5）。需确定合适的阵列配置。

在表 12.4 中给出了光伏组件和逆变器的电气特性。采用的最大有效组件温度为 75℃，最小组件温度为 0℃。假定 V_{MP} 电压下降为 2%。

表 12.4　　　天合光能 265W 单晶体组件（TSM－DC05A）参数

开路电压 V_{OC}	38.5V
最大功率电压 V_{MP}	30.6V
短路电流 I_{SC}	9.2A
最大功率电流 I_{MP}	8.66A
标准测试条件下的最大功率 P_{max}	265W
工作温度	$-40℃\sim+85℃$
最高系统电压	1000VDC
最大串联保险丝额定值	15A
组件效率	16.2%
功率误差	0/+3W
最大功率温度系数	$-0.41\%/℃$
开路电压温度系数	$-0.32\%/℃$
短路电流温度系数	$0.05\%/℃$

表 12.5　　　　　　　　　福尼斯 IG60 型逆变器参数

输入数据	MPP 电压范围	150~400V
	最大输入电压（在 $1000W/m^2$、$-10℃$ 情况下）	500V
	建议最大光伏输出	6700Wp
	最大输入电流	35.8A
输出数据	额定输出	4600W
	最大功率输出	5000W
	最大效率	94.3%

1. 步骤一：计算每个组串中的最小组件数量

为了计算每个组串中光伏组件的最小数量，V_{MP} 需要根据预期最高组件温度进行校正。

数据表没有给出 V_{MP} 的温度系数，所以可以使用 P_{MP}（P_{max}）的温度系数（12.3.1）。

计算方法如下：

(1) 最小组件电压。

1) 计算组件温度与标准测试条件温度之间的差值

$$75℃-25℃=50℃$$

2) 将电压温度系数转换为 V/℃

$$-0.32\%/℃×38.5V=-0.123V/℃$$

3) 用 V_{MP} 的温度系数乘以与温度的差值（单位为 V/℃）

$$50℃×(-0.123)V/℃=-6.15V$$

4) 加上校正后的 V_{MP}

$$30.6V+(-6.15)=24.45V$$

5) 乘以 0.98 以考虑 2% 的电压下降

$$24.45V×0.98=23.96V$$

(2) 最小 MPPT 电压阈值。逆变器最小电压乘以 1.1（10% 的安全裕度）

$$150V×11=165V$$

(3) 确定最小组件数量。逆变器电压除以组件电压

$$165V÷23.96V=6.88 个$$

向上取整为 7 个模块。

使用 12.3.2 节给出的数学公式同样也可以算出最小组件数量，即

$$V_{MP(X℃)}=V_{MP(STC)}+[\gamma_V(T_{X℃}-T_{STC})]$$

$$V_{MP(75℃)}=30.6+[-0.123V/℃×(75-25)]$$

$$V_{MP(75℃)}=30.6+[-0.123V/℃×(50)]$$

$$=30.6+(-6.15)$$

$$=24.45V$$

考虑到电压会下降 2%，进入逆变器的最低有效电压为

$$0.98×24.35V=23.96V$$

逆变器 MPPT 最小电压值为 150V，考虑到要有 10% 的安全裕度，阵列产生的最低电压应为

$$150V×1.1=165V$$

因此，每个组串所需的最小的组件数量为

$$165V÷23.96V=6.88（向上取整为 7 个组件）$$

2. 步骤二：计算每个组串中光伏组件的最大数量（满足逆变器最大输入电压）

为了计算每个组串中光伏组件的最大数量，V_{OC} 需要根据预期最低组件温度进行校正。计算公式如下：

(1) 最低组件电压。

1) 计算组件温度与标准测试条件温度之间的差值，得

$$0℃-25℃=-25℃$$

2) 将电压温度系数转换为 V/℃，得

$$-0.32\%/℃×38.5V=-0.123V/℃$$

3）用 V_{OC} 温度系数乘以与温度的差值（V/℃）得

$$-25℃×(-0.123)V/℃=3.08V$$

4）将该值与 V_{OC} 相加（因为组件温度低于25℃）得

$$38.5V+3.08V=41.58V$$

由于是开路，所以不考虑电压下降。

（2）最大输入电压阈值。逆变器最大电压乘以0.95，以便留出5%的安全裕度，得

$$500V×0.95=475V$$

（3）确定最大的组件数量。逆变器最大电压除以组件最大电压得

$$475V÷41.58V=11.4 个$$

向下取整数得11个组件。

使用12.3.3节给出的数学公式同样也可以算出最大的组件数量。

$$V_{OC(x℃)}=V_{OC(STC)}+[\gamma_V(T_{x℃}-T_{STC})]$$
$$V_{OC(0℃)}=38.5+[-0.123V/℃×(0-25)]$$
$$=38.5+[-0.123V/℃×(-25)]$$
$$=38.5+3.08=41.58V$$

由于该值是在开路情况下得出，所以整个电缆回路中不会出现电压下降。逆变器最大输入电压为500V，考虑到5%的安全裕度，阵列产生的最大电压应为

$$500V×0.95=475V$$

因此，基于开路电压得出的最大组件数量为

$$475V÷41.58V=11.4(向下取整数为11个组件)$$

3. 步骤三：计算每个组串中光伏组件的最大数量（满足逆变器最大功率点追踪的最大电压）

为了计算满足逆变器 MPPT 电压时每个组串中光伏组件的最大数量，V_{MP} 需要根据预期最低组件温度进行校正。对本步骤不做硬性要求，但建议使用。计算公式如下：

（1）最低组件电压。

1）计算组件温度与标准测试条件温度之间的差值，得

$$0℃-25℃=-25℃$$

2）将 P_{MP} 温度系数转化为 V/℃，得

$$-0.41\%/℃×30.6V=-0.125V/℃$$

3）用 V_{MP} 温度系数乘以与温度的差值（V/℃）得

$$-25℃×(-0.125)V/℃=3.125V$$

4）将该值与 V_{MP} 相加（因为组件温度低于25℃）得

$$30.6V+3.125V=33.725V$$

得到最低电压（如在清晨不会出现明显电压下降）为33.725V。

（2）最大 MPPT 电压阈值。最大 MPPT 电压乘以 0.95，以留出 5% 的安全裕度得

$$400V \times 0.95 = 380V$$

（3）确定最大的组件数量。用最大 MPPT 电压除以组件最大电压得

$$380V \div 33.725V = 11.3 个$$

向下取整数为 11 个组件。

4. 步骤四：计算最大组串数

逆变器最大直流输入电流为 35.8A，组件短路电流为 9.2A。使用一个简单的不用根据温度校正 I_{sc} 的计算公式

$$35.8A \div 9.2A = 3.9 串$$

向下取整数为 3 串，可允许的组串数量通过向下取整得到，从 3.9 向下取整到 3 表明温度修正对计算结果没有影响。为了例证说明，详细的计算如下：

温度系数 $I_{sc} = 0.05\%/℃$，转换为 A/℃ 得

$$\frac{0.05\%}{100} \times 9.2A = 0.0005 \times 9.2A = 0.0046A/℃$$

在 75℃ 的条件下，（比标准测试条件温度高出 50℃）就等于

$$50℃ \times 0.0046A/℃ = 0.23A$$

差异很小，对短路电流的影响也是最小的，并联组串的最大数量为

$$\frac{35.8A}{9.2 + 0.23} = 3.79 个$$

向下取整数得到 3 串。

5. 步骤五：计算阵列中光伏组件的最大数量

利用逆变器的额定输入功率除以组件的额定输出功率计算出阵列中组件的最大数量为

$$\frac{6700W}{265W} = 25.3 个$$

向下取整数得出阵列中组件的最大数量为 25。

6. 步骤六：确定阵列配置

目前计算出来的参数为：阵列中组件的最大数量为 25，每个组串中组件的最小数量为 7，每个组串中组件的最大数量为 11，最大组串数为 3。

一些可能的阵列配置见表 12.6。

表 12.6　　　　　　　　　阵　列　配　置

组串编号	每个组串中组件数量/个	总组件数量/个	阵列功率/Wp
1	11	11	862
2	11	22	5830
3	8	24	6360

输出最高的阵列配置为 3 个组串，每串 8 个组件，输出功率为 6360W。

12.9　扩展材料：使用 P_{MP} 温度系数替代 V_{MP} 温度系数

组件参数表中给出的 V_{MP} 数据是在标准测试条件下得到的，进行阵列和逆变器匹配时需要根据预期最高和最低温度进行修正（12.3 节）。然而，组件制造商可能并未给出 V_{MP} 的温度系数。在这种情况下，有两种选择：

（1）使用 V_{OC} 温度系数。

（2）使用 P_{MP} 温度系数。

使用 V_{OC} 温度系数是最为简便的一种方法，且能进行合理估算。然而，更为准确的一种方法是将 P_{MP} 温度系数转换为 V_{MP} 温度系数。

可以使用 P_{MP} 温度系数是因为组件的 I_{MP} 随温度的变化几乎保持不变。因此，组件 P_{MP} 随温度的变化等于组件 V_{MP} 随温度的变化（根据欧姆定律 $P=IV$）。从 P_{MP} 到 V_{MP} 的计算将因 P_{MP} 是否以 %/℃ 或者 W/℃ 为单位而不同。

> **● 注意**
>
> P_{MP} 的温度系数还可以表述为 P_{max} 的温度系数或者简单地说成功率温度系数。

> **● 实例**
>
> 1. 以 %/℃ 为单位给出 P_{MP} 温度系数
>
> 组件数据表包含以下值：$V_{MP}=46.8V$（STC），V_{OC} 温度系数 $=120mV/℃$，P_{MP} 温度系数 $=0.38\%/℃$。
>
> 组件数据表中未给出 V_{MP} 的电压温度系数。因此，应当使用 P_{MP} 温度系数。在本例中，该数值为 $0.38\%/℃$。
>
> 为确保所使用单位的正确，首先将百分比转换为小数：
> $$0.38\%/℃ \div 100 = 0.0038/℃$$
>
> 用该数值乘以 V_{MP} 得到以 V/℃ 为单位的电压温度系数：
>
> 以 V/℃ 为单位的电压温度系数 $=0.0038/℃ \times 46.8V = 0.178V/℃$
>
> 2. 以 W/℃ 为单位给出 P_{MP} 温度系数，I_{MP} 已给出组件数据表包含以下值：额定功率 $=180Wp$，$V_{MP}=36.4V$（STC），$I_{MP}=4.95A$，P_{MP} 温度系数 $=890mW/℃ = 0.89W/℃$。
>
> 通过将功率温度系数除以 I_{MP} 得到电压温度系数：
> $$0.89W/℃ / 4.95A = 0.18V/℃$$
>
> 因此，V_{MP} 温度系数等于 $0.18V/℃$。
>
> 3. 以 W/℃ 为单位给出 P_{MP} 温度系数，I_{MP} 未给出组件数据表包含以下值：额定功率 $=180Wp$，$V_{MP}=36.4V$（STC），P_{MP} 温度系数 $=890mW/℃ = 0.89W/℃$。

由于没有给出 I_{MP}，P_{MP} 温度系数应转换为额定功率的百分比形式：

$$0.89W/℃/180Wp=0.0049/℃=0.49\%/℃$$

如前所示，V_{MP} 温度系数等于该百分比值：

$$V_{MP} 温度系数 = 0.49\%/℃$$

通过乘以 V_{MP} 将 $0.49\%/℃$ 转换为 $V/℃$：

$$以 V/℃ 为单位的电压温度系数 = 0.0049/℃×36.4V$$
$$= 0.178V/℃$$

12.10　扩展材料：在不同的光照条件下确定 V_{MP}

在之前的样例中是利用 STC 条件下的电压完成计算的。然而，光伏组件的电压将随光照水平的降低而下降（图 12.23）。在辐照度水平 $100\sim1000W/m^2$ 之间测量时，根据光伏组件的质量不同，标准组件的 V_{MP} 值（$V_{MP}\approx36V$）会存在 $4\sim6V$ 的偏差。

如果该组件由高质量的商业晶硅电池组成，且温度保持不变，在不同的辐照条件下，V_{MP}（每个电池）可计算为

$$V_{MP2}=V_{MP-STC}+26\ln\left(\frac{G_2}{G_{STC}}\right)$$

式中　V_{MP2}——G_2 辐照条件下电池的 V_{MP}；

$\quad\quad V_{MP-STC}$——STC 条件下电池的 V_{MP}；

$\quad\quad G_2$——辐照水平，W/m^2；

$\quad\quad G_{STC}$——STC 条件下的辐照水平（$1000W/m^2$）。

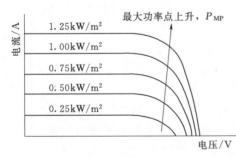

图 12.23　辐照条件对 I-V 曲线的影响

注意：因为组件中的电池数量不同，所以该公式按单个电池给出。用于蓄电池充电的组件通常由 36 个或者 72 个电池组成，然而，专门用于并网发电的光伏系统的组件通常由 60 个或者 72 个电池组成。

重要的是要考虑到较低辐照条件对组件电压的影响，因为这些区域辐照水平低，但温度却较高，如热带地区。因为低辐照条件和高电池温度均能降低组件的电压。因此，为了计算每个组串中组件的最小数量，可能需要计算因温度变化引起的 V_{MP} 减少值（12.3.2 节）以及因辐照条件而引起的 V_{MP} 减少值。

● 注意

在澳大利亚，如果辐照条件仅为 $800W/m^2$，那么电池温度高达 $70℃$ 是不现实的。

习 题

问题 1

在澳大利亚的布里斯班有一个大型零售商店，其阶梯电价逐步上升，其中：每个计费周期（91 天）第一阶梯消耗电量达 3500kW·h 时，电费为 0.19 澳元/(kW·h)；在同一计费周期内，任何超出该阶梯的消耗电量，电费为 0.43 澳元/(kW·h)。

该零售商店每个周期的用电量约为 5540kW·h，它希望通过使用光伏系统将其用电量降低到 3500kW·h 以内，计算该所需系统的规模大小。

利用以下假设条件：七月的平均光照为 $4.72P_{SH}$/天（按照阵列朝北，有 30° 的倾斜角）；系统损耗假设为 25%。

问题 2

列出可以影响逆变器成本的 5 个因素。

问题 3

如果出现下列问题，逆变器会发生什么样的情况：

（1）阵列输出电压超出逆变器的最大输入电压？

（2）阵列的 MPP 点超出逆变器最大功率点跟踪电压范围？

问题 4

假设某光伏组件电气特性如下：

1000W/m² （STC 条件下）	
最大功率	315W
最大功率点电压 V_{MP}	39.8V
最大功率点电流 I_{MP}	7.92A
开路电压 V_{OC}	49.2V
短路电流 I_{SC}	8.50A
效率	14.3%
其他电气特性 功率误差	+5/−3%
最大系统电压	1000V
最大反向电流	15A
串联保险丝额定值	15A
V_{OC} 温度系数	−0.36%/℃
I_{SC} 温度系数	0.061%/℃
最大功率温度系数	−0.46%/℃

（1）将 I_{SC} 温度系数从 %/℃ 转换为 A/℃。

（2）利用以下参数计算工作电压损耗：

1）组件温度为 60℃时的 V_{OC} 温度系数。

2）组件温度为 60℃时的 P_{MP} 温度系数。

3）哪一个更加准确，为什么？

（3）使用的逆变器最大功率点追踪电压范围的最小值为 150V。预期最大电池温度为 70℃，且直流电缆中的电压降假设为 2%，利用 V_{OC} 温度系数计算：

1）当前温度与 STC 条件温度下开路电压之间的差值。

2）以 V/℃为单位的开路电压温度系数。

3）以 V/℃ 为单位的工作电压温度系数，且组件的 V_{MP} 处于 70℃的条件下。

4）应当连接到逆变器的每个组串中组件的最小数量。

（4）如果要另外安装一个光伏系统，使用同样的组件，但是所使用的逆变器最大功率点跟踪电压范围最大值为 500V，最大直流输入电压为 550V。预期最低电池温度为 0℃，利用 V_{OC} 温度系数并计算：

1）当前温度与 STC 条件温度下开路电压之间的差值。

2）以 V/℃为单位的电压温度系数。

3）0℃时组件的 V_{OC} 值。

4）0℃时组件的 V_{MP} 值。

5）应当连接到逆变器的每个组串中组件的最小数量。

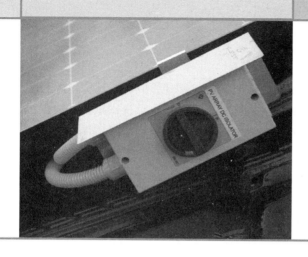

图为正确安装的光伏阵列直流隔离器。

第13章 系 统 保 护

所有电力系统要求，在必要场所和场合下均应安装电路保护装置。在工程实施，如系统消缺，合理设计电路保护将防止电力设备和人员在系统出现故障时受到损害。

13.1节对系统保护进行了概述。系统保护内容包括：

（1）过电流保护。当故障电流达到限值时将触发过电流自动保护动作，断开相关部件。此设备防止系统在短路或过载期间遭受大电流（13.2节）。

（2）开断设备。按要求在突发事件和设备维护期间手动切除或投入光伏系统部件。并网光伏系统的开断设备用于直流回路和交流回路，某些特殊的开断设备在并网光伏系统里是必须采用的（13.3节和13.4节）。

（3）接地。保护用户不触电并防雷击等，因此与其他接地设备作用相同。有必要区分不同的接地类型：等电位连接用于解决安全问题；功能性接地用于改善光伏系统性能（13.5节）。

（4）雷电保护。包括防止直接和间接雷击的接地与浪涌过电流保护（13.6节）。

本章讲解光伏系统设备以及任何人进入该设备所需的保护，包括过电流保护、开断设备、接地和雷电保护的部件需求、规模分级和安装信息。

> ● **澳大利亚标准**
>
> 系统保护设计原则基于 AS/NZS 5033：2014、AS 4777：2005、AS/NZS 3000：2007。

13.1 系统保护概述

为确保光伏系统的安全运行需要有综合设计的保护系统（图 13.1）。当地和国际相关标准、本地服务规则和电网运行人员条例应为光伏系统的整体保护设计提供依据。由于每个光伏系统是唯一的，因此在确定保护设备的规模等级时每项系统设计必须考虑特定的运行环境（比如温度变化）。

● 要点

　　由于不同地区电网服务供应商指南和相关的地方政府服务规则不同，因此要始终熟悉它们。

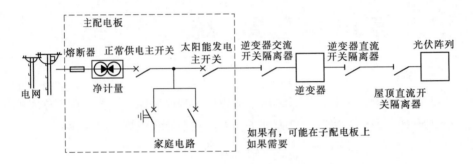

图 13.1　并网光伏系统中过电流保护位置和开断方式原理图

● 知识点

　　国内的并网光伏系统中，一般仅在组串级要求过电流保护或完全不需要过电流保护。

　　阵列开断设备一直是必装的。直流电开断设备称为光伏阵列直流隔离器，交流电开断设备称为光伏阵列总开关。

并网光伏系统必备的系统保护如下：

（1）直流过电流保护。

（2）开断方式，包括：①直流和交流；②负荷断开和空载断开。

（3）接地。

（4）雷电防护。

（5）交流过电流保护（在开关板或配电板处）。

根据光伏系统的规模和结构，过电流保护和开断设备（图 13.2），主要有组串级、子阵列级、阵列级。

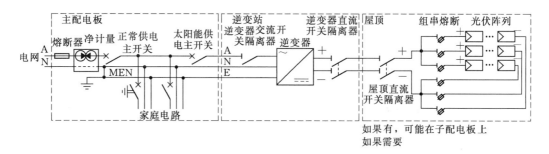

图 13.2　过电流保护位置和开断设备的完整系统原理图例

光伏系统要求的每一项开断功能和过电流保护应能够集成在单一设备中，即一个适当的额定直流断路器（第 9 章）。

> **注意**
>
> 过电流保护也称为故障电流保护。
>
> AS 3000 要求对配电板上所有回路进行交流过电流保护。该过电流保护通常是与光伏阵列总开关合并的断路器。

13.2　直流过电流保护

过电流保护是用于保护电路内部件和电缆在过电流或短路时不受损坏。过电流保护装置的规格由电路元器件能安全承受的最大电流决定。

在组串、子阵列等阵列级别可能需要配置过电流保护。

当设计光伏阵列的直流过电流保护时，所有保护的规格等级要基于阵列的短路电流 I_{sc}，主要出于两个原因：①短路电流是由光伏组件在既定温度和辐射度下产生的最大电流；②阵列能输出的最大电流是阵列里每个组串的短路电流之和。

由于短路电流受到光伏组件温度和太阳辐射度的影响，当设计光伏系统的过电流保护时应考虑这些因素。进行系统保护计算时可通过附加保护裕度系数来解决温度和辐射度对组件短路电流的影响。

13.2.1　组串过电流保护

光伏阵列中每个组串的过电流保护是为了避免阵列中其他组串向某个组串馈入过量电流而导致的风险。与其他组串相比，由于阴影遮挡或接地故障等原因，组串的输出电流减小。若出现此情况，则电流将馈入故障组串，从而导致故障组串的电流超过其安全承受范围（图 13.3）。

光伏组件是电流限制型，因此光伏组串不需要采取防止同一个组串内组件故障电流的措施。

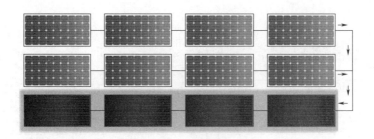

图 13.3 避免反向电流流入故障组串或者避免阴影遮挡组
串受其他组串影响的组串过电流保护

许多制造商都指定各组件的最大串联保险丝额定值，也称为反向电流额定值（$I_{\text{MOD REVERSE}}$）或组件最大过电流保护额定值（$I_{\text{MOD MAX OCPR}}$）。这些并不是说组件里要真的安装保险丝，而是表明组件能承受的最大电流值。对大多数组件来说，最大电流值在 10～20A 之间。若组串总数 n 减去 1 后产生的电流 $[(n-1)\times$ 最大电流$]$ 比组件额定电流值大，则有单个组串损坏的风险，因此需要过电流保护。

1. 组串过电流保护要求

要决定是否需要过电流保护，必须了解阵列的短路电流和组件的反向电流额定值（由制造商给出）。只要存在阵列总短路电流值（不包括故障组串）大于现有组串中组件的反向电流额定值的情况，就需要设置过电流保护。

即若 $I_{\text{SC}}\times$（组串数量-1）≥组件反向额定电流，则需要组串过电流保护。

当阵列潜在故障电流（如短路电流）小于组件的反向电流额定值时，除非由组件制造商规定，否则不需要过电流保护。确保所选用贯穿阵列的电缆选型合适，能承受特定系统内出现的最大故障电流即可。

> ● 澳大利亚标准
>
> 了解更多有关过电流保护要求与分级信息，查阅 AS/NZS 5033：2014 第 3 章。

2. 无过电流保护情况下计算允许的最大并联组串数

确定组串过电流保护的方法是在不要求组串过电流保护的情况下计算允许的最大并联组串数 n_P。

> ● 注意
>
> n_P 表示未要求配置组串过电流保护时能够并联的光伏组串数量。

为了确定不考虑组串过电流保护情况下允许的最大并联组串数，必要时可用组件反向电流额定值 $I_{\text{MOD REVERSE}}$ 除以组件短路电流值 $I_{\text{SC MOD}}$，并向上取整得到，即

$$n_P = \frac{I_{\text{MOD REVERSE}}}{I_{\text{SC MOD}}}（向上取整）$$

若组件的反向电流额定值（或最大串联保险丝额定值）未知，则 $n_P = 1$。即不考虑组串数量，应将组串过电流保护安装在阵列上。

> ● 要点
>
> 若在故障期间其他组串提供的总电流超过组件反向电流额定值时，则需要配置组串过电流保护。

> ● 注意
>
> 对于具有多个组串的系统而言，对每个过电流保护装置进行组串分组是可行的。
>
> 适用于当 $I_{\text{MOD REVERSE}} > 5 I_{\text{SC}}$ 时。
>
> 了解更多信息，查阅 AS/NZS 5033：2014。

插图样例展示需要和不需要过电流保护的情况如图 13.4 所示。

故障组件产生零序电流。由于没有过电流保护，且故障组件所在回路电阻最小，剩余组串的合并电流将自由流过故障组件而非逆变器。当且仅当其他组串的合并短路电流超过 $I_{\text{MOD REVERSE}}$ 时，需要过电流保护。

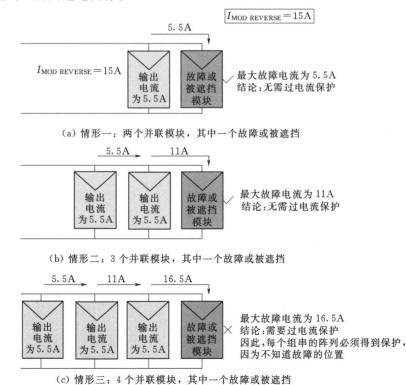

图 13.4　插图样例展示需要和不需要过电流保护的情况

● 知识点

在规模较大的系统中，各组串可包含多达 20 个串联组件，采取恰当的组串过电流保护能确保价值数千美元的投资安全。

3. 组串过电流保护定值确定

除非组件制造商有特别说明，否则光伏组串过电流保护的额定跳闸电流（I_{TRIP}）公式为

$$\begin{cases} 1.5 I_{\text{SC MOD}} < I_{\text{TRIP}} < 2.4 I_{\text{SC MOD}} \\ I_{\text{TRIP}} \leqslant I_{\text{MOD REVERSE}} \end{cases}$$

式中　$I_{\text{SC MOD}}$——组件短路电流；

　　　I_{TRIP}——过电流保护装置额定跳闸电流；

　$I_{\text{MOD REVERSE}}$——组件最大熔断电流。

熔断器或断路器可用于组串过电流保护。任何用于光伏系统的熔断器应按直流额定值考虑。当断路器满足以下条件时可用于组串过电流保护：

（1）直流额定电压不小于光伏阵列最高电压。

（2）双向的（无极性的）。

（3）经计算在电流额定值范围内。

（4）符合相应的标准与所有其他规范。

4. 组串过电流保护安装。

所有间接接地的载流（带电）导体应安装组串过电流保护装置（图 13.5）。

在导体直接接地（直接功能性接地）的情况下，过电流保护装置只需要安装在非直接接地的载流导体上（图 13.6）。了解更多直接功能性接地，请查阅 13.5.2 节。

过电流保护设备必须安装在组串并联至子阵列阵列电缆的位置，原因是组串电缆必须从该点开始

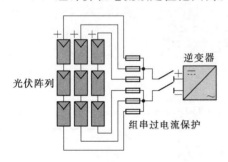

图 13.5　导体间接接地时组件过电流保护装置

得到保护。过电流保护一般安装在组件汇流箱内（图 13.7）。

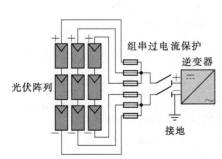

图 13.6　导体直接接地时组串过电流保护装置

图 13.7　具有单一组串熔断保护的组串汇流箱与 MC4 连接器样例

● 实例

1. 例 1

表 13.1 例 1 的组件数据表

组件参数	数 据	组件参数	数 据
I_{SC}	5.5A	V_{MP}	35.4V
V_{OC}	44.5V	P_{MP}	175W
I_{MP}	4.95A	$I_{MOD\ REVERSE}$	20A

是否需要组串过电流保护？

$$I_{SC} \times (组串数 - 1) = 5.5 \times (3 - 1) = 11$$
$$I_{MOD\ REVERSE}(20A)$$

因此，组串过电流保护不是必需的（但仍然需要配置一种开断方式）。

2. 例 2

表 13.2 例 2 的组件数据表

组件参数	数 据	组件参数	数 据
I_{SC}	5.1A	V_{MP}	35.2V
V_{OC}	44.2V	P_{MP}	165W
I_{MP}	4.7A	$I_{MOD\ REVERSE}$	20A

是否需要组串过电流保护？

$$I_{SC} \times (组串数 - 1) = 5.1 \times (5 - 1) = 20.4$$
$$(向上取整是 21) \geqslant I_{MOD\ REVERSE}(20A)$$

因此，组串保护是必需的（仍然需要配置一种开断方式）。

组串过电流保护值

故障电流保护装置的额定动作电流必须在 $1.5I_{SC\ MOD} \sim 2.4I_{SC\ MOD}$ 之间，即

$$1.5 \times 5.1 = 7.65A, 2.4 \times 5.1 = 10.2A$$

因此，电流为 10A 的装置就足够了。

13.2.2 子阵列过电流保护

一个阵列可能会由于不同的原因被分解成多个子阵列。例如，阵列的两个部分安装在不同区域。对子阵列过电流保护的要求在逻辑上与组串过电流保护相似（阴影或者接地故障），不同子阵列的运行也不相同。子阵列保护是为了阻止过量电流流入子阵列内。

1. 子阵列过电流保护要求

子阵列由多个组串构成，子阵列过电流保护是对子阵列进行防护。当符合以下任何一个条件时，则必须采取子阵列过电流保护：① $1.25I_{SC\ ARRAY} >$ 子阵列电缆、开关以及连接

设备的最大允许电流（CCC）；②阵列内有 2 个以上子阵列。

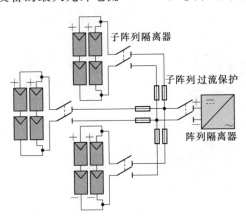

图 13.8　子阵列过电流保护安装在所有间接接地的载流导体上

接地，请查阅 13.5.2 章。

2. 子阵列过电流保护大小

若系统需要子阵列过电流保护，那么过电流保护装置的标称额定电流应满足如下要求

$$1.25I_{\text{SC SUB-ARRAY}} \leqslant I_{\text{TRIP}} \leqslant 2.4I_{\text{SC SUB-ARRAY}}$$

式中　$I_{\text{SC SUB-ARRAY}}$——子阵列短路电流；

I_{TRIP}——故障电流保护装置的额定跳闸电流。

3. 子阵列过电流保护的安装

应在间接接地的全部载流导体上安装子阵列过电流保护装置（图 13.8）。

在导体直接接地（直接功能性接地）的情况下，过电流保护装置只能安装在间接接地的载流导体上（图 13.6）。了解更多直接功能性

> **注意**
>
> 对有多个子阵列的系统安装子阵列过电流保护是一种很好的措施，因为故障电流可能比子阵列电缆的最大允许电流（CCC）更大。

过电流保护装置必须安装在子阵列并联至阵列电缆的位置，这是因为子阵列电缆应从该点开始得到保护。这些保护装置普遍安装在阵列汇流箱内。

13.2.3　阵列过电流保护

阵列过电流保护用于保护整个光伏阵列不受外部故障电流损害。国内的并网光伏系统一般不需要阵列过电流保护，这是因为仅在光伏阵列所连接的系统中存在外部电流源时才需要阵列保护。

1. 阵列过电流保护要求

阵列过电流保护具有限制性，只有当存在另一种电流源与阵列连接并有可能导致故障损坏光伏阵列的情况下安装阵列过电流保护。这种电流源包括如蓄电池组或者发电机组。

2. 阵列过电流保护大小

如果需要阵列过电流保护，那么阵列过电流保护装置的额定电流应满足如下要求

$$1.25I_{\text{SC ARRAY}} \leqslant I_{\text{TRIP}} \leqslant 2.4I_{\text{SC ARRAY}}$$

式中　$I_{\text{SC ARRAY}}$——阵列短路电流；

I_{TRIP}——过电流保护装置的额定跳闸电流。

3. 阵列过电流保护的安装

阵列过电流保护要安装在阵列电缆与逆变器连接处的所有间接接地的阵列载流电缆上（图 13.9）。

13.2.4　配备多路输入的逆变器过电流保护

配备多路输入的逆变器其过电流保护也可能不同。了解逆变器是否配备多路输入且共用同一路最大功率点跟踪或者每一路输入连接各自独立的最大功率点跟踪是十分重要的。

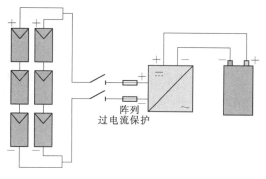

图 13.9　阵列过电流保护装置

对于过电流保护设计而言，每一路最大功率点跟踪应被当作独立的阵列。因此要通过计算确定共用 MPPT 的每一路输入的过电流保护。

● 实例

1. 3 个组串连接至逆变器

并网光伏系统有 3 个组串连接至逆变器，逆变器配有三路输入。逆变器内部每个组串连接至各自的最大功率点跟踪回路（这就是说，有三路最大功率点跟踪）。那么此系统有哪些过电流保护要求？

（1）组串过电流保护。因为不存在从其他组串馈入电流的风险，所以每个组串中不需要组串过电流保护。

（2）阵列过电流保护。因为没有外部能量源，所以每一组串不需要阵列过电流保护。

2. 6 个组串连接至逆变器

并网光伏系统有 6 个组串连接至逆变器。逆变器配有两路输入，因此每路最大功率点跟踪连接 3 个组串。这就形成了 2 个由 3 个组串构成的子阵列。那么此系统有哪些过电流保护要求？

（1）组串过电流保护。因为在每个子阵列里可能出现从其他组串馈入电流的情况，所以应当各自计算 3 个组串的过电流保护值。

（2）子阵列过电流保护。因为不存在从其他子阵列馈入电流的风险，所以每一个子阵列不需要子阵列过电流保护。

（3）阵列过电流保护。因为没有外部能量源，所以不需要阵列过电流保护。

一些有多路输入的逆变器需为每路输入提供过电流保护。应该评估此时的过电流保护是否满足要求。除了制造商另有规定外，应假定连接至同一路最大功率点跟踪的多个组串在逆变器内并行连接。

13.3　直流开断装置

开断装置可使系统的一部分实现电气隔离。直流电开断装置可以分为两大类：

（1）负荷断路器，可在载流情况下断开；这些设备称为断路器，不过为了标签简洁使用了术语隔离器。

（2）非负荷断路器，只有当无电流通过时才能断开。

在并网光伏系统的组串、子阵列等阵列级别上均可使用开断装置。对于所有等级的开断装置，无论是闭合还是断开状态，都不能有带电部分暴露在外。开断装置也必须满足适当标准和指南的相关要求。

> **● 澳大利亚标准**
>
> AS/NZS 5033：2014 第 1.4.74 条规定了负荷开关的定义，第 4.3.5 条包含了直流开断装置的要求。
>
> AS/NZS 3000：2007 说明了负荷断路器应锁定在断开状态。

开断装置可以以直流断路器的形式与过电流保护相结合。如果采取这种方式，则必须选择一个合适的断路器。根据最新标准，断路器必须是非极化的。在每个组串上安装一个非极化的断路器（或者其他适合的易于操作的设备）更易于维护和故障查询。

13.3.1　组串开断装置

组串开断装置可使光伏阵列中的每一个组串与其他组串以及光伏系统的剩余部分实现电气隔离。

1. 组串开断装置的要求

对低压（120~1500V 直流电）和超低压（<120V 直流电）系统，建议在组串内采用非负荷断路器。

2. 组串开断装置的规格

组串断开装置容量应满足以下要求：

（1）不能超过光伏阵列最大额定电压。

（2）电流额定值不小于组串过电流保护设定值。如果组串未设置过电流保护，则开断装置应满足组串电缆的 CCC 最小额定值。

3. 组串开断装置的安装

非负荷隔离开关通常由组件制造商以插头插座连接器的形式提供。当断路器用作过电流保护和开断装置时，应安装在组串汇流箱中。

> **● 要点**
>
> 开断装置在故障情况下不断开开关。
>
> 断路器可以用于提供过电流保护与开断，因此在故障期间断开。
>
> 如果使用单独的过电流保护装置，则该装置必须满足同样的额定电流值要求，否则可能会被过电流损坏。

13.3.2　子阵列开断装置

子阵列开断装置使光伏阵列的每一个子阵列都可以与其他子阵列以及光伏系统剩余部分实现电气隔离。

1. 子阵列开断装置的要求

对于低压和超低压系统，每一个子阵列都要求有用于隔离的开断装置。该开断装置可以不是负荷断路器。带有子阵列的系统通常很大，负荷断路器作为开断装置对于大容量低压系统来说会更加安全。是否选择负荷断路器作为开断装置，应考虑是否有非极化和能同时隔离所有带电导体的要求。

2. 子阵列开断装置的规格

子阵列断开装置的规格要求如下：

（1）不超过光伏阵列最大电压。

（2）额定电流值不小于子阵列过电流保护设定值。如果子阵列未设置过电流保护装置，则开断装置应满足子阵列电缆的 CCC 最小额定值。

3. 子阵列开断装置的安装

组件的插头插座连接器可用作子阵列的非负荷开断装置。当断路器用作过电流保护和开断装置时，应安装于组串汇流箱中。

13.3.3　阵列直流开断装置

在逆变器的直流侧安装断开光伏阵列的负荷断路器对于并网光伏系统非常重要。这里可能需要两个直流负荷断路器，一个安装在阵列侧，一个安装在逆变器侧（见下文中"阵列直流断路器的安装"）。

1. 光伏阵列直流负荷断路器的要求

对所有光伏系统来说，阵列直流隔离器必须为负荷断路器隔离开关并且可锁定在断开位置。负荷断路器必须为非极化的并且可以在负荷条件下同时断开正负极带电导体。

非极化的回路断路器可以用作负荷开断装置。

如果使用微型逆变器，则可不要求使用阵列负荷开关。在选择负荷开关时应参考相关标准。

● 澳大利亚标准

AS/NZS 5033：2014 第 4.2 条说明了光伏阵列最大电压计算如下：

$$光伏阵列最大电压 = V_{OC} + \gamma V_{OC}\ (T_{MIN} - T_{STC})\ M$$

式中　V_{OC}——组件开路电流；

γV_{OC}——组件 V_{OC} 温度系数，V/℃；

T_{MIN}——最低电池温度；

T_{STC}——STC 条件下电池温度（25℃）；

M——阵列中组件的数量。

2. 阵列直流负荷开关规格选择

光伏阵列开断装置必须满足光伏阵列最大电压和阵列预期最大故障电流。额定电流不得低于光伏阵列过电流保护设备电流额定值。如果未设置光伏阵列过电流保护装置，那么负荷开关的额定电流应不小于 $1.25I_{SC阵列}$。

光伏阵列直流负荷开关的额定电压值取决于光伏阵列的拓扑结构，如是否有功能性接地以及逆变器是隔离型或非隔离型（无变压器），见表 13.3。

表 13.3　　　　　　　　　　　　　光伏阵列的拓扑结构

接地配置	逆变器型号	每一极（导体）的最小额定电压
仅配置等电位接地	隔离型逆变器	每一极电压额定值＝0.5×光伏阵列最大电压值
配置功能性接地	隔离型逆变器	每一极电压额定值＝光伏阵列最大电压
仅配置等电位接地	非隔离型逆变器（无变压器的）	每一极电压额定值＝光伏阵列最大电压值
配置功能性接地	非隔离型逆变器（无变压器的）	不允许此配置

限定负荷开关满足以上要求将确保当故障发生时，负荷开关将能够使阵列与故障电压、电流隔离。

"每一极额定值"和"每一段额定值"指每一个导体开关的额定值，不考虑开断装置中"极点"的数量。正如 9.2 节中所述，在一个 2 极串接连线配置中的 4 极装置中仅有两个导体的情况着实令人困惑。因此"每一极额定值"表示两个装置极点的额定值。开断装置的每一极电流和电压额定值可以通过开断装置多级串并联进行调整。开断装置的额定值应该包含在制造商的参数规格表中。

● 实例

1. 例 1

一个阵列由 12 个组件构成，设置为两个组串各包含 6 个组件，$V_{OC}=39.2V$，$\gamma_{voc}=-0.33\%/C$，$I_{sc}=7.4A$。计算此光伏阵列的最大电压，已知当地的预期最低温度为 5℃。

利用 12.3.3 节中给出的方程式可以计算组件最高电压为

$$V_{OC(5℃)}=V_{OC(STC)}+[\gamma_V(T_{5℃}-T_{STC})]$$
$$=39.2+[(-0.0033V\times39.2)\times(5-25)]$$
$$V_{OC(5℃)}=41.7872(V)$$

由于每一组串中有 6 个组件，并联组串的电压相同，因此总的系统电压为

$$V_{阵列最大电压}=41.7872V\times6=250.7V$$

2. 例 2

一个 4 极直流开断装置，其连接如图 13.10 所示。

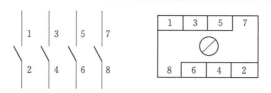

图 13.10　中极直流开断装置连接图

其额定参数见表 13.4。

表 13.4　　　　　　　　　　　　开 断 装 置 额 定 装 置

配置	输入数量	600V	700V	800V	900V	1000V
1 极	4	10A	7.5A	5A	4A	2.5A
2 极串联	2	32A	27A	23A	20A	13A
2 极串联＋ 2 极并联	1	50A	27A	23A	20A	13A
4 极串联	1	32A	32A	32A	32A	32A

注意：就 4 极开断装置来说，2 极串联＋2 极并联的配置以及 4 极串联的配置要求每个导体电缆具有独立的开断装置（正极和负极）。为了安全，所有的光伏阵列导体需要同时开断，这些配置在光伏系统中不适用，所以不应予以考虑。

（1）方案 1。光伏系统选用无变压器的逆变器，因此阵列不要求功能性接地。系统最大阵列电压为 750V，阵列短路电流为 15A。无阵列过电流保护，因此开断装置应满足额定为 15A×1.25＝18.75A。其电压额定值应大于 750V，因此在表 13.4 中选择 800V 一列。沿 800V 一列表格行向下看，可以看到 1 极配置无法提

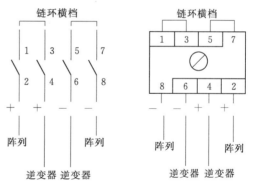

图 13.11　方案一连接示意图

供足够的电流值（仅为 5A，比要求的 18.75A 低）。2 极串联配置在 800V 时，具备 23A 的额定电流，适合用于此阵列（图 13.11）。

（2）方案 2。系统选用带有变压器的逆变器（如隔离型逆变器），并且无功能性接地。有 2 个组串分别连接于 2 个 MPPT 回路上。每 1 个组串都具有 500V 的最大电压，8A 的短路电流。2 个组串都要求有直流开断装置以使阵列可以从逆变器上断开。

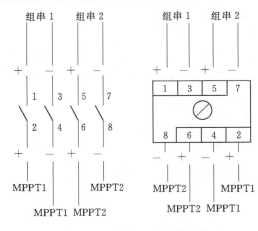

图 13.12　方案二连接示意图

因为采用隔离型逆变器且阵列不接地，所以开断装置的电压额定值应为 0.5 倍阵列最大电压值即 250V。无阵列过电流保护，因此开断装置额定电流应为 8A×1.25＝10A。因为有 2 路 MPPT，所以可以使用 2 个开断装置。

如果要对 2 个组串使用一个 4 极开断装置，1 极配置是 4 个导体仅有的物理上可行的配置。按此配置的开断装置额定值高于所要求的电压和电流额定值。表中的 1 极配置额定电压值为 600V（第一列提供的额定值超过所要求的 250V）时，开断装置具有 10A 的电流额定值；因此，可以使用这一配置（图 13.12）。

如果要使用两个 4 极开断装置，可以使用 1 极配置或 2 极串联配置。

3. 阵列直流开断装置的安装

光伏阵列直流开断装置的安装位置会根据依据标准而不同。一般情况下需要一个接近阵列的开断装置（也可能是微型逆变器），可能还需要一个接近逆变器的开断装置，除非逆变器距离阵列 3m 以内，并且在阵列可视范围内。

● 实例

在澳大利亚，根据 AS/NZS 5033：2014 第 4.4.1.4 条，光伏阵列直流开断装置必须安装在接近光伏阵列的地方。如果逆变器距离阵列超过 3m 或者不在阵列可视范围内，则需要在接近逆变器的位置另外安装一个光伏阵列直流断开装置。

在新西兰，根据 AS/NZS 5033：2014 第 4.4.1.4 条，在满足某些特定条件时光伏阵列直流隔离器无需安装在接近光伏阵列的位置，如在逆变器上安装了光伏阵列直流隔离器。

● 澳大利亚标准

AS/NZS 5033：2014 第 4.4.1.2 条概括了当带有多路输入的逆变器需要移动以进行修理或替换时的要求。

当直流开断装置设计为移除逆变器剩余部分后仍保持可操作时，可将直流开断装置安装在逆变器中（例如，安装在逆变器后部）。否则，应该安装独立的断开装置。

更多关于澳大利亚直流断开装置要求的信息，请查阅 AS/NZS 5033：2014 第 4.4 条。

4. 多输入逆变器的直流开断装置

多输入逆变器在逆变器内将组串连接在一起。这种配置决定了对阵列开断装置的要求，即无外部阵列电缆可用于安装阵列开断装置。因此，光伏阵列直流开断装置必须安装在每一个组串中，不管各组串连接到一路 MPPT 或是分别连接到独立的 MPPT 回路上。

一些多路输入的逆变器带有能立即断开所有组串的直流开断装置。必须注意，这个开断装置应满足所有相关标准和导则的要求。

13.3.4　直流开断装置归纳

表 13.5 中给出过电流保护和开断装置要求的内容归纳。

表 13.5　直 流 开 断 装 置 归 纳

安装位置	保护/断开装置类型	保护/断开装置选择	保护参数选择	参考标准
组串	组串过电流保护装置（13.2.1 节）	保险丝或断路器	当 $I_{SC} \times$（组串数量-1）$\geqslant$组件反向电流额定值时，参数选择应满足：$1.5 I_{SC\ MOD} < I_{TRIP} < 2.4 I_{SC\ MOD}$ 与 $I_{TRIP} \leqslant I_{MOD\ REVERSE}$	AS/NZS 5033：2014 第 3.3.4 条和第 3.3.5.1 条
	组串开断装置（13.3.1 节）	开关或插头插座	（1）可以是非负荷开关。（2）满足光伏阵列最大电压值。（3）电流额定值$\geqslant$组串过电流保护值或者当无组串电流保护时，电流额定值$\geqslant$组串列电缆 CCC。（4）任何时候都不能暴露带电部位	AS/NZS 5033：2014 第 4.3.5.2 条和第 4.4.1.3 条
子阵列	子阵列过电流保护装置（13.2.2 节）	保险丝或断路器	当 $1.25 I_{SC\ ARRAY} >$任何子阵列电缆、开关和连接装置的 CCC 或者阵列中有超过两个子阵列存在时，需配置子阵列过电流保护装置。按如下要求选择保护装置电流参数：$1.25 I_{SC\ SUB\text{-}ARRAY} \leqslant I_{TRIP} \leqslant 2.4 I_{SC\ SUB\text{-}ARRAY}$	AS/NZS 5033：2014 第 3.3.5.2 条
	子阵列开断装置（13.2.2 节）	开关	（1）可以是非负荷开关。（2）建议为低压系统负荷断路器。（3）满足光伏阵列最大电压值。（4）电流额定值$\geqslant$子阵列过电流保护值或者当无子阵列过电流保护时，电流额定值$\geqslant$组串电缆 CCC。（5）任何时候都不能暴露带电部位	AS/NZS 5033：2014 第 4.2、4.3、5.2 和 4.4.1.3 条

续表

安装位置	保护/断开装置类型	保护/断开装置选择	保护参数选择	参考标准
阵列	阵列过电流保护装置（13.2.3节）	保险丝或断路器	当存在另一个电源在故障情况下可能损坏光伏阵列时，需要配置阵列过电流保护装置。按如下要求选择保护装置电流参数 $1.25I_{SC\ SUB-ARRAY} \leqslant I_{TRIP} \leqslant 2.4I_{SC\ SUB-ARRAY}$	AS/NZS 5033：2014 第3.3.5.3条
	阵列开断装置（13.2.3节）	开关	（1）负荷断路器且具备断开位闭锁功能。 （2）非极化。 （3）13.3.3节中概括的电压额定值要求。 （4）电流额定值≥阵列过电流保护值或者当无子阵列过电流保护时，电流额定值≥$1.25I_{SC}$阵列。 （5）任何时候都不能暴露带电部位	AS/NZS 5033：2014 第4.2、4.4.1.3、4.4.1.4和4.4.1.5条

● 澳大利亚标准

AS 4777：2005 和 AS/NZS 3000：2007 中包含了交流开断装置要求。

13.4 交流过电流保护和开断装置

光伏发电系统的主开关就是安全关闭光伏系统的一次交流开断装置。它位于配电板处，具有电路过电流保护功能。如果配电板和逆变器之间互相不在可视范围内，那就需要额外安装一个交流开断装置。

1. 交流开断装置的要求和规格

光伏发电系统主开关是一个交流负荷断路器，具备闭锁功能，安装在配电板或配电屏上。该开关应为满足回路额定参数的断路器，并包含电路过电流保护功能，同样适用于配电板上所有电路。回路断路器可以保护逆变器和逆变器电缆在发生短路或逆变器内部故障时免受故障电流损害。它应满足系统额定参数要求，从而确保在逆变器输出最大电流时不至于过早动作，同时其保护定值还需低于交流电缆的 CCC 额定值。

2. 交流开断装置的安装

光伏发电系统主开关安装于配电板或配电屏上，为光伏系统创建一个专用回路。如果配电板（或配电屏）与逆变器之间互相不在可视范围内（图 13.13），则需要在接近逆变器侧安装一个可闭锁的负荷交流开断装置。需要使用额外的开断装置以确保在对逆变器进行操作时即使有人重新闭合配电板开

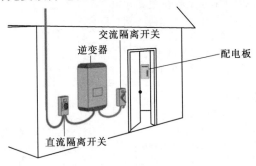

图 13.13 配电板不在逆变器的可视范围内时在接近逆变器侧安装的交流断开装置示意图

关，逆变器依然处于断开状态。

> **● 注意**
>
> 　　熔断器以及主过电流保护器的数量将随着输出太阳能发电总量的增多而相应增多。但是必须遵循电网运营商的要求。

> **● 要点**
>
> 　　当把铜接地线连接到不同的金属上，如铝模块上时，需要考虑使用电偶隔离。

> **● 澳大利亚标准**
>
> 　　AS/NZS 3000：2007 根据载流电缆的规格以及避雷相关要求来确定接地电缆规格。

13.5　系统接地

　　系统接地（图 13.14）用于防止人身遭受电击，确保系统的所有外露导电部分与地面有相同的电压，并将故障电流导向地表（保护接地）。在一些系统中，接地可以提高系统性能，并减轻组件腐蚀度（功能性接地）。

　　如果设计得当，接地处理可以成为防雷系统的一部分，防止光伏系统遭受直接雷击。本部分内容见 13.6 节。

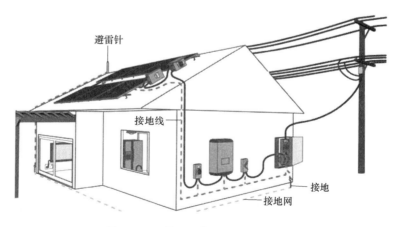

图 13.14　并网光伏系统的接地网络

13.5.1 保护接地

保护接地用于防止光伏系统中外露的导电部分带电，例如组件框架和支架结构。如果人触碰比他所站地面电压更高的导体，可能会遭到电击。

随着时间的推移，组件边框上的电荷会增加，尤其是在逆变器为非隔离型（无变压器）的系统中。在故障状态下或系统的带电部位与组件边框或支架系统有接触时，这部分导体也会成为带电导体。等电位连接法可用于让光伏系统的外露导电部位与地表有相同的电压。

为了在组件边框间建立一个等位连接，可使用支架系统，接地电缆和特殊垫圈（9.2.5 节）以穿透阳极铝组件边框，也可以使用专门的接地凸耳或夹子。此处不应使用自攻螺钉，因为没有不同类金属之间的电偶隔离，将会产生腐蚀作用。

光伏系统接地可能会有一定的防雷效果。13.6 节会有进一步的讨论，但是如果需要防雷保护，那就需要更大的接地电缆。

13.5.2 功能性接地

功能性接地是指大地和并网光伏系统的直流正极或负极连接。在一些系统中需要使用功能性接地以使其正常运行，这与保护性接地不同。功能性接地导体应该是载流导体。AS/NZS 3000 接地电缆规格判断流程如图 13.15 所示。

一些组件需要进行功能性接地以实现其正常工作并达到预期效果。背触式组件需要进行正极接地以达到额定效率。薄膜组件通常需要负极接地以防止内部出现"条形纹"状腐蚀（图 13.16）。

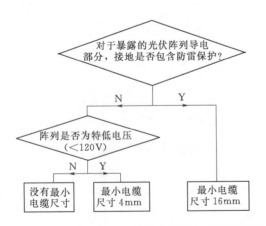

图 13.15 AS/NZS 3000 接地电缆规格判断流程图

图 13.16 "条形纹"状腐蚀
（来源：Osterwald et al. NREL 2003）

功能性接地只有在逆变器具有电气隔离的情况下才能使用，比如带有隔离变压器的逆变器。

功能性接地可通过直接接地或者高电阻接地（首选）来实现。

（1）直接功能性接地。在直接功能性接地中应安装故障断路器（EFI）。EFI 可以中断由系统接地故障导致的故障电流。但直接功能性接地并不是实现功能性接地的首选。

> ● **澳大利亚标准**
>
> 　　AS/NZS 5033：2014 第 3.4.3 条规定，当 EFI 动作时，至少需要灯光或声音信号指示。

（2）高电阻功能性接地。高电阻功能性接地中的大电阻可以在发生接地故障时限制故障电流。所需电阻大小依据当地标准确定（图 13.17）。

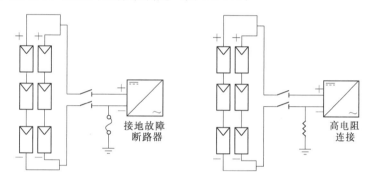

　（a）通过 EFI 直接功能性接地的光伏阵列　　（b）通过高电阻间接功能性接地的光伏阵列

图 13.17　电阻的确定

> ● **澳大利亚标准**
>
> 　　AS/NZS 5033：2014 第 3.4 条和附录 B 中有功能性接地相关要求的额外信息。

功能性接地应通过连接多点接地的中性点与逆变器和阵列直流开断装置之间的一点来实现。附加功能性接地可以确保隔离装置阻断电流，但是若接地点位于阵列和阵列直流开断装置之间的电缆上则会出现相反的情况。

13.6　防雷保护

防雷保护可用于易遭受雷击的光伏系统中。在某些闪电频发的国家，如马来西亚，必须强制实行防雷保护。

光伏系统防雷保护可以使用接地保护和浪涌保护器。

接地保护可以防止外露的导体表面遭受直接雷击，也可以防止附近雷电造成的过电压。

浪涌保护器可以保护导体和电气设备免遭直接或间接的雷击引起的过电压损害。它们可以阻断浪涌或者将其引入大地。浪涌保护器应安装在逆变器的两侧以保护设备不受雷击，避免闪电影响电网供电。逆变器的通信电缆可能也需要浪涌保护器。

防雷保护也包括避雷针（图 13.18）。为通过电缆耦合的闪电引入大地提供了另一条通路，也降低了闪电击中阵列的可能性。避雷针应放在合适的位置，以避免对阵列产生遮挡。

> ● 澳大利亚标准
>
> AS/NZS 1768：2007 有防雷的相关要求。

图 13.18 避雷针

习　题

问题 1

光伏组件反向电流为 16A，短路电流为 5.4A。针对以下阵列配置：①确定是否有必要配置组串过电流保护；②如果需要，确定组串过电流保护装置的规格。

(1) 2 个组串分别包含 9 块组件。

(2) 3 个组串分别包含 20 块组件。

(3) 4 个组串分别包含 12 块组件。

(4) 5 个组串分别包含 5 块组件。

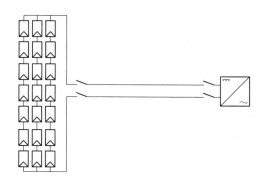

问题 2

光伏组件反向电流为 15A，短路电流为 6.3A。该光伏组件用于一个 4×8 的阵列中。确定是否需要配置组串过电流保护，如果需要，确定组串过电流保护装置的规格。

问题 3

(1) 什么情况下需要配置子阵列过电流保护？

(2) 什么情况下需要配置阵列过电流保护？

(3) 采用何种计算方法来确定子阵列过电流保护保险丝或断路器的规格？

(4) 采用何种计算方法来确定阵列过电流保护保险丝或断路器的规格？

问题 4

无隔离变压器的逆变器能否采用功能性接地？

问题 5

根据下列给出的光伏阵列要求，确定光伏阵列屋顶和地面开断装置每一极（即每一路导体）的电压电流额定值要求：逆变器为无变压器型，$V_{OC} = 44.3V$，$I_{SC} = 8.1A$，$V_{MP} = 37.1V$，$I_{MP} = 6.8A$，$\gamma_{VOC} = -0.30\%/℃$，$\gamma_{VMP} = -0.5\%/℃$，现场最低温度 $= 2℃$，现场最高温度 $= 41℃$。

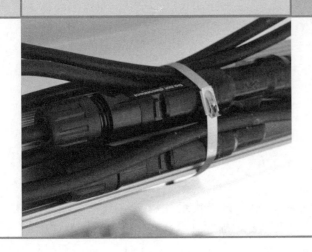

图为已安全安装的光伏系统电缆。

第 14 章　电　缆　设　计

对于并网光伏系统而言，正确的电缆规格和电缆布线安装是确保系统安全、工作寿命和性能所必需的。只有在电缆选择合适的规格并采取恰当的安装方式的情况下，光伏系统才会按照预期性能运行。因此，应对系统的电缆布线进行专门设计和安装，以便使光伏系统具备电气安全性，减小环境老化的危险，达到预期的运行性能。

一个并网光伏系统包含直流电缆和交流电缆。直流电缆将光伏组件连接至逆变器，而交流电缆将逆变器连接至并网点。根据以下准则，对电缆系统的每一个部分进行合理的设计和选型。

（1）预期电流不应超过电缆的安全载流量（CCC）。

（2）应计算电缆内部的电压降（和交流电缆中出现的电压抬升）并且确保其不应过高。任何电压降都等同于等效的功率损失。

（3）电缆敷设设计应使电压降和回路电感效应最小。

这些准则在 14.1 节中有详细介绍，并在 14.2 节中对直流电缆设计和在 14.3 节中对交流电缆设计进行分析解释。

14.1　电缆设计原理

在并网光伏系统中，应对所有电缆进行设计，以便使其能够承载所需要的电流，使计算得出电压降与最高容许电压降一致。另外，电缆敷设也需要精心选择，以便使电压降减小到最低并防止产生回路电感效应。这些原理适用于直流电缆和交流电缆并将在以下章节中详细介绍。

14.1.1　载流量

载流量（CCC）（又称安培容量）指在不破坏导体的情况下能够流经导体的最大电流。

对于预期电流而言，若电缆的载流量不足可能会导致电缆过热等危险现象发生。电缆过热将会导致能量损失，并且可能会导致绝缘熔化、短路乃至火灾的发生。

电缆的载流量受以下因素的影响（图 14.1）：

（1）截面面积（CSA）。导体的截面面积与电缆的载流量成比例关系，导体的截面面积越大，其载流量越大。

（2）绝缘。电缆外部的绝缘层类型都有相应的温度限制，它会减少从电缆上辐射出来的热量从而降低电缆的载流量。电缆的绝缘对于整个系统的安全运行而言非常重要。

（3）安装环境。电缆的安装环境将影响其散热效果。环境因素包括温度、位置（即户外、排管内或者屋顶的热绝缘下）以及组合在一起的电缆数量。电缆敷设时散热效果差会降低电缆的载流量。

（4）电路保护。如果电缆安装过电流保护，那么电缆载流量额定值应至少与过电流保护额定电流值相等。

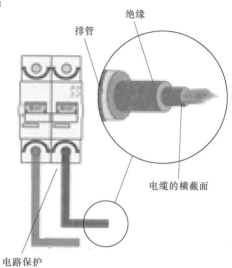

图 14.1　图中显示了电缆截面积、绝缘、外壳和与电路保护的连接

电缆所需要的载流量取决于电缆的用途，即电缆用途决定了电缆必须承载的电源电流。

● 澳大利亚标准

　　最大直流电压降在 AS/NZS 5033：2014　第 2.1.10 条和 CEC 指南中给出。

电缆内部的电压降导致并网光伏系统中的功率损耗。由于电缆存在电阻，电压降总是存在的，但是过大的电压降会导致过多的功率损耗和性能降低。

任何与逆变器相连的交流导体电压均会升高。同为逆变器作为电流源会提高电压。逆变器向电网馈入电流，从而使电网电压升高。考虑电压抬升的简单方式是将其作为负的电压降。

应当对系统电缆进行整体设计，以使其产生的电压降或电压升高达到最小值，同时使其小于相关标准要求的最大允许值。

最大允许直流电压降，即规定在最大电流条件下，阵列内最远的组件和逆变器之间的电压降不应超过 3%。最大允许交流电压升高，即规定在最大电流条件下，逆变器和主配电板之间的电压升高不应超过 1%。

● 澳大利亚标准

　　最大交流电压升高遵循现行 CEC 指南中的要求。
　　澳大利亚各州和地区有关于交流电压升高必须满足的具体要求。

电缆中电压的升高量可以用电缆电阻和流过电缆的电流进行计算。由于电缆电阻与其截面积和长度成比例关系，电压升高是三个参量的函数：①导体截面积（mm^2）；②电缆长度（m）；③电缆中电流（A）。

由于电压升高随着电阻的增加而增大，因此，电缆越细（电缆截面小）、电缆敷设路径越长、电流越大，电压升高越多。因此，电压升高可以通过适当的电缆设计来降低，其中包括减少电缆长度和增加电缆截面积。

> ● 澳大利亚标准
>
> 对于低压系统而言，根据 AS/NZS 5033：2014　第 4.3.6.2 条，建议使用镀锡铜电缆，从而减少电缆的老化。
>
> 参考 AS/NZS 5033：2014　第 4.3.6.1 条和表 4.2 来计算光伏系统中每条直流电缆最低所需 CCC，然后依据电缆生产商给出的规格或者 AS3008.1 中柔性电缆的相关表格要求来确定不同安装方法所需的电缆规格和降额因数。

1. 电阻计算

电缆电阻与导体的电阻率、电缆长度和电缆截面积成比例。其关系可归纳为

$$R = \frac{\rho L}{A}$$

式中　R——电阻，Ω；

ρ——导体电阻率，$\Omega \cdot mm^2/m$；例如，铜 = 0.0183$\Omega \cdot mm^2/m$，铝 = 0.029412 $\Omega \cdot mm^2/m$；

L——电缆长度，m；

A——电缆截面积，mm^2。

2. 电压降计算

电压降使用欧姆定律来计算，即

$$V = IR$$

电缆中产生的电压降计算公式为

$$V_{DROP} = \frac{2L_{CABLE} I_{MP} \rho}{A_{CABLE}}$$

$$电压降（百分率） = \frac{V_{DROP}}{V_{max}} \times 100\%$$

式中　L_{CABLE}——电缆线路长度（乘以 2 即为回路电缆总长度），m；

I_{MP}——最大电流值，A；

ρ——导体电阻率，$\Omega \cdot mm^2/m$；

A_{CABLE}——电缆截面积，mm^2；

V_{max}——最大线路电压，V。

注意：就交流电计算而言，电流还应当考虑功率因数，即 $I\cos\phi$；就直流电计算而言，应使用 I_{MP}（STC）而非 I_{SC}；就直流电缆而言，V_{MAX} 与组串或阵列在 STC 条件下的 MPP

电压相等（$V_{MP\_组串}$ 或者 $V_{MP\_阵列}$）；就交流电缆而言，这等于电网电压（RMS）。

　　AS/NZS 5033：2014　第 3.1 节做出了如下要求：住宅用系统的 $V_{OC阵列}$ 不可超过 600V。对于非住宅系统，如果最大 $V_{OC阵列}$ 超过 600V，整体阵列和相关接线以及保护应当仅限于获授权人员进行操作。

3. 最小电缆截面积计算

如果最大的容许电压降已知，前述公式可以重新整理为如下公式，以便计算所需要的电缆截面积最小值

$$A_{CABLE}=\frac{2L_{CABLE}I_{MP}\rho}{Loss\times V_{max}}$$

式中　A_{CABLE}——电缆截面积，mm^2；

　　　　L_{CABLE}——电缆线路长度（乘以 2 即为线路电缆总长度）；

　　　　I_{MP}——最大电流值，A；

　　　　ρ——导体电阻率，$\Omega\cdot mm^2/m$；

　　　　$Loss$——导体内的最大容许电压损耗（百分数），表示为小数，例如 3% 表示为 0.03；

　　　　V_{max}——最大线路电压，V。

注意：就交流电计算而言，电流还应该考虑功率因数，即 $I\cos\phi$；就直流电计算而言，应该使用 I_{MP}（STC）而非 I_{SC}；就直流电缆而言，最大电压与组串或阵列在 STC 条件下的 MPP 电压相等（$V_{MP\_组串}$ 或者 $V_{MP\_阵列}$）；就交流电缆而言，V_{MAX} 等于电网电压（RMS）。

所选择电缆的实际 CSA 还取决于可供选择的电缆规格。例如，光伏组串电缆的典型截面积是 $1.5mm^2$、$2.5mm^2$、$4mm^2$ 和 $6mm^2$。选择一根截面积大于要求的电缆将会增加电缆布线费用，但是可以降低线路上的功率损耗。因此必须权衡提高电缆规格获得的相对优势。

如果最大容许电压降是通过各种不同类型的电缆计算的，那么容许电压降可以根据这些电缆均分。

● 实例

　　一个光伏系统中有两路组串电缆和一路阵列电缆，这些电缆是根据系统直流侧要求选型的。在距离最近的组件和逆变器之间的最大容许电压降是 3%。

　　阵列电缆将需要承载多于组串电缆的电流，因此，应该按照需求单独选型。即 3% 的电压降可以在组串电缆和阵列电缆之间均匀分配。将 3% 的电压降除以 2 得 1.5%，因此，组串电缆应该按照 1.5% 的可容许总电压降进行选型，阵列电缆也应该使用 1.5% 的可容许电压降进行选型。

14.1.2　电缆路径和长度

并网光伏系统内的电缆路径选择取决于系统部件的位置。可对系统部件的位置进行优化,使电缆布线满足某个具体电缆尺寸的性能或费用要求。

如 14.1.1 节所示,电缆中的电压降与电缆长度成正比例。因此,采用使电缆长度最小化的电缆敷设路径可实现在没有过度电压降的情况下使用更低规格的电缆。此外,电压降与电缆载流量成正比例,即承载较高电流的电缆应该尽量短。在进行系统设备定位和确定电缆长度和路径的同时,应考虑满足适当电缆规格的要求和系统布线的成本。

阵列线路设计应使回路电感效应最小(图 14.2)。

> ● **澳大利亚标准**
>
> AS/NZS 5033:2014　第 3.5.2 节中指出应使阵列布线中电感效应回路最小化。

减少回路电感效应将会降低阵列遭受雷击的风险并降低 AM 和 FM 无线电信号的干扰。

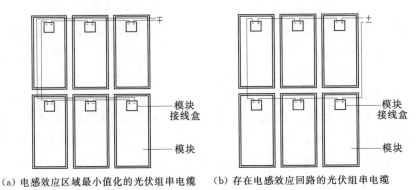

(a) 电感效应区域最小值化的光伏组串电缆　　(b) 存在电感效应回路的光伏组串电缆

图 14.2　回路电感效应最小的阵列设计

14.2　直流电缆设计

直流电缆安装于并网光伏系统的直流侧。根据阵列结构可分为组串电缆、子阵列电缆与阵列电缆。直流电缆的要求为:

(1) 电缆 CCC 额定值满足其应用场合功能要求以及电缆中安装的保护装置要求(每种电缆都应分别进行计算)。

(2) 最小截面积应确保最大允许电压降不超标(每种电缆都应分别进行计算)。

(3) 额定电压不小于光伏阵列最大电压。

(4) 电缆的温度与耐用性等级应满足电缆安装地的环境条件。例如,如果电缆布线暴露在阳光下,则电缆应能抵抗紫外线或敷设于抗紫外线的导线管中。

（5）双重绝缘。

（6）按要求置于排管中。

> ● 澳大利亚标准
>
> AS/NZS 5033：2014　第 4.3.6 条提出了并网光伏系统中对直流电缆的要求。

建议使用多股直流电缆，如图 14.3 所示。

太阳能直流额定电压 1kV×4mm²

图 14.3　最高额定电压为 1000V 的光伏直流电缆

> ● 要点
>
> 电缆应用场合的电压不能超过电缆的最高额定电压。某些光伏阵列可以在 ±1000V 的直流电压条件下使用。这一电压可能超过了某些电缆的允许电压。

14.2.1　组串电缆

光伏阵列的组串电缆将光伏组件串联连接。并网光伏系统中使用的大多数光伏组件都安装有一对接插式的组串电缆，将组件连接成串（图 14.4）。

组串电缆通常延伸至阵列汇流箱。阵列汇流箱即连接阵列电缆到逆变器的装置。

组串电缆制造商会详细说明他们生产电缆的 CCC 额定值与最高额定电压。应始终遵循这些规格要求，且这些参数通常在标称导体面积为 2.5～6mm² 范围内的电缆中给出。

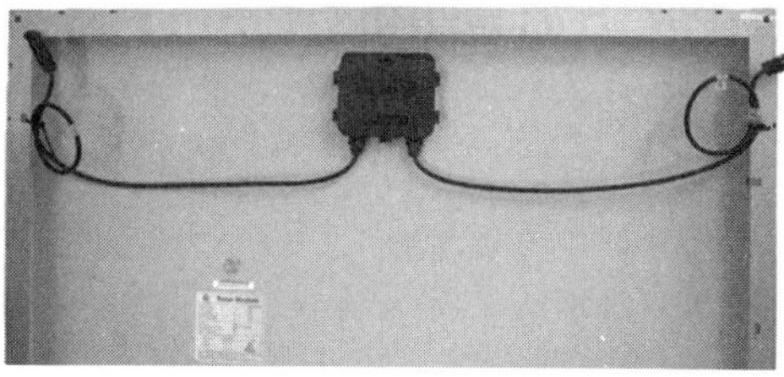

1. 计算所需 CCC

图 14.4　预连有接插件连接器的光伏组件

每一路组串电缆应能够承受系统中所有可能存在的总电流。由于过电流保护限制了可以安全通过系统不同部分的电流值，组串电缆的 CCC 额定值应考虑系统中所有过电流保护。

当某路组串电缆与其他路组串电缆电压水平不同时，该路组串电缆也将承载其他多路组串的环流电流。

> ● 要点
>
> 组串电缆过电流保护限制了可以通过组串电缆的最大电流。

当安装组串过电流保护时，组串电缆应能够承载可以通过组串过电流保护的电流。CCC 不小于组串过电流保护额定值。

当未安装组串过电流保护时，组串电缆应能够承载来自其他组串（带安全裕度）的短路电流，并能承载下游过电流保护的电流。

$$CCC \geqslant I_n + (1.25 I_{SC\ MOD}) \times (组串数 - 1)$$

式中 I_n——下游过电流保护值；

组串数——距离最近的过电流保护装置所保护的总并联组串数。

如果没有下游过电流保护，I_n 由逆变器反馈电流代替，组串数取整个阵列中的组串总数。

> **● 定义**
>
> 　逆变器反馈电流是指在故障条件下，逆变器可能注入直流阵列电缆中的电流值。

如果整个阵列中只有一个组串，组串电缆的额定电流值应可以承载该组串中考虑安全裕度的短路电流，即 $1.25 I_{SC\ MOD}$。

> **● 实例**
>
> 1. 例 1
>
> 某光伏系统由 5 个组串构成，并有以下特性：
>
> (1) $I_{SC\ MOD} = 5.1A$。
>
> (2) 组件额定反向电流 = 20A。
>
> 利用第 13 章中给出的组串过电流保护公式计算：
>
> $$I_{SC\ MOD} \times (组串数 - 1)$$
> $$= 5.1 \times (5 - 1)$$
> $$= 20.4A$$
>
> 由于计算得出的电流高于组件额定反向电流，因此需要配置组串过电流保护。
>
> 第 13 章中也给出了组串过电流保护大小的计算公式，即
>
> $$1.5 I_{SC\ MOD} \leqslant I_{跳闸} \leqslant 2.4 I_{SC\ MOD}$$
> $$1.5 \times 5.1 \leqslant I_{跳闸} \leqslant 2.4 \times 5.1$$
> $$7.65A \leqslant I_{跳闸} \leqslant 12.24A$$
>
> 因此，可以使用一个 10A 的过电流保护装置。
>
> 由于已经配置了组串过电流保护，组串电缆 CCC 额定最小值等于过电流保护额定值，即等于 10A。
>
> 2. 例 2
>
> 某光伏系统由 2 个组串构成，并有以下特性：

（1）$I_{\text{SC MOD}} = 5.1\text{A}$。

（2）组件额定反向电流＝20A。

使用第 13 章中给出的组串过电流保护公式计算，即

$$I_{\text{SC MOD}} \times (\text{组串数} - 1)$$
$$= 5.1 \times (2 - 1)$$
$$= 5.1\text{A}$$

由于这一数值低于组件额定反向电流，因此不需要配置组串过电流保护。没有外部电流源，因此也不需要配置阵列过电流保护。

组串电缆需要能够承载来自其他组串的短路电流以及逆变器的反馈电流。在该例中，逆变器的反馈电流为 1A。

$$\text{CCC} \geqslant I_{\text{n}} + (1.25 I_{\text{SC MOD}}) \times (\text{组串数} - 1)$$
$$\text{CCC} \geqslant 1 + 1.25 \times 5.1 \times (2 - 1)$$
$$\text{CCC} \geqslant 7.375\text{A}$$

因此，组串电缆 CCC 额定最小值为 7.375A。

> **注意**
>
> 如果配置的组件互连电缆型号规格不正确，不满足按照截面积计算出的组串电缆要求，就需要进行额外的电压降计算，并且需按要求安装更大规格的组串电缆。

2. 计算截面积最小值

为保持电压降低于最大临界值，应计算组串电缆的最小截面积。使用 14.1.1 节中给出的计算公式：

$$A_{\text{CABLE}} = \frac{2 L_{\text{CABLE}} I \rho}{Loss V_{\text{max}}}$$

正如 14.1.3 节中讨论的，一个组串中各组件的连接应使回路中电感效应的区域最小化，也就是说正极组串电缆与负极组串电缆的长度可能不同。

当遇到这种情况，上式需要将"$2L_{\text{CABLE}}$"替换为正极组串电缆长度与负极组串电缆长度之和，从而得出实际的电缆长度。计算公式为

$$A_{\text{CABLE}} = \frac{(L_{+\text{CABLE}} + L_{-\text{CABLE}}) I_{\text{MP}} \rho}{Loss V_{\text{max}}}$$

根据标准，允许的最大直流电压降为 3%。这个值是对直流侧所有电缆的综合限值，包括组串电缆和阵列电缆。因此，对直流侧的不同部分分配不同的允许最大电压降是合理的。例如，如果组串布线有 1% 的电压降，那么直流布线的剩余部分最多可以有 2% 的电压降，这样能保证综合允许电压降低于 3%。

例如：在 STC 条件下一路组串中的 MPP 电压为 216V，组串电流为 5A。组串电缆为

铜质，从最远的组件到逆变器的正极电缆长度为 10m，负极电缆长度为 10m。

根据标准，从最远的组件到逆变器之间的最大允许电压降为 3%。这一数值同时也需包含阵列电缆中的电压降，因此组串电缆中的最大允许电压降应为 1.5%。

$$A_{\text{STRING CABLE}} = \frac{(10\text{m} + 10\text{m}) \times 5\text{A} \times 0.0183\Omega \cdot \text{mm}^2/\text{m}}{0.015 \times 216\text{V}} = 0.56\text{mm}^2$$

光伏组件电缆典型的截面积有 1.5mm^2、2.5mm^2、4mm^2 和 6mm^2。对于该系统，截面积为 1.5mm^2 的电缆就符合要求。也可以选择更大截面积的电缆，这会降低功率损耗（但是增加了费用）。

14.2.2 子阵列电缆

一个阵列可能会分为几个子阵列，由一定数量的并联组串组成。子阵列之间并联，形成完整的阵列。子阵列可降低系统某些部位潜在的故障电流。

> **要点**
>
> 子阵列过电流保护限制了可以通过子阵列电缆的最大电流。

子阵列电缆连接组串汇流箱（并联组串的连接点）与阵列汇流箱。子阵列电缆的规格确定可使用与确定组串电缆规格相同的原则。

1. 计算所需 CCC

用确定组串电缆规格的相似原则来确定子阵列电缆的规格。每个子阵列电缆应能够承载系统中的总电流，并将系统中的过电流保护考虑在内。

子阵列电缆应能够承载自身的短路电流，同时因为该子阵列与其他子阵列运行电压水平不同，也需考虑从其他子阵列中流入该子阵列的电流。

当安装子阵列过电流保护时，子阵列电缆应能承载任何可以通过该子阵列过电流保护装置的电流，即 CCC≥额定子阵列过电流保护值。

当未安装子阵列过电流保护时，子阵列电缆应能承载下列电流中的较大值：

(1) 其自身的短路电流（考虑安全裕度）：

$$\text{CCC} \geq 1.25 \times \text{子阵列短路电流}$$

(2) 来自其他子阵列的总短路电流（考虑安全裕度）以及任何可以通过下游过电流保护的电流：

$$\text{CCC} \geq I_n + 1.25 \times \text{来自其他子阵列的总短路电流}$$

式中 I_n——下游过电流保护定值。

如果没有下游过电流保护，I_n 可由逆变器反馈电流代替。

2. 计算最小截面积

为确保电压降小于最大临界值，应计算子阵列电缆的最小截面积。使用 14.1.1 节中给出的计算公式：

$$A_{\text{CABLE}} = \frac{2L_{\text{CABLE}}I_{\text{MP}}\rho}{Loss V_{\text{MAX}}}$$

根据标准，允许的最大直流电压降为 3%。这包括组串电缆电压降、子阵列电缆电压降和阵列电缆电压降。对于有子阵列的系统，可将电压降限值一分为三，分配给组串电缆、子阵列电缆和阵列电缆。也就是说，每类电缆的允许电压降为 1%。

例如：某阵列包含两个子阵列，每个子阵列均由 4 个组串组成。

每个组串在 STC 条件下的 $V_{\text{MPP}} = 216\text{V}$，组串电流为 5A。子阵列电缆上的 V_{MPP} 保持在 216V，但电流值需乘以 4（4 个并联组串），即 20A。

子阵列电缆长为 6m，铜质。根据本节的原则，允许电压降设定为 1%。

$$A_{\text{SUB-ARRAY CABLE}} = \frac{2\times 6\text{m}\times 20\text{A}\times 0.0183\Omega\cdot\text{mm}^2/\text{m}}{0.01\times 216\text{V}} = 2.0\text{mm}^2$$

因此 2.5mm² 的电缆比较合适。

14.2.3　阵列电缆

阵列电缆将光伏阵列连接至光伏隔离开关，然后连接至逆变器直流侧。

1. 计算所需的 CCC

阵列电缆应能够承载来自光伏阵列的全部电流以及来自逆变器的反馈电流。一个标准光伏并网发电系统的阵列电缆不会承载任何来自外部的电流，如蓄电池组。因此，不需要安装阵列过电流保护。

> **● 参考来源**
>
> GSES 发表的《带蓄电池的光伏并网系统》为设计一个有蓄电池组的系统提供了额外的信息。

确定阵列电缆的规格，应保证其可以承载下列电流中的较大值：

(1) 阵列短路电流（考虑安全裕度），即 CCC≥1.25×阵列短路电流。

(2) 逆变器反馈电流，即 CCC≥逆变器反馈电流。

2. 计算最小截面积

为确保电缆电压降小于最大限值，应计算阵列电缆的最小截面积。使用 14.1.1 节中给出的计算公式：

$$A_{\text{CABLE}} = \frac{2L_{\text{CABLE}}I_{\text{MP}}\rho}{Loss V_{\text{MAX}}}$$

每根电缆的允许最大电压降会根据阵列配置的不同有所区别。对于有子阵列的系统，可将电压降限值一分为三，分配给阵列电缆、子阵列电缆和组串电缆，即每类电缆的允许电压降为 1%。对于没有子阵列的系统，允许最大电压降可以在阵列电缆和组串电缆中分配，即每类电缆的允许电压降为 1.5%。

例如：某阵列包含 4 个组串。每个组串在 STC 条件下的 $V_{\text{MPP}} = 216\text{V}$，组串电流为 5A。阵列电缆的 V_{MPP} 值保持在 216V，阵列中电流值为 20A，4 个 5A 的组串并联连接。

阵列电缆长 10m，铜质。根据本节的原则，允许电压降设定为 1.5%。

$$A_{\text{SUB-ARRAY CABLE}}=\frac{2\times10\text{m}\times20\text{A}\times0.0183\Omega\cdot\text{mm}^2/\text{m}}{0.015\times216\text{V}}=2.25\text{mm}^2$$

因此 4mm² 的电缆比较合适。

14.3 交流电缆设计

并网光伏发电系统中的交流电缆用在逆变器与电网连接点之间，用于从逆变器到配电盘之间的连接。然而，逆变器中潜在的电压升高则要求对配电盘与电网连接点之间电缆的适用性重新做评估。

14.3.1 逆变器交流电缆

逆变器交流电缆将逆变器接入主电源。一般是在配电盘处，但有的安装方案也可能将逆变器接入最近的配电屏。比如说，安装在一间小屋屋顶上的光伏系统就可以通过小屋的配电屏接入电网。如 11.6 节中所述，只有当光伏并网发电系统中安装有净电量计量装置时才可使用最近的配电屏。

逆变器交流电缆的额定电压与建筑物电缆的标准电压是相同的，都为 230VRMS 左右。本节将给出电缆要满足的 CCC 和截面积计算。电缆还应满足如下要求：

（1）与电缆所处环境有关的温度和耐久性。例如，如果电缆暴露在阳光下，应使用抗紫外线材料或将其装入抗紫外线的排管中。

（2）绝缘和封装要求。

> **澳大利亚标准**
>
> AS/NZS 3000：2007 给出了不同规格电缆的直流降额和交流降额 CCC 值。
> AS/NZS 4777.1：2005 概述了并网光伏发电系统中交流电缆的要求。

1. 计算要求的 CCC

逆变器交流电缆连接逆变器和配电盘。因此，交流电缆中的电流大于逆变器交流输出电流的最大值。

交流电缆应能够承载来自电网的故障电流，如介于逆变器和配电盘之间的交流电缆故障电流。故障电流受到配电盘处断路器的限制，因此，交流电缆的 CCC 应该不小于断路器的额定电流。

> **要点**
>
> 根据 CEC 指南，逆变器和配电盘之间的最大电压降为 1%。

2. 计算 CSA 最小值

为了确保电压升高值小于最大允许值，必须计算逆变器交流电缆的 CSA 最小值。如

14.1.2 节所述，逆变器交流电缆要尽可能短，从而降低对 CSA 规格的要求。

通过调整 14.1.1 节中给出的公式可计算单相交流电缆中 CSA 的最小值，即

$$A_{\text{AC CABLE}} = \frac{2L_{\text{AC CABLE}} I_{\text{AC}} \rho \cos\phi}{Loss V_{\text{AC}}}$$

式中　　$A_{\text{AC CABLE}}$——电缆的截面积，mm^2；

$L_{\text{AC CABLE}}$——交流电缆的线路长度，m（乘以 2 以适应电线总长度）；

I_{AC}——电流，A；

ρ——电缆电阻率，$W \cdot mm^2 / m$；

$\cos\phi$——功率因数；

$Loss$——导体中电压升高值的最大允许值百分比（以小数的形式表示，例如 1% 表示为 0.01）；

V_{AC}——电网电压。

许多交流电缆制造商提供了在不同电流下每一米长度电缆中的电压升/降值表。

> ● **澳大利亚标准**
>
> AS/NZS 4509.2：2009 给出了不同规格交流电缆中每安培每米中的电压下降值表。

> ● **实例**
>
> 逆变器安装在 2kWp 光伏阵列中使用，该逆变器与光伏阵列之间的直流电缆长度为 3m，与主配电盘之间的交流电缆路线长度为 30m。
>
> 为确保电压升高值小于 1%，交流电缆的 CSA 最小值为多少？
>
> 设定以下值：STC 条件下电流为 11A，电缆的电阻率为 $0.0183\Omega \cdot mm^2 / m$，功率因数为 1，单相电源：交流电压为 230VRMS。
>
> $$A_{\text{AC CABLE}} = \frac{2L_{\text{AC CABLE}} I_{\text{AC}} \rho \cos\phi}{Loss V_{\text{AC}}}$$
>
> $$A_{\text{AC CABLE}} = \frac{2 \times 30m \times 11A \times 0.0183\Omega \cdot mm^2/m \times 1}{0.01 \times 230V}$$
>
> $$= 5.25 mm^2$$
>
> 通常情况下标准交流电缆的 CSA 值为 $2.5mm^2$、$4mm^2$、$6mm^2$ 和 $10mm^2$。在此系统中，选 $6mm^2$ 的电缆可满足要求。

14.3.2　逆变器中的电压升高

逆变器和电网之间的连接由多路电缆线路组成：逆变器至配电盘，配电盘至并网点，并网点至电网。在逆变器和电网之间电缆线路的电压升高会导致逆变器输出电压的上升（图 14.5）。

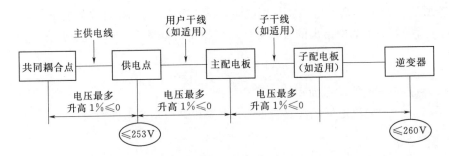

图 14.5　逆变器和并网点之间的电压升高

逆变器交流输出电压升高超限会导致逆变器跳闸（即断开连接），这发生在当逆变器感受到电网电压超出要求的参数范围时（图 14.6）。

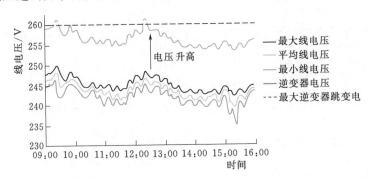

图 14.6　变流器电压读数与电网电压读数的对比示例

在电网电压经常达到电压上限的区域更容易发生电压容差跳断。因为在该类区域里，无需在逆变器处出现较大的电压升高就可以使电网电压超过电压极限而跳闸。在大容量系统中更容易产生电压升高的问题，因为在大容量系统中电缆损耗会造成电压升高。

当由电压升高引起的跳闸成为并网光伏发电系统的问题时，可考虑以下 3 种主要措施：

（1）减少电压升高的发生。通过降低逆变器和并网点之间的电缆线路电阻，可降低逆变器处的电压升高。可以通过增加导体的 CSA 值或减少电缆线路长度（即将逆变器放置在离并网点最近的地方）来实现，或者可以替换配电盘和并网点之间的主电源电缆线路。此外，这种情况下的电网电阻也有可能造成电压升高，但这个问题无法由系统设计者进行修正，可以通过与当地电网运营商进行商讨。

（2）增大逆变器的电压上限。有些逆变器允许提高电压上限从而避免由电压升高引起的跳闸。对于电压为 230VAC 的电网中的逆变器，其电压极限设定值可以设定为 260～265V。上述逆变器电压限值的调整必须要经过逆变器生产商和当地电网运营商的授权。

（3）使用具有电网电压波动穿越功能的逆变器。有些逆变器可以穿越电网电压出现的短暂波动，从而提升整个电网的稳定性。这种逆变器将有利于接入有常态化电压波动电网的光伏系统。

> **注意**
>
> 如果电压升高是由于光伏系统位于电压设定值在其上限的变压器附近而引起的，则只可选择方法（1）或方法（2）。

14.4 扩展材料：计算功率损耗

并网光伏发电系统中的电缆设计要确保整个系统中不会出现过大的电压下降。电压下降的计算以百分数表示，在计算系统效率时也用来表示电缆的功率损耗（第 15 章）。根据欧姆定律 $P=IV$，在 STC 条件下的电压下降和功率损耗是成一定比例的。

其也可用于计算系统的实际功率损耗。使用欧姆定律计算功率损耗实际值，用电压下降值乘以 STC 条件下的电流值，得出公式

$$P_{\text{Loss}} = I\frac{2L_{\text{CABLE}}I_{\text{MP}}\rho}{A_{\text{CABLE}}}$$
$$= 2L_{\text{CABLE}}I^2\rho A$$

式中 A_{CABLE}——电缆的截面积，mm^2；

     L_{CABLE}——电缆线路的长度，m（乘以 2 以适应电线总长度）；

     I_{MP}——最大功率电流，A；

     ρ——电缆电阻率，$\text{W} \cdot \text{mm}^2/\text{m}$。

注意：在交流计算中，电流应考虑功率因数 $I_{\text{AC}} = I \times \cos\psi$；在直流计算中，应使用 I_{MP} 而不是 I_{SC}。

习　题

问题 1

（1）根据 AS/NZS 5033:2014，太阳能发电系统中直流电压降的最大允许值是多少？

（2）根据 AS/NZS 5033:2014，太阳能发电系统中交流电压降的最大允许值是多少？

问题 2

为什么要熟知所有电缆的 CCC 值？

问题 3

一个阵列由 4 个组串构成，每个组串中有 9 个组件，规格如下：

组件 $I_{\text{MP}} = 5.2\text{A}$

组件 $V_{\text{MPP}} = 35.1\text{V}$

组串正负极电缆总长度 $=27\text{m}$

阵列电缆长度 $=22\text{m}$

电缆材质为铜

电缆的规格要求为组串电缆中的电压降为 1.5%，阵列电缆中的电压降为 1.5%。

（1）计算组串电缆的 CSA 最小值。

（2）计算阵列电缆的 CSA 最小值。

问题 4

你有一卷 4mm² 的电缆用于光伏发电阵列电缆。阵列由 5 个组串构成，每个组串包含 10 个组件，规格如下：

$$组件 \ I_{MP} = 7.9A$$

$$组件 \ V_{MPP} = 36.1V$$

$$组串正负极电缆总长度 = 40m$$

$$阵列电缆长度 = 11m$$

$$电缆材质为铜$$

（1）计算阵列电缆内的电压降百分比。

（2）计算组串电缆内电压下降的最大允许百分比。

（3）计算组串电缆的 CSA 最小值。

问题 5

逆变器和主配电盘之间的距离为 26m。能够确保电压降小于 1% 的电缆的 CSA 最小值为多少？

假设以下成立：

$$I_{SC} = 12A$$

$$V = 单相 230V_{RMS}$$

$$功率因数 = 1$$

$$电缆材质为铜$$

问题 6

为什么电缆越短越好？如何在设计和安装中使系统中电缆的长度最小？

图为阴影遮挡是影响系统发电量的一个原因（来源：Stratco）。

第15章 系统效率和发电量

并网光伏发电系统的发电量是系统设计的一个重要部分。发电量为系统实际发出的可用电量，包括现场消耗掉的电量以及输送到电网中的电量。发电量考虑了现场具体运行条件和系统层面的电量损失，这些损失将减少实际的可用电量。

根据阵列的规模、组件接收到的太阳辐射量以及系统的总效率可以计算系统的发电量。计算得到的系统效率能够表明由于阵列接收到的辐照量减少以及系统中存在能量转换和能量损耗引起的发电量减少（15.1节）。

系统发电量是指对由工作条件以及系统设备导致的全部损耗进行评估与计算后的系统输出电量（15.2节）。因此，系统发电量是与系统装机容量有关的系统预估性能（15.3节）。

理想环境下，光伏系统的发电效率应为100%，且能发出100%的电量，但事实并非如此。光伏发电系统的真实工作条件并不完美（图15.1），有些现场特定条件会影响系统的发电，且系统的效率损耗也应纳入系统发电量的一部分。

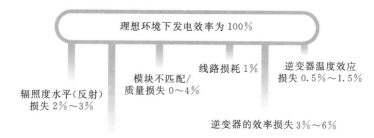

理想环境下发电效率为100%

线路损耗1%

逆变器温度效应损失0.5%～1.5%

模块不匹配/质量损失0～4%

辐照度水平(反射)损失2%～3%

逆变器的效率损失3%～6%

温度损失10%～15%

基于上面的损耗，总损耗为16.5%～30.5%

图15.1 系统的发电损耗示意图

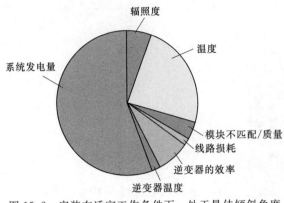

图 15.2　安装在适宜工作条件下，处于最佳倾斜角度且没有极端遮挡的光伏阵列中的系统效率损耗

下列图表表明影响某一光伏发电系统发电量的效率损耗的各种因素。该系统安装在适宜的环境温度条件下，连接到标准化的电网中且采用技术成熟制造商生产的系统部件。

光伏发电系统的实际发电量为光伏阵列在标准测试条件（STC）下的额定容量中扣除现场特定条件损耗以及系统效率损耗后的最终结果。在图 15.2 中用图示表明且将在 15.1.8 节中进一步阐释。

15.1　能量损耗来源

光伏阵列接收到的太阳辐射中所产生的电量不等于输送到电网中的电量，因为大量的能量损耗会影响实际发电量。这些能量损耗出现在整个系统的不同位置，直接影响系统发电量。可将它们分为三种类型（图 15.3）。

（1）辐射损耗（太阳能损耗）：①光伏组件的遮挡；②组件的朝向与倾角。

（2）光伏组件中的能量损耗：①光伏组件的温度；②光伏组件的沾污；③制造商在光伏组件制造中的误差。

（3）子系统中的能量损耗：①电缆中的电压下降；②逆变器效率。

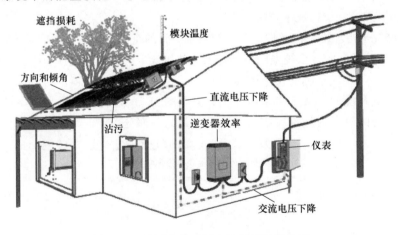

图 15.3　并网光伏系统中的能量损耗来源

15.1.1　温度

光伏组件的能量输出直接与光伏组件中电池的温度有关。电池温度升高，导致能量损耗增加，也就是说温度越高，光伏组件的效率越低。

6.2.2 节解释了温度对光伏组件效率的影响。概括来说，随着太阳能电池温度升高，电池两端的电压下降。由于功率与电压成正比（$P=IV$），所以功率输出也下降。

图 15.4 表明 $I-V$（电流—电压）曲线是如何随电池温度的升高而改变。

温度对组件降额的影响程度取决于太阳能电池的类型。温度系数常用于计算某个特定组件的温度降额。该数值通常以在电池温度为 25℃ 时每升高 1℃ 该组件功率损耗的百分比来表示。25℃ 的电池温度阈值被列入标准测试条件（表 15.1）的内容之一。

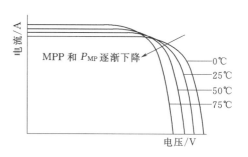

图 15.4　温度对 $I-V$ 曲线的影响

表 15.1　光伏组件规格所规定的典型温度特性

组件参数	典 型 值	组件参数	典 型 值
电池额定工作温度	45℃±2℃	温度系数 V_{OC}	$-0.31\%/℃$
温度系数 P_{max}	$-0.44\%/℃$	温度系数 I_{SC}	$0.045\%/℃$

> ● **注意**
>
> 　　如果电池温度低于 25℃，功率输出按温度系数增长。
>
> 　　如果规格表中的温度系数带有负号，请忽略这些公式中温度系数的负号，因为已经考虑在内。

使用组件制造商的数据表中给出的温度系数至关重要。典型的组件开路温度系数数据见表 15.2。

表 15.2　不同类型光伏组件的样本温度系数

组件类型	典型的功率温度系数 γ	组件类型	典型的功率温度系数 γ
单晶硅组件	$0.4\%/℃$	薄膜组件	$0.1\%\sim0.3\%/℃$（特定技术）
多晶硅组件	$0.4\sim0.5\%/℃$		

温度降额是以平均有效电池温度为基础而非环境温度。由于处在组件正面玻璃下层的材料随着太阳能电池在一整天内不断吸收太阳光而被加热，使得平均电池温度高于环境温度。平均有效电池温度约高出环境温度 25℃，即

$$T_{CELLEFF}=T_{AMB}+25℃$$

式中　$T_{CELLEFF}$——有效电池温度，℃；

　　　　T_{AMB}——环境温度，℃。

参数 f_{TEMP} 代表在工作温度条件下修正后的光伏组件降额因数，可用以下公式来表示

$$f_{TEMP}=1+y(T_{CELLEFF}-T_{STC})$$

式中　f_{TEMP}——温度下降因子（无量纲）；

　　　　y——负功率温度系数，%/℃；

T_{CELLEFF}——日平均电池温度，℃；

T_{STC}——标准试验条件下的温度（即 25℃），℃。

● **实例**

在环境温度为 23℃ 的条件下，计算 175Wp 的多晶硅组件的效率 f_{TEMP}。在这一特定组件中，温度系数为 $-0.5\%/℃$（或者按绝对值计算，$-0.005/℃$）。

答：

f_{TEMP} 的计算步骤如下所示：

（1）计算电池温度：

$$T_{\text{CELLEFF}} = T_{\text{AMB}} + 25℃$$
$$= 23℃ + 25℃$$
$$= 48℃$$

（2）计算电池温度与标准测试条件温度（25℃）之间的差值：

$$48℃ - 25℃ = 23℃$$

（3）计算由光伏组件温度造成的损耗。

将电池温度超出标准测试条件温度（25℃）的差值乘以温度系数，便得到该损耗值为

$$-0.005/℃ \times 23℃ = -0.115$$

（4）将该损耗值转换为效率（损耗＋效率＝1）：

$$f_{\text{TEMP}} = 1 + (-0.115)$$
$$= 0.885$$
$$= 88.5\%$$

因此，环境温度为 23℃ 时，$f_{\text{TEMP}} = 88.5\%$（损耗为 11.5%）。

f_{TEMP} 计算公式是将第 2～4 步结合在一起，即

$$f_{\text{TEMP}} = 1 + [y \times (T_{\text{CELLEFF}} - T_{\text{STC}})]$$
$$= 1 + [-0.005 \times (48 - 25)]$$
$$= 88.5\%$$

温度系数也可以用 W/℃ 表示。这时，温度系数应当转换为百分比，利用组件瓦特数来计算其效率。

● **实例**

计算 200Wp 的单晶硅组件在 60℃ 的电池温度以及温度系数为 $-890\text{MW}/℃$（或者 $-0.89\text{W}/℃$）条件下的效率 f_{TEMP}。

答：

f_{TEMP} 的计算步骤如下所示：

（1）将温度系数换算为百分比：

$$y = \frac{-0.89 \text{W}/℃}{200 \text{W}} = -0.00445$$

（2）计算电池温度与标准测试条件温度（25℃）之间的差值：

$$65℃ - 25℃ = 35℃$$

（3）计算因光伏组件温度变化导致的损耗。

将电池温度超出标准测试条件温度（25℃）的差值乘以温度系数，便得到该损耗值：

$$-0.00445/℃ \times 35℃ = -0.156$$

（4）将该损耗值转换为效率（损耗＋效率＝100%）。

$$f_{TEMP} = 1 + -0.156$$
$$= 0.884$$
$$= 84.4\%$$

因此，电池温度为 60℃ 时，该组件的效率为 84.4%（即有 15.6% 的损耗）。

● **知识点**

在澳大利亚已有记录的光伏系统电池温度已经超过 65℃，产生 20% 的组件功率损耗。

很多制造商都在尝试降低高温对其组件的负面影响。

设计人员和安装人员必须了解温度对太阳能组件的影响，以便确保系统在高温和低温情况下：操作安全，并按照预期运行。

因此，由温度引起的功率损耗应当包含在并网光伏发电系统的电能输出预估中。晶体类太阳能电池组件因温度导致的损耗范围为 10%~20%，相当于 80%~90% 的降额系数范围。实际的损耗应视具体情况进行计算。

屋顶的实际温度可高于气象局发布的环境温度。由金属屋面或深色屋面材料辐射热量造成电池出现的较高温度应作为屋顶类型的直接结果记录下来。

15.1.2　组件的阴影遮挡

光伏组件的阴影遮挡会减少白天到达组件的太阳辐照度数量（图 15.5），因此会对阵列的输出功率造成影响。在某点因遮挡导致的能量损耗可利用由于遮挡对该点太阳辐照量影响的详细分析进行测量。

对预期的组建安装场地进行现场评估时，应确认所有固定障碍物是否会对建议的安装

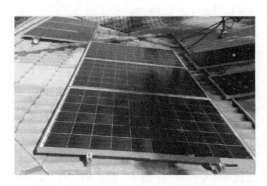

图 15.5 光伏组件阴影遮挡示意图

地点产生遮挡，比如现场的地形（如周边的丘陵），周围的建筑物和固定装置（如邻近的建筑物、空调塔和通信设备）等。遮挡损耗的水平实际上与建议的安装地点紧密相关，因此对可利用的太阳辐照量有负面影响。特定地点的太阳辐照量值对确定光伏系统在该地点的性能至关重要。

推荐将遮挡损耗作为一个单独的损耗，因为依据遮挡的水平，可能很难给出准确的估算。如前所述，如果该系统在一天的某时段内均处于建筑物等大型物体的阴影中，可通过测量确定减少的辐射度值。然而，如果阴影遮挡源于电线杆等较小的物体，该遮挡会在白天移动跨越阵列，从技术层面说，就很难准确地预测出该因素所导致的有效损耗。针对后一种情况，最好选择最坏的情况场景进行安装，并将其包含在计算中。任何用于阴影遮挡的假设应当在为客户制备的系统发电文件中详细说明。

本书中，在确定系统发电量时，阴影遮挡损耗用于现场可用辐照量的确定；然而，关于性能比（PR）方面，在 PR 计算中应考虑阴影的问题将在 15.3.2 节中进一步探讨。

如 6.4 节所述，特定场地的阴影遮挡估算不是一成不变的，因为光伏阵列 MPP 也可能受到阴影遮挡的影响。虽然光伏组件中旁路二极管会削弱阴影遮挡对阵列 MPP 电压的影响。

分析阴影对组串造成的影响时，还应考虑到阴影可能导致输出电压较低，阵列电压可能下降到逆变器工作电压范围以下，这意味着逆变器开关将断开。多组串单路 MPPT 阵列的功率输出也可能急剧降低，因为逆变器的 MPPT 将按照最低的 MPPT 电压运行。在这种情况下，因为不同的逆变器模型做出的反应不同，所以很难评估阵列的功率输出损耗。

综上所述，阴影遮挡损耗出现在特定地点，因此没有典型值。实际的遮挡损耗应当根据各个安装地点进行计算，如果有各种各样的阴影遮挡源头，则在横跨大阵列的地方进行多次计算（图 15.6）。所有与阴影局部影响有关的假设应为意向客户清楚详细地说明。

6 月上午的太阳位置　　　6 月中午的太阳位置

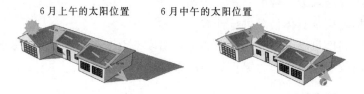

图 15.6 具备多个安装倾斜角和朝向的光伏阵列

15.1.3　组件的朝向与倾斜角

如果光伏阵列的倾斜角度近似等于其所处位置的纬度，且处于南半球的朝向正北方向，处于北半球的朝向正南方向，那么这些光伏阵列接收到的年辐射量最大（图 15.7）。

组件安装的朝向不同或者安装的倾斜角不是最佳倾角时，其可能的年度能量输出将达不到最大值，这可视为系统损耗。然而，对于系统发电量的计算，可以使用特定倾斜角和朝向的阵列实际可利用的辐射量。任何关于系统发电量计算的证明文件均应详细说明所使用的实际辐射量值，还应规定，为了系统业主的利益，想要在阵列中获得较好的辐射量（和系统发电量），组件安装的倾斜角和朝向必须处于最佳位置。

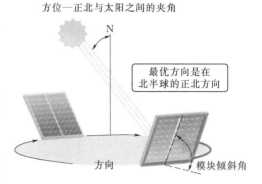

图 15.7　光伏组件的朝向和倾斜角

由于倾斜角和朝向的不同，确定其对辐射量影响的计算是很复杂的。因此值得寻找并使用一种方法，能够对某一特定位置的光伏阵列提供不同倾斜角和朝向条件下的辐射量数据。

● 参考来源

在澳大利亚地区，不同倾斜角和朝向的太阳辐射量数据资源包括：

（1）清洁能源委员会月度辐射量表（www.solaraccreditation.com.au/）。

（2）澳大利亚太阳辐射量数据手册——典型能量值。

（3）美国国家航空航天局表面气象学与太阳能数据集（eosweb.larc.nasa.gov/sse/）。

对计划安装的太阳能系统进行现场评估，将确定推荐安装该系统所处的位置。光伏阵列的朝向和倾斜角与所建议的安装地点密切相关，因此，需确定该倾斜角和朝向是否在该地点是最佳选择。如果不是最佳选择，就会对阵列中可利用的太阳能辐射量产生负面影响。特定地点的太阳能辐射量值对于确定给定位置处太阳能系统的性能至关重要。

阵列的倾斜角和朝向被用来确定该位置可利用的辐射量，从而确定系统发电量。如果建议的安装无法使光伏阵列处于最佳的倾斜角度和朝向，那么，必须计算与该阵列在特定位置处的倾斜角和朝向有关的可利用辐射量的实际损耗。

如果建议的安装位置表明系统为非最佳的倾斜角和朝向，那么可利用的太阳能辐射量的减少则是不可避免的。重要的是，所有与倾斜角和朝向相关的假设都要对意向客户清楚详细地说明。

● 实例

清洁能源委员会提供了澳大利亚各省会城市以及其他主要城市的辐射量月度表格，表明与水平安装的组件（即倾斜角为 0°）相比，单个组件在规定的倾斜角和朝向所接收的辐射量的差异。表 15.3 为由清洁能源委员会提供的表格案例。注意，如果组件倾斜，夏天接收到的辐射数量会发生轻微地减少，而在冬天却会急剧地上升。

在布里斯班准备安装阵列的倾斜角为40°，朝向为正北偏50°。利用表15.3中的数据可以看出，在1月，阵列将接收88%水平安装阵列所接受的日辐射量，而6月阵列将接收水平安装阵列日接受辐射量的137%。

与最佳位置（如组件倾斜角为30°，朝向为正北时）相比，为了计算年度辐射量损耗，需要有平均水平辐射量数据。年度发电量计算见表15.4。

表15.3 澳大利亚布里斯班（纬度为27.5S）在1月（夏天）和
6月（冬天）的辐射量数据
（来源：清洁能源委员会）

平面方位角 /(°)	辐射量/%									
	平面倾斜角/(°)									
	1月的布里斯班					6月的布里斯班				
	0	10	20	30	40	0	10	20	30	40
270	100	100	99	97	92	100	102	101	100	98
280	100	100	99	97	92	100	105	107	109	108
390	100	100	99	96	92	100	108	113	117	119
300	100	100	99	96	91	100	111	120	125	128
310	100	100	98	95	90	100	113	124	133	138
320	100	100	98	94	89	100	116	129	139	145
330	100	100	98	93	87	100	118	133	145	152
340	100	100	97	93	86	100	120	136	148	158
350	100	100	97	92	85	100	120	138	151	161
0	100	99	97	92	85	100	120	138	152	162
10	100	99	97	92	85	100	120	138	151	161
20	100	99	97	92	85	100	120	136	148	157
30	100	99	97	92	86	100	118	133	144	152
40	100	99	97	93	87	100	116	129	138	145
50	100	99	97	93	88	100	113	124	132	137
60	100	100	97	94	89	100	111	119	124	127
70	100	100	98	94	90	100	108	113	116	117
80	100	100	98	94	90	100	105	107	108	108
90	100	100	98	95	90	100	101	101	99	98

月份	水平面平均月辐射量 /(kW·h)	倾斜角为40°,朝向为50°时组件所接收辐射量百分比/%	倾斜角为40°,朝向为50°时组件月接收辐射量 /(kW·h)	倾斜角为30°,朝向为0°时组件所接收辐射量百分比/%	倾斜角为30°,朝向为0°时组件月接收辐射量 /(kW·h)
1	204.6	88	180.0	92	188.2
2	165.2	95	156.9	99	163.5
3	164.3	105	172.5	112	184.0
4	138.0	117	161.5	128	176.6
5	114.7	130	149.1	144	165.2
6	96.0	137	131.5	152	145.9
7	111.6	134	149.5	149	166.3
8	136.4	123	167.8	135	184.1
9	162.0	109	176.6	119	192.8
10	186.0	97	180.4	104	193.4
11	195.0	90	175.5	94	183.3
12	207.7	87	180.7	90	186.9
年度总发电量/(kW·h)				1982.1	2130.4
最大发电量百分比				(1982.1÷2130.4)×100＝93%	

表 15.4 布里斯班不同倾斜角和朝向的光伏组件年度发电量计算

在布里斯班安装阵列,其倾斜角为 40°,朝向为正北偏 50°,将使年度发电量为最大年度发电量(阵列倾斜角为 30°,朝向为正北方向时获得)的 93%。

15.1.4 组件的沾污(组件沾污后的降额)

污垢、鸟兽的粪便以及岩屑可能会随着时间的推移以各种速率堆积在光伏组件的表面。组件表面的沾污会使传递到电池中的太阳辐照量降低,从而造成输出功率降低(图 15.8)。沾污对输出功率的影响取决于其位置条件以及下列因素:

(1)组件的倾斜角,即雨水是否会冲洗掉灰尘或者岩屑。

(2)其坐落位置的灰尘程度。

(3)任何能在玻璃上形成薄膜的污染物。

(4)其所处位置是否为盐渍环境。

图 15.8 沿光伏组件底部边缘的沾污案例

（5）多长时间下一次雨。

f_{DIRT}用来代表沾污降额因数，为无量纲值。定期有雨水冲洗组件表面的地点沾污损耗可小于5%（即$f_{DIRT}>95\%$）。极脏或者灰尘特别多却几乎没有雨水冲洗组件的地方，其沾污损耗可能高达15%（即$f_{DIRT}\geqslant85\%$）。如果可能，系统设计人员为f_{DIRT}所选择的数值应以系统在相似的位置或情境下所得实际数据为根据。

> **● 要点**
>
> 满足自清洁的最低倾斜角建议为$10°$。

15.1.5 光伏组件的制造误差

制造误差为由轻微的制造差异而造成的同一模型中生产的单个组件之间出现的组件额定功率差异。一般说来，制造误差由与额定功率之间偏差的正负百分数给出，如$\pm4\%$。组件制造误差的降额因数用f_{MM}表示，且负值也应用于损耗的计算。

> **● 知识点**
>
> 一些厂商的数据表会规定组件的最低额定功率。近年来，制造误差典型值仅为正值，比如0或3%。在这种情况下，降额因数将不适用（$f_{MM}=100\%$）。

> **● 实例**
>
> （1）某光伏组件峰值功率为$250W$，制造误差规定为$\pm2\%$，则降额因数是多少？
>
> 利用负百分比，数值为2%（0.02）来计算降额因数：
> $$f_{MM}=1-0.02$$
> $$=0.98$$
> $$=98\%$$
>
> （2）对于上述组件，在标准测试条件下，考虑该损耗后预期输出功率为多少？
>
> 利用上述的f_{MM}，最小功率$=250Wp\times0.98$，在标准测试条件下为$245Wp$。

> **● 澳大利亚标准**
>
> AS4777.1规定的电压升高条款为逆变器与总开关板之间为1%，MSB与供电点之间最大电压降为1%。

根据自身的测试制度，厂商们越来越多地只引用正制造误差（比如 0～3％）。在这些情况下，厂商在其声称的额定值中已经考虑了所有预期的负制造误差。然而，仍然建议使用最小损耗因数 2％。该误差值由厂商的测量设备引起，同时该误差还将对总的阵列输出产生影响，即组件失配问题。由于制造误差导致的平均损耗在 0～3％范围内，相当于降额因数范围为 97％～100％。

15.1.6　电缆中的电压降

如第 14 章所述，电缆中的电压降将引起并网光伏发电系统的功率损耗。因为功率损耗与电压降直接成正比，所以系统的电缆设计应当避免过大的功率损耗。最大电流条件下，产生的最大直流电压降以及最大直流功率损耗应不超过 3％；产生的最大交流电压降以及最大交流功率损耗应不超过 1％。

● 澳大利亚标准

> AS/NZS：2014 第 2.1.10 条以及 CEC 导则中引述了最大直流电压降的要求。在 CEC 导则中引述了最大交流电压降的要求，且澳大利亚各州（地区）在关于交流电压降方面都拥有自己的一套服务规则和应满足的要求。

系统中的所有电缆线路，包括直流电缆和交流电缆，均应当进行测量，并成为电缆规格计算以及系统发电量计算的一部分。甚至系统发电量的电表和逆变器之间的布线距离也应成为这些计算中的一部分，因为逆变器与电表之间也将会有功率损失。

逆变器与电网之间的电压降是引起逆变器电压抬升的原因。围绕逆变器电压抬升的问题在 14.3.2 中讲述。

由电缆中电压降落导致的平均损耗范围为 0～3％，相当于降额因数范围为 97％＜100％。

15.1.7　逆变器效率

逆变器造成的子系统功率损耗是由其电力电子装置以及变压器（如果存在的话）引起的。这些损耗以热量的形式出现，在逆变器厂商的规格书中由效率来代表。

● 知识点

> 逆变器降额因数是少数归为效率而非损耗的因数之一。

逆变器的效率与其工作温度直接相关。因此，将逆变器安装在环境温度可控的位置是很重要的，如逆变器安装在没有暴露在直射阳光下且通风适宜的地方。应当遵循厂商推荐的产品安装要求以便逆变器达到最佳的工作效率。如第 7 章所述，逆变器的工作效率还取决于来自阵列的实际输入功率（表 15.5）。因此，逆变器与阵列匹配恰当合适，对于避免这些逆变器效率损耗来说至关重要。

表 15.5　　　　　　　　　　　　　　　**SMA Sunny Boy 逆变器的效率信息**

效　率	Sunny Boy 3000TL	Sunny Boy 4000TL	Sunny Boy 5000TL
最大效率/%	97.0	97.0	97.0
欧洲的效率/%	96.0	96.2	96.5

> **● 注意**
>
> 　　逆变器厂商可能在其逆变器模型中使用加州效率或者欧洲效率。这些效率数据可为逆变器在美国西南部或者中欧地区使用时进行平均性能评估使用。通用效率则以逆变器运行在特定功率处的时间百分比为基础。对于运行地点或者推荐的系统运行条件不在平均值设定范围内时，则不得不使用逆变器厂商的数据。

由逆变器产生的平均系统损耗范围为 2%～6%，相当于效率范围为 94%～98%。

15.1.8　系统能量损耗的来源总结

光伏系统的预期性能或效率损耗须基于特定位置以及特定设备。表 15.6 总结了前面章节概述的平均预期损耗。这些数据仅为平均值，对于任何具体系统的此类损耗必须视具体情况来进行计算。

表 15.6　　　　　　　　　**并网光伏发电系统的能量损耗来源总结**

能量损耗来源	平均损耗/%	等值降额因数（效率）
遮挡（应将由现场具体遮挡造成的损耗作为特定场地可利用辐射度的一部分）	依据具体场地确定	依据具体场地确定
温度	10～20	0.80～0.90
沾污（污垢）	5～15	＞0.85
制造误差	0～3	0.97～1
电压降	＞0～3	0.97～＜1
逆变器效率	2～6	0.94～0.98

15.2　光伏系统的发电量

光伏系统的实际发电量是一个函数。该函数是由在特定条件下，一定数量的光伏阵列产生的实际能量和经过光伏系统所产生的损耗组成，即系统效率。计算光伏系统的实际发电量很重要，因为它代表光伏系统可用电量或者输出至电网的电量。

并网光伏系统的设计应包括系统发电量评估。系统发电量计算可用于回答以下设计问题：

（1）特定数量的阵列将产生多少发电量？

（2）为了达到所需发电量，需要多少阵列？

对于空间有限的场地而言，第 1 个问题可能更加重要。对于没有空间限制但有某些载荷要求的场地而言，可能第 2 个问题更加重要。

发电量的计算公式为

$$发电量 = 组件额定功率 \times 有效辐照度 \times 系统效率$$

> **知识点**
>
> 有些光伏系统的设计是基于系统性能保障的，即光伏系统的设计和安装方要保证系统在一定周期内的输出电量。在设计前期精确计算系统的发电量尤为重要，因为如果发电量达不到约定的设计值，会影响电站收益。

15.2.1　确定有效辐照度

阵列所获取的有效辐照度必须用可靠的数据进行确定，这一数据必须是阵列所在特定场所的。特定场所的有效辐照度受以下因素影响：

（1）不可避免的阴影遮挡（如周围地形、邻近结构、屋顶附属装置）。

（2）太阳能电池阵列可能的倾斜角和朝向（如固定顶平面、受三维空间或接地方式限制的区域）。

应估量场地上阴影遮挡发生率并确定其对有效辐照度的影响。可以使用 Solar Pathfinder 等工具或者使用计算机程序仿真获取。若白天有一个小阴影横穿光伏阵列，可以使用计算机程序或者做出评估进行相关辐照度损失确定。

阴影遮挡、阵列朝向和倾斜角决定了有效辐照度的损失量，同时决定了光伏系统功率计算的起始点，但这些影响因素不算作效率损失。特定场地的辐照数据是计算光伏系统功率的起始点。

$$受阴影限制的辐照度 \times 受阵列朝向和倾斜角限制的辐照度$$
$$= 特定场地阵列的有效辐照度(kW \cdot h/m^2)$$

15.2.2　计算光伏系统的效率

正如 15.1 节中所述，光伏系统的总效率也称为光伏系统运行效率，应包括组件降额运行和后级系统运行所带来的总能量损耗。能量损耗是级联的，因此降额运行和效率值应相乘（图 15.9）。

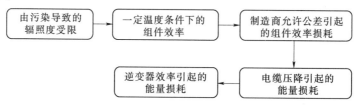

图 15.9　光伏系统的级联损耗

光伏系统的效率降低转化为显著性的光伏系统损耗，因此系统实际输出较安装容量会大幅降低。在某些情况下重新考虑光伏系统设计或投资效率较高的部件以提高系统效率会变得十分有价值的。可以用经济方法估算并权衡效率损耗所带来的经济损失和提升系统效率所需的成本。

● **要点**

$$效率＝1－损耗$$

● **实例**

计算具有下列参数的10kW阵列的光伏系统运行效率。

制造商允许公差	±3%	电压降	2%
温度影响	0.85	逆变器效率	96%
污染损耗	5%		

将以上数值转换为效率值为

制造商允许公差	1－0.03＝0.97	电压降	1－0.02＝0.98
温度影响	0.85	逆变器效率	0.96
污染损耗	1－0.05＝0.95		

乘以所有效率值，得到光伏系统的运行效率：
$$光伏系统运行效率＝0.97×0.85×0.95×0.98×0.96$$
$$－0.737$$
$$＝74\%$$

以上系数计算得出的光伏系统效率为74%，即26%的光伏系统安装容量由于上述原因而损耗。10kW阵列的损耗值换算后为2.6kW。加上特定场地辐照度由于偶然发生的阴影遮挡（损耗10%）、阵列朝向和倾斜角（损耗5%），调整后的辐射量为0.9×0.95＝0.855。最终10kW光伏系统总输出将是74%×85.5%（有效辐照度）＝63.27%。

15.2.3 计算阵列的发电量

阵列的发电量由特定场地的辐照度、模块额定功率和系统效率计算，即
$$发电量＝组件额定功率×特定场地辐照度×系统效率$$
模块额定功率以kW计，发电量则以kWh计。整个阵列也类似。W转换为kW，要除以1000。

15.2.1节计算了特定场地辐照度。特定场地的辐辐照度受该场地组件朝向、倾斜角以及偶尔阴影遮挡影响。可以以天 $[kW/(m^2·天)$ 或 $P_{SH}]$、月 $[kW/(m^2·月)]$ 或年

〔kW/(m² · 年)〕表示。所用的时间单位用来定义发电量周期。以 MJ/(m² · 年) 表示的辐照度数据除以 3.6，可以转换为 kW/(m² · 年)。

15.2.2 节计算了光伏系统效率。光伏系统效率与电池板损耗和后级系统损耗有关。效率值应用于任一能量损耗计算。使用公式效率＝1－损耗，可以把损耗转化为效率。

● 知识点

　　模块额定功率实际以 W/(1000W · m²) 〔或 W/(1kW · m²)〕为单位。1000W/m² 是电池板在测试环境下的辐照度水平（STC）。

● 实例

　　以 32 块组件，每块组件功率 175W 组成的光伏系统为例计算年发电量，使用的逆变器是 Fronius IG60。

制造商提供的参数如下：

EX#175：

$$P_{MAX} = 175W$$

$$温度系数 P_{MAX}(\gamma) = 0.5\%/℃$$

$$P_{MAX} 制造商允许公差 = \pm 3\%$$

Fronius IG60：

$$逆变器效率 \eta_{INVERTER} = 0.945$$

　　阵列的倾斜角与电站实际纬度一致。相应地，该位置电站的阴影遮挡损耗和效率损耗如下：

阴影损耗	5%	尘土/污垢损耗	6%
日平均辐照度	4.5P_{SH}	电压降损耗	2%
平均环境温度	23℃		

计算公式为

　　　　发电量＝组件额定功率×特定场地辐照度×系统效率

1. 阵列和模块额定功率

阵列包含 32 个 175W 组件，因此

$$阵列额定功率 = 32 \times 175W$$
$$= 5600W$$
$$= 5.6kW$$

2. 辐照度

已经给出日辐照度为 4.5P_{SH}，且阴影损耗为 5%（95% 效率）。因为要计算年发电量，用日辐照度乘以日照损耗并乘以 365 天，可得出年辐照度为

$$年辐照度 = 365 \times 0.95 \times 4.5 = 1560.4 kWh/(m² · 年)$$

3. 系统效率

需要考虑损耗量，大多数损耗可以从制造商数据表中得到或使用于特定场地数据，某些损耗需要转化为效率（效率＝1－损耗）。

损耗源	既有价值	效率
尘土/污垢	6％（损耗）	0.94
制造商公差	3％（损耗）	0.97
电压降损耗	2％（损耗）	0.98
逆变器	0.945（效率）	0.945

组件的温升损耗需要结合电站环境温度与组件温度系数来计算：

(1) 将环境温度加25℃得到电池温度为

$$电池温度＝23℃＋25℃$$
$$＝48℃$$

(2) 计算电池温度和标准测试温度（STC25℃）之差值为

$$48℃－25℃＝23℃$$

(3) 温度差值乘以温度系数（十进制），得出损耗值为

$$损耗＝23℃×（－0.005）$$
$$＝0.115$$

(4) 把损耗值转换为效率值

$$效率＝1＋（－0.115）$$
$$＝0.885$$

所有效率值相乘得

$$系统效率＝0.94×0.97×0.98×0.945×0.885$$
$$＝0.747$$
$$＝74.7％$$

4. 发电量

$$发电量＝组件额定功率×特定场地辐照度×系统效率$$
$$＝5.6kW×1560.4kW·h/（m^2·年）×0.747$$
$$＝6527.5kW·h/年$$

15.2.4 根据发电量计算光伏阵列大小

光伏并网发电系统需要满足预设的负荷需求。应设计光伏阵列，使系统有足够的面积来保证所需的发电量。以下实例将描述如何设计一个光伏系统，使其满足工业厂房日负荷相需求。

计算系统所需的发电量，应进行现场发电量评估，同时也要考虑效率因素。第10章已进行了描述。

　　光伏电站的发电量随有效辐照度变化而变化。因此，夏天和冬天的发电量有显著差异（原因是夏天辐照度比冬天增多）。

　　通过日耗电量、特定场地辐照度和系统损耗，可以计算出一定发电量的光伏阵列大小。辐照度乘以系统损耗就是 1kW 系统的日发电量。1kW 系统的日发电量除以预计的日耗电量得出所需阵列数的大小，单位为 kWp。

$$所需阵列大小 = \frac{日耗电量}{组件额定功率}$$

阵列大小除以选取组件的额定功率，就能算出所需组件数量。

$$所需组件数量 = \frac{阵列大小}{组件额定功率}$$

● 实例

　　一位工厂业主希望通过安装一个并网光伏发电系统补偿工厂的电力消耗。白天用电量占多数并且全年用电量比较平均。日均用电量大约为 120kW·h。

　　组件安装在平坦的屋顶上，倾斜角与地面相当，朝向正北。经计算，此阵列的日均辐照度为 $4.1P_{SH}$，阴影遮挡损耗为 2%（0.98 的效率）。

　　系统损耗的评估如下：

损 耗 源	给 定 值	效 率
温度损耗	0.85（效率）	0.85
尘土/污垢	5%（损耗）	0.95
制造商公差	3%（损耗）	0.97
电压降	2%（损耗）	0.98
逆变器	0.96（效率）	0.96

　　注意：必须先确定阵列大小，才能选择合适型号的逆变器。

　　所有效率值相乘，得出系统效率为

$$系统效率 = 0.85 \times 0.95 \times 0.97 \times 0.98 \times 0.96 = 0.737$$
$$电站有效辐照度 = 4.1 \times 0.98 = 4.108 kW·h/m^2$$

　　用日用电需求量除以有效辐照度与系统损耗的乘积，得出所需阵列大小（单位 kWp）为

$$阵列大小(kWp) = 120kW·h/(4.018kW·h/m^2 \times 0.737)/(kW·m^2)$$
$$= 120kW·h/2.96kW·h/kW$$
$$= 40.5kWp$$

　　因此，安装 40.5kWp 的阵列应能满足工厂白天所需用电量。

15.3 系统性能评估

光伏并网发电系统的发电量也可以用来评估系统的性能。实际发电能力和综合效率可用于评估系统性能，进而比较不同安装地点和不同组件的发电系统性能。

系统性能评估同时可以和系统成本计算（单位为澳元/W）结合来对系统做经济指标评估（在第 19 章中有所概述）。

15.3.1 实际发电能力

系统的实际发电能力可以用来对比不同的光伏并网发电系统，从而看出不同的技术和环境场地状况对发电效果的影响。实际发电能力单位为 kW·h/(kW·年)（或/天）。

实际发电能力计算公式为

$$实际发电能力 = \frac{系统年平均发电量}{安装的光伏阵列功率(标准测试环境)}$$

> **实例**
>
> 澳大利亚达尔文安装了一个 3kWp 的单晶硅光伏发电系统，年发电量为 3850kW·h/年。在同一区域还安装了一个 1.5kWp 的薄膜组件发电系统，其发电量为 2300kW·h/年。计算两个系统的实际发电能力。
>
> 1. 3kWp 的系统
>
> $$实际发电能力 = \frac{3850kW·h/年}{3kW} = 1283kW·h/(kW·年)$$
>
> 2. 1.5kWp 的系统
>
> $$实际发电能力 = \frac{2300kW·h/年}{1.5kW} = 1533kW·h/(kW·年)$$
>
> 不难看出，1.5kWp 的薄膜组件系统每千瓦的发电量更多。这是因为天气较热时薄膜组件的性能更好，或者是因为两个系统的其他区别。如果阵列安装在不同的地点，发电量的差别也可能是由于辐照度差别和不同地点的温度造成的。

15.3.2 综合效率

综合效率（PR）是衡量系统性能的另一个重要指标，可以用来评估系统总体设备和安装质量。综合效率为对比不同类型和规格的光伏系统，以及安装在不同地点和辐照度环境下的电站之间的性能比对提供了参考。

综合效率的计算使用系统理论发电量最大值。假设在整个系统中没有任何的能量损失〔计算法是乘以安装后的光伏阵列的额定功率（标准测试环境下）和特定场地的年平均辐照度〕。

综合效率计算公式为

$$PR = \frac{系统年平均辐照度}{理论发电量最大值}$$

● **实例**

　　两个相同的 15kW 系统安装在澳大利亚两个不同的地方，艾利斯斯普林斯和墨尔本。

　　安装在艾利斯斯普林斯的系统发电量为 7830kW·h/年。艾利斯斯普林斯平均日辐照度为 $6.2P_{SH}$，日平均温度为 28℃。

　　安装在墨尔本的系统发电量为 7830kW·h/年。墨尔本的平均日辐照度为 $4.1P_{SH}$ 日平均温度为 20℃。

　　对比两个系统的综合效率

$$PR = \frac{系统年平均发电量}{理论发电量最大值}$$

　　艾利斯斯普林斯的系统理论发电量最大值和综合效率为

　　　　理论发电量最大值 $= 5kW \times 6.2P_{SH} \times 365$ 天 $= 11315kW·h/年$

$$PR = \frac{7830kW·h/年}{11315kW·h/年} = 0.69$$

　　墨尔本的系统理论发电量最大值和综合效率为

　　　　理论发电量最大值 $= 5kW \times 4.1P_{SH} \times 365$ 天 $= 7482.5kW·h/年$

$$PR = \frac{5390kW·h/年}{7482.5kW·h/年} = 0.72$$

　　虽然墨尔本系统的总发电量较低，但其综合效率高于艾利斯斯普林斯的系统。此例表明，艾利斯斯普林斯的综合效率较低主要是因为该地区的温度较高，较高的气温引起了发电量的损失。

　　综上所述，即使环境辐照度不同，综合效率也可以用来对比不同的光伏发电系统。理论上，综合效率等于系统效率（取决于系统损耗），相关计算见 15.2.2 节，因此综合效率也可以进行不同系统之间损耗的对比。

　　特定场所的辐照度受阴影遮挡、阵列朝向和安装角度等因素影响，因此光伏系统的容量将时时根据这些因素而调整。因为这些因素的影响是不可避免，因此光伏系统的装机容量理论最大值就必须根据这些因素来调整。

　　设计者应对某一个特定的发电系统综合效率负责。然而，如果阴影遮挡是由设计本身所致（比如阵列与阵列之间的距离不够就会导致有些阵列不能一整天都接受光照），而并非设计者不可控的因素，用于计算理论发电量最大值的辐照度就不应该随着这些系统能量损失而调整。

　　综合效率的计算只是作为系统性能比对的理论依据。真正可靠的对比应该结合系统中所有有影响的因素和操作层面的考虑。

　　在电站建设合同中一般会有综合效率指标。正因为如此，系统的设计者为客户提供预期发电量数据以及影响这一数据的假设因素就显得尤为重要，这些假设因素包括各级系统的损耗，尤其要说明光伏系统是否会发生阴影遮挡或部分阴影遮挡。

习　题

问题 1

列举光伏系统中 7 种常见的系统损耗，分别说明每一种是如何减少输出的，并说出如何克服这些问题。

问题 2

计算一个环境温度为 26℃，温度系数为 905mW/℃ 的 250Wp 组件的效率。

问题 3

计算有如下系统损耗的光伏系统的工作效率：制造公差为 2%，污垢损耗为 4%，电压降为 1.5%，阴影遮挡损耗为 2%，逆变器效率为 97%，假设环境温度为 24℃，温度系数为 0.6%/℃。

问题 4

你在为一个客户安装太阳能光伏发电系统，他想让半个屋顶都布满电池板，经过计算，需要 36 块电池板。

（1）根据客户的提议，计算有以下规格的系统的年发电量。

组件数量	36	日平均辐照度	$3.9P_{SH}$
组件最大功率	240W	平均环境温度	24℃
温度系数	0.45%/℃	阴影遮挡损耗	5%
制造公差	−2%	污垢损失	5%
逆变器效率	96.5%	电压降	1.5%

（2）客户认为该系统的年发电量不能满足其负荷要求，希望扩大系统。假设系统损耗和其他因素不变，计算扩大后系统组件数量以及每年产生 13000kW·h 所需要的模块数量。

问题 5

按综合效率从低到高的顺序排列下面的 3 个 7kW 的光伏发电系统。

（1）系统 1 的年发电量为 12.555kW·h，年平均日辐照度为 $6.3P_{SH}$，日平均气温为 30℃。

（2）系统 2 的年发电量为 10.140kW·h，年平均辐照度为 $4.9P_{SH}$，日平均气温为 22℃。

（3）系统 2 的年发电量为 12.187kW·h，年平均辐照度为 $6.0P_{SH}$，日平均气温为 27℃。

图为光伏系统正在安装。

第 16 章　系　统　安　装

当完成系统设计并获批之后，可以安装并网光伏发电系统。系统设计包括所用设备、设备的安装位置以及系统配置。高质量的系统设计是高质量安装的基础。

并网光伏发电系统的安装包括很多程序和技术，以确保系统是按照适用标准和最佳做法指南进行安装。16.1 节为上述标准和指南的综述。16.2 节为成功安装光伏系统所需的准备工作。该部分包含了在进行安装前需要收集的信息。

以下章节中包含了各个主要部件安装的原则和程序：

（1）光伏阵列（16.3 节）。

（2）逆变器（16.4 节）。

（3）系统保护与开断（16.5 节）。

（4）综合电缆（16.6 节）。

（5）接地（16.7 节）。

（6）监控（16.8 节）。

（7）标识（16.9 节）。

16.10 节包括基本的系统设备检查表，安装工可依据此表制作自己的检查表，用于每次安装。

16.1　标准与最佳做法

了解光伏系统中与所安装设备的相关标准和最佳做法指南非常重要。在设计与安装环节，要求理解并满足这些标准、指南和条例（图 16.1）。

图 16.1 影响国家和州立法的标准、
工业指南与最佳做法

● 知识点

澳大利亚是世界上唯一一个在并网和离网光伏系统拥有专业标准的国家。

参考资料：

澳大利亚首都直辖区：

http：//www. actewagl. com. au/About－us/The－ActewAGL－network/E-lectricity－network/Electricityservice－standards－and－guidelines. aspx

CEC 指南

www. solaraccreditation. com. au

新南威尔士州

http：//www. resourcesandenergy. nsw. gov. au/energy－supply－industry/pipelines－electricity－gas－networks/network－connections/rules

北部地区

http：//www. powerwater. com. au/networks＿and＿infrastructure/power＿networks/power＿networks＿design＿and＿construction＿guidelines

南澳大利亚

http：//www. sapowernetworks. com. au/centric/industry/contractors＿and＿designers/service＿and＿installation＿rules. jsp

塔斯马尼亚州

http：//www. tasnetworks. com. au/industry－and－development/electrical－contractors/service－installation－rules－manual

昆士兰州

http：//www. energex. com. au/contractors－and－service－providers/electri-cal－contractor/electricity－connection－and－metering－manual

维多利亚州

http：//www. victoriansir. org. au/

西澳大利亚

http：//www. commerce. wa. gov. au/publications/wa－electricalrequirements－waer

网站链接以编辑时间为准。

　　所有的设计者和安装者必须持有相关标准（图 16.2）的副本，并熟悉其内容，包括接线电气标准、电缆规格、发电、控制元件和防雷以及民用抗风与建筑规范标准（每个CEC 认可的指南）

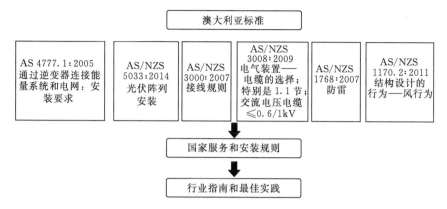

图 16.2　光伏设计与安装的相关标准

16.1.1　服务与安装准则

　　安装还需遵循当地电力服务与安装准则。由于不同地区和电网运营商会有不同的标准，因此在安装地点确定相关的服务准则非常重要。

　　服务与安装准则涵盖了当地电网并网要求，通常超过了标准所涵盖内容（图 16.3）。

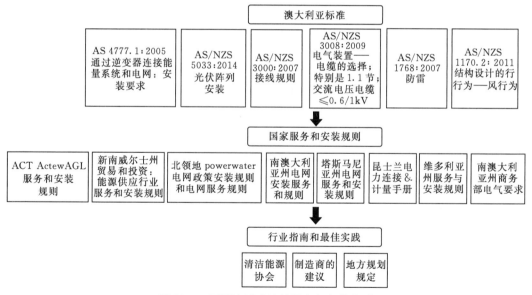

图 16.3　不同地区当地的服务与安装准则

16.1.2　行业指南与最佳做法

　　许多国家都有产业体，并且发布了最佳做法指南（图 16.4）。这些指南规定了光伏系统设计安装最安全、最有效的适用标准，特别是在特殊标准不适用时。这些最佳做法指南的更新速度通常比标准快。这意味着这些指南能够更好地反映光伏产业生产与产品的变化。这些指南也能够代表以后将要纳入标准更新版本中的内容。澳大利亚产业体代表能源部门，负责监督可再生能源系统的设计与安装的行业指南及服务。CEC 管理工业太阳能认证程序。获此认证可用来申请政府对光伏系统的退税资金。

图 16.4　清洁能源委员会（CEC）

尽管最佳做法指南可能不太容易实施，但政府计划通常需要遵守这些指南，在没有相关标准时，这些指南将作为基本要求。标准和最佳实践指南的应用能够保证高质量的设计和安装。

16.2　安装准备

在进行现场评估和计划安装期间的某些阶段，客户应已收到报价单。一旦接受了报价单，就确定了各方对工作范围、提供的设备以及报价达成的一致意见。此外，工作的职责与范围或设备供应（如其他承包商或系统所有者提供的工作和元件）的任何协议或局限，需要在报价单上特别添加。

在准备安装并网光伏发电系统时，安装者应当收集所有线路的文件，如并网文件、系统设计文件和图纸。

16.2.1　并网文件

安装者应当了解当地电力运营商的并网审批程序。特定地区的光伏系统并网安装需要向电力运营商申请审批流程。如果没有跟进，则可能推迟系统并网。例如，假设系统并网点的线路超负荷，则系统的峰值功率会受限，光伏系统输出电能便会受限，或者完全无法并网发电。所以，系统安装前的正确审批非常关键。

16.2.2　系统设计与图纸

安装者在安装时应持有系统设计图纸的副本。系统设计应详细说明各个组成部件，包括构造与模型。图纸应明确设备各个元件的位置，并且应当与前期与业主沟通的一致。

> **注意**
>
> 系统设计应该详细说明要使用的硬件和关键部件的拟建位置。
> 任何对系统设计的修改应该与设计单位商讨，并且做好记录。

提出的任何对原系统设计的修改应该告知系统设计单位并且要在更新的系统图中体现。主承建商应该持所有当前的安装图纸。系统文件主要包括：

（1）构架图，按比例绘制的安装点的平面图。展现了安装点的实际尺寸、相关现有设备的位置以及所有系统设备的拟建位置。任何竣工图和计划应在提交报价单时提交，以确保各方完全了解工作范围。

（2）材料一览表，也称为材料清单和工料调查表。是所需材料的一览表，代表系统设备核对单（16.9.1 节）。该表包含在系统报价里，特别是与材料费用相关的部分。

（3）电气原理图。也称为电路图或单线图（SLD）。是电力系统电气连接的图纸。不能展示设备的物理位置，但是有助于对电气系统结构的理解（图 16.5）。应当包括电力系统的所有电气部件。

> ● **澳大利亚标准**
>
> AS/NZS 5033：2014　第 5.7 条要求基本的连接图应包括光伏阵列的电气额定值以及所有设备的过载能力和开关整定值。

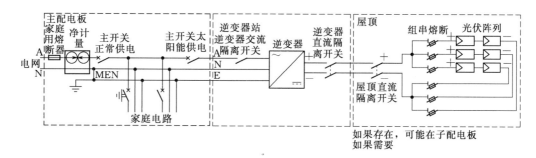

图 16.5　并网光伏阵列原理图

（4）接线图，也称为连接图，是详细的图纸，表明所有部件间的界限与相互连接。例如阵列汇流箱或配电柜的交流接线（图 16.6）。接线图应包括构件的功能，电缆型号、尺寸和颜色以及对电气回路的识别。

（5）框图。这类图纸用于描述整个系统，包括系统的功能（图 16.7 和图 16.8）。如果电路图中已经包含了所有的信息，则没有必要持有框图或单线图。

光伏系统设计的所有图纸应包含安装位置详情、图纸编号、签发日期、审批和授权、安装公司名称。

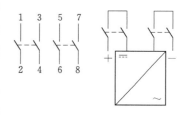

图 16.6　两极直流隔离开关串联后用于四级直流开关的接线图

> ● **澳大利亚标准**
>
> 阵列框架的建设和安装应当满足特别安装地点的 AS/NZS 1170.2：2011 抗风荷载。
>
> AS/NZS 5033：2014 第 5.7 条规定支架系统需要工程认证证书，以满足所需要的风荷载和机械负荷，并与文件一同提交。在遵循规定的安装程序的条件下，大多数支架结构制造商会提供工程认证证书。

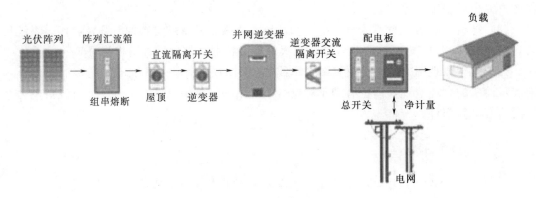

图 16.7　标准并网光伏系统框图

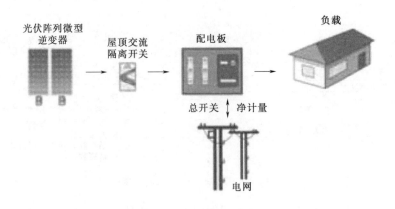

图 16.8　使用微型逆变器的并网光伏系统框图

16.3　光伏阵列安装

　　光伏阵列的安装方案应综合考虑特定的现场环境，保证模块安装到获取光照的最佳方向与倾斜角，保证支架系统适合现场的方方面面。光伏阵列设计应详细说明即将使用的所有设备（甚至包括使用的螺丝类型），以及每一块的安装步骤。在安装过程中，遵循特定的系统设计很重要，任何现场改动都应与系统设计方讨论，得其批准后实施。

　　本节重点介绍在屋顶安装阵列；但是，其基本原则可以应用于地面阵列的安装。

16.3.1　屋顶支架系统安装

　　使用的阵列支架系统应适用于阵列类型和屋顶表面，例如，瓦片的或锡的，平的或斜的。支架系统应根据阵列设计放置模块，提供符合要求的支撑，用于承受包括风荷载以及模块所需的足够气流。支架系统的安装不应导致屋顶漏水。

　　避免所有通电部件的金属互相接触非常重要，尤其是螺丝。通常使用的隔离部件有橡胶垫或不锈钢部件（图 16.9）。

特定类型屋顶的安装技术如下：

1. 瓦片屋顶

支架结构应使用合适的瓦片挂钩附在瓦片屋顶上（图 16.10）。这些挂钩放置在瓦片下，与下面的屋架相连。安装要严格遵守瓦片挂钩支架的说明书，为了满足一定的支撑和风载荷要求，所需螺丝数量以及螺丝安装深度都应按照说明书要求进行安装。螺丝应穿过屋架的中间，且不能从侧面突出。同时，如果瓦片挂钩不会达到屋架，应咨询支架系统制造商寻求可接受的包装方法。

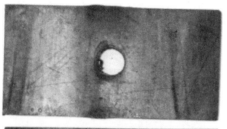
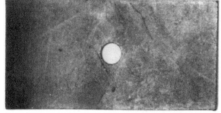

图 16.9　乙丙橡胶垫圈　　　　　　　图 16.10　瓦片挂钩的示例

适当地打磨瓦片可能使瓦片强度变弱，但可以让瓦片挂钩与瓦片下方紧密贴合，从而降低漏水的可能性。无论使用哪一种方法，安装挂钩后都要检查瓦片，保证他们不漏水。

瓦片易碎，因此在瓦片式屋顶上作业时应多加小心。

2. 金属屋顶

支架结构应使用托架附到锡制屋顶上，托架穿过屋脊与下面的桁条或椽子并用螺丝拧紧。螺丝应拧在金属板片的脊而不是沟处，从而降低漏水的可能性（图 16.11）。

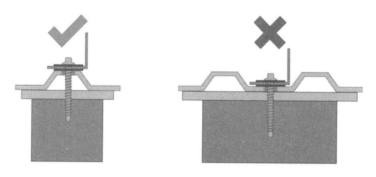

图 16.11　螺丝应拧在金属板片的脊而不是沟处

AS/NZS 5033：2014 条款 2.2.7 列出了可以用于在金属屋顶安装光伏系统的材料，考虑到了不同材料的电化学腐蚀特性。

某些金属板片产品可以支撑非穿透支架系统；例如，KlipKlamp®（Ladder Technologies）可以与 Klip - Lok™（Lysaght）屋顶一起使用。这些系统是很好的选择，因为他们能降低屋顶漏水的概率。非穿透有压载的支架系统不适用于金属板片屋顶，因为它们对于屋顶结构来说太重了。

如第 8 章所述，在金属屋顶安装阵列时应考虑以下因素，以保证安全，降低损坏屋顶的风险。

（1）任何运行中电缆的裸露端不能与屋顶接触。

（2）金属屋顶不能过热。

（3）损坏屋顶的保护涂层会导致积水、漏水和腐蚀。切屑和其他碎片（钻孔和切割的废弃材料）应至少每天清除一次，避免发生表面沾染。

（4）电镀金属应电气隔离。包括模块框架、支架、屋顶托架和屋顶。如果电镀金属没有电气隔离，则会导致屋顶和系统其他部分的腐蚀。如果使用木质支架，潮湿的木头会加速腐蚀或萃取腐蚀性化学物。木质支架不经常使用，因为它们不像采用预制件的支架一样附带有工程认证。因此，需要一名结构工程师对木质支架进行评估与认证。一些支架系统不使用轨道，模块直接用屋顶连接设备固定到屋顶上。直接固定应考虑连接点在金属屋顶下方的位置。如果连接点在纵向上比模块更宽，模块需要进行横向安装。

知识点

在光伏系统中，不锈钢是螺丝的一种好材料，因为它通常不需要电气隔离。支架脚与屋顶仍然需要某些形式的电气隔离，如橡胶垫。

3. 混凝土屋顶

平的混凝土屋顶常见于商业大楼。它们通常适合压载式支架系统，因为能承受额外的重量。如果阵列螺丝需要拧进混凝土，那么需要使用特殊的混凝土螺丝。

在 BIPV（建筑一体式光伏）系统中，模块将取代部分建筑设施，例如墙面、屋顶等。BIPV 的安装工应该有资格在被 BIPV 阵列取代的屋顶上进行替换作业。

在部分集成的 BIPV，模块不构成屋顶防水层的一部分。因此，正确的设计以及在模块下安装合适的防水层很重要。

在全部集成的 BIPV 中，模块包含了屋顶的防水层。应遵循安装说明，以保证阵列能够防水。

对于任何一种 BIPV，应重点考虑阵列与屋顶其他部分的结合点。这些部分的防水板（防水的）必须保证在防水层中没有空隙。

16.3.2　模块安装

光伏模块应根据系统设计来安装，其中规定了模块的位置（即朝向与倾斜角）。它们应用合适的方法安全地附在支架系统上。

当模块安装完毕，应进行一次可视化检查保证安装安全。

1. 模块布置

模块布置应根据系统设计。同一串中的模块应该朝向一致，倾斜角一致，尽管每个模块上使用的微型逆变器或能量调节单元可能意味着这些模块并不一定需要同样的朝向或倾斜角。

> ● **最佳做法**
>
> 模块应与屋顶成直角安装，互相在同一直线上。

所有模块之间安装时应有足够的间隔，屋顶允许气流，允许冲走下面的碎片。模块，尤其是模块框架应适应现场的风荷载要求。

> ● **CEC 指南**
>
> 根据 CEC 指南，建议模块与屋顶之间的最小间隔为 50mm。

2. 将模块附到支架系统上

通常用夹子将模块附到支架系统上，无论是附到支架轨道或者直接附到屋顶托架上。应按照模块厚度使用正确尺寸的夹子，这些夹子延伸应只越过模块框架——它们不能覆盖任何电池格，也不能在玻璃上施压。使用不同的夹子保护第一块与最后一块模块（末端夹）的外边缘和模块之间的内部边缘（中间夹）；夹具使用不当会损坏模块，影响安装整体性（图 16.12）。应避免在模块框架上钻孔，因为这会让组件制造商的保证无效。

图 16.12 中在还应安装一个中间夹时已经安装两个末端夹。左边的夹具没有与模块或轨道一致。而且，在右边夹具螺丝的正后方还有一个已经腐蚀的螺丝（暗红色）。发生这种情况是由于使用了与周围金属不同电镀材质的螺丝。

夹子安装时应与模块一致（即平行），与支架轨道一致。应使用与夹具和轨道通电类似的金属（如不锈钢）制作的螺栓，将它们附到支架轨道上。

模块附着点应根据制造商安装说明布置。如果模块边缘上的夹具间隔过大，中间可能没

图 16.12　错误夹具安装示例

有足够的支撑；如果夹具间的间隔过密，模块的末端可能没有支撑。在这两种情况下，模块都可能被损坏，因为阵列对负荷的支撑不够。

系统设计应在模块与屋顶边缘指定一块边缘区域。如果模块离屋顶边缘太近，或悬在屋顶之上，增加的风荷载会损坏模块或导致模块被抬离屋顶。此时需要根据支架系统制造商的安装说明，使用额外的固定件将模块安装到边缘区域。

16.3.3　阵列布线

阵列布线，与其他所有布线一样，应当整洁整齐，并遵循相关的布线标准。电缆额定值选择应合适，如第 14 章中所述。

> **● 澳大利亚标准**
>
> 所有布线应遵守 AS/NZS 3000：2007，AS/NZS 3008：2009 与 AS/NZS 5033：2014 章节 4.3.6 中的附加要求。

1. 模块互连

通常使用预安装在模块上的电缆和连接器连接每个模块。这些电缆在模块背后的接线盒内连接。接线盒通常是密封的，用于并网连接模块，但是，如果不是密封的，模块就会用硬连接方式取而代之（图 16.13）。

> **● 延伸材料**
>
> 本章末的延伸材料中包含了几个其他的安装主题：
> (1) 微型逆变器的安装。
> (2) 电缆终端。

　　　(a) 某个带密封接线盒的模块　　　　　(b) 某个需要硬连接的模块

图 16.13　模块互连

模块布线应避免形成导电环路（图 16.14）。减少导电环路会降低阵列布线中的雷电感应，同时减少对 AM/FM 广播信号的干扰。布线时，电缆应有物理保护，安装时不能接触屋顶。为此，可使用导线管或管道。

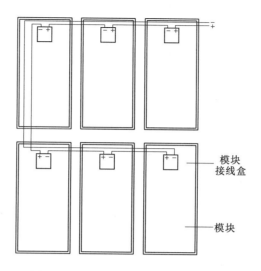

模块
接线盒

模块

图 16.14　光伏阵列正确布线回路示例

安全起见，光伏阵列内的模块连接到一起应该最后进行，应在直流断路器安装连接之后。

● **要点**

　　将光伏阵列中的模块连接到一起应该是最后进行的，在直流断路器与阵列连接之后。

● **澳大利亚标准**

　　根据 AS/NZS 5033：2014 条款 4.3.6.1；不允许使用塑料/尼龙扎线带作为主要的支撑手段。

2. 组串连接

对于不需要组串、子阵列或阵列保护的阵列，组串可用一些方法并联而不使用串列或阵列汇流箱。可供选择如下：

（1）使用 Y 型连接器（图 16.15）。这种连接器可轻松并联两个组串。

（2）使用光伏阵列屋顶直流隔离开关。组串电缆可在直流隔离开关输入终端处汇合。

（3）使用逆变器。对于多 MPPT 或多输入

图 16.15　某个多触点 MC4 Y 型连接器
（来源：多触点）

逆变器，组串电缆可以单独从屋顶放线到逆变器。如果使用这一选择，为了切断电流，应将每个组串电缆都视作阵列电缆。这就意味着，大多数情况下，每个组串电缆都需要在邻近组串（屋顶上）和临近逆变器（地面上）安装一个直流隔离开关。

> **要点**
>
> 隔离开关也称为隔离器。

图 16.16　阵列汇流箱示例

对于需要组串、子阵列或阵列保护的阵列，应使用组串阵列汇流箱来放置系统保护装置并互相连接组串、子阵列（图 16.16）。从底部穿过的多个正极和负极串联电缆（Ⅰ）汇合在各自的断路器（串联过电流保护Ⅱ）。然后阵列电缆穿过过载保护（Ⅲ）和阵列直流断路器（Ⅳ），再穿出底部到达逆变器（Ⅴ）之前。

在不需要过电流保护的情况下也可使用汇流箱，因为它能放置直流隔离开关并为电缆互连提供保护。

阵列、子阵列汇流箱应根据位置拥有对应的 IP 防护等级。对于户外设备，应有 IP54 防护等级加上抗紫外线防护。制造商的说明书会指导保持 IP 等级的安装步骤。例如，所有进入汇流箱的电缆应从底部穿入，避免进水。

安装工为了排水或通风可能要在盒子上钻孔。然而，给盒子钻孔会导致 IP 等级无效，这种做法在施工中应该避免。

> **注意**
>
> 通风排水设备可以向拥有相应外壳 IP 等级的重点供应商购得。

> **要点**
>
> 最佳的做法是，所有进入汇流箱的电缆穿过指定的底部接入点，避免进水，并保持外壳的 IP 等级。

> **澳大利亚标准**
>
> 根据 AS/NZS 5033：2014　条款 4.3.3.1，屋顶附件应至少为 IP55 等级。

3. 屋顶穿透

为了防紫外线穿过屋顶的电缆应位于模块之下，并且应该使用适当的密封方法。例如，Dektite 是一个屋顶防水板品牌，用于对进入屋顶的电缆周围进行密封。针对瓦片屋顶与金属屋顶有不同的型号（图 16.17）。

16.3.4　接近阵列

对于高于 600V 的非家用阵列，阵列在屋顶所处的位置应该有严格的接近限制，对逆变器也是一样。只允许授权人员接近阵列以及所有直流布线。例如穿过固定梯子的锁栏、可伸缩梯子、关闭的门以及围墙。

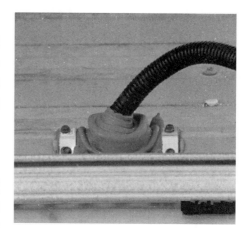

图 16.17　金属屋顶遮雨板（Dektite）

16.4　逆变器安装

应根据现场特定系统设计来安装逆变器。在安装过程中，应遵循系统设计，与系统设计者讨论现场变化。

16.4.1　逆变器的位置

按制造商要求，逆变器应位于洁净的环境之中，置于合适的通风条件下。对逆变器的安装与替换必须有安全的途径且周边工作环境要整洁与安全。例如，接近逆变器不需要梯子，到达逆变器不需要跨过任何其他物体。

逆变器通过一个附在墙上的产品兼容板来安装。这种墙面附着必须安全且能够承受逆变器的全部重量。

逆变器的安装应与其 IP 等级对应，户外性应为 IP54 且可以抗紫外线。

16.4.2　逆变器的接线

逆变器的接线，与其他所有接线一样，周边环境应整洁有序，遵循相关的线路标准。电缆额定值的选择需合适，如第 14 章中所述。

> ● 知识点
>
> 　　按照制造商要求，逆变器的周围空间指的是洁净的空间，因此不能有其他的设备安装在逆变器的周围区域。也就是说，一些设备，如断路器与围墙不能安装在那一区域内。

电缆接入逆变器时，保持逆变器的 IP 等级非常重要。这包括：

（1）安装电缆后更换逆变器的外罩。

（2）在适用的情况下，为所需数量的电缆安装适当的密封套管。

大多数逆变器的底部都有电缆入口，从而降低水从电缆入口进入的概率。使用的任何内部连线应为同一类型，由同一制造商生产。

> ● **澳大利亚标准**
>
> 所有线路应满足 AS/NZS 3000：2007 和 AS/NZS 3008：2009。
>
> AS/NZS 5033：2014 第 4.3.6.3.2 条写明，重负荷线路要求所有直流电缆在建筑之内（存在一些非生活用电设施的例外）。
>
> AS/NZS 5033：2014 第 4.3.7 条要求所有互连的接插件应为同一类型，由同一制造商生产。

从逆变器出发以及到达逆变器的电缆应有机械支撑，那样就不会有松的电缆回路，避免有人意外拉到逆变器电缆。如果连入逆变器的直流电缆需要排管，排管应与逆变器等高，一出逆变器，布线就要进入排管。

16.5 系统保护与开断

阵列应安装保护装置与开断装置，并且应遵循相关的光伏保护标准。如第 13 章所述，保护装置与开断装置必须有合适的额定功率。

16.5.1 直流过电流保护

应将标准中要求的任何直流过电流保护装置置于组串及阵列汇流箱中。组串过电流保护装置可以与断路器形式的开断装置相结合；在这种情况下，确认断路器是非极化且正确连接的十分重要。

> ● **澳大利亚标准**
>
> 所有系统保护都应遵循 AS/NZS 5033：2014 与 AS 4777：2005 的要求。
>
> 依照 AS/NZS 5033：2014 第 4.4.1.5 条，澳大利亚并联系统中必须包含有一个邻近阵列的阵列直流隔离开关。如果逆变器距离阵列超过 3m 或者不在阵列的视距内，则需要在逆变器上安装一个额外的隔离开关。
>
> 注：在 AS/NZS 5033：2014 第 4.3.4 条下，极化直流断路器不再适用。

不建议使用极化断路器有两个主要原因：①极化断路器在接线时容易出错；②极化断路器不适合用于组串及子阵列过电流保护装置中，因为它们不能提供反向电流保护。

16.5.2 直流开断装置

开断位置决定直流开断装置的要求，例如，开断位置在组串、子阵列或整个阵列，要求会有差异。

1. 组串隔离开关

组串隔离开关不要求具备负荷分断能力或闭锁功能，因此，模块接插件连接器是合适的。如果需要组串过电流保护，断路器可以作为过电流保护装置以及开断器。

2. 子阵列隔离开关

只有包含子阵列的阵列才需要子阵列隔离开关。子阵列隔离开关不需要具备负荷断开能力，但是由于阵列通常都是十分大型的，为了安全建议使用负荷开关。

> **● 要点**
>
> 一个负荷开关可以被看作一个隔离开关。

3. 光伏阵列直流隔离开关

光伏阵列直流隔离开关应为带自锁功能的隔离开关，即负荷开关。这些开关可以是旋转型的（图 16.18），也可以是一个断路器。即使不需要光伏阵列过电流保护，断路器也可以提供过电流保护以外的开断方式。

图 16.18　两个旋转式直流隔离开关
（注意它们都被贴上了隔离器的标签）

光伏阵列直流隔离开关的安装位置可能会依据相关标准而变化。可能需要在靠近阵列的地方安装一个隔离开关，而且在很多情况下，也需要在靠近逆变器的地方安装一个，除非逆变器在离阵列 3m 及阵列的视距范围内。正如逆变器安装手册中所规定的，靠近逆变器的直流隔离开关的安装位置应为逆变器通风设备留出足够的位置。

依据安装类型，光伏阵列直流隔离开关应是现成的且易接近的。

> **● 实例**
>
> AS/NZS 5033：2014 第 1.4.5 条将"现成的"定义为在不需要拆除任何构件、橱柜、凳子等的情况下就能够进行检查、保养或维修工作。

图 16.19　AS5033：3.1 2014
的应用实例

AS/NZS 3000：2007 第 1.4.2 条将"易接近的"定义为高出地面或楼层平台不超过 2m，同时在不需要爬过或移除障碍物或者使用可移动梯子的情况下就能够快速到达。

1. 家用直流隔离开关必须是现成的且易接近的

（1）不应该需要通过拆除任何设施才能接近或操作隔离开关。

（2）家用屋顶隔离开关应安装在一个人在屋顶上就能安全够到的地方。如果安装在模块下方，则应在不需要移除任何模块的情况下就能够很容易接近和操作。

（3）家用接地隔离开关不应该需要梯子才能到，也不应该被封闭在门后。

2. 非家用型高于 600V 的隔离开关应该是现成的但不是易接近的

（1）逆变器和隔离开关可以安装在只有经授权的人员才能进入的房间内。

（2）逆变器和隔离开关可以安装在一个带锁的外壳内（图 16.19）。

使用的隔离开关应该有适合其安装位置的防护等级。所有室外隔离开关的最小防护等级要求为 IP54，但是屋顶隔离开关的最小防水等级则为 IP55。隔离开关安装的主要问题之一就是进水，尤其是对室外型来说（图16.20）。如果水进入外壳，会造成隔离开关短路，导致火灾发生。为了保持防护等级的完整性，同时降低进水的可能性，应遵循以下几点：

图 16.20　进水受损的隔离开关

（1）应将断路器封装在一个合适的外壳内（图 16.21）。外壳的开口应背朝天空，进入外壳的电缆引入线应尽可能在外壳底部。

（2）为了使电缆引入线在外壳底部，应安装旋转式隔离开关。按照厂家的说明，应将所有为了连接隔离开关而移开的覆盖物放回原位。

（3）依照厂家说明，应正确密封螺钉。

（4）即使导线是朝下或者被置于模块下方，也应将导线管末端密封起来。

隔离开关内的电缆引入线应使用于电缆数量相匹配的密封套（图 16.22）。此外，邻近逆变器的直流隔离开关可以从墙洞直接接一根电缆引入线到隔离开关盒内。如果是在这种情况下，必须用防火材料将电缆引入线密封起来，以防火破坏墙洞。

图 16.21　断路器外壳

图 16.22　将电缆密封套由单电缆
输入改为双电缆输入

AS 3000：2007 第 1.5.12 条及第 2.9.7 条声明了为防范火势蔓延进行电缆引入线封装的要求。

在给隔离开关接线时，应仔细遵守厂家说明以及系统设计要求，以确保接线正确，同时电压等级与额定电流设计符合要求。通常，旋转式隔离开关都含有对角内极连接（图 16.23 和图 16.24），对没经验的安装者来说，这种结构是很让人困惑的。为了消除隔离开关接线过程中电弧作用的可能性，应将连接着隔离开关的每个组串中的模块断开，直至完成接线。

● 实例

图 16.23 展现了一个旋转式隔离开关的接线图。这是一个四极隔离开关（即有 4 个开关），第 1 个极位于端点 1 与端点 2 之间，第 2 个极位于端点 3 与端点 4 之间，以此类推。

虽然接线图中显示连接点是彼此相对的，终端实际上是相互在斜对面的（图 16.24）。

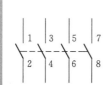

（a）原理图

（b）实物图

图 16.23　四极隔离
　开关接线图

图 16.24　四极旋转式隔离开关上端点的实体布局

由两个模块串联组成的阵列，使用四极隔离开关的连接如图 16.25（a）所示。每一个组串的模块的隔离开关连接如图 16.25（b）所示。每一个组串安装 2 个触点会增大隔离开关的额定电压。设计时应考虑所选隔离开关的额定电压及额定电流值。

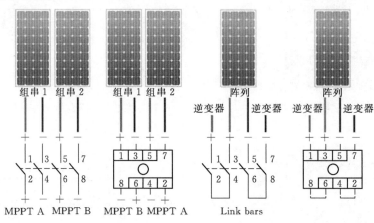

（a）1 个触点与 2 个模块/组串连接　　（b）2 个串联的触点与 1 个模块/组串连接

图 16.25　四极旋转式隔离开关的内部原理图

16.5.3　交流断路器

太阳能供电系统总开关（也称光伏阵列总开关）是一个位于总开关板上的负荷隔离、

封闭式交流隔离开关。如果总开关板与逆变器无法互见，则需要在邻近逆变器处安装一个额外的封闭式交流开断装置。

太阳能供电系统总开关应该是一个设定好合适过流保护定值的断路器，正如对所有开关板电路的要求一样。该过流装置保护逆变器交流电缆来自电网的故障电流。断路器定值应合理设置，以使其不会在逆变器的最大输出电流时过早跳闸。可以用一个智能锁对断路器进行锁定（图 16.26）。

图 16.26　智能锁可用于将断路器锁定在合适的位置上

16.6　综合电缆

并网光伏系统包含直流电缆和交流电缆。直流电缆或交流电缆的安装要求有些不同，而有些原则对两种电缆均适用。

16.6.1　直流电缆和交流电缆

直流电缆和交流电缆的每一部分应当与其功能正确匹配（第 14 章）。所有电缆都应安装整齐并符合相关要求。应特别注意电缆终端以确保创立一个清洁、安全的连接，安装结束时应检查所有电缆终端。

任何运行在建筑物内部和毗邻建筑物表面的布线应是松散的或至少保持远离建筑物表面 50mm。直流电缆和交流电缆应相互隔离（图 16.27）。

图 16.27　直流电缆和交流电缆的开关应保持隔离

> ● **行业指南**
>
> CEC 准则规定在同一机箱内直流和交流部分的连接应隔离。

> ● **最佳做法**
>
> 交流和直流电缆应安装在单独的机箱。

16.6.2　直流电缆

直流电缆运行在太阳能模块和逆变器的直流侧之间。直流电缆应双重绝缘（即标准太阳能电缆、合适的额定值），其绝缘水平应保持到汇流箱的电缆终端点。电缆的物理保护取决于电缆的运行位置。

1. 外部电缆（如在屋顶）

使用抗紫外线电缆或抗紫外线排管，使其免受紫外线的破坏。倘若未在排管内，电缆也需要机械防护，以便其不与屋面材料接触，避免损坏。

2. 内部电缆

这种电缆应安装在重型（HD）排管内，包括屋顶和墙壁内。

> ● **澳大利亚标准**
>
> AS/NZS 5033：2014 记载了并网光伏系统对直流电缆的所有要求。

> ● **知识点**
>
> 直流电缆只要一离开建筑物就必须免受紫外线的损坏。因此，许多安装人员在建筑物内部和外部都使用重型排管（我国称为 YC 重型橡套电缆）。

直流太阳电缆应每两米标明"SOLAR"。并且，所有用于直流电缆的排管应在末端和转弯处标明"SOLAR"。

任何用于直流电缆的接头应属同一类型和同一生产制造商。

16.6.3　交流电缆

交流电缆运行在逆变器的交流侧和主配电板之间。交流电缆的额定值应大于逆变器输出和主开关额定值。

> **澳大利亚标准**
>
> AS 4777：2005，AS/NZS 3000：2007 和 AS/NZS 3008.1.1 规定了交流电缆的要求。

16.7　接地

并网光伏发电系统的接地系统应根据相关标准和指南进行安装。并网光伏发电系统的任何不导电部分，如模块框架和安装系统，应等电位地连接。对于等电位连接，采用恰当的方法尤为重要，需考虑不同金属电镀之间的腐蚀。结合太阳能光伏组件安装结构和可用的商业产品设计，可以为太阳能发电系统创建有效的接地方案。例如，WEEB 垫圈采用不锈钢制造，能够产生铝框架的导电涂层（图 16.28）。使用此类产品不需要地线运行到每个单独的模块。

所有与安装轨连接的接地线应喷有抗腐蚀油漆，保护接地线免受天气原因腐蚀。

图 16.28　某装配夹正在使用 WEEB 垫圈

如果系统设计包含防雷保护，那么该防雷保护应结合接地与浪涌保护器。

> **要点**
>
> 自攻螺钉系列不可用于接地，因为它们易受腐蚀。

> **澳大利亚标准**
>
> AS/NZS 5033：2014 条款 3.4.3 要求，任何有功能性接地的系统需安装有带报警器的接地故障断路器（EFI），以警告系统业主或操作者出现了接地故障。报警器可以是声音报警或置于可被察觉处的灯光报警。

16.8　监控

并网逆变器一般对系统输出和电网信号进行监控，并显示测量值。监控设备可用来跟逆变器通信，使系统监控更为方便，且能够存储数据，用更有意义的方式将数据展示出来。

监控设备和逆变器之间的通信方式可以是有线的，也可以是无线的。重要的是要确定网点和通信能够支持系统的监控访问和传输。监控设备的安装应该遵循制造商的指令。

16.9　标识

> **澳大利亚标准**
>
> 并网光伏系统的强制性标识要求（包括需要的颜色）见 AS/NZS 5033：2014 第 5.3 条和 AS 4777：2005 第 5.5 条。

作为系统安装的重要部分，标识应该遵循相关标准。表 16.1 概括了主要标识要求。

表 16.1　太阳能光伏系统关键标识要求

位　　置	标　识　要　求	标　　准
电缆	每 2m 永久且明确标有 "SOLAR" 或每 2m 标有 "SO-LAR" 标识的独特彩色标签	AS/NZS 5033：2014 第 5.3.1 条
汇流箱	标记在汇流箱上的标识用黄底黑字写有："警告：直流电压，危险"	AS/NZS 5033：2014 第 5.3.2 条
光伏阵列和直流开断装置	隔离开关显眼位置设有标识，写有："光伏阵列直流隔离装置"	AS/NZS 5033：2014 第 5.5.2 条
独立的直流开断装置	邻近逆变器有标识，黄底黑字写："警告：并联直流电源隔绝设备需断开所有的直流开关"	AS/NZS 5033：2014 第 5.5.2 条
关闭程序	关闭程序应该标记在标识上，通常安装在逆变器上。需要涵盖以下内容："警告：光伏阵列直流隔离开关不能断开光伏阵列和阵列电缆"。用于识别隔离开关的词汇应该与隔离开关的标签上使用的词汇完全一致	AS/NZS 5033：2014 第 5.5.3 条
内置配电板	显眼位置有标识，写有 "警告：双电源供电，操作此配电板前，分开普通供电与光伏供电"	AS 4777：2005 第 5.5.2 条
内置配电板	毗邻光伏阵列总开关的标识写有 "太阳能供应总开关" "正常供应总开关" "逆变器位于"	AS 4777：2005 第 5.5.2 条

续表

位　置	标　识　要　求	标　准
临近主配电板或电表箱位置	功率等级大于500W的建筑光伏阵列，以及开路电压大于50V的，红底白字的标识写有："太阳能阵列（位置）短路电流：__A；开路电流：__V"； 基于某一特定的模块额定值的基础上计算这些数据非常重要，而不是来自安装期间的测量值	AS/NZS 5033：2014 第5.4.1条
临近主配电板或电表箱位置	功率等级大于500W的建筑光伏阵列，以及开路电压大于50V的，直径至少为70mm的圆形绿色反光标识，写有白色内容："光伏"	AS/NZS 5033：2014 第5.4.2条

综合安装方案对顺利安装至关重要。它包含了完成安装所需的所有工具和材料，而计划不周的安装既没有效率，又会浪费时间。

安装计划应该包括详细的检查表，将用于：①列出所有相关的设备；②确保所有的工具和设备已经装载完毕，等待运输至现场。材料一览表可以作为检查单的基础（表16.2展示一个检查单的例子）。

表16.2　　　　　　　　　　　光伏系统设备检查清单案例

项目编号	项　目　类　型	模块编号	所需编号	详情	OK
光伏阵列和支架					
1	光伏模块				
2	太阳能支架结构				
3	连接模块和框架的硬件				
4	连接框架和顶部的硬件				
5	确定顶部防水性的硬件				
直流电缆					
6	电缆（模块至屋顶直流隔离开关）				
7	排管（模块至屋顶直流隔离开关）				
8	电缆（阵列直流隔离开关至汇流箱）				
9	排管（阵列直流隔离开关至汇流箱）				
10	电缆（汇流箱至逆变器直流隔离开关）				
11	排管（汇流箱至逆变器直流隔离开关）				
12	电缆（逆变器直流隔离开关至逆变器）				
13	排管（逆变器直流隔离开关至逆变器）				
14	电缆和排管的固定硬件				
汇流箱和直流保护					
15	汇流箱				
16	固定汇流箱到墙上的硬件				
17	过电流保护装置				

项目编号	项 目 类 型	模块编号	所需编号	详情	OK
18	屋顶阵列直流隔离开关				
19	逆变器直流隔离开关				
逆变器					
20	逆变器				
21	逆变器固定硬件				
交流布线和交流保护					
22	电缆（逆变器至配电板）				
23	排管（逆变器至配电板）				
24	电缆和排管的固定硬件				
25	光伏逆变器交流断路器				
26	光伏系统交流总开关				
其他					
27	必须的标识				
28	安装工具（技术人员准备清单）				

16.10　扩展材料：微型逆变器的安装

使用微型逆变器的光伏系统，其安装过程不同于标准的并网光伏发电系统。微型逆变器安装在每一个（或每两个）太阳能模块的后面，将模块中的直流电转变成该部位的栅极电压交流电。这意味着微型逆变器系统具有有限的直流配线，这些直流配线的小部件大多为低电压配件（ELV）。微型逆变器通常内置有直流和交流配线，配有插头和接插件。安装有限直流配线的特点有：

（1）没有直流隔离开关。

（2）没有直流过电流保护。

（3）在顶部和内部有交流电缆，没有直流电缆。顶部外露的交流电缆仍然需要保护免受紫外线照射，应使用抗紫外线等级的电缆或抗紫外线等级的排管，但是室内的布线不需要 HD 排管。

（4）等电位接地方式不相同。因为交流电缆通常有充足的双重绝缘，因此建议至少沿轨道敷设的交流电缆应该等电位接地安装。

● **最佳做法**

光伏模块和微型逆变器间的接插件应该是同一制造商的同一模块。

16.11 扩展材料：电缆终端

插头连接可以应用于并网光伏系统中的大多数直流电缆。但是，电缆终止的地方不使用插头，如电缆与断路器的连接。

不牢固的电缆连接有可能产生电弧，所以在模块之间连接和模块与隔离开关终端连接时必须要避免。

有三种典型方法用来有效连接电缆终端：螺丝接线端子、接线柱和螺旋夹端子（图16.29）。为确保完善连接，必须使用正确的卷边工具。

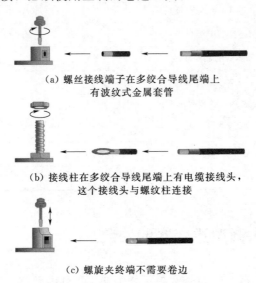

(a) 螺丝接线端子在多绞合导线尾端上
有波纹式金属套管

(b) 接线柱在多绞合导线尾端上有电缆接线头，
这个接线头与螺纹柱连接

(c) 螺旋夹终端不需要卷边

图 16.29 三种连接电缆终端的方法

习　题

问题 1
列出澳大利亚光伏系统安装方必须遵守的 6 条主要标准。

问题 2
为什么支架结构要通过波纹状顶部的薄膜脊安装，而不是薄膜凹陷处？

问题 3
为什么安装模块要在模块与顶部间留距离？

问题 4
安装者能不能因为排水或通风，在汇流箱钻孔？解释你的答案。

问题 5
对于以下安装，必须采取哪种的预防措施（如果有）？
（1）住宅区 500V 光伏系统。

（2）商业区 700V 光伏系统。

问题 6

列出直流电缆的要求。

（1）室外。

（2）室内。

图为安装者正在向业主说明系统开启和关闭的程序。

第17章 系 统 调 试

当并网光伏发电系统安装完成后，安装者必须对系统进行调试。系统调试的记录结果将确定系统是否达到设计要求，并且在结构上和电力上遵守相关标准和方针。

完成系统调试后，由安装者正式提交至系统用户。有时系统调试必须在有用户或第三方在场时进行，以满足"目击测试"要求，虽然这通常仅对商业或公用事业规模的光伏系统有需要。

系统调试证明系统可靠、规范并且为安全操作做好准备。系统调试通常是一个项目中重要的里程碑，证明项目完成并且系统安全和质量要求得到满足。

系统调试文件提供与系统性能和安全相关的文件初始记录。系统移交过程应要求安装者将调试文件的完整复件和相关标准所要求的其他文件交给用户。

● 澳大利亚标准

AS/NZS 5033：2014 第 5.7（h）条要求安装者将系统的完整调试表格和安装清单交给客户。

17.1 系统验证

系统验证可以证明此系统的所有部分都遵守设计要求和相关标准。这包括系统文件的证明，以表明设计符合所有规定的要求。

此过程需确保所有系统文件都进行了正确编辑并发送给客户。该文件可视为用户手册的一部分，并且至少应该包括以下项目：

（1）设备清单。

（2）系统接线图。

（3）系统性能评估。

（4）系统与分系统操作规程。

（5）应急、维修时的关机和隔离程序。

（6）维护程序和时间表（第 18 章）。

（7）系统监控。

（8）保修信息。

（9）设备制造商的文件和手册。

（10）调试记录与安装检查清单。

以下章节详细描述了系统手册中应包含哪些信息。

17.1.1　设备清单

系统用户的手册应包括一份详细列明所有系统元件和其已经安装的数量的清单，包括：

（1）电池组件。

（2）逆变器。

（3）阵列支架系统。

（4）阵列汇流箱（如有）。

（5）直流开关与过流保护装置。

（6）过压保护装置（如有）。

（7）逆变器交流隔离开关。

应在设备清单中提供的信息包括：①商标；②样式或型号；③数量；④序列号（如果可得到）。此信息对于以后检修和替换故障组件很有用。

17.1.2　系统接线图

用户的手册中应至少包含两个图表。

（1）基本电路图（也称单线电路图），包含光伏阵列和逆变器的额定电功率。

（2）系统平面安装图，展示所有主要组件的位置。

还应包含所有详细布线图、立面图、截面和绘图细节。

17.1.3　系统性能评估

根据系统和站点特定信息，用户手册应包含系统预期发电量，详细信息见第 15 章。此系统性能评估也应包含基于电站关税结构计算出的货币收益，在手册的评估计算中强调假设条件非常重要，包括计算是基于年平均辐照度和年发电量每年不同。即使不提供系统性能保证（第 15 章），也应提供此信息。

　　系统性能保证可以是提供给客户的或者客户要求提供的。此文件保证系统在规定时间范围内（例如，每年或在其使用期内）的发电量。

17.1.4　系统与分系统操作规程

　　手册应包含对系统、每一个主要组件的功能、系统如何运作以及推荐的安全事项，比如系统断电程序的简介。

　　系统的操作规程应提供当系统接地故障发生时的处理流程清单。

　　如果系统不包含任何储能电池，应向用户解释系统会在电网故障时因逆变器的反孤岛保护功能而关闭（例如，当输电网无电源可用时），这一点很重要。

17.1.5　应急、维修时的关机和隔离程序

　　手册应包含两个关闭和隔离程序。

　　（1）如何在进行维修时隔离全部或部分系统。

　　（2）如何在紧急情况中隔离并关闭系统。

　　根据系统的大小和复杂度，特定维修程序可能不要求整个系统关闭。例如，多个组串并联的系统，其中单个组串可以进行隔离并进行维修，而逆变器仍然连接其他组串工作。在所有情况下，这些程序都必须以文件形式记录，才可以确保维护人员的安全。

　　在紧急情况下，至少需要断开逆变器的交流开关和光伏阵列直流开关，并且根据当地电气规章要求，需要用适当标签封锁配电盘上的关闭开关。紧急关闭程序应该在系统移交前完全依照系统用户要求进行。

● 实例

关闭程序实例

　　以下为一个完整的关闭和隔离程序实例，从1～7详细叙述，这个处理程序可用于关闭所有电源（包括太阳能系统），或者在紧急情况中使用。为了仅关闭太阳能阵列，将实施步骤2～7。

　　1. 配电柜

　　断路器，贴有"正常电源总开关"标签。如果允许，断开（例如，关闭）正常电源总开关，将光伏系统或其他部件与电网隔离。逆变器将自动停止发电。

　　2. 配电柜

　　断路器，贴有"太阳能供电总开关"标签。断开太阳能供电总开关，将太阳能光伏系统与其负荷隔离。逆变器将自动停止发电（如果正常供电总开关未关闭）。断开断路器后须锁住断路器并贴上标识。

　　3. 与逆变器相邻的交流电隔离开关

　　断路器，贴有"太阳能供电交流隔离开关"标签。断开太阳能供电交流隔离开

关，将太阳能光伏系统从其电力供应中隔离出来，位于与逆变器最近的位置。

4. 与逆变器相邻的直流开关

直流开关，贴有"光伏阵列隔离开关"标签。直流开关在逆变器的直流侧将光伏阵列的正负两端与逆变器隔离开。断开直流开关须锁住断路器并贴上标识。这些隔离开关须设定为额定断开保护，但是交流侧应首先隔离。

5. 与阵列相邻的直流开关

直流开关，贴有"光伏阵列隔离器"标签。直流开关在距离组件最近的位置隔离。这些隔离开关须设定为额定断开保护，但是交流侧应首先隔离。

6. 过电流保护（如果存在）

保险丝，贴有"警告不要拆下带电的保险丝"标签。只有当交流开关和直流开关断开后，才可以从保险丝座处移动保险丝。保险丝为非负荷开端，因此，不应在有电流时移除保险丝。

7. 模块连接器（超低电压连接器）

正极（＋）和负极（－）模块电缆引线插头和插座。当交流开关和直流开关断开并移除保险丝后（如果存在），模块连接器可以断开，以便完整阵列变为超低电压状态。

17.1.6 维护程序和时间表

第 18 章详细说明并网光伏系统的维护要求以及应包含在系统维护记录表中的表格。与此相关或相似的信息应合并为系统手册的一部分。

17.1.7 系统监控

手册中应有一部分内容告知用户如何监控光伏系统以确保操作正确。很多逆变器有监控的功能，如第 7 章所述。如果逆变器包含这些特征，应对系统用户提供关于如何使用的说明。如果和系统一起提供单独的监控单元，手册必须包含关于其操作的信息。

手册也应说明如何使用并读取和系统一起提供的电表，以确保整个系统的可操作性。

● 澳大利亚标准

AS/NZS 5033：2014 第 4.3.6 条提供关于电缆的指南，包括 PV1－F 认证的要求。

17.1.8 保修信息

并网光伏系统的建立要求安装者提供服务和产品。有四种适用此系统的担保类型，分别是：

（1）产品质量保证，包含产品制造过程中产生的瑕疵。

（2）产品质量保证，针对发电量的衰减。

（3）系统质量保证，包含系统安装质量及性能衰减。通常安装者会提供安装保证文件，例如至少 12 个月的保修期。

（4）发电性能保证，针对一段时间内并网光伏发电系统的发电量所做出的担保。

前两个担保由设备制造商提供并负责。在出现设备故障时，系统用户将联系与任何担保请求权相关的安装者或系统零售商。系统零售商或安装公司提供第三个和第四个担保。与系统相关的所有担保细节应包含在系统手册中。

17.1.9　设备制造商的文件和手册

系统手册应包括制造商提供的所有设备手册。包括逆变器手册、光伏组件数据表、产品保证和系统设备中平衡部件的技术信息。支架系统数据表也应包含在此文件中。支架系统制造商可能对其已经取得结构验证的产品提供一套标准结构设计说明。但是在特定系统安装中，结构设计也要得到证明。如此，使用的可适用标准应该在已发布的信息中着重强调。如果不提供制造商的结构验证文件，结构工程师将不得不提供针对特定安装场地的结构证明。

17.1.10　调试记录与安装检查清单

安装检查清单用来确保系统已经达到设计要求和安装标准。以下为建议使用的清单模板（表 17.1），包含应检查的信息。

表 17.1　　　　　　　　　　安 装 检 查 清 单 模 板

安装单位：	
安装单位许可证号（如果适用）：	
安装单位签名：	
竣工日期：	
安装地址： 客户名称： 客户联系方式：	
组件制造商：	光伏组件型号：
组件安装相关建筑标准： 是□　否□	
所有连接至相同 MPPT 的光伏组件品牌和型号都相同，或者有相似额定电气特性： 是□　否□	
所有连接至相同列的光伏模块有相同倾斜角和方位角： 是□　否□	
串联组件编号： 列 1： 列 2： 列 3： 列 n：（按需要增加）	并联组件编号： 子阵列 1： 子阵列 2： 子阵列 3： 子阵列 n：（按需要增加）
阵列支架系统制造商：	
阵列支架系统型号：	
阵列支架系统认证的安装位置参数： 是□　否□	

阵列支架系统不使用或接触任何导电类金属：

是□　否□

所有附件都进行适当封闭并防水：

是□　否□

光伏阵列电压符合现场当地规程：

是□　否□

光伏系统布线合理，不受机械应力作用：

是□　否□

光伏阵列使用单芯双层绝缘布线，符合相关标准：

是□　否□

在必要的地方就提供过电流保护：

是□　否□　不需要□

所有直流部件均按正确的额定电压等级进行配置，并且电压范围要高于或等于组件最大电压：

是□　否□

所有交流部件均按电压要求正确选型：

是□　否□

所有组件都适合其运行环境，并且有合适的 IP 和 UV 等级：

是□　否□

开断装置和保护装置（安装了的）在维修或紧急情况时可用：

是□　否□

开断装置符合频率使用要求，并且与温度调整操作电路电流相匹配：

是□　否□

开关要满足能够在负荷最大电流时切换（只要需要），并且不分正负极（对直流断路器而言）：

是□　否□

光伏阵列开关中断所有带电导体：

是□　否□

光伏导体载流容量与潜在系统故障电流或过电流保护（只要安装了）值相等或更大：

是□　否□

光伏电缆暴露在外的部分有防紫外线功能或者安装在防紫外线排管中：

是□　否□

使用的固定布线方式以延续系统使用期限：

是□　否□

在建筑物中的直流电缆重型排管保护：

是□　否□　不需要□

汇流箱根据制造商推荐规范来安装：

是□　否□

使用合适的从底部进入的电缆衬垫使汇流箱的运行免受环境影响：

是□　否□

在整个系统中维护两导体之间的双绝缘：

是□　否□

光伏插头、插座和连接器符合相关标准，适用于安装环境并且仅与同样的品牌和型号连接：

是□　否□

续表

根据相关标准和系统参数适当保护并定级安装在光伏模块外部的阻塞和旁路二极管：
是□ 否□

过流保护装置（如果需要）安装在与组件电气距离最远的导体末端：
是□ 否□ 不需要□

如果阵列不在逆变器附近，直流开关可位于与逆变器相邻的位置：
是□ 否□

在多路直流开关安装的位置，需要将他们分组并贴上标签，这样可以明确操作使其与系统隔离：
是□ 否□ 不需要□

所有裸露的金属模块结构和支架设备都接地并且根据相关标准进行等电位连接：
是□ 否□

光伏模块和支架结构选用合适的接地连接：
是□ 否□

不因单个组串接地连接的移除而破坏阵列剩余部分装置的接地连续性：
是□ 否□

接地导体型号和尺寸符合相关标准：
是□ 否□

已经在逆变器附近或逆变器中完成光伏阵列功能性接地，并且符合相关标准：
是□ 否□ 不需要□

逆变器符合相关国家标准：
是□ 否□

逆变器的安装符合制造商的指导，配电网服务提供者的规则和相关法律：
是□ 否□

连接至低压光伏阵列的逆变器有内部或外部接地故障报警系统：
是□ 否□

当直接功能性接地连接光伏阵列的逆变器有接地故障时，将关闭光伏系统并发出故障报警：
是□ 否□ 不需要□

引导标识和标签符合相关标准和导则：
是□ 否□

● 澳大利亚标准

　　AS/NZS 5033：2014 附件 D 提供关于调试的指南。清洁能源委员会最近提供了一份推荐安装检查清单和调试应用程序。

　　AS/NZS 5033：2014 第 4.3.2 条提供关于光伏组件标准的指南。

　　AS/NZS 5033：2014 第 4.4.2 条提供关于何时及如何将光伏阵列组件接地的指南。

　　AS/NZS 5033：2014 图 4.5 和 AS/NZS 3000：2007 第 5 节规定了应使用的接地导线的类型和大小。

AS/NZS 5033：2014 表 4.2 规定了系统电路的最小电流承载能力。

AS/NZS 5033：2014 第 4.4.3 条提供关于光伏阵列功能性接地的指南。

逆变器必须遵守 AS 4777：2005、IEC 62109 - 1 和 AS/NZS 5033：2014，并且认证为 IEC 62109 - 2。

AS/NZS 5033：2014 第 4.3.6.3.1 条不允许塑料扎线带作为主要支持方式捆绑电缆。

AS/NZS 5033：2014 第 4.3.6.3.2 条要求在天花板上、墙体内或者地板之下的布置的直流电缆，须由金属或重型排管保护。

AS/NZS 5033：2014 第 3.1 条表明，所有国内的光伏安装必须在 600V 直流电条件下进行。

17.2　系统确认

系统确认是确保系统符合设计要求和相关标准规定的定性标准。系统确认必须包括一系列功能测试，确保系统按照预期的性能指标运行。这些测试在以下章节进行叙述（17.2.1 节～17.2.7 节），并且在 17.2.8 节的测试记录中做出总结。

> **知识点**
>
> 验证是对系统正确安装的确认（设计文件的静态校验），而确认是对系统已经正确安装的证实（系统性能的动态校验）。

在系统测试之前应执行以下 3 个安全规程：

（1）确保逆变器交流的负荷开关、光伏阵列直流的负荷开关和屋顶直流的负荷开关（如果需要）处于断路（断开）位置并且被贴上标识或被锁定。

（2）若安装了组串或子阵列过电流保护装置，确保断开保险丝或断路器处于断路（断开）位置。

（3）确保逆变器逆变器已经关闭。

开启光伏组列的过电流保护装置或合上断开的装置，必须在确保安全或试验程序有所指示的情况下。

> **要点**
>
> 不要忘记在系统测试之前执行以下 3 个安全规程：
>
> （1）关闭所有开关。
>
> （2）关闭（或断开保险丝）过电流保护装置。
>
> （3）确认逆变器已经关闭。

17.2.1 组串极性和持续性

组串极性和连续性测试可以检查阵列是否正确接线以及所有的连接是否令人满意（图 17.1）。

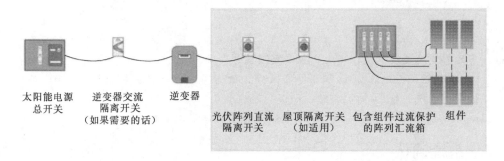

图 17.1 组串极性和连续性测试的光伏系统

> **要点**
>
> 第 17 章的编写基于系统包含阵列汇流箱的假设。如非此种情况，按照系统配置相关的指示。

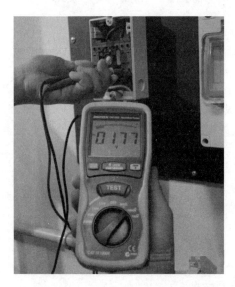

图 17.2 测量电压的万用表

组串极性和连续性测试步骤如下：

（1）确定组串持续性。使用合适的连续性测试设备，比如万用表，测量每个组串的连续性。

（2）确定组串极性。使用万用表确定组串在阵列端子和汇流箱端子之间按正确的极性（正极和负极）连接。

（3）测量每个组串的开路电压。使用万用电表测量每个组串的 V_{OC} 并记录数值（图 17.2）。如果组串间数值出现巨大差异（如 V_{OC} 差值＞5％），或者当数值明显异常时，那么查明原值之前不要进行下一步测试。

（4）确认阵列汇流箱与逆变器的邻近直流负荷开关之间的连续性。使用合适的连续性测试设备，比如万用表，测量阵列汇流箱与逆变器的邻近直流负荷开关之间的连续性。如果有与阵列邻近的负荷开关，检查阵列汇流箱与逆变器的邻近直流负荷开关之间的持续性以及与阵列邻近的负荷开关和逆变器的邻近直流负荷开关之间的持续性。

17.2.2　测量组串与阵列的短路电流

短路电流测试可以用来评估组件性能。短路电流测试很危险，所以要按照正确的步骤进行。

> ● **要点**
>
> 测量短路电流的过程会有大电流出现，操作步骤如果不正确，可能会造成部件拉弧或损毁。

短路电流可能会作为合同需求的一部分记录在光伏系统调试记录中。如此，短路电流的测量则应按照本节所述的步骤进行。但是若没必要记录短路电流，可用另一个步骤确定模块性能，没有任何安全风险。本节纳入了另一个步骤。

在进行每项短路电流测试时，必须使用辐照度计来记录辐照度水平。测量值应在预期短路电流的 5% 之内。计算预期的短路电流公式为

$$I_{SC预期} = \frac{N I_{SC\ MOD} G_1}{1000} \times 0.95$$

式中　G_1——阵列辐照度水平，W/m^2；

　　　N——测试中并联组串数量；

$I_{SC\ MOD}$——制造商提供的短路电流。

短路电流测试步骤为：

（1）光伏阵列直流断路器仍处于关断状态，从离逆变器最近的光伏阵列直流断路器处断开电缆。

（2）在光伏阵列直流断路器的正输出和负输出之间连接一根电缆。

> ● **要点**
>
> 如果光伏阵列的直流断路器连接多个光伏组串，则建议在断路器的输入端与接线盒的输出端之间使用插头/插座连接器作为电缆的预连接。当预连接单元处于打开位置时，可以接入每个组串。当组串安全连接好后，可合上单元开关并读取短路电流值。

（3）重新连接组串保险丝或者合上断路器（如果存在）。

（4）闭合光伏阵列直流断路器。

（5）使用钳型电流表测量组串 1 的短路电流。

（6）断开光伏阵列直流断路器。

（7）断开组串 1 的保险丝或断路器。

（8）对没个独立的组串重复步骤 1～步骤 7。

（9）分别测试每个组件串的短路电流之后，在确保光伏阵列直流断路器处于关断状态

且之后重新连接所有组列保险丝或关闭所有断路器的情况下，就可以重新连接组串。

（10）闭合直流断路器，并使用钳型表测量阵列电流（图17.3）。

（11）断开直流断路器，并断开光伏阵列与直流断路器的连接。

（12）把逆变器电缆重新连接至直流断路器。

图17.3 使用钳型表测量阵列电流

要点

绝缘电阻测试期间应断开逆变器，确保逆变器不会接入高电压。

如果极性反接，可能会对逆变器产生损害。而这通常不在产品保修范围内。

知识点

如果有屋顶直流隔离开关，可以在屋顶隔离开关而非位于逆变器附近的光伏阵列隔离开关上做短路电流测试。

17.2.3 逆变器的邻近直流断路器的极性和连续性

极性和连续性测试用于确定逆变器的邻近直流断路器与逆变器之间的接线安装正确并且所有连接符合要求（图17.4）。测试步骤如下：

（1）光伏阵列接入系统。重新连接阵列过电流保护、保险丝和断路器。每次重新连接一个部件。

（2）确定逆变器的邻近直流断路器和逆变器极性。使用万用电表确定逆变器的邻近直流断路器和逆变器内的连接极性是正确的。

（3）测量逆变器邻近直流断路器的开路电压。使用万用电表测量逆变器邻近直流断路器输入端的开路电压。

（4）确定光伏阵列直流断路器与逆变器之间的连续性。使用合理的连续性测试设备，比如万用表，测量光伏阵列直流断路器与逆变器之间的连续性。

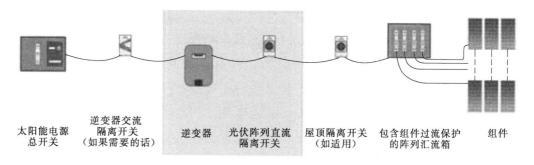

图 17.4　极性和连续性测试的光伏系统

17.2.4　逆变器与交流断路器的电网连接

此测试用于确定逆变器与电网连接点之间的接线正确且所有连接符合要求（图 17.5）。

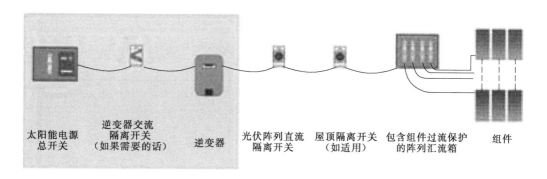

图 17.5　正在做逆变器并网点连接测试的光伏系统

> **● 知识点**
>
> 　　逆变器交流断路器与电网的连接在安装阶段即开始实施，通过断开主保险丝实现发电系统与住宅之间的隔离。

测试步骤如下：

（1）确定逆变器和太阳能供电系统主开关的连续性。测量逆变器与太阳能供电主开关以及逆变器中性点与电网接线板（总配电盘或配电系统）之间的连续性。如果有单独的逆变器交流断路器，先测量逆变器和该断路器之间的连续性，然后测量断路器与太阳能供电系统主开关的持续性。

（2）测量逆变器和太阳能供电的主开关的栅极电压。确保直流断路器是断开的（关断状态），然后重新合上太阳能发电系统的供电主开关。在太阳能供电系统的主开关处测量逆变器电网侧和交流断路器（如果有）侧的电网电压。

图 17.6　兆欧表（绝缘电阻测试仪）

17.2.5　接地系统

测试接地系统以确保设备等电位连接。测试时使用接地追踪导线（earth trailing lead）测试所有连接点的接地电阻。

17.2.6　绝缘电阻

绝缘电阻测试确保所有带电导线充分绝缘。使用绝缘电阻测试仪开展此项测试（图 17.6），分别测量阵列正极对地与阵列负极对地的电阻。表 17.2 给出了绝缘电阻最小值。

表 17.2　　　　　　　　　　不同电压等级下的最小绝缘电阻

系统电压 $(V_{OCSTC} \times 1.25)/V$	测试电压 /V	最小绝缘电阻 /MΩ
<120	250	0.5
120~500	500	1
>500	1000	1

17.2.7　系统启动

当完成持续性和极性检查后，就可以正式启动光伏系统。启动步骤如下：

（1）测量阵列开路电压。先闭合（打开）逆变器交流断路器，在光伏阵列直流断路器侧测量光伏阵列的开路电压。

> ● 要点
>
> 阵列开路电压和阵列工作电压往往是致命的直流电压，测量时应采取正确步骤和安全保护措施。

（2）开启逆变器。如果逆变器有开关，确保开关处于断开状态。参考逆变器的使用说明书并按照开启步骤操作。启动逆变器一般包括闭合光伏阵列直流断路器，然后闭合交流断路器及逆变器上其他开关。

（3）检查逆变器是否在运行。使用以下任何一种方法进行检查：

1）如果逆变器有内置监视装置，那么可以读取逆变器人机界面，确保组列输送电能至电网。

2）如果逆变器没有内置监视装置，但系统安装有一个交流电流表或直流电流表，那么可以读取这些电表。

3）如果没有安装合适的监视装置，那么可以使用钳型电流表测量交流或直流电流。

若没有钳型电流表，也可以使用电能（kW·h）表，但测量时间更长。

（4）测量阵列运行电压。闭合逆变器交流断路器之后，测量光伏阵列直流断路器侧的阵列电压。如果系统在运行，步骤（1）中在光伏阵列直流断路器处测量的电压从光伏开路电压降低至阵列最大功率点电压。应在逆变器运行电压限制范围之内确定阵列运行电压。

（5）测量阵列工作电流。使用钳型电表测量阵列电流和辐照度，且把预期辐照度数值与测量辐照度进行比较。

（6）测量交流输出电压。测量逆变器的输出电压，确定电压值在电网电压预期范围之内。

（7）观察电能表。如果安装了测量光伏系统输出的电能表，确保逆变器正在输出的电量与可获得的直流电量对应。

（8）确保逆变器电网保护在运转。光伏系统已经正确运转几分钟之后，断开逆变器交流断路器，并确保逆变器不再输出交流电。通过检查逆变器显示数值或测量逆变器交流断路器侧的电压判断。

17.2.8 测试记录

测试记录是翔实描述验证测试的文档，包括测试时间和测试结果。当完成所列测试后，应在测试记录上签字并在系统手册后附上一个副本。建议安装人员应保留一份测试记录副本。

> ● **知识点**
>
> 测试记录也称为调试清单。但系统调试清单还包含系统文档和安装清单。

必须按照以下步骤进行测试总结：

1. 组串连接前

（1）检查和记录所有组串、子阵列和阵列的连续性。

（2）检查和记录所有接地线的连续性，包括组件框架的接地连接（等电位连接）。

（3）检查和记录所有组串、子阵列和阵列的电压和极性。

（4）检查和记录组串的短路电流（如果需要）和测试时的辐照度。

> ● **要点**
>
> 根据不同太阳辐照度评估开路电压的差异，可以使用以下公式：
>
> $$V_{OC2} = V_{OC2} + 8.6 \times 10^{-5} nT \ln\left(\frac{S2}{S1}\right)$$
>
> 式中　n——影响开路电压的组件单元数量；
>
> 　　　T——温度，K；
>
> 　　　S——太阳辐照度。

2. 组串连接后

（1）对阵列布线进行绝缘电阻检查。

（2）检查断路器在满负荷运行状态下的操作情况。

（3）隔离开关在满负荷下断开之后，检查逆变器与系统绝缘。

（4）检查和记录在多组件串并联的阵列内每串组件的工作电压和电流。

（5）检查和记录光伏阵列的工作电压和工作电流。

> ● 要点
>
> 　　短路电流测试可能包含超高电压。如果没有严格按步骤进行，可能导致拉弧进而损坏系统部件。

> ● 澳大利亚标准
>
> 　　AS/NZS 5033：2014 附件 D 和附件 E 推荐了的测试步骤和报告格式。

系统调试部分的测试记录实例见表 17.3～表 17.5。

表 17.3　　　　　　　　光 伏 阵 列 直 流 测

如果阵列为低压（120～1500 V），阵列（或组串）汇流箱（若已安装）的输入侧没有电压	☐
阵列汇流箱（若已安装）的输出侧没有电压	☐
组串和阵列汇流箱间的连续性	
组串 1＋ve	☐
组串 1－ve	☐
组串 2＋ve	☐
组串 2－ve	☐
组串 3＋ve	☐
组串 3－ve	☐
组串 4＋ve	☐
组串 4－ve	☐
组串和阵列汇流箱间的正确极性连接	
组串 1	☐
组串 2	☐
组串 3	☐
组串 4	☐
开路电压	

续表

组串 1	＿＿ V
组串 2	＿＿ V
组串 3	＿＿ V
组串 4	＿＿ V
阵列汇流箱和光伏阵列直流隔离开关之间的连续性	
子阵列＋ve	□
子阵列－ve	□
阵列接线盒与光伏阵列直流隔离开关之间的正确极性	□
子阵列 V_{OC}	＿＿ V
短路电流：	
组串 1	＿＿ A
组串 2	＿＿ A
组串 3	＿＿ A
组串 4	＿＿ A
短路电流阵列	
重新连接组串过流保护装置（或保险丝或断路器）并且连接隔离开关，一次连接一个组串	
在光伏阵列直流负荷开关输入侧的开路电压	＿＿ V
光伏阵列直流隔离开关与逆变器之间的连续性	
阵列＋ve	□
阵列－ve	□
光伏阵列直流隔离开关与逆变器之间的正确极性	□

表 17.4　　　　　　　　　逆　变　器　交　流　侧

逆变器与电表之间的持续性	
有功（线）	□
中性点	□
逆变器与电表之间的正确极性	□
电表和光伏逆变器交流隔离开关之间的持续性	
有功（线）	□
中性点	□
电表和光伏逆变器交流隔离开关之间的正确极性	□
电网侧光伏逆变器交流隔离开关输出端的正确极性	□
电网侧光伏逆变器交流隔离开关输出端的电压	＿＿ V
电表初始读数	

表 17.5 系 统 启 动

参考逆变器的系统手册和遵守启动步骤。 一般步骤为先合光伏阵列直流隔离开关，其次合逆变器交流负荷开关，但也必须遵守逆变器制造商建议的步骤	
系统连接至电网	☐
当开启逆变器交流隔离开关和光伏阵列直流隔离开关后，逆变器启动步骤如下：	
逆变器直流输入端电压	＿＿＿ V
逆变器工作电压限制范围	☐
逆变器交流输出端电压	＿＿＿ V
逆变器直流输入电流	＿＿＿ A
@辐照度数值	＿＿＿ W/m²
逆变器输入功率（如果有）	＿＿＿ W
逆变器输出功率（如果有）	＿＿＿ W
理论输出功率	☐
当断开逆变器交流隔离开关时，系统从电网断开	☐

> **● 注意**
>
> 如果只有一个组串没有阵列连接箱，光伏阵列直流测试将在该组件串和光伏阵列直流隔离开关之间进行。

> **● 要点**
>
> 根据温度评估 I_{SC} 的差值，可以使用以下公式：
> $$I_{SC2} = I_{SC1} + T_{COEFF}(T_2 - T_1)$$
> 式中 T_{COEFF}——短路温度系数，A/℃。

17.3 附加调试步骤

附加调试步骤是指其他有用的或者是合同要求的验证或确认步骤。超越基本的检查和测试有助于降低项目风险，为业主的项目增值或者可以作为工程合同中实际完工标准的一部分内容。以下是附加调试步骤中可能包含的一些测试及检查内容。

17.3.1　大型阵列的开路电压测量

测量包含有很多串的阵列中的每一串组件的开路电压需要花费大量时间。在这个时间段内，温度和辐照度可能会有变化，这就会对报告结果造成影响。建议以一个组串作为参照，测量出其开始时的开路电压，假设测出的电压与对特定串的预期一致，同时在参照组串上安置一个仪表。其他每一个组串的开路电压都测出之后就可以即刻与参照组串的开路电压进行对比。

如果一个串的开路电压与参照串的电压误差大于 5%，那么就可能存在线路故障或者极性问题。

17.3.2　热成像诊断

一个能够产生热（即红外线）成像的摄影机对调试来说尤为有用。影像能显示出温度不均匀或温度超高的区域。这些区域能够指示出系统内的高电阻连接或其他一些类型的故障。

17.3.3　光伏阵列 I-V 曲线测试

为确保设备的正确安装并按预期运转，对模块、组串、子阵列和阵列的 I-V 曲线的测量十分重要。市面上有很多不同种类的 I-V 曲线测试仪（图 17.7），但是应该依据相关标准来进行测量。

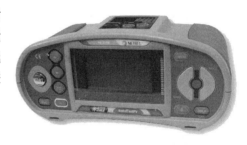

17.3.4　接地故障防护装置测试

光伏系统必须具备防护能力以检测系统中

图 17.7　I-V 曲线测试仪

存在的接地故障。验证接地故障防护装置正常运转的步骤如下：

（1）利用一个可变电阻器来模拟其中一根未接地光伏阵列电缆导线上的高阻抗接地故障。

（2）逐渐减小电阻，直至逆变器中的接地故障防护装置启动。

（3）测出的值应符合相关标准。

一些逆变器只能在启动过程中测出接地故障。如果遇到这种情况，则需确保在每次阻值变化中逆变器是隔离的。记录下触发逆变器启动装置中的接地故障防护装置的电阻值。

● 国际标准

接地故障防护测试值应符合 IEC 62109：2010。

17.3.5　初始综合效率测试

综合效率（PR）是可用于确定光伏系统转换性能的衡量指标。辐射传感器用于追踪一段时间内太阳能电池阵接收到的太阳能量。用于计算综合效率的时间越长，综合效率数值就越可靠。但是，对调试来说，1 天或 1 周或许是较为合适的时间。辐照度信息用于估算太阳能电池阵列的理论发电量，该理论发电量将与阵列的实际发电量相比。

运用以下公式对综合效率进行计算

$$PR = \frac{\text{记录的系统发电量(kW·h)}}{\text{传感器辐射量(kW·h/m}^2\text{)×标准测试条件下的阵列额定功率}}$$

综合效率系数越接近 100%，系统性能就越好。任何综合效率系数低于系统设计所估计的值都应引起注意。

习　题

问题 1

为什么每一个太阳能光伏系统都应经过调试？

问题 2

一位客户给你打电话说：由于林区大火的威胁，他们关闭了光伏系统。他们说现在威胁解除了，他们想再将系统打开。正确的操作程序是什么？他们在哪里可以找到呢？

问题 3

短路电流测试的目的是什么？应在何时进行？

问题 4

一名安装工正在测试包含 44 个组串的阵列中每个组串的开路电压。为确保测试精确，他们应该做些什么？

问题 5

分别列出以下三幅图中正在进行的测试：

（1）

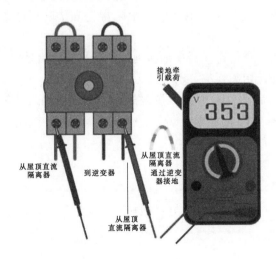

（2）

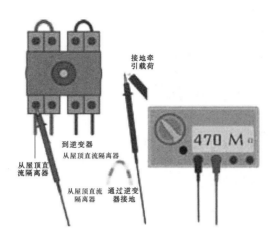

（3）

问题 6

在对一个有 20 个模块的系统验收试验中，在辐照度大于 $125W/m^2$ 的 14 天内记录下了如下参数：14 天内的系统发电量 = 216.133kW · h，14 天内的累计辐射量 = 55.5kW · h/m^2，模块效率 = 15.6%，模块的可用电池面积 = 1.621m^2，计算系统的综合效率。

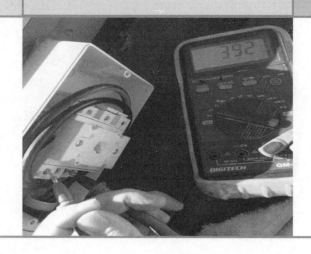

图为光伏系统故障检修。

第 18 章　系统维护和故障检修

合理安装和调试的并网光伏发电系统能够在其使用期内最低干预的运行，这是太阳能系统较其他发电形式的一个主要优势。但是光伏系统确实需要定期维护和检修，从而确保其正常运行，并且将继续高效运行，故障检查，延长系统使用寿命。18.1 节描述了光伏系统的标准维护要求。

精心设计和安装的并网光伏发电系统应能够多年无故障运转。但并网光伏发电系统将要求不定期检修并排除故障，确定问题根源。18.2 节描述了光伏系统故障检修技术。

18.1　系统维护

不要求对光伏系统进行大范围维护，但必须定期进行基本维护，从而确保系统的最大使用寿命，达到系统的设计性能。系统调试后，应把维护记录表作为文件一部分提供给光伏系统的业主。记录表应按照系统设备及其安装包含系统维护计划的所有细节，也应对记录维护操作和结果作出规定。因为光伏系统的维护很重要，系统零售商可以把维护服务包含到光伏系统销售额里，或作为单独购买的增值服务。不管是否包含当前的维护，系统业主都应调查如何确保维护服务可靠。

系统维护可分解为光伏阵列维护、逆变器维护和系统平衡部件维护 3 个部分。

> ● 要点
>
> 光伏系统的关闭应该按照规定的程序执行。

18.1.1　光伏阵列维护

每年应检查光伏组件和安装系统，清除模块上的污垢和碎片，修剪掩盖阵列的植被。

1. 外观检查

每年应检查模块是否有外观疵点，比如模块发黄、隐裂和热斑（图 18.1）。

（a）发黄的模块　　　　　　（b）模块内的隐裂　　　　　　（c）模块的热斑

图 18.1　模块的外观疵点

2. 支架系统检查

每年应检查支架系统，确保已安全安装模块且支架系统合理地接入屋顶。也应检查硬件是否有裂缝、腐蚀和强度减弱的迹象。

3. 模块清洁

如果模块安装在灰尘厚积的区域或安装区域长时间不下雨，则需要手动给模块去污。光伏模块去污的原则如下：

> ● **要点**
>
> 模块安装的最小倾斜角为 10°，从而让雨水自动清洗。

（1）只用水清洗光伏模块：不应使用洗涤剂、溶剂、碱性溶液或酸性溶液。

（2）不应使用研磨材料清洗模块；可使用软扫帚清除松散残渣并轻轻擦洗硬污物，比如鸟粪便。

（3）从阵列下轻轻清除落叶或动物巢穴。

（4）避免冲洗或刷掉电缆接头、汇流箱、隔离开关等。

模块制造商可以为他们的模块提供推荐的模块清洁操作指南。

4. 植被管理

凡是遮掩模块的植被都应进行修剪，尤其是地面装配阵列，因为模块往往接近地面且易被植被包围。可以在地面安装的阵列周围放牧牲畜，降低植被高度（了解地面安装阵列的更多信息，查阅第 8 章）。

18.1.2　逆变器维护

逆变器需要的持续性维护如下：

（1）保持设备干净，将灰尘进入概率最小化。当需要时清理逆变器外罩和空气过滤器。

（2）确保设备无昆虫和蜘蛛。

（3）确保所有电气连接和电缆干净且密闭。

在维护期内应检查逆变器警示灯运转状况。建议光伏系统业主每两天检查逆变器的显示器，核查光伏系统在运转且没有警示灯或警报声。

18.1.3　系统平衡部件维护

每年应检查系统设备平衡，确保所有运转机械安全且没有损害迹象。检查应包括：

（1）电缆和电缆夹。

（2）排管。

（3）接地线。

（4）隔离开关。

（5）断路器和保险丝。

（6）电表。

图 18.2　热成像仪扫描有助于在安全问题
发生之前找到松动的接头

（7）引导标志。

此外，应检查开断设备和断路器是否正确运转，检查系统的引导标识是否可见。在检查期间，应测量系统电压、电流和电网电压并将其记录在记录表里。

建议对所有模块组串联接线和阵列与逆变器之间的直流电缆上所有其他连接线进行目测检查，检查接头损毁和接头松动。如有可能，建议使用热成像（即红外线）仪扫描。在具有多个汇流箱的大系统里，每个接线盒采取热成像仪扫描有助于在安全事故发生之前找到松动的接头（图 18.2）。

18.1.4　维护计划

光伏阵列维护计划可参照表 18.1。

表 18.1　　　　　　　　　　　光 伏 阵 列 维 护 计 划

活　　　动	频　　　次
模块目测检查	一年一次
阵列结构的机械完整性检查	一年一次
模块清洗	根据需要（取决于现场）
阵列植被修剪	根据需要（取决于现场）
逆变器检查和清洁	一年一次
电缆的机械损坏情况检查	一年一次
阵列每个组件的输出电压和电流检查，并且与预计输出进行比较	一年一次
电线接头松动检查	一年一次
隔离开关和断路器运行情况检查（屋顶隔离开关、阵列直流隔离开关、逆变器交流隔离开关和太阳能系统主断路器）	一年一次

18.2　故障检修

系统故障检修要求确定如何发现问题根源和如何纠正问题。技术人员需要运用常识，对要进行检修的系统及其部件有透彻的了解。光伏系统故障检修一般包括以下 4 个主要步骤。

（1）故障识别。

（2）尽可能多地获取问题相关信息。

（3）确定原由。

（4）提出解决方案。

需要一份查找故障的综合指南，内容可能包括所有逆变器和阵列线路布局，但仅仅有一份指南并不能解决所有问题。因此，以下章节提出了故障检修程序的总指南。

18.2.1　故障识别

> ● **要点**
>
> 　　并网逆变器将在停电时自动从电网断开。技术人员应通过电话检查目前是否停电或曾经停过电，从而避免开展不必要的系统检查。

一般用电话可以确定系统故障。光伏系统业主可以说明为什么他们认为有问题，技术人员可以问一些核心问题，找出问题的具体信息以及系统状态，从而有助于决定是否需要进行现场工作。在某些情况下，可以单从电话沟通中进行故障诊断并通过电话提供解决方案。例如，当业主确定系统停电，在停电的状态下逆变器和整个光伏系统都将停止运行。

故障一般分为两类（图 18.3）。

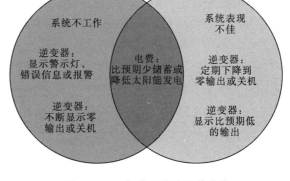

图 18.3　一般普通故障及其分类

（1）系统没有运转，即系统没有发电。

（2）系统运转不佳，即系统没有达到预期的发电量。

18.2.2　确定原因

找到问题之后，下一步是确定问题原因。图 18.4 描述了一些系统的常见问题。

问题的原因有时可以快速确定，例如，树木成长遮蔽了阵列可能是系统运转不佳的一个原因。有时即使对系统进行全面检查，根源仍很难确定，例如，当阵列和逆变器没有正

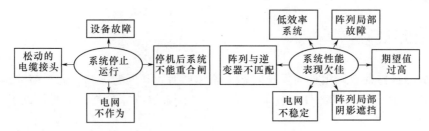

图 18.4 光伏系统的常见故障及其分类

确匹配而导致逆变器频繁关机，影响系统良性运转。因此，从系统级角度检查分析，最终确定问题根源比较合理。

有时为了查找故障，需要开展一些必要的测试。故障检查测试一般在白天进行，因为白天光照充足，有足够的时间来完成检查。

1. 检查逆变器

检查逆变器人机接口是否出现警示灯、错误信息或报警信号。逆变器指南中应包括对出现问题的应对措施。下面列举一些逆变器故障显示的实例。

（1）电网电压和/或频率过高或过低。逆变器因为电网没有在允许的工作电压或频率范围之内而关闭。如果问题长期存在，则可能需要联系电网公司运营人员。

（2）光伏阵列电压过低。逆变器因为光伏阵列输出电压低于允许的最低工作电压而关闭。原因可能是系统设计时阵列与逆变器串联失配或者辐照度过低。

（3）光伏阵列电压过高。逆变器因为阵列输出电压高于允许工作的最高电压而关闭。该情况可能造成逆变器损坏，应立即断开阵列与逆变器的直流开关。光伏阵列电压较高可能是因为系统设计时阵列和逆变器参数没有很好的匹配。

（4）线路阻抗过高。逆变器检测到交流侧的阻抗过高，导致逆变器输出侧的电压上升。原因可能是交流侧电缆接头松动、交流电缆设计不良或电网问题。

> ● **注意**
>
> 在澳大利亚不强制发电系统配置线路阻抗监测与关断装置。

（5）检测到接地故障。逆变器检测到接地故障。该故障最常见的原因是绝缘被破坏或开关内进水。一些逆变器不会显示所有的错误信息，这就需要进一步检查。如果逆变器完全关闭，可能是因为没有了交流或直流电源。如果逆变器没有完全关闭，则应利用其人机界面做初级推断，读取交、直流侧的电压和电流以及阵列输出功率等电气测量值。如果交流侧的电压或电流读数为 0，则应进一步调查逆变器的交流侧系统。如果直流侧的电压或电流读数为 0，则应进一步调查逆变器的直流侧系统。

如果逆变器不运转是因为开关柜内的交流断路器出现故障跳闸，建议在再次启动逆变器之前明确断路器跳闸原因。

2. 检查系统的交流侧

出现以下问题需要对系统的交流侧进行检查：

（1）逆变器显示交流电压或电流为 0。

（2）逆变器错误代码显示电网电压或频率有问题。

（3）逆变器错误代码显示线路阻抗过高。

（4）逆变器没有运行，且没有读数或故障代码。

根据提示，可以采用以下步骤（图 18.5）：

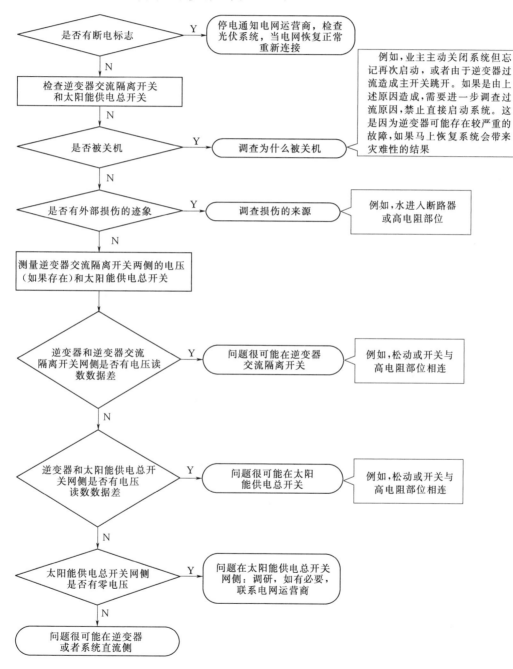

图 18.5　光伏系统交流侧故障检修流程图

（1）检查是否停电。检查是否整个系统都停电。

（2）检查交流隔离开关和/或断路器。检查交流隔离开关是否断开或有其他的外部损坏迹象，包括位于配电柜的太阳能供电主开关和逆变器侧的交流隔离开关。

（3）测量逆变器侧的交流隔离开关和太阳能供电主开关侧的电压。应测量有源导体与中性点之间、有源导体与地之间的电压，也可以测量中性点和地面之间的电压。从逆变器至配电柜的电压应在隔离开关两侧进行测量，这样有助于锁定故障点。

（4）联系电网公司运营人员。经检查，如果问题来自于电网而非并网光伏发电系统的交流部分，则应联络电网公司运营人员。

3. 检查系统的直流侧

出现以下问题需要对系统的直流侧进行检查：

（1）逆变器显示直流电压或电流为0，或阵列功率为0。

（2）逆变器错误代码显示光伏阵列电压过低或过高。

（3）逆变器错误代码显示接地故障。

（4）逆变器没有运行，且没有读数或故障代码。

根据提示，可以采用以下步骤（图18.6）：

（1）检查直流隔离开关。检查直流隔离开关是否断开或有其他的外部损坏迹象，包括逆变器侧的光伏阵列直流隔离开关以及屋顶的光伏阵列直流隔离开关。

（2）检查过流保护装置。检查过流保护装置是否启动或有其他的外部损坏迹象。

（3）测量逆变器直流端的开路电压。应测量逆变器的正导体和负导体之间的开路电压。如果开路电压与预期值相似，则逆变器可能是问题根源。否则可能要系统性地测试直流系统的其他部分。

（4）在直流隔离开关处测量开路电压。逆变器侧的开路电压应在每一隔离开关两侧的正导体和负导体之间进行测量。若隔离开关的阵列侧和逆变器侧之间的电压读数存在差异，则表示隔离开关存在问题。

> ● 要点
>
> 　　即使在辐照度水平低的情况下，模块产生的电压也能接近开路电压额定值。模块短路电流与有效太阳能辐照度成正比。因此，阴影遮挡后模块产生的电流就比较低。

（5）测量其中一个直流隔离开关的短路电流（供选）。当检修时可以测量一个直流隔离开关的短路电流，这可以获取更多信息。但过程比较危险，必须按照正确的步骤执行。短路电流过低则表明有一个或多个模块没有正确运行，且应进一步检查阵列。

> ● 要点
>
> 　　短路电流测试过程很危险。仅能在隔离开关上按照正确步骤完成。

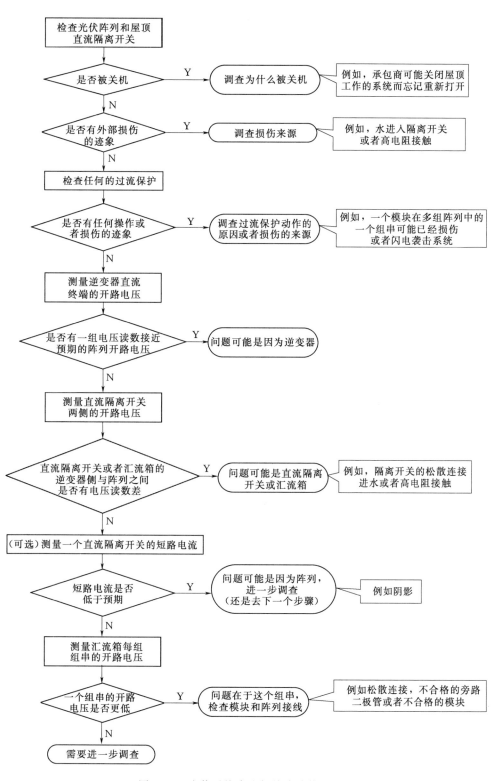

图 18.6　光伏系统直流侧故障检修流程图

（6）测量每个阵列组串的开路电压。测量每个阵列组串的开路电压。开路电压过低则表明组串内存在问题。

（7）测量模块和阵列配线。开路电压或短路电流过低则表明阵列内存在问题。需要检查模块、模块连接器和模块接线是否存在松动或损坏。

18.2.3　提出解决方案

当发现故障原因时，可以向光伏系统业主提出解决方案。在解决问题之前与业主一起检查，这很重要，尤其是当检查将新增费用时。表 18.2 列出了一些适用于并网光伏系统的故障解决方案。

表 18.2　　　　　　　　　　解决光伏系统各种问题的方案

问题原因	可能的解决方案
设备故障	调查设备是否仍在保修期内，更换设备
电缆接头松动	紧固电缆连接或更换电缆接头
电网故障或不稳定	联系电网公司运营人员
进水	更换具有合适防水等级的设备（按照生产商使用说明书安装设备）
业主的期望值过高	解决方案取决于系统设计时给业主传达的内容。该内容会成为业主和设计人员之间的合同或法律问题
阵列和逆变器的匹配不恰当	这会成为系统所有者和设计人员之间的合同或法律问题；可以更改阵列或使用不同的逆变器解决此问题
阵列部分阴影遮挡	清除遮挡物
系统效率低	根据问题原因，或以较小的逆变器代替原逆变器，或更改更大线径的电缆

习　　题

问题 1

（1）光伏系统需要多久进行一次基本维护？

（2）列举出四个维护步骤。

问题 2

你打电话对客户的光伏系统维护情况进行访问。客户说在清理组件时，先用软扫帚，然后用水和除垢剂清洗模块。你应向客户提出什么建议？

问题 3

客户打电话告诉你光伏系统运行情况不佳。请列出两种可能的原因，并进一步说明你会用什么方式进行验证。

问题 4

客户打电话告诉你光伏系统不运转，你询问的第一个问题是什么？

并网光伏系统的经济效益必须考虑收益最大化。

第 19 章　并网光伏发电系统的经济效益

　　光伏并网发电系统是一项金融投资。它涉及成本，无论前期的还是持续的，并提供财务效益作为回报。为了能够就是否投资一个并网光伏发电系统做出明智的决定，应进行经济分析。

　　光伏并网发电系统经济分析有多种方法。使用何种分析方法取决于所安装系统的大小（某些方法更适用于更小或更大的系统）或者财政支出的规模。基本评估方法包括美元/瓦的单价法（19.5.1 节）和回本周期（19.5.2 节），一般用于小容量的系统；更复杂的方法，如生命周期分析法（19.6 节）适用于投资多，规模大的光伏并网发电系统。

　　为了进行经济分析，首先需要理解光伏系统的支出和收入。包含以下几项因素：

　　（1）系统初始成本（19.1 节）。建成一个光伏系统的总成本。财务计划可能用定期持续性合同付款代替初始投资。

　　（2）退款（19.2 节）。在最初采购时可获得的任何技术津贴、补助金、回扣或者金融折扣。

　　（3）持续成本（19.3 节）。任何与系统相关的预期投入，例如维护成本与更换成本。

　　（4）持续效益（19.4 节）。任何与系统相关的预期收入或其他收益。这些分为两个主要类型。

　　1）电力抵消。从电网上所使用电量的减少。通过使用光伏系统发电，减少使用电网较为昂贵的电能。

　　2）能源补助政策（FiT）。能源零售商或者公共事业运营商对其消耗的公摊电能提供的经费补偿。

　　财务收益不是安装光伏系统的唯一目的。对一个光伏系统进行经济分析，结果可能是该系统不会产生整体利润，但有可能有其他外部原因作为积极因素加入到分析中。例如：环境因素可作为一个积极外部原因；或者光伏系统可能提供阴影或气象防护。这些特定场地的优势一般来说在财政方面不是可评估的，但对业主可能会有很高的价值（图 19.1）。

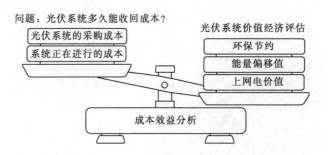

图 19.1　权衡光伏并网发电系统的成本与收益

19.1　系统初始成本

光伏系统的初始成本，又称为前期成本或资本成本，是建成系统时已发生的总成本（图 19.2）。包括设计成本、系统设备成本、安装成本、调试成本、电网接入成本、所有相关文件成本。

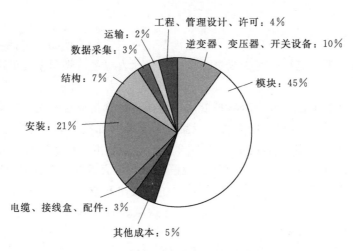

图 19.2　澳大利亚光伏并网系统初始成本分解

在过去的几年中，光伏并网发电系统的组件成本显著降低，主要原因是制造技术的持续改进、激烈的市场竞争和国际市场的扩张。由于这些系统组件价格变得更加实惠，系统前期成本将会持续降低。

> **知识点**
>
> 2004—2014 年，光伏组件的价格降低了 80%。

系统成本通常在安装时支付。然而，其他商业模式旨在减少或消除系统的前期成本。这些模式通常用于系统并非直接购买，例如太阳能租赁。通常的形式如下：

（1）租购协议（HPA）。给房屋所有者免费安装光伏系统，房屋所有者在约定期限内

（通常 5～10 年）分期付款给太阳能公司。通常情况下，租购期满后，光伏系统所有权将移交给房主，当然也不排除其他的处理方式。

（2）电力购买协议（PPA）。光伏发电系统安装好后，太阳能公司统一支付给房屋所有者一定费用。这个电价价格通常是固定好的且将会低于电网中电能的现行成本。该协议期通常是 15～30 年，系统维护成本由太阳能公司支付。在协议到期后，有几种选择：①系统所有权转移至房屋所有者；②房屋所有者延长租期；③房屋所有者要求移除光伏发电系统。典型的 PPA 模式现金流如图 19.3 所示。消费者支付两张电力账单，一张寄自太阳能公司的针对其所消费的光伏系统电量（更便宜），另一张寄自电力公司的针对其所消费的电网电量。这种模式下，太阳能系统建设没有预支款项。

> **● 知识点**
>
> PPA 模式在商业建筑系统中越来越受欢迎。

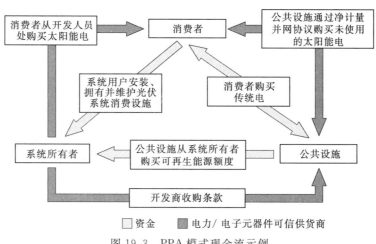

图 19.3 PPA 模式现金流示例

19.2 退款

退款可以由光伏并网发电系统从政府处获得。这些退款可能是在其整个生命周期中以从系统成本中获得直接折扣或基于系统中所规划业绩中获得预付折扣的形式得到的。不管是什么形式，这些退款都减少了光伏系统的初始成本。

> **● 实例**
>
> **位于澳大利亚的 STCS**
>
> 澳大利亚联邦政府现在通过小型可再生能源计划（SRES）对小型可再生能源予以支持。这一计划做出如下规定：在 15 年的时间内，合格的小型太阳能系

统（小于 100kW）每产生 1 兆瓦时的电能可以从各小型技术证书（STC）获取预付金融津贴。

这些证书组成了市场机制的一部分，而电力零售商和发电机组需要购买符合要求数量的 STC，从而给这些证书赋值。

STC 提供给光伏系统预付的现金折扣（通常指销售点折扣）。对于光伏系统而言，可获得的 STC 数量取决于位置（即现场邮编）和系统的尺寸。只要系统设计者和安装者因这一特定工作而获得了清洁能源理事会的认可，则一个光伏系统就可以接收 STC。

例如，位于悉尼中心商业区（邮编 2000）的 1.5kW 系统可以满足 31 台 STC 的供电需要；一台位于艾丽斯斯普林斯（邮编 0870）的 1.5kW 系统可以满足 34 台 STC 的供电需要；而一台位于霍巴特（邮编 7000）的 1.5kW 系统可对 26 台 STC 供电。

采购该系统的个人或者公司拥有 STC。这些证书是关于 STC 的，是由光伏系统发电，可以由产权人分配给系统零售商或者安装者，这些零售商或者安装者反过来从系统成本中提供销售点折扣。在这些情况下，STC 将会经由 STC 经销商卖入市场中。如果系统采购者没有将 STC 分配给系统零售商或者安装者，则系统所有者可以通过 STC 市场机制交出待售的 STC。

重要的是，要一直跟上 STC 市场和机制，以便确定任何所报价的 STC 价值和潜在折扣是准确的。

19.3 持续成本

光伏系统需要定期维护，以确保系统继续如预期中运行，并且系统不会存在安全性问题。定期维护和设备更换成本组成了光伏并网发电系统的持续成本。

如果光伏系统是 PPA 或者 HPA 模式，光伏系统发电的持续成本将包含构成协议组成部分的相关定期费用。这些协议的条款通常要求维护和更换成本由系统供应商承担。

19.3.1 维护费用

光伏系统需要周期性维护，建议每年进行一次。维护工作应当包括对光伏系统的整体检查，内容包括：

（1）检查系统布线。

（2）检测系统部件。

（3）检查系统开关。

（4）清洁电池板。

维护工作可以作为工程安装的一部分并计入初始投入成本。施工单位应该将定期维护计划连同系统建设相关的信息共同提供给业主。关于系统维护的更多信息，见第 18 章。

19.3.2　备品备件及保修

随着光伏电站的运行，由于设备存在的制造缺陷、安装缺陷或磨损，可能需要对光伏系统的部件进行更换。光伏系统的设备和安装交付往往附带质保书和顾客保障，当系统出现任何产品或者性能缺陷时，需要确认是否在质保范围内。可适用的质保书实例如下：

（1）制造商的工艺担保书。本担保书包含由产品制造工艺所引起的任何缺陷。例如，对于太阳能电池组件而言，本担保书包括模块构造方面的缺陷，包括框架、电池、密封剂、硬连线布线和连接器等。

（2）制造商的性能担保书。本担保书作为一份组件性能的长期担保，当组件效率衰减速度大于宣称的衰减速度时，组件厂家需要承担责任。组件制造商将会组件效率衰减预期考虑在担保内容中。例如，组件担保书可能规定，太阳能电池组件将要在其寿命的前 10 年转换效率不低于 90%，而在 20 年内，转换效率不低于 80%。

（3）安装担保书。本担保书应该由安装者提供，覆盖施工中的任何安装缺陷。

> **● 要点**
>
> 在澳大利亚，按照法律规定，光伏系统的组件和工艺必须包含在法定担保书和制造商工艺担保书之内。

如果存在担保书没有覆盖的系统问题，则更换费用和劳动力费用将由业主自行承担。在光伏系统生命周期（20～25 年）内计算系统费用时，通常情况下并不包括保修期外的组件和系统平衡部件的更换。然而，由于逆变器通常只有 5 年或 10 年质保，更换逆变器的费用应该作为系统全生命周期费用的一部分。

19.4　持续效益

光伏系统所发的电量能够直接补偿从电网供电购买和消耗的电量。鉴于此，光伏系统的经济价值表现为减少了从电网上的购电量。由于光伏电站使用太阳能系统发电而非支付电网电费，因此该项费用降低了电量成本（图 19.4）。实际节约费用模型由电网供电的现时价格和使用光伏发电代替电网用电的时间共同决定。

在图 19.4 中，光伏系统所发电量日间在房屋使用，过剩电量输送至电网，从而获得一份能源补助（左），但是不足电量必须从电网购买（中）。当光伏系统夜间不运转时，所有能源从电网购买（右）。如果没有光伏系统，所有电量从电网购买。

有些系统安装可能符合政府或电网的能源补助政策（FiT）。能源补助政策是光伏系统另一个经济收益来源。

目前光伏系统节约的电量主要由以下几个因素决定：

（1）电力抵消（19.4.1 节）：可以为光伏系统发电所取代的电网供应电量。

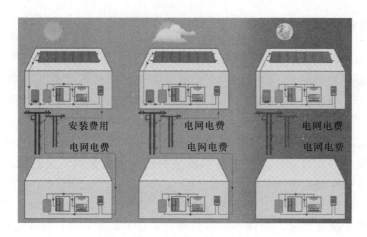

图 19.4 电量成本比较

（2）发电成本（19.4.2节）：电网供电的现时价格，包括用电成本的确定是否基于分时计价原则。

（3）能源补助政策（19.4.3节）：电网给光伏电站业主针对上网电量的账单。能源补助政策的经济价值将取决于电量计量协议，净值或毛值。

19.4.1 电力抵消

光伏系统发电量能够直接抵消从电网供电购买的电量。因此，在这些情况下光伏系统代表的经济价值体现在降低了从电网购买的电量。光伏系统抵消的电量越大，节省的资金就越多，光伏系统体现的价值就越高。

光伏系统抵消的电网电量取决于系统所有者的用电模式。光伏系统仅可以代替日照时所使用的电网电量。因此对于日间使用更多电量的电站而言，光伏系统能体现更高的价值。许多商业地产日间会消耗大多数电量，因此光伏系统能够以一种成本有效型的方式补偿大量日间用电消耗（图19.5）。

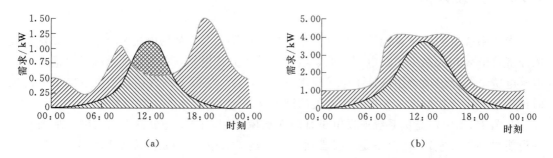

图 19.5 电网电力使用降低取决于建筑物的能源使用模式
—— 太阳能发电输出 —— 用电量 ╱╱ 电网电力使用 ╲╲ 太阳能电力使用 ⊗ 太阳能电力输出

电网能源抵消量乘以电网电力现时成本，可以在经济上计算出光伏系统创造的节约成本。

● **实例**

1. 家用光伏系统

家用光伏系统每天发电量为 6kW·h。其中 3kW·h 电量用于家用电器，另外 3kW·h 作为额外电量输出至电网。电网供电成本为 0.28 澳元/(kW·h)。

计算节约成本：

$$节约成本 = 能源抵消量 × 电网电力现时成本$$
$$= 3kW·h × 0.28 澳元/(kW·h)$$
$$= 0.84 澳元/天$$

2. 商用光伏系统

商用光伏系统每天发电量为 16kW·h。其中 16kW·h 的电量全都为工厂负荷所用，没有额外电量输出至电网。电网供电成本为 0.2 澳元/(kW·h)。

计算节约成本：

$$节约成本 = 能源抵消量 × 电网电力现时成本$$
$$= 16kW·h × 0.2 澳元/(kW·h)$$
$$= 3.20 澳元/天$$

在电力抵消模式下，日间使用更多的电量（图 19.6）可以抵消分时电价高峰段的电力收费，光伏系统从经济上可能节约更多的成本，创造更多的价值。例如，在日间指定时间内可以使用定时器运行洗衣机或水池抽水机等电器。电器在日间的使用将会给光伏系统的所有者节约电费，避免了日间的高峰电价，节约的这部分高峰电价可以在晚间时段使用。

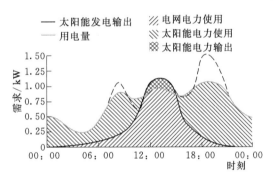

图 19.6　早晨和夜间的部分用电量转移至中午，可以降低从电网获取的电量

● **实例**

（1）上文第 1 个实例中的家用光伏系统的发电量也是每天 6kW·h。但是房主使用定时器将早晨和晚间的用电量转移至中午。总发电量为 6kW·h，其中家用电器用电量为 5kW·h，只有 1kW·h 作为额外电量输出。电网发电成本是 0.28 澳元/(kW·h)。

计算节约成本：

$$节约成本 = 能源抵消量 × 电网电力现时成本$$
$$= 5kW·h × 0.28 澳元/(kW·h)$$
$$= 1.40 澳元/天$$

> 房主重新安排用电量之后，其节约的成本从 0.84 澳元/天增加至 1.40 澳元/天。每年将节约更多电费，约为 511 澳元。
>
> (2) 另一个家用光伏系统的发电量也是每天 7kW·h，房主使用分时计价收费表，日间用电量为 0.2 澳元/(kW·h)，夜间用电量为 0.4 澳元/(kW·h)。
>
> 在没有调整电负荷的情况下，其家用电器日间用电量为 3kW·h，4kW·h 电量用于输出。计算节约成本：
>
> $$节约成本＝能源抵消量×电网电力现时成本$$
> $$＝3kW·h×0.2 澳元/(kW·h)$$
> $$＝0.60 澳元/天$$
>
> 每年节约 219 澳元。
>
> 因晚间的电价更高，所以屋主决定安装定时器控制夜间运行的发电量。目前这些家用电器日间消耗太阳能发电量为 6kW·h，太阳能系统输出至电网的电量只有 1kW·h。3kW·h 的用电量补偿日间用电，另 3kW·h 的用电量补偿夜间用电。
>
> 因此计算节约成本：
>
> $$节约成本＝能源抵消量×电网电力现时成本$$
> $$＝3kW·h×0.2 澳元/(kW·h)＋3kW·h×0.4 澳元/(kW·h)$$
> $$＝0.60 澳元＋1.20 澳元$$
> $$＝1.80 澳元/天$$
>
> 每年节约 657 澳元。

19.4.2 发电成本

光伏系统可以降低所消耗电量成本，然而具体节约多少却取决于网用电的价格结构（也就是电价结构）。电价成本由输电成本、发电成本、配电成本（电网成本）和售电成本（零售成本）决定。

电价由三部分组成：

(1) 固定电费（澳分/天）。这是日接入电费且不受电量影响。所有用户将支付固定电费，不受使用光伏发电系统用电量的影响。

(2) 能源电费［澳分/(kW·h)］。按照每单位计算电费。所有用户都将按照不同的能源电费价格和结构支付能源电费。

(3) 需量电费［澳分/(kW·h)］。该费用由房屋一段时间内的最大用电需求（通常是视在功率，kVA）决定，比如一个月周期内。

私用和商用电力账单通常由总用电量决定，对于商业用户而言，将由瞬时高峰用电量决定。小规模的用电户，比如家庭和小型商业用房，通常只收取固定电费和能源电费。大的能源用户，比如大型商业建筑，除支付固定电费、能源电费外，还需支付高峰用电所产生的电费。

实例

　　大型办公建筑要求按月缴纳以下电费：日用电费＝2.00 澳元/天，能源电费＝0.25 澳元/(kW·h)，需量电费＝15.00 澳元/(kVA·月)，本月使用的能源总量为 9000kW·h。

　　一般而言，工作日的最大需求电量为 80～100kVA。但是根据图 19.7 所示的本周电量情况，周三出现一个电量需求高峰值 140kVA。尽管需求高峰值只需 1 天，但由于用户需量电费基于本月最大需求电量，那么需求高峰值将决定需量电费。

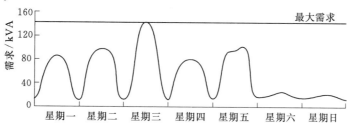

图 19.7　商用房一周的电力用量曲线

本月总电费账单为：

日用电费＝2.00 澳元/天×30 天＝60 澳元

能源电费＝0.25 澳元/(kW·h)×9000kW·h＝2250 澳元

需量电费＝15.00 澳元/(kVA·月)×140kVA＝2100 澳元

总计为 4410 澳元。

　　由此可见，需量电费占了账单大部分比例。如果可以将需量电费降至低于 100kVA，即月最大需求电量大约为 100kVA，将节约用电成本 600 澳元。

19.4.3　能源补助政策

　　能源补助（FiTs）是针对输送电量至电网的补助政策。如同电力用户为他们从公共电网上用电缴纳税款一样，公共电网通常也要为其接纳的电力交税。安装在房屋上的传统电能表对输出至电网的电量进行计量。因此，公用电力公司不得不负责提供双向电表。注意应把双向电表的成本计入光伏系统初始投资的一部分。有两种并网光伏发电系统的计量和能源补助方式：

　　(1) 净能源补助。光伏系统的超额发电量输出至电网并且由能源补助支付超额电价。光伏系统所有者将在使用光伏发电后仅从电网购电。当能源补助低于电网供电成本或没有能源补助时，净计量方式是合理的。

　　(2) 毛能源补助。光伏系统的总发电量输出至电网并且由能源补助支付电价。所有电量均从电网购买。当能源补助高于电网供电成本，毛能源补助方式是合理的。

　　能源补助的经济性取决于个体电力零售商和政府补助。

> **要点**
>
> （1）净能源补助。光伏系统（现场使用之后）的超额发电量只输出至电网。
>
> （2）毛能源补助。光伏系统的总发电量输出至电网。

实例

光伏系统所有者的电价为 0.28 澳元/(kW·h)，能源补助为 0.1 澳元/(kW·h)。日间平均用电量为 10kW·h，在太阳能发电时有 3kW·h 电量在日间使用。太阳能系统平均发电量为每日 6kW·h。说明与毛能源补助相比，为什么使用净能源补助更加有利于光伏系统所有者。

答：

1. 毛能源补助

若使用毛补助方式，太阳能总发电量输出至电网，且按照能源补助获得经济效益，现场所有用电量按照其正常的电费收取率支付。因此，日电量成本为：

日常电费＝电网电价×用电量－能源补助×发电量

$\quad\quad$ ＝0.28 澳元/(kW·h)×10kW·h－0.1 澳元/(kW·h)×6kW·h

$\quad\quad$ ＝2.80 澳元－0.60 澳元

$\quad\quad$ ＝2.20 澳元/天

2. 净能源补助

若使用净补助方式，太阳能发电量供应至工地电负荷量，然后超额电量输出至电网。因此，日电量成本为：

日常电费＝电网电价×（电网用电量－太阳能用电量）

$\quad\quad$ －能源补助×超额太阳能发电量

$\quad\quad$ ＝0.28 澳元/(kW·h)×（10kW·h－3kW·h）

$\quad\quad$ －0.1 澳元/(kW·h)×3kW·h

$\quad\quad$ ＝1.96 澳元－0.30 澳元

$\quad\quad$ ＝1.66 澳元/天

因此，使用净能源补助而非毛能源补助，屋主节约电费 0.54 澳元/天。

小额能源补助意味着净能源补助方式将创造更多经济收入。在午间时段增加用电量，可以降低用电成本，即用户使用的更多电量由太阳能发电系统供应，所消耗的电网电量就越低。

19.5 经济状况评估

利用 19.1～19.4 节中的信息，评估光伏系统的经济状况有几种简单的方法。这些简单的方法通常用于较小的系统，例如家用光伏系统，家用光伏系统的成本相对较小。较大的商用系统则要求更为具体的经济状况分析，见 19.6 节。

> **● 注意**
>
> 小型光伏系统的潜在用户想要的是关于光伏系统安装的成本和收益的详尽评估而非一个完整的经济效益分析。

评估光伏系统成本/价值的两种简单方法是：

（1）单价法（澳元/W）（19.5.1 节）。这种方法是简单评估安装某种规格的光伏发电系统每瓦所需的成本。这种数据在对比不同的产品和安装公司时较为实用。

（2）回本周期法（19.5.2 节）。即回收成本时间法，具体使用是看太阳能光伏系统用多长时间可以"回本"。当光伏系统所赚的利润与付出的成本相抵时则视为"回本"。

19.5.1　单价法

单价法是计算安装某种规格的光伏系统每瓦所需要的成本。它可以用于比较光伏系统不同的设计方案，比如使用不同类型的组件、逆变器等。计算时只考虑安装系统的预付成本，其表达式为

$$单价 = \frac{光伏系统预付成本}{光伏系统的容量}$$

19.5.2　回本周期法

回本周期法是指光伏系统所产生的利润抵消安装系统抵成本所用的时间。这种方法只考虑安装光伏系统所需的预付成本，不考虑资金的时间效应。

回本周期法的表达式为

$$回本周期 = \frac{预付成本}{年收益}$$

年收益应包括电网中抵消电价的费用和一段时间内的所有收入。

回本周期法为光伏系统投资是否可行提供了一个有用的计算方法，即系统是否能在预期使用寿命中"回本"。然而，对于较大的系统而言，投资也相对较大，因此也就需要一个更为复杂的金融分析。

> **● 注意**
>
> 简单的回本周期法可以快速简便地估算一个项目是否可以盈利，如果可以，多长时间之后可以盈利。

● **实例**

回本周期法

澳大利亚悉尼中部安装了一个 1.5kWp 的光伏系统，成本为 3200 澳元。预计每年发电量为 1090kW·h，每年向电网输送电力 850kW·h。电费为 0.28 澳元/(kW·h)，能源补贴为 0.066 澳元/(kW·h)。该系统适用于 31STC，当时的安装价格为 35.5 澳元/执照。

$$回本周期 = \frac{预付成本}{年收益}$$

预付成本为

$$系统的初始投资 = 3200 \ 澳元$$

$$退税 = 35.5 \times 31 = 1100.50 \ 澳元$$

$$成本回扣 = 3200 - 1100.50 = 2099.50 \ 澳元$$

因此，回本周期就是用户使用系统节省 2099.50 澳元电费所用的时间。

年利润为

$$消耗的伏发电 = 1090kW·h/年$$

$$上网电量 = 850kW·h/年$$

$$能源补贴价格 = 0.066 \ 澳元/(kW·h)$$

$$来自能源补贴的收入为 = 850kW·h/年 \times 0.28 \ 澳元/(kW·h)$$

$$= 56.10 \ 澳元/年$$

$$自消费节省的金额 = 1090kW·h/年 \times 0.28 \ 澳元/(kW·h)$$

$$= 305.20 \ 澳元/年$$

$$使用系统所节省的利润和所赚的利润 = 56.10 \ 澳元 = 305.20 \ 澳元$$

$$= 361.30 \ 澳元/年$$

回本周期为

$$回本周期 = \frac{预付成本}{年收益} = 5.81 \ 年$$

因此，根据用户的电量消耗和静态的电价就可得出光伏系统回本大约需要 6 年。

19.6 寿命周期分析

寿命周期分析是对光伏系统进行的一种更为复杂的经济分析。它考虑了货币的价值会随着时间变化，既包括没有使用的货币的累计利息，也包括降低货币使用价值的通货膨胀。这对于未来的开支与收入尤其重要，例如维护费用或上网电价（FiT）收入。

　　由于未来使用或赚取的货币价值取决于使用或赚取货币的时间，因此未来的所有开支和收入都转换为它们的当前价值。这样就可以对比光伏系统未来不同时期可能发生的不同支出与收入。

> ● **实例**
>
> 　　某系统设计者可以选择两种逆变器：一种价格为 5000 澳元，可能每 10 年需要进行一次更换；另一种价格为 2000 澳元，但是可能每 4 年需要进行一次更换。
>
> 　　系统在未来的不同时期会产生不同的开支，而且，由于货币的价值随着时间改变，不能明显看出哪一种选择更经济。因此，为了进行精确的对比，这些开支会转换为当前价值来进行对比。

　　为了将支出与收入转换为当前价值，需使用两个术语来调整未来货币的使用价值：

　　（1）通胀率。由于货品与服务价值的膨胀，货币随着时间贬值，这就意味着消费力随着时间降低。例如，现在一顿饭可能花费 10 澳元，但是通货膨胀会随着时间降低货币的消费力，因此 10 年后，相同的一顿饭可能要花 15 澳元。

　　（2）贴现率。贴现率（或利率）代表的是未使用货币由于累计利息而增长的量。例如，现在花费的 100 澳元的价值会少于节约 100 澳元并累计其 10 年利息后的最终价值。

　　由此可见，通货膨胀随着时间降低了货币的价值，而贴现率却随着时间增加了货币的价值。

　　为进行寿命周期分析，有 5 个运算很关键，后续章节会陆续对其进行解释：①寿命周期支出；②寿命周期收入；③投资回报率；④内部回报率；⑤发电成本［澳元/(kW·h)］。

19.6.1　寿命周期支出

　　系统的寿命周期支出考虑了初始投资与未来支出（图 19.8）。用通胀率和贴现率来计算系统及其部件的当前支出。

图 19.8　寿命周期支出考虑事项

寿命周期支出应考虑以下事项：

（1）所有设备与人力的初始支出。

（2）运行与维护的未来支出。

（3）部件更换的未来支出。

1. 未来支出的当前价值

任何未来支出都需要考虑到货币价值会随着时间改变。这些未来支出可以用如下公式换算为当前价值：

$$P = C\frac{(1+g)^n}{(1+d)^n}$$

式中　　P——未来支出的当前价值；

　　　　C——未来支出；

　　　　g——通货膨胀率；

d——折扣（利息）率；

n——未来年数。

> ● **实例**
>
> 　　某系统包含一个 5000 澳元的逆变器，需要 10 年更换一次。通胀率设定为 5%，货币在银行赚取的利息为 7%。计算该未来支出的当前价值。
>
> $$P = C \frac{(1+g)^n}{(1+d)^n}$$
>
> $$= 5000 \times \frac{(1+0.05)^{10}}{(1+0.07)^{10}}$$
>
> $$= 5000 \times \frac{1.6289}{1.9672}$$
>
> $$= 5000 \times 0.828$$
>
> $$= 4140.00 \text{ 澳元}$$
>
> 　　因此，在当前通胀率与贴现率（利率）下，需要为 10 年投资或留出 4140 澳元，作为更换逆变器所需的资金。4140 澳元是替换逆变器支出的当前价值。

　　计算有规律的未来支出的当前价值，例如，当前价值公式可以用于每年的维护支出。这是一种简单清晰的方法，但是计算所需的时间较长。最好用一个电子表格，易于进行重复运算。

$$\text{所有维护的当前价值} = P_1 + P_2 + P_3 + \cdots + P_n$$

式中　P——维护的当前价值；

　　　n——年数。

　　或者，可以使用现市值公式。这个公式更为复杂，对于如何使用该公式，在本章末的延伸材料中有描述。

2. 计算寿命周期支出

计算寿命周期支出，应该包含所有的初始与调整的未来支出。

> ● **要点**
>
> 　　通胀率随着时间降低货币价值，贴现率（利率）随着时间增加货币价值。

> ● **实例**
>
> 　　某 12kW 的并网光伏发电系统安装在悉尼一家小型超市上。该系统预期寿命为 20 年，使用如下信息，计算该光伏系统的寿命周期支出：初始部件支出 = 22000 澳元，初始安装支出 = 8000 澳元，每年的维护（年底进行）= 500 澳元，10 年更换一次逆变器 = 6000 澳元，通胀率 = 5%，贴现率 = 7%。

使用当前价值公式，寿命周期支出计算见表 19.1。

$$P = C\frac{(1+g)^n}{(1+d)^n}$$

表 19.1　　　　　该光伏系统的寿命周期支出（取整数）　　　　单位：澳元

年数	系统安装		部件更换		系统维护	
	单位支出	当前价值	单位支出	当前价值	单位支出	当前价值
0	22000*	22000				
1					500	491
2					500	481
3					500	472
4					500	464
5					500	455
6					500	446
7					500	438
8					500	430
9					500	422
10			6000	4968	500	414
11					500	406
12					500	399
13					500	391
14					500	384
15					500	377
16					500	370
17					500	363
18					500	356
19					500	349
20	寿命终止（该年底不需要进行维护）					
总计		22000		4968		7909
总计当前支出						34877

* 此处原著为 22000，译者认为数据有误，应为 8000。

从表 19.1 的计算可见，该系统的寿命周期支出为 34877 澳元。

19.6.2　寿命周期收入

未来收入与通胀和利率会影响并网光伏发电系统的寿命周期收入。并网光伏发电系统的总收入取决于可用的退税、上网电的种类与电价、系统预期的发电量以及光伏电站的能量密度。

1. 未来收入的当前价值

未来收入需反映货币价值随时间变化。可以使用当前价值公式，将这些未来收入换算成当前价值

$$P=I\frac{(1+g)^n}{(1+d)^n}$$

式中　P——未来收入的当前价值；

　　　I——未来收入；

　　　g——通货膨胀率；

　　　d——折扣（利息）率；

　　　n——未来年数。

2. 计算寿命周期收入

计算寿命周期收入，需计算系统的未来价值。这一未来价值/收入取决于可用的上网电价种类与规模以及系统自身发电量与耗电量。

● 实例

即将安装在悉尼小型超市的 12kW 并网光伏发电系统，未来 5 年的净上网电价为 0.06 澳元/(kW·h)，此后没有上网电价补贴。目前的电力支出为 0.3 澳元/(kW·h)，未来 20 年预期平均每年增长 4%。按 20 年预期寿命计算该光伏系统的寿命周期收入。

对发电量的分布与负荷分析如下：年发电量=20000kW·h，年耗电量（电补偿）=17000kW·h，年上网电量=3000kW·h，通胀率=5%，贴现率=7%。

该系统的价值有降低支付市电使用的费用和余电上网获取的收入两方面。当计算这两种价值时，需使用当前价值公式将他们换算成当前价值（表 19.2）

$$P=C\frac{(1+g)^n}{(1+d)^n}$$

注：第一年不需要调整，因为收入就是当前一年的收入。第二年 $n=1$，第三年 $n=2$，直至第二十年 $n=19$。

表 19.2　　　　　　该光伏系统的寿命周期收入（取整数）　　　　　单位：澳元

年数	电网补偿电量的价值			上网电价收入	
	电力未来开支，平均每年增长 4%/[澳元/(kW·h)]	单位价值（抵消电量×电力支出）	年耗电量的当前价值	单位收入（上网电量×上网电价）	上网电价收入的当前价值
1	0.30	5100.00	5100	180	180
2	0.31	5304.00	5205	180	177
3	0.32	5516.16	5312	180	173
4	0.34	5736.81	5421	180	170
5	0.35	5966.28	5533	180	167
6	0.36	6204.93	5646	0	0

续表

年数	电网补偿电量的价值			上网电价收入	
	电力未来开支，平均每年增长 4%/[澳元/(kW·h)]	单位价值（抵消电量×电力支出）	年耗电量的当前价值	单位收入（上网电量×上网电价）	上网电价收入的当前价值
7	0.38	6453.13	5762	0	0
8	0.39	6711.25	5881	0	0
9	0.41	6979.70	6002	0	0
10	0.43	7258.89	6125	0	0
11	0.44	7549.25	6251	0	0
12	0.46	7851.22	6380	0	0
13	0.48	8165.26	6511	0	0
14	0.50	8491.87	6645	0	0
15	0.52	8831.55	6781	0	0
16	0.54	9184.81	6921	0	0
17	0.56	9552.20	7063	0	0
18	0.58	9934.29	7208	0	0
19	0.61	10331.60	7356	0	0
20	0.63	10744.90	7508	0	0
总计			124611		867
总计当前收入					125478

从表 19.2 中的计算可见，该系统的寿命周期收入为 125478 澳元。

19.6.3　投资回报率

投资回报率（ROI）反映了投资并网光伏发电系统的财务效益。高投资回报率意味着与投资的支出相比，收益较高。

可以用系统的寿命周期支出与寿命周期收入来计算投资回报率，已经分别在 19.6.1 节与 19.6.2 节有讲解。

$$投资回报率 = \frac{生命周期收入 - 生命周期成本}{生命周期成本} \times 100\%$$

● 注意

低投资回报率仍然可以产生利润，但是与投资的支出相比，这一利润可能较小。

● 实例

即将安装在悉尼一家小型超市的 12kW 并网光伏发电系统，已经在前两个例子中进行了寿命周期分析计算，得到如下两个结果：

$$寿命周期支出＝34877 澳元$$

$$寿命周期收入＝125478 澳元$$

现在投资回报率可以计算如下

$$投资回报率(\%)=\frac{生命周期收入-生命周期成本}{生命周期成本}\times100$$

$$=\frac{125478-34877}{34877}\times100$$

$$=260\%$$

这意味着该投资的寿命周期收入已超过投入的 2.5 倍，回报率较高。

简言之，这一计算没有包含随着时间推移光伏模块效率降低导致的系统发电量降低。

19.6.4　内部回报率

内部回报率（IRR）是反映投资财务收益的另一种方法。其计算更为复杂，更适用于需要非常周密经济分析的大规模光伏系统（即大规模投资）。

投资的内部回报率相当于利率（贴现率），可以平衡投资盈亏。计算出的利率能使所有财务（无论支出和收入）的净现值等于 0。随着内部回报率增加，投资变得更具吸引力。

内部回报率的计算很复杂，没有计算工具很难计算。投资的软件或程序，例如 Microsoft Excel 可以进行这种计算。

● 知识点

内部回报率是一种真实的利率。这就意味着它已经将通货膨胀考虑在内。

● 实例

使用 Microsoft Excel 计算即将安装在悉尼一家小型超市的 12kW 并网光伏系统的内部回报率。使用内部回报率公式，每年的净现金流量已经在表格中给出，得出的值为 23%。

19.7　发电成本［澳元/(kW·h)］

发电成本（LCoE）是使用某特定发电资源发电的成本，这样就能对比几种不同的发电资源。该成本使用的是发电机的寿命周期成本，包括预付成本与运营成本，以及发电机整个使用期的预期发电量。

为了得到精确的发电成本，发电机的任何未来发电量都应转换成当前的值。因此，计算发电成本的公式为

$$\text{发电成本}[\text{澳元}/(\text{kW·h})]=\frac{\text{生命周期成本}}{\text{生命周期发电量}}$$

为了更精确，公式可以写成

$$\text{发电成本}=\frac{\sum_{t-1}^{n} Cost_t \dfrac{(1+g)^t}{(1+d)^t}}{\sum_{t-1}^{n} Yield_t \dfrac{(1+g)^t}{(1+d)^t}}$$

式中　$\sum$——总计（即计算 $t\sim n$ 年每一年的值，然后相加）；

$Cost_t$——未来 t 年的成本；

$Yield_t$——未来 t 年的发电量；

t——年份；

g——通货膨胀率；

d——折扣（利息）率；

n——系统寿命年数。

● 注意

实际利率可以替换通胀率和折价率。

$$1+r=\frac{1+d}{1+g}$$

式中　r——实际利率；

d——折扣（利息）率；

g——通货膨胀率。

● 实例

安装在悉尼一个小超市的 12kW 并网光伏发电系统的 LCoE 要按照 20 年的寿命来算。

其寿命周期支出在 19.6.1 节中已经计算过了，为 34877 澳元。现在需要计算其寿命周期发电量。为进行这一计算，假设系统每年的产量为 20000kW·h。

但是系统产量每年会降低1%，因为系统会自然退化。同时，通胀率＝5%，折价率＝7%。

使用如下公式，计算得出的发电量见表19.3。

$$生命周期发电量 = \sum_{t}^{n} = Yield_t \frac{(1+g)^t}{(1+d)^t}$$

$$= Yield_1 \frac{1.05^1}{1.07^1} + Yield_2 \frac{1.05^2}{1.07^2} + \cdots + Yield_{20} \frac{1.05^{20}}{1.07^{20}}$$

表 19.3   该光伏系统的寿命周期发电量（取整数）

第 n 年	产量按1%降低/(kW·h)	当前价值/(kW·h)
1	20000	19608
2	19800	19031
3	19602	18471
4	19406	17928
5	19212	17401
6	19020	16889
7	18830	16392
8	18641	15910
9	18455	15442
10	18270	14988
11	18088	14547
12	17907	14119
13	17728	13704
14	17550	13301
15	17375	12910
16	17201	12530
17	17029	12162
18	16859	11804
19	16690	11457
20	16523	11120
寿命周期产能/(kW·h)		299715

使用如下公式，计算得出发电成本为

$$发电成本[澳元/(kW·h)] = \frac{生命周期成本}{生命周期发电量}$$

$$= \frac{34877}{299715kW·h}$$

$$= 0.116 \text{ 澳元}/(kW·h)$$

因此，该系统的发电成本为0.116澳元/(kW·h)。

LCoE 值通常被用来比较几种不同发电资源发电的平均成本（图 19.9）。

每千瓦时的电力成本逐步降低
（来源：德国弗劳恩霍夫伊势 2013 年 11 月）

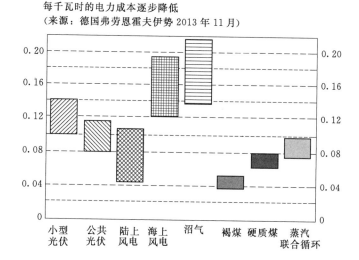

图 19.9　对比不同发电资源的 LCoE 值
（数据来源：http：//www.ise.fraunhofer.de）

19.8　延伸材料：未来经济与电网平价

电网平价描述的是竞争技术可以折算为成本，以等同价格在电力市场上销售。电力的实际价格会根据消费者在电力供应链上所处位置的不同而有所区别。因此，其价格结构就是为了电力的购买。

例如，批发电力市场价格会因为诸如输电能力、短期输电管理和长期保障等多种因素变化。大规模光伏发电系统之间的竞争是基于如何匹配间歇发电与多变的市场价格，如何平衡发电与环境破坏之间的关系以及如何建立光伏系统发电量的准确模型。

在零售电力市场，竞争性定价通常是零售商根据峰值电价、统一电价与分时电价设定的收费原则。可以看出，总的零售电力成本根据计量与计价方案适用于不同的消费者。

由此可见，光伏的发电成本必须适应作为比较的经济架构，即批发或零售市场。

图 19.10 表明，当光伏发电的成本与传统电力成本相当时，会出现电网平价。

电网平价的观点在某种程度上已经过时，也基本上不再使用。这是因为起初它是一个理想的抽象名词，没有准确的解释，因为它对比的是太阳能光伏的零售价格与电力的批发价格。每当引用 LCoE 值与电网平价数据时，用来决定这些数据的假设并不是静态的。

由于光伏发电的商业可行性已经不断得到财务数据的证明，不应再继续使用电网平价这一术语。

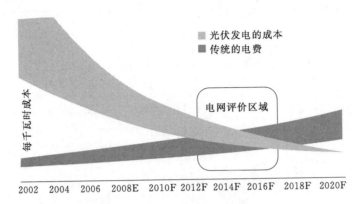

图 19.10　重新考虑光伏发电的经济性

19.9　延伸材料：现市值

有两种方法可计算有规律未来成本（例如每年的维护成本）的现市值。第一种方法是用 19.6 节中已经给出的现市值计算公式。第二种方法是使用现市值因素（PWF）。PWF 公式为几年的时间段设定了固定的年成本，计算它们的现市值。这是一种较短的方法，但是更难理解，也更容易出错。

计算现市值因素的公式为

$$PWF(g,d,n)=\frac{1-\dfrac{(1+g)^n}{(1+d)^n}}{\dfrac{1+d}{1+g}-1}$$

式中　g——通货膨胀率；

d——折扣（利息）率；

n——未来年数。

现市值因素再乘以维护的单位成本，得到所有维护的现市值

所有维护的现市值＝维护成本×PWF

为了准确使用现市值因素公式，重点要理解应用到每年的通胀率与折价率。也就是说，如果第一次维护是一年内完成的，便不需要调整相关数据。

> ● 实例
>
> 　　某光伏系统有一个年维护计划，使用寿命 20 年，每年维护花费 400 澳元。第一次维护是在年底，后续的维护时间也一样。也就是说，第一次维护要承担每年 3% 的通胀率与 6% 的折价率。同时，只需要进行 19 次维护，因为第 20 年是光伏系统的寿命终点，年底已经不需要维护了。
>
> 　　为了计算所有维护的现市值，应计算 19 年的现市值因素

$$\mathrm{PWF}(g,d,n) = \frac{1 - \dfrac{(1+g)^n}{(1+d)^n}}{\dfrac{1+d}{1+g} - 1}$$

$$= \frac{1 - \dfrac{(1+0.03)^{19}}{(1+0.06)^{19}}}{\dfrac{1+0.06}{1+0.03} - 1}$$

$$= \frac{1 - \dfrac{1.7535}{3.0256}}{1.0291 - 1}$$

$$= \frac{1 - 0.5796}{0.0291}$$

$$= \frac{0.4204}{0.0291}$$

$$= 14.45$$

所有维护的现市值＝维护成本×现市值因素

$$= 400 \times 14.45$$

$$= 5780 \text{ 澳元}$$

另一个光伏系统也有一个年维护计划，后续 20 年每年维护花费 400 澳元。而其第一次维护是在年中，后续的维护时间也一样。也就是说，第一年的维护不需要考虑通胀率与折价率，后续的 19 次维护需要考虑这些费率（共计 20 次维护）

$$\mathrm{PWF}(g,d,n) = \frac{1 - \dfrac{(1+0.03)^{19}}{(1+0.06)^{19}}}{\dfrac{1+0.06}{1+0.03} - 1}$$

$$= \frac{1 - \dfrac{1.7535}{3.0256}}{1.0291 - 1}$$

$$= \frac{1 - 0.5796}{0.0291}$$

$$= \frac{0.4204}{0.0291}$$

$$= 14.45$$

所有维护的现市值包含了第一年的维护费用，不需要调整

所有维护的现市值＝维护成本＋维护成本×现市值因素

$$= 400 + 400 \times 14.45$$

$$= 6180 \text{ 澳元}$$

以上计算表明，对系统寿命的预期决定维护次数，进而影响工程的总花费。

习　　题

问题 1

给出构成光伏系统投资初次费用的 6 个因素的名称。

问题 2

写出并描述太阳能安装公司典型的两个能源购买协议的区别，以及不同协议的盈利方式。

问题 3

对于光伏系统，建议每 12 个月进行一次什么维护？

问题 4

写出并描述安装光伏系统的 3 个持续收益。

问题 5

某一天，某商业光伏系统产生了 44kW·h 能量。该场所在 0.2 澳元/(kW·h) 的电价下，使用了 63kW·h 电能。如果这是日平均的能耗与产量，使用光伏系统一年可以节约多少电能？

问题 6

某光伏系统业主的电价为 0.32 澳元/(kW·h)，有人提供 0.08 澳元/(kW·h) 的能源补助。他们每天用电量为 18kW·h，其中白天有太阳能发电时使用 7.5kW·h，太阳能系统平均每天发电 6kW·h。请证明，为什么该系统业主使用净能源补助比使用毛能源补助更好。

问题 7

某即将安装的 35kW 并网光伏系统有如下特征：初始设备成本＝39000 澳元，初始安装成本＝15000 澳元，年维护（年底进行）＝1000 澳元，每 10 年更换逆变器＝10000 澳元，通胀率＝5％，折价率＝7％。

按预期 20 年寿命计算该光伏系统的寿命周期成本。

问题 8

什么是内部收益率？内部收益率高好还是低好？

问题 9

什么是发电成本，它为什么有用？

图为亚利桑那西部学院 1.3MWp 阵列（来源：SolarEdge）。

第 20 章　商业和公用领域的光伏系统

　　商业光伏安装容量的范围为 $10kWp\sim1MWp$，取决于商业交易的大小和性质。商业光伏的发电量一般与当地负荷相匹配，比住宅光伏的负荷曲线要好。虽然这增加了商业光伏获得良好经济收益的可能性，但企业还需要考虑经费和其他相关因素，例如：为作为季度或年度预算一部分的光伏安装费用作预算；说服董事会成员光伏系统的可行性；保障一定的投资回收率（ROI）；与其他集资费用项目竞争。此外，商业上任何新技术的增加可能造成操作上的风险，并且这一风险必须在决定过程和经济产出中作出考虑。

　　公用光伏发电是大约 1MWp 及以上的大型光伏系统。公用光伏发电甚至呈现出更多必须在项目开始前就完成的准则，例如，通常有必须满足的合法要求，可能需要协商的电力购买协议（PPA），可能需要取得的土地，必须完成的环境影响评估以及必须保障的项目融资。

　　系统的规模将在项目的整体结构上起到很大的作用，但是设计和安装基础是相似的。10～19 章中介绍了设计和安装并网光伏系统的总则。这一章着重介绍在设计一个更大的系统时所要处理的额外问题。

> ● **澳大利亚标准**
>
> 　　AS 4777：2005 与系统相关，单相最高达 10kVA，三相最高达 30kVA，并且原则上在更大的系统中。AS/NZS 5033：2014 涉及光伏系统，最高达 240kW，并且原则上在更大的系统中。

20.1　前期设计过程

　　在一个大型系统详细设计前，有一些应该考虑到的为系统设计准备的前期关键步骤。

在系统设计前进行这些步骤将提升项目成功的可能性并且降低项目延期的风险。在本节讨论了以下步骤：

（1）利益相关者咨询。

（2）现场评估。

（3）并网评估。

（4）土地使用申请。

（5）经济分析。

20.1.1 利益相关者咨询

对于成功的光伏系统设计和安装，应向项目利益相关者咨询项目目标、项目预算和任何已知的项目限制因素或安装问题。

对于一个大型系统，项目利益相关者可能包含企业所有人、房产所有人、系统操作者、融资人、当地政府、当地社区团体以及其他相关方。

20.1.2 现场评估

应进行现场评估来获得可以用来提供最终系统设计和安装估价的特定信息，还能鉴别项目的所有主要障碍。这可能包括评估：

（1）可用安装区域，包括屋顶空间或地表空间。

（2）潜在安装区域的特征。

1）屋顶。例如屋顶材料、方向、倾斜与结构完整性。

2）地面。例如土壤类型、地形与风区。

（3）潜在阴影来源。例如树、烟囱、天窗和其他建筑物。

（4）最近的输电网连接点位置。

（5）环境或文化遗迹。

部分现场评估，如土地和地质勘探或建筑结构分析，可能需要由具备资质的人员或工程师进行。此外，很可能要求多个现场评估相结合贯穿大型光伏系统的设计中。第11章包含更多关于现场评估的信息。

20.1.3 并网评估

应该在项目开始前联系本地配电网服务提供者（DNSP）或者电力网服务提供者（TNSP），这取决于光伏发电系统接入点。在此阶段让服务提供者介入是为了明确光伏系统安装涉及的电网要求和限制，大多数电网服务提供者（NSPs）可以提供关于大型并网光伏发电系统接入电网的初步建议，包括电网接入分析的成本、必需的保护设备、SCADA（监测控制和数据采集）要求和所有电力传输限制。NSP很可能贯穿从初始范围和设计到调试的整个项目。

当联系NSP时，应该讨论以下内容：

（1）连接至区域电网上的光伏阵列的最大容量是否有限制？

（2）输出到区域电网上的功率是否有限制？此限制有没有具体特征，例如，仅在周末和公共假期限制？

（3）变压器和/或开关设备可以支持功率双向流动吗？

（4）是否有任何额外的接入要求？这可能包括带有变压器、开关设备、监控或控制系统的变电站的安装。

大型系统的接入要求需要具备专业知识和经验的专业人员参与，例如电气工程师、高压电工或专门从事光伏系统连接到配电网或输电网的公司。

20.1.4　土地使用申请

在项目中，应该尽早咨询本地委员会和其他相关规划机关以获得土地的开发应用（DA）批准，以确保项目的所有障碍都可以尽早处理，所有必需的研究（如环境影响评估和文化遗迹评估）都可以按需要进行。

20.1.5　经济分析

经济分析可能是前期设计过程中的最关键要素。对一个真实且复杂的系统进行性能评估需要计算。使用与项目相关的经济结构进行此评估，且必须考虑项目风险因素。经济结构包括入网电价补贴政策（FiT）、静态或动态电力购买协议（PPA）、分层分时电价（TOU）结构或国家电力市场（NEM）产生的能源贸易。在经济分析中必须考虑的其他风险因素还包括可以减少资本支出（CAPEX）和税款或者增加税收的政府津贴和奖金计划。这些政府计划往往会在没有任何通知的情况下发生变化，并且可能已经计划了必须考虑的回转日期。电站的运行和维护（O&M）成本、任何可能的网络控制设备折旧、设备故障停机时间，甚至异常天气都必须模型化。

当项目成本已经确定，发电厂收入已经进行过评估，并且已经考虑了相关风险，就可以计算一些关键财务参数。这些参数，如燃料发电成本（LCOE）、ROI 和投资的内部收益率（IRR）将决定项目的利益率，并且可以成为有基金与无基金项目之间的差异。

20.2　大规模系统设计考虑要素

尽管大规模系统设计的基本要素与小规模系统一样，但还是会有一些不同的驱动与设计因素需要考虑。以下章节包含一些大规模系统的重点考虑因素。

20.2.1　组件类型

太阳能组件的选择可能会基于现有的业务关系；然而，组件有一些关键的参数会影响系统的成本和性能。

2011—2015 年可获得的太阳能组件通常是 60 个电池的组件，使用 156mm×156mm 的电池。也有使用大小相同的 72 个电池的组件，这种组件通常称为工程板。这些工程板与 60 个电池的组件相比产能更多，物理尺寸也更大，而且就其本身而言，不需要同样的系统平衡，即工程板减少了所需的支架设备和人工费。这些较大的组件通常用于大规模地面支架系统。然而，由于 72 个电池的组件需求量不是很大，通常购买 60 个电池的组件更便宜。这样就造成了两种组件间的经济抉择：60 个电池的组件，组件价格更低但安装费更高；72 个电池的组件，组件价格更高而安装费较低。

薄膜组件相比晶体组件有更好的耐阴性，对温度的反应也明显更好。薄膜组件天生比晶体组件效率低；因此，做一个相同容量的系统需要的薄膜组件数量比晶体组件更多。然而，如果场地特别热或者遮蔽严重，从薄膜组件中增加的产量可能可以弥补增加的系统平衡和人工费用。

20. 2. 2　逆变器类型

逆变器是光伏系统的核心。对于大规模系统，可能使用组串式逆变器，甚至微型逆变器；但实际上这些系统大多数采用集中式逆变器。选择的逆变器类型通常由系统规模决定。微型逆变器系统最适合较小的、不统一的阵列；组串式逆变器系统最适合小型或中型规模的阵列，也可提高系统冗余；集中式逆变器最适合大型、统一的阵列，其规模经济可以最大化。20.3 节表明，关键的设计决定会影响项目的成本，安装方式和电气配置将由逆变器类型决定。

20. 2. 3　支架系统

第 8 章描述了支架系统及其实际应用。对于大部分光伏阵列，支架系统选择多取决于光伏系统所选择的建筑和土地的面积。然而，其他设计因素也可能会影响支架系统，而且会影响性能和成本。例如，许多商业系统建在被称为 Klip Lok® 的屋顶挡板上，Klip Lok® 屋顶挡板自行固定到附在檩条上的屋顶衣架。因此，这种屋顶类型没有穿透挡板。当在这种屋顶材料上安装光伏支架时，设计者可以选择在屋顶打孔或者使用夹具系统自己固定屋顶挡板。在屋顶打孔可能比使用夹具价格更低，也可以提供增强可靠性的支架，但是它会降低屋顶的防风雨能力，也需要更多时间去安装，从而导致人工成本增加。

当进行系统的地面安装时，建筑工程师会建议让支架可以克服风力潜在的上举力，使用螺旋桩支架系统或者压载支架系统。同样，这两种支架系统的选择大多取决于项目的预算。压载可以使用混凝土现场浇铸，因此不需要大的设备。然而，混凝土价格贵，固化时间也长。但如果使用螺旋桩建造系统，需要大型螺旋钻，其运输与操作都很贵。螺旋桩支架适合于大规模系统，因此财务做的决定与系统的规模有关。

系统的安装方向可以由预算、可获取的土地或屋顶面积、功率容量需求等因素决定。

例如，如果有一个商业建筑具有以下条件：①10°斜屋顶，但光伏系统在此地的最佳倾斜角为 35°；②没有固定预算；③客户的目标是尽量多地弥补电量损耗。

对于这一安装，倾斜支架的系统可能不是最好的选择。如果系统倾斜到 35°，那么系统可能增加 7% 的效率，但是失去约 40% 的可用屋顶面积，因为系统组件间必须间隔开以防止互相遮挡。反之，如果一个嵌入式支架，它可以容纳更多的组件，而且尽管组件运行时的效率可能更低，但是总的发电产量会高得多。

季节性负荷也会决定现场支架系统的方向。例如，如果某农民有一种季节性作物需要在一年的特定时间进行机械加工，而且他想抵消这个季节增加的电能需求，光伏组件可能会被安装成那个季节产能最多的方向。这种产能输出对于全年产能来说，可能实际安装的不是最佳的方向。

20.2.4　布线

光伏系统电缆长度和尺寸的设计受成本比较和系统参数选择的影响。例如，某地面安装的大型低压光伏系统与电网的连接点在 500m 远的地方，按照正常做法，把逆变器安装在阵列场中就没有意义。这是因为通过相同的距离，$230V_{AC}$ 的输电损耗比 $800V_{DC}$（比如）损耗更大。为了克服这种电压损失，不得不使用增强的导电材料；反之，如果可以把逆变器安装在离连接点较近的地方，较高的直流电压可以用于将电能更高效地传输到连接点，且使用较少的导电材料。

电缆长度和尺寸也会决定系统的串列布置。例如，如果某一组组件安装的位置比其他组件位置离逆变器的距离远得多，可能有必要创建更高压的串列来减少电压损失。第一种操作方法就是使用带 2 路 MPPT 的逆变器：①一个 MPPT 连接用于物理距离较近且在逆变器理想范围运行的组件；②另一个 MPPT 连接用于物理距离较远且为了减少电压损失在更高电压下传输的损耗。第二种串列就会朝着逆变器理想范围的最高点运行。因此，在降低逆变器效率与降低导体成本与损失中选择是经济上的决定。

20.2.5　并网

商业或公用事业规模的光伏系统与交流（AC）电网的连接比住宅系统中的连接更为复杂。大规模系统总是与电网有三相连接，可能位于低压或高压。商业系统一般连接到低压交流网，且会使用专门的光伏集电箱来聚集来自许多逆变器的交流电。然后，这些光伏集电箱通常会回连到主集电线路。公用事业规模的系统经常与定制的变电站与高压电网相连。不论连接类型，一般进行电网研究时需评估那个区域的电网是否有能力处理额外的供电。

20.2.6　SCADA 与监控

商业和公用事业规模的系统通常会在系统业主或所属网络的要求下使用较高水平的监控和控制要求。数据采集与监视控制系统（SCADA）是长期的通信系统，用于监测和控制光伏系统。SCADA 可以通过不同方法，使用不同设备获得，但是基本上 SCADA 的目的是一样的。通常 SCADA 系统要达到目标为：①故障监控；②串列监控（针对电能中断）；③电网耐受性与电网质量；④动态电网支持（功率因素，有功或无功功率损耗）；⑤远程控制（来自系统业主、电能买方或电网）。

用于为商业和公用事业规模的光伏系统提供 SCADA 服务的设备有：①可编程序逻辑控制器（PLCs）；②脉冲控制接收器；③需求响应激活装置（DREDs）；④多功能保护继电器；⑤对象链接与嵌入（OLE）用于程序控制（OPC 服务器）；⑥电力通信线；⑦序列/以太网/Wi-Fi 监控；⑧天气感应器与天气预测计算；⑨建筑管理系统（BMS）与电能管理系统（EMS）。

20.3 大规模并网光伏系统设计过程

大规模光伏系统设计遵循第10～19章所概括的原则。尤其可以使用第12章讨论的阵列和逆变器匹配原则。影响系统配置的核心因素是逆变器的选择。本章使用5个逆变器类型，提供大规模系统设计的概述和实例。5个逆变器类型都能用于大规模并网光伏系统里，且每个逆变器类型都有利弊。

(1) 微型逆变器。

(2) 组件 MPPT。

(3) 单相组串式逆变器。

(4) 三相组串式逆变器。

(5) 集中式逆变器。

● **实例**

大规模系统设计

例如光伏系统设计人员为新开发工地设计一个 MW 阵列，阵列的最终规模将取决于使用组件和逆变器的电气特性。该工程选择了高效 300W 单晶组件。组件的电气特性见表20.1。

表 20.1　　　　　　　　组件的电气特性

电气特性	数值	电气特性	数值
STC 最大功率 P_{MAX}	300W	P_{MAX} 温度系数	$-0.42\%/℃$
最佳工作电压 V_{MP}	32.0V	最大组串保险丝额定值	20A
最佳工作电流 I_{MP}	9.46A	最大系统电压	1000V
开路电压 V_{OC}	39.5V	光电元件数量	60
短路电流 I_{SC}	10A	功率误差	0～3%
V_{OC} 温度系数	$-0.31\%/℃$		

1. 组件电压温度校正

与小规模光伏系统一样，为匹配阵列和逆变器，需要就光电元件的最低和最高电池温度调整组件的电压额定值。假设光电元件的最高温度和最低温度分别是75℃和0℃。使用第12章所述的原理，组件的额定电压是温度与电压下降率修正（3%）添加到 VMP 计算：

$$V_{MP(X℃)} = \{V_{MP(STC)} + [Y_v \times (T_{X℃} - T_{STC})]\} \times (1 - 电压降小数)$$

$$V_{MP(75℃)} = \{32V - [0.1344V/℃ \times (75℃ - 25℃)]\} \times (1 - 0.03) = 24.52V$$

$$V_{MP(25℃)} = \{32V - [0.1344V/℃ \times (25℃ - 0℃)]\} \times (1 - 0.03) = 34.29V$$

$$V_{OC(25℃)} = 39.5V + [0.1225V/℃ \times (25℃ - 0℃)] = 42.56V$$

　　2. 过电流保护要求

　　直流过电流保护要求取决于最大组串保险丝额定值和并行组列数量。使用第 13 章所述的公式，如果进行并联的有两个以上的组串，则需要安装组串过电流保护装置。

● 注意

　　高效率组件更加昂贵，但同一种功率输出情况下占用更小空间，使系统需要更少的 BoS 设备。对于大规模系统而言，减少 BoS 设备的使用可以大幅节约经济成本。

20.3.1　配备微逆变器的大规模系统

　　微型逆变器是组件级的逆变器，每一个或每两个光伏组件使用 1 个微型逆变器。微型逆变器在单独的 MPP 上运行每个组件或每两个组件；通常生产的电量比组串式逆变器多。尤其是对于安装在建筑物上且配备多种模数定位和/或阴影的阵列而言。接地安装的阵列不大可能生产更多的电量，原因是阵列一般具有一个更统一的倾斜角和朝向。

　　对于大规模系统而言，微型逆变器一般是成本更高的选择，主要原因是此系统要求的部件数量大。但是由于工作电压较低（大规模系统的工作电压为 $230V_{AC}$，不是大于 $600V_{AC}$），电缆连接更加昂贵，成本也随之增高。电缆连接增加的部分成本降低是由于不使用任何直流过流保护或直流断路器。

　　微型逆变器大型阵列（图 20.1）比其他的逆变器配置具有显著更多的冗余。与一个子阵列配逆变器的装置相比，若微型逆变器出现故障，逆变器配置将不会大幅减少阵列输出量。因此大型微逆变器系统增加了装置安全和组件级监控优势。

图 20.1　墨尔本一家私立疗养院处的一个 100kW 大型微逆变器系统

● 实例

微型逆变器设计

　　本示例提供了使用微逆变器的 1MW 并网光伏发电系统的示例设计。并使用 Enphase M250 微逆变器，在 STC 时推荐的功率输入为 $210\sim310W$，匹配要使用的 300W（在 STC）组件微型逆变器的电气特性见表 20.2。

表 20.2	微型逆变器的电气特性
输入数据（DC）	
推荐输入功率（STC）	210~310W
最大输入直流电压	48V
峰值功率跟踪电压	27~39V
工作电压	16~48V
最小/最大启动电压	22V/48V
最大直流短路电流	15A
最大输入电流	10A
输出数据	
峰值输出功率	258W
额定（持续）输出功率	250W
标称输出电流	1.09A
标称电压	230V
标称频率	50.0Hz
功率系数	>0.95
每20A分支电流的最大单位	14(Ph+N)，42(3Ph+N)
每电缆段的最大单位	14(Ph+N)，24(3Ph+N)
效率	
EN50530（欧洲标准）效率	95.7%
静态MPPT效率（加权参考EN50530）	99.6%
动态MPPT效率（快速辐射量改变，参考EN50530）	99.3%
主要数据	
变压器设计	电磁隔离型高频变压器

1. 匹配阵列和逆变器的计算

微型逆变器设计的匹配阵列和逆变器的计算具有多种计算方法。不需要计算一个组串内最大和最小组件数以及最大组件数，只需要微型逆变器与组件的工作特性相匹配。

以下特性符合要求：

逆变器最大直流输入电压48V＞组件最大电压42.56V（0℃）

逆变器最小工作电压16V＜组件最小工作电压25.28V（75℃）

逆变器最小启动电压22V＜组件最小工作电压25.28V（75℃）

但是组件最小工作电压不大于（小于或等于）MPPT最小工作电压：

最小峰值功率追踪电压27V＞组件最小工作电压25.28V（75℃）

这意味着对于组件和逆变器的组合而言，当电池温度升高至一定水平，逆变器将继续运行，但其效率降低。计算的温度为62.2℃，且将在炎热季节降低电量输出。对于真实的系统设计而言，不同的组件将被使用且总是在微型逆变器的功率点跟踪范围内运转。但是，出于比较不同型号逆变器的目的，效率降低很罕见，但是可行的。

2. 系统配置

使用 Enphase M250 的三相系统以并联连接方式接成 3 个阵列、14x 组件/微型逆变器形式。每个三相装置总共有 42 个组件/微型逆变器。对于一个约为 1MW 的系统而言，80 个三相装置共有 $80 \times 42 \times 300W = 1008000Wp = 1.008MWp$。

3. 并网

系统要求必需的电缆连接、配电柜和保护设备，用 5×64 极点分布柜可以把分支电路功率聚集至公共的连接点，然后将其送入总配电柜。

微型逆变器系统的发电量计算很复杂，尤其是组件的朝向不同或倾斜角不同。可以人工计算发电量（如表 20.3），但有一些微型逆变器的生产商提供软件包计算发电量。与所有系统一样，发电量的计算应考虑逆变器效率、阴影、堆积污垢、电压下降/电压上升和其他已知的损耗因子。

表 20.3 显示了以 15min 为间隔，组串均匀分布的 1h 的综合发电量计算。之后整个系统的发电量就是所有组件区间分析后的总能量输出。

表 20.3　　　　利用微型逆变器计算大规模光伏系统的发电量实例

日期	时间	倾斜角 /(°)	方位角 /(°)	电池温度 /℃	温度估值 下调	水平面的 辐射量 /(W·m²)	电量 /(kW·h)
1 组＝22 组件							
2014 年 1 月 1 日	13：00	22	16	46	0.91	954	1.13
	13：15	22	16	48	0.90	1052	1.24
	13：30	22	16	55	0.87	1006	1.14
	13：45	22	16	53	0.88	985	1.13
	14：00	22	16	53	0.88	912	1.05
2 组＝11 组件							
2014 年 1 月 1 日	13：00	22	356	46	0.91	954	0.59
	13：15	22	365	48	0.90	1052	0.65
	13：30	22	365	55	0.87	1006	0.60
	13：45	22	365	53	0.88	985	0.59
	14：00	22	365	53	0.88	912	0.55

20.3.2 配备组件 MPPT 的大规模系统

配备组件 MPPT（太阳能优化器）的三相逆变器越来越多地使用于大规模系统（图 20.2）。虽然要求在阵列上安装大量 MPPT 部件，但是可以通过让三相组串式逆变器执行直流—交流转换和电网集成，降低总成本。在大规模系统中，这种安排减少了系统成本，且给微型逆变器带来许多利益。特别是组件 MPPT 提高了阵列系统产电量，该阵列具有不同的组件工作条件，如应用朝向与倾斜角不同的组件。每个组件（或每两个组件）可以在各自的 MPP 上工作。

如何利用组件 MPPT 的系统取决于设备，不仅规避了直流保护的要求，而且提供更加安全的安装条件。

图 20.2　荷兰 Venco 园区 1.63MW 阵列使用 5712x 天合光能 TSM - PC14 - Utility Solution 285W 组件和 119Xse12.5K 逆变器
（源自：SolarEdge）

● 实例

太阳能优化器逆变器设计

利用已提供太阳能优化器设计 1MW 并网光伏发电系统设计的实例。实例将使用 SolarEdge P600 组件 MPPT 和配套三相 SE17K 逆变器。逆变器被设计用于连接至 1 个或 2 个 60 -电池光伏组件（表 20.4 和表 20.5）。

表 20.4　　　　　　　　P600 太阳能优化器数据表

输入数据（直流）	
额定输入的直流功率	600W
理想状态下最大输入电压	96V
MPPT 工作范围	12.5～80V
最大持续输入电流	10A
最大效率	99.5%
工作状态输出（当接入工作状态下的逆变器时）	
最大输出电流	15A
最大输出电压	85V
待机期间输出（当从逆变器断开时）	
最大输出电压	1V
安装规格	
系统允许最大电压（直流）	1000V
组件最小长度：优化器/组件	13/26
组件最大长度：优化器/组件	30/60
每组串最大功率	11250W
不同长度或方向的并联组串	是

表 20.5	SE17K 逆变器数据表	
输入（直流）		
推荐的最大直流功率		21250W
标称直流输入电压直流＋至直流－		750V
最大直流输入电压直流＋至直流－		830V
最大输入电流		23A
最大逆变器效率		985
输出（交流）		
额定交流电输出		17000VA
最大交流电输出		17000VA
最大持续输出电流（每相）		26A

1. 匹配阵列和逆变器的计算

设计一个配备太阳能优化器的系统与设计一个配备其他逆变器类型的系统不同，这是因为组件的直流电压输出由优化器控制。

首先，需要确立所选组件和优化器的兼容性。其次，可以确定组串配置。在引用的实例中，注意每个优化器要连接两个组件。

（1）太阳能优化器的最小电压为

$$最小输入电压＝2×最小组件电压(75℃)$$

$$＝2×24.52＝49.04V$$

最小 MPPT 工作电压 12.5V 加上安全裕量 10％，得出最小 MPPT 工作电压为 13.75V。组件最小输入电压可以超过工作电压限定值。

（2）太阳能优化器最大电压为

$$最小输入电压＝2×最小组件电压(0℃)$$

$$＝2×42.56＝85.12V$$

绝对最大输入电压 96V 减去安全余裕 5％，得出绝对最大输入电压 91.2V。组件最大输入电压低于电压限定值。

（3）太阳能优化器最大电流。组件短路电流为 10A，与优化器最大持续输入电流相等。因此可以确定其中所选的 2 个组件能连接至 P600 优化器。

（4）优化器/组件组串长度。制造商提供每组串许可的最小和最大优化器/组件数。最小有 13 个优化器（即 26 个组件）最大有 30 个优化器（即 60 个组件）。但是制造商也提供了每个组串的最大功率限值 11250W。组件电量输出限值需要进行检查。

$$组串最大组件数=\frac{最大组串功率}{组件额定功率}$$

$$=\frac{11259\text{W}}{300\text{W}}=37.5=37（下舍入）$$

(5) 连接至逆变器的最大并行组串数。计算可连接至逆变器的最大组串数也与计算其他逆变器类型数不同，这是因为优化器控制组件输出。要计算最大组串数，就要把推荐的逆变器最大直流输入功率与最大组串数进行比较。从而得出可连接至每个逆变器的最大组件数。

$$最大组件数=\frac{最大逆变器功率}{组件功率}$$

$$=\frac{21250\text{W}}{300\text{W}}=70.8=70（下舍入）$$

因此，如果每个组串有 35 个或更少的组件（70 个组件的一半），否则只有一个组串可连接至每个逆变器。

提示：推荐的最大直流输入功率实际上代表超大阵列。交流额定功率仅有 17000VA，且 21250W 的直流输入功率大约是交流额定功率的 125%。因此，连接靠近推荐最大直流输入功率的组串将产生功率削波。

2. 系统配置

每个逆变器可以有最少 26 个组件和最多 37 个组件。而且如果每个组列的组件不大于 35 组件，逆变器可处理 2 个组串。

合理的系统配置见表 20.6。

表 20.6　　　　　　　　　合理的系统配置

配置编号	逆变器配置	每个逆变器的优化器数	逆变器直流输入功率/W	阵列内的逆变器数	阵列内的优化器数
1	1 个组串 × 37 个组件	19（配备 2 个组件的有 18 个，配备 1 个组件的有 1 个）	11100	90	1710
2	1 个组串 × 36 个组件	18（所有优化器连接至 2 个组件）	10800	93	1674
3	2 个组串 × 35 个组件	36（每个组串 18 个；配备 2 个组件的有 17 个，配备 1 个组件的有 1 个）	21000	48	1728
4	2 个组串 × 34 个组件	34（所有优化器连接至 2 个组件）	20400	49	1666

配置 4 是最佳选项，因为与配置 3 相比，配置 4 使用的优化器数量最少并且只使用一个额外的逆变器。但是，配置 4 的阵列功率过大，大约是最大交流额定功率的 120%，这会导致最佳工作条件期间部分功率损耗。根据表 20.6，该过大功率处于逆变器工作能力范围内而且实例将配置 4 作为最佳选择。最后得出阵列功率为 999.6kW。

20.3.3　配备有单相逆变器的大型系统

单相逆变器不再普遍适用于大型光伏系统，因为现在首选的是三相逆变器，这种逆变器的容量更高，价格更划算。在大型系统中（图 20.3），单相逆变器可以配置为三相系统，每相带有全部逆变器的 1/3。电力平衡设备用于确保所有三相的电流注入都是相同的，从而维持网络质量。

图 20.3　泰国呵叻的 6 兆瓦系统使用的是京瓷组件
（来源：SMA 太阳能技术）

鉴于需要大量单相逆变器，相比于单相多轨逆变器，单相单轨逆变器对于大型系统的价格更划算。每个带有独个最大功率点跟踪装置的逆变器可能与一组组件相连，它们的操作条件相似，即相同的方向、倾斜角和阴影面积，这样可以把整个数组最大化。数组由不同尺寸的组件组成，方向也不同，并且是安装在多个屋顶上，这种情况很可能是有足够多的逆变器，这样每个子阵列都有最大功率点跟踪。

● **实例**

单相逆变器设计

可以提供使用单相逆变器的 1MW 并网光伏系统案例设计。以下使用 SMA Sunny 迷你中央 11000TL 逆变器（表 20.7），该逆变器是单相单轨的类型。

表 20.7　　　　　　　　逆 变 器 参 数 表

输入数据（直流）	
最大直流功率（$\cos\varphi=1$）	11400W
最大直流电压	700V
最大功率点电压范围	333～500V
直流额定电压	350V
最小直流电压/启动电压	333V/400V
最大输入电流/每根导线	34A/34A
最大功率点跟踪（MPPT）数量/每个 MPPT 的导线数量	1/5

续表

输出（交流）

交流额定功率（230V，50Hz）	11000W
最大交流视在功率	11000VA
额定交流电压范围	220V，230V，240V，180~260V
交流电网频率范围	50Hz，60Hz±4.5Hz
最大输出电流	48A
功率因数（cosφ）	1
相导体/连接相/功率平衡	1/1/标准
最大效率	97.5%
基本参数	
拓扑学	无变压器
电子保护等级/连接区域	IP65/IP65

1. 匹配数组和逆变器计算

为了设计1MW系统，每个逆变器必须是最好的，聚合起来然后决定系统的大小尺寸问题。需要仔细确定每根导线的组件数量，以及平行方向上每个逆变器的导线数量。

(1) 导线上组件的最小数量。

导线上组件的最小数量＝（最小MPP电压×安全系数）/最小组件电压(75℃)＝333V×(1+0.1)/24.52＝14.9＝15个组件(四舍五入)

(2) 导线上组件的最大数量。

导线上组件的最大数量＝（最大逆变器电压×安全系数）/最大组件电压(0℃)＝700V×(1+0.05)/42.56＝15.62＝15个组件(四舍五入)

因此，该组件和逆变器组合可以允许每个导线上有15个组件。

(3) 每个逆变器并行导线的最大数量。

导线最大数量＝最大逆变器电流/组件短路电流＝34A/10A＝3.4＝3个导线(四舍五入)

2. 系统配置

逆变器每根导线上有15个组件，最多3根导线。意味着可能有两个主要的配置：

(1) 带有15个组件（30个组件）的两根导线需要9kWp/11kW的逆变器。该配置一共需要111个逆变器，最终的数组大小为999kW，每相有37个逆变器。

(2) 带有15个组件（45个组件）的3根导线需要13.5kWp/11kW的逆变

器，这会形成一个超大号的数组。对于 1MWp 的系统来说，一共需要 74 个逆变器。然而，三相中的每一个都需要相同数量的逆变器，一共需要 75 个逆变器，每相 25 个。大型系统的最终数组大小为 1012.5kW，数组过大是很常见的。这会导致功率降低，高峰期产量降低，但是也能减少逆变器的使用量，从而降低系统成本。可能是组合式的，有的逆变器配有 2 根导线，有的配有 3 根导线。

在该实例中，有可能使用 3 根导线并加大数组所得到的投资回报更大，所以应当选择此配置。

3. 并网

该系统能与 3×400A 最低，36 极，三相配电盘相连。接着这些配电盘可以与主配电板相连，而配电板与现场的一个变电站或附近的地方变电站相连。

20.3.4　配备三相组串式逆变器的大规模系统

三相组串式与集中式逆变器当前在商业光伏系统和公共事业规模光伏系统中占主要地位（图 20.4）。图中系统使用了超过 41000 块英利 250W 多晶组件，以及 300 组 ABB 三相 TRIO 太阳能逆变器，于 2014 年完成。与单相逆变器相比，三相逆变器容量更高，因此需要较少的逆变器组，而且可以使三相中各相产生的电能达到均衡。与集中式逆变器相比，三相组串式逆变器通常容量较低。三相组串式逆变器多用于商业光伏系统，而非公共事业规模光伏系统。

图 20.4　位于马来西亚金马士的 10.25MWp 系统（来源：Amcorp Power & ABB）

相比在大规模系统中使用集中式逆变器，使用三相组串式逆变器优势如下：

（1）光伏系统规模较小。

（2）系统容错率较高。即如果一个逆变器组故障，对阵列的影响更小。

（3）场地有物理空间限制。

（4）带并联组件阵列的运行条件。例如不同方向、倾斜角或分层次。

（5）场地上有低压并网点。

● 知识点

很多新的三相逆变器对功率输出有先进的控制，包括静态和动态的功率因数补偿和有功与无功功率衰减。有了这些运行特征，就意味着这些逆变器能够在大规模系统中被电网运营商接受使用。

● 实例

三相组串式逆变器设计

　　提供了某使用三相逆变器的 1MW 并网光伏发电系统的设计范例，该范例使用 ABB Aurora Trio-27.6-TL-OUTD 逆变器，是一种三相双跟踪逆变器（表 20.8）。

表 20.8　　　　　　　　　　逆 变 器 数 据 表

输入数据（直流）	
最大直流输入电压绝对值	1000V
启动直流输入电压 V_{Start}	360V（250～500V 可调）
运行直流输入电压范围	$0.7 \times V_{Start} \sim 950V$
额定直流输入电压	620V
额定直流输入功率	28600W
独立的 MPPT 数量	2
每个 MPPT 的最大直流输入功率	16000W
额定交流输入功率下，带并联结构 MPPT 的直流输入电压范围	500～800V
每个 MPPT 的最大直流输入电流	64A/32A
每个 MPPT 的最大输入短路电流	40A
每个 MPPT 中直流输入对的数量	1
输出（交流）	
交流并网类型	三相 3W 或 4W＋PE
额定交流功率（$\cos\varphi=1$）	27600W
最大交流输出功率（$\cos\varphi=1$）	30000W
最大表观功率	30000VA
额定交流栅极电压	400V
交流电压范围	320～480V
最大交流输出电流	45.0A
共同故障电流	46.0A
额定输出频率（F_r）	50Hz/60Hz
输出频率范围（$f_{min} - f_{max}$）	47～53Hz/57～63Hz
标称功率因素与可调范围	＞0.995，±0.9 可调，带 $P_{acr}=$ 27.6kW，±0.8 最大 30kVA
总谐波电流失真	＜3%

　　1. 匹配阵列与逆变器的计算

　　与单相串列型逆变器设计一样，三相串列型逆变器设计包括优化每个逆变器并集合推荐配置来确定系统规模。

表 20.7 中，有多种逆变器电压可用来计算串列中组件的最大和最小数量。然而，核心在于保持阵列的运行电压高于 MPPT 的最小额定电压，并保持阵列的开路电压低于逆变器的最大直流输入电压。

（1）串列中组件的最小数量（根据 V_{MPPT_min}）为

$$\frac{V_{MPPT\_min} \times 安全裕度}{最小模块电压(75℃)}$$

$$= \frac{500V \times (1+0.1)}{24.52}$$

$$= 22.4 = 23(上含入)$$

（2）串列中组件的最大数量（根据逆变器限制）为

$$\frac{最大逆变器电压 \times 安全裕度}{最大模块电压(0℃)}$$

$$= \frac{1000V \times (1+0.05)}{42.56}$$

$$= 22.32 = 22$$

根据以上计算，组件的最大数量低于组件的最小数量。在此例中，可以通过移除组件最小数量 10% 的安全裕度来解决。这是一个低风险方案，因为逆变器有一个可调的最小运行电压远低于 MPPT 的最小运行电压。尽管在特定情况下阵列电压可能下降到低于 MPPT 最小运行电压，逆变器仍然能够运行。重新计算如下：

（3）串列中组件的最小数量（没有安全裕度）为

$$\frac{V_{MPPT\_min}}{最小模块电压(75℃)}$$

$$= \frac{500V}{24.52}$$

$$= 20.4 = 21(上含入)$$

其他选择包括去除逆变器最大电压的安全裕度、使用不同的组件、使用不同的逆变器。根据这些计算，每个串列中有 21 个或 22 个组件均可。

（4）每个 MPPT 上并联串的最大数量为

$$\frac{I_{MPPT\_max}}{模块短路电流}$$

$$= \frac{32A}{10A}$$

$$= 3.2 = 3(下含入)$$

2. 系统结构

逆变器每个串列上可以有 21 个或 22 个组件，每个 MPPT 上最多有 3 个串。直流额定输入功率为 28600W，其中每个 MPPT 上最多 16000W。可能的系统结构见表 20.9。

表 20.9　　　系　统　结　构

结构	MPPT A 结构	MPPT A 功率/W	MPPT B 结构	MPPT B 功率/W	总逆变器输入功率/W	功率比
1	3×21	18900	2×21	12600	31500	1.10
2	3×22	19800	2×22	13200	33000	1.15
3	2×21	12600	2×21	12600	25200	0.88
4	2×22	13200	2×22	13200	26400	0.92

　　　　结构 1 和结构 2 同时超过了 MPPT 额定功率和逆变器额定功率。逆变器额定功率可能被超过（即阵列尺寸超标），需要联系制造商商讨超过 MPPT 额定功率的问题。

　　　　这个例子中，可以选择结构 4。这个阵列包括 38 个逆变器，每个有 88 个组件（每个 MPPT 上 44 个），总阵列功率为 1.003MWp。

　　　　3. 并网

　　　　该系统可以通过 4×36 个电极、400A 最小配电屏与总控制盒连接。

20.3.5　配备集中式逆变器的大规模系统

　　集中式逆变器是可获取的最大容量的逆变器，最广泛用于公用事业规模光伏系统（图 20.5）。图 20.5 中系统由福斯第一太阳能公司在西澳大利亚州杰拉尔顿附近开发，安装有 150000 个福斯第一太阳能公司的先进薄膜光伏组件。西澳大利亚水务公司公司将购买该太阳能电站产出的全部电能。在集中式逆变器与三相组串型逆变器之间做选择时，最主要的往往是资金问题。相比其他类型的逆变器，使用集中式逆变器的优势如下：

（1）大规模光伏系统。

（2）新建工厂没有现成的低压并网。

（3）场地有高压并网点。

图 20.5　格里诺河太阳能 10MW 电站
（资源：第一太阳能公司）

（4）在运行条件下阵列是统一的。例如一致的组件朝向和倾斜角。

（5）系统需要先进的 SCADA。

● **实例**

集中式逆变器设计

　　　　提供了使用集中式逆变器的 1MW 并网光伏发电系统的设计。该系统使用 SMA Sunny Central 500CP XT 逆变器，是一种三相单路追踪逆变器（表 20.10）。

表 20.10　　　　　　　　　逆变器数据表

输入数据（直流）	
直流最大输入功率（$\cos\varphi=1$）	560kW
最小输入电压/最大输入电压	400V/1000V
$I_{MPP} < I_{DCMAX}$ 时的 V_{MPP_MIN}	430V
MPP 电压范围（25℃/50℃，50Hz 时）	449～850V/430～850V
额定输入电压	449V
最大输入电流	1250A
独立 MPP 输入数量	1
直流输入数量	9/32（Opti 保护）
输出（交流）	
额定功率（25℃）/标称交流功率（50℃）	550kVA/500kVA
标称交流电压/标称交流电压范围	270V/243～310V
交流电频率/范围	50Hz，60Hz/47～63Hz
额定频率/额定电网电压	50Hz/270V
最大输出电流/最大总谐波失真	1176A/0.03
额定功率时的功率因数/基波功率因数可调	1/0.9 超前～0.9 滞后
输入相数/连接相数	3/3

1. 匹配阵列与逆变器的计算

与其他逆变器设计一样，集中式逆变器设计需要优化每个逆变器，然后合并确定系统规模。

（1）串列中组件的最小数量（根据 V_{MPPT_min}）为

$$\frac{V_{MPPT\_min} \times 安全裕度}{最小模块电压(75℃)}$$

$$=\frac{430V \times (1+0.01)}{24.52}$$

$$=19.3=20(上舍入)$$

（2）串列中组件的最大数量（根据逆变器限制）为

$$\frac{最大逆变器电压 \times 安全裕度}{最大模块电压(0℃)}$$

$$=\frac{1000V \times (1+0.05)}{42.56}$$

$$=22.32=22(下舍入)$$

根据这些计算，每个串列中有 20～22 个组件均可。

（3）每个逆变器上并联串的最大数量为

$$\frac{最大逆变器电流}{模块短路电流}$$

$$=\frac{1250A}{10A}$$

$$=125$$

2. 系统结构

逆变器每个串列上可以有20~22个组件，每个逆变器最多有125个串列。逆变器的直流额定输入功率为560kW，也就是说，一个1MWp的阵列需要2个这种集中式逆变器。可能的系统结构见表20.11。

表20.11 系 统 结 构

结构	逆变器结构	逆变器功率/kW	功率比	总阵列功率/MWp
1	84个串×20个组件	504	0.9	1.008
2	80个串×21个组件	504	0.9	1.008
3	76个串×22个组件	501.6	0.9	1.003

所有结构都在逆变器额定功率之内，可安全安装。因此，做出有效的决定是否基于少使用较长的串列，或使用更多的较短组串。在这个大的财务决定中需要考虑的因素如下：

（1）组串汇流箱/组串监控连接数量。

（2）组串过流保护装置数量。

（3）允许的电缆损耗。

（4）所需直流隔离器的数量与尺寸。

（5）冗余与维护所需输入数量。

（6）影响投资回报率的主要因素。

在这个例子中，可选择结构3。这一阵列包含2个逆变器，各有76个带22个组件的串列，其总阵列功率为1.003MWp。

应注意到，两种逆变器都有大量容量没有使用，每个逆变器约55kW。由于集中式逆变器容量更大，将逆变器容量与阵列容量匹配接近的灵活性较小。与其他类型的逆变器相比，每增加一个集中式逆变器都会使系统的逆变器容量有大幅增加。

3. 并网

系统很可能与高压并网，每个逆变器配置独立的变压器。

20.3.6 逆变器对比

使用哪种设备是根据投资回报率而定的。实际上，这是对持续成本与发电量进行的对比（表20.12）。

表 20.12　　　　　　　　　　　　　　　逆 变 器 对 比 表

逆变器类型	优　　点	缺　　点
微型逆变器	(1) 不同运行条件的阵列增加了系统产量。 (2) 高冗余度。 (3) 直流保护要求降低	(1) 大量的组件数量增加了系统成本。 (2) 阵列重量增加
带组件 MPPT 的三相组串式逆变器	(1) 不同运行条件的阵列增加了系统产量。 (2) 高冗余度。 (3) 直流保护要求降低	大量的组件数量增加了系统成本
单相组串式逆变器	(1) 逆变器组价格更低。 (2) 容量较低，意味着总系统逆变器容量具有灵活性。 (3) 高冗余度	(1) 大量的组件数量增加了系统成本。 (2) 增加了连接大量组件的 BoS 设备。 (3) 对基本逆变器组最低限度的输出控制与监控。 (4) 需要人工使阵列中的三相平衡
三相组串式逆变器	(1) 容量较大，可使用较少的逆变器组。 (2) 总系统逆变器容量仍有灵活性。 (3) 三相在阵列中平衡。 (4) 监控与输出控制能力增强	不同运行条件的阵列降低了系统产量
集中式逆变器	(1) 容量较大，可使用较少的逆变器组。 (2) 先进的监控与输出控制能力	不同运行条件的阵列降低了系统产量

● 实例

逆变器类型对比

　　光伏系统设计人员为五个类型的逆变器分别进行了系统设计，并为每一种设计做出了材料评估单（表 20.13）。

表 20.13　　　　　　　　　　　材 料 评 估 单

要素	微型逆变器	单相逆变器	三相逆变器	集中式逆变器	带组件 MPPT 的三相逆变器
组件数量	3360	3375	3344	3344	3332
各逆变器串列数量	N/A	3	4（每个 MPPT 各 2 个）	76	2
逆变器数量	3360	75	38	2	49（1666 个优化器）
串列保护数量	N/A	450	304	304	N/A
直流断路器型号	N/A	75×700V 40A	38×900V 40A 38×900V 32A	9×800V 160A	49×1200V×32A
低压配电板数量	5×64 个电极（80 个备用电极）	3×48 个电极（69 个备用电极）	4×36 个电极（48 个备用电极）	None	5×36 个电极（33 个备用电极）
超出范围	否	是（122%）	否	否	是（120%）

然后可以对比每种设计的花费。以下费用仅仅是粗略估计（不包括利润与其他费用）（表20.14），对于真实的系统设计，需进行详细的调查（图20.6）。

表 20.14　　　　　　　　　每种类型的费用统计　　　　　　　　　单位：澳元

费用项	微型逆变器	单相逆变器	三相逆变器	集中式逆变器	带组件 MPPT 的三相逆变器
组件费用	907200.00	911250.00	902880.00	902880.00	899640.00
安装费用	90720.00	91125.00	90288.00	90288.00	89964.00
逆变器费用	655200.00	300000.00	247000.00	240000.00	322220.00
串列保护费用	—	4500.00	3040.00	3040.00	—
直流隔离器费用	—	11250.00	11400.00	3600.00	7350.00
低压配电板费用	25000.00	15000.00	20000.00	10000.00	25000.00
布线费用	60000.00	35000.00	22000.00	20000.00	35000.00
工人费用	480000.00	420000.00	320000.00	300000.00	420000.00
总计	2218120.00	1788125.00	1616608.00	1569808.00	1809174.00

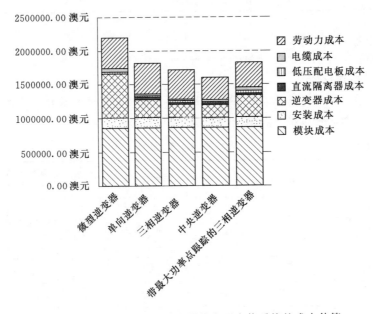

图 20.6　使用不同类型逆变器的大型光伏系统的成本估算

对以上方案而言，使用集中式逆变器的价格最低。由于是安装在地面上的新建电站，所有组件尽可能安装成同样的朝向与倾斜角，因此具有相似的运行条件。所以，集中式逆变器结构不会产生比其他使用更多 MPPT 的逆变器结构的发电量更低的情况。

通过对比，如果安装在建筑的屋顶，朝向与倾斜角也各不一样，使用微型逆变器或组件 MPPT 结构增加的产量，会抵消增加的系统成本。

在这个案例中，由于整个阵列仅有 2 个集中式逆变器，潜在故障停机风险与冗余缺乏应作为要素计算到投资回报率中。根据风险评估，使用三相逆变器可能更合适，因其没有明显更高的成本，却增加了冗余。

习　题

问题 1

列出初步设计过程的五个步骤。

问题 2

（1）什么是微型逆变器？

（2）什么时候微型逆变器的效率最高？

（3）为什么微型逆变器在大型太阳能光伏系统中不常见？列出一个可能的原因。

（4）为什么微型逆变器在地面安装光伏系统中不常见？列出一个可能的原因。

问题 3

（1）什么是组件 MPPT（太阳能优化器）？

（2）什么时候组件 MPPT 最高效？

问题 4

将以下类型的逆变器按照容量最低到最高进行排序：三相逆变器、集中式逆变器、单相逆变器。

问题 5

根据逆变器类型对比的例子，哪一种逆变器有：

（1）最高的逆变器成本？

（2）最低的逆变器成本？

（3）最高的组件成本？

（4）最低的组件成本？

（5）最高的直流隔离器型号成本？

（6）最低的直流隔离器型号成本？

（7）最高的人工成本？

（8）最低的人工成本？

第 21 章 案 例 研 究

21.1 案例研究 1：位于澳大利亚维多利亚州，基于双轴跟踪系统的 98.6kW 并网光伏发电系统

21.1.1 项目简介

该光伏系统是基于希尔顿工业集团的厂房选址而开发设计的，希尔顿工业集团是澳大利亚维多利亚州的金属薄板制造商。安装地点在工厂屋顶，系统发电量为 98.6kW，支架系统是一种定制的双轴跟踪系统。

希尔顿工业集团的厂房多年以前已经修建，与此同时，新增的双轴跟踪系统由于含有固定安装结构，必然会增加房屋的结构负荷。因此，双轴跟踪系统的重量应该尽量轻，结构足够牢固，且体积尽量精简。

已安装运行的双轴跟踪系统由 ABB PLC（可编程逻辑控制器）进行控制，在高于工厂屋顶的位置还安装了一座气象站。如果气象监测设备发现风力读数大于 25km/h，那么跟踪系统会立即控制组件向"平"坐方式动作，与屋顶基线保持平行状态。

图 21.1 安装在金属材料跟踪系统上的组件

该系统内光伏阵列是由 340 块"优太" 290W 的光伏组件构成（图 21.1），每块组件都含有一个 Tigo 直流优化器。光伏阵列输出能量送至 ABB 100kW 集中式逆变器，逆变器供应能量的电压为交流

230V。光伏组件使用的 Tigo 优化器可使系统发电量实现最佳化运行，可同时提取系统性能特征数据，并实现有效的故障实时诊断功能。

荣获 2014 年清洁能源委员会太阳能设计与安装奖项暨并网光伏系统设计与安装(15～100kW)。

21.1.2　系统构成

(1) 340×"优太"290W 多晶智能组件（内置 Tigo 直流优化器）。

(2) 1×ABB PVS800 100kW 集中式逆变器。

(3) 1×ABB 变压器：$300V_{AC}$～$415V_{AC}$，125kVA。

(4) 3×ABB 8 路组串保护盒。

(5) 1×ABB 可编程序逻辑控制器。

(6) 2×Tigo 记忆体管理单元。

(7) 11×Tigo 网关数据交换单元。

(8) 1500m 直流和交流电缆。

(9) 长度为 75 的热镀锌梯形托架加上顶盖。

(10) 扎线带、螺丝等。

(11) 太阳能跟踪器材料铝和钢。

(12) 52×力纳克制动器。

案例图片如图 21.2～图 21.4 所示。

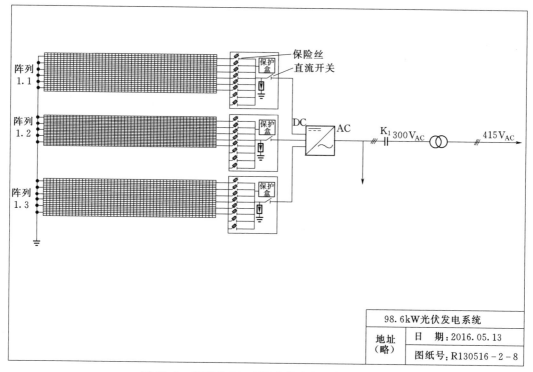

图 21.2　拟建的 98.6kW 光伏发电系统的结构图

图 21.3　已完成的基于双轴跟踪系统的　　　　图 21.4　安装期间的组件和跟踪器
98.6kW 并网光伏发电系统

案例研究和图片，由清洁能源协会（CEC）提供。

21.2　案例研究 2：位于澳大利亚维多利亚州温德姆谷南十字女子小学，在公共汽车候车亭上直立安装的 75kW 并网光伏发电系统

21.2.1　项目简介

该系统的设计旨在显著位置安装太阳能系统，向客户展示教育功能和发展功能，并降低用电成本。

该系统的成功设计与安装是太阳能安装公司（Going Solar）、客户（一所小学）和建筑师（Baldasso Cortese）共同努力的成果。用于安装光伏阵列的屋舍结构是位于小学外的一个公共汽车候车亭。建筑师欲让安装完的阵列外观尽可能直接坐朝结构面，并且在组件之间有明显的最小空间。

本工程选择使用泽普（Zep）无轨型支架结构进行安装，因此这些组件会减少安装支撑轴架的需要。由于部分组件需要确保以 60° 倾角进行安装，泽普太阳能公司（支架系统制造商）的技术支持可以确保组件安装安全、准确、稳固。由于设计的结构有两个不同的光伏组件支架角，所以系统设计包括使用 1 台具有两路最大功率点跟踪器的逆变器。

图 21.5　维多利亚州温德姆公共汽车候车亭上
安装完成的 75kW 并网光伏发电系统

光伏阵列作为公共汽车候车亭的一部分，其外观结构的设计必须确保学生与群众可触及的组件之间没有锋利毛边或锐角（图 21.5）。整个光伏系统的监控部分使用了 SMA Webbox、Sunny Portal 和 Sunny Sensorbox 进行系统监测。获取太阳能系统数据对系统整体性能运维不仅具有重要价值，而且还是一个富含教育功能的平台。

荣获 2014 年清洁能源委员会太阳能设计与安装奖项暨并网光伏发电系统设计与安装（15kW 以下）。

21.2.2　系统构成

（1）39×250W "优太" 光伏组件，配齐泽普（Zep）框架。

（2）泽普太阳能公司无轨支架系统，包括自动接地装置。

（3）泽普太阳能公司支架配件。

（4）SMA Sunny 三功率 STP10000TL 逆变器。

（5）SMA 通信与监测配件。

案例图片如图 21.6～图 21.8 所示。

图 21.6　75kW 并网发电站之建筑师印象　　图 21.7　并网光伏发电系统在维多利
亚州获奖的示意图

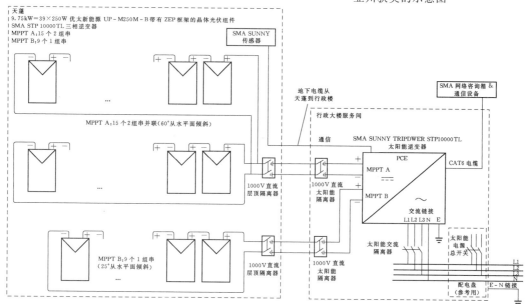

图 21.8　维多利亚州温德姆公共汽车候车亭上安装完成后的 75kW 并网光伏发电系统

案例研究和图片，由清洁能源协会（CEC）提供。

21.3　案例研究 3：1.22MW 并网光伏发电系统—位于澳大利亚新南威尔士州卧龙岗市谢尔哈伯购物中心

21.3.1　项目简介

著名的 1.22MW 光伏安装工程的设计旨在满足业主的期望，即通过利用太阳能以高性价比的方式改变能源结构，提供引领可持续发展的实例。太阳能发电产生的能源主要用于场所自用。

Canadian Solar 公司和 Todae Solar 公司通过竞争性招标程序共同完成了此项目。位于卧龙岗市谢尔哈伯购物中心光伏发电项目最终完成建设并交付，它是澳大利亚最大的商业单体屋顶光伏系统。

这项工作仅耗时不到 12 周，完成了 1.22MW 系统的安装和调试（图 21.9）。系统安装所面临的挑战涉及安全和工地出入，并要确保不会大幅度影响工地现场的高客流量。

整个系统设计由 7 个不同子系统构成，每个系统需要使用独立的连接点和合理的逆变器建筑外壳。

到 2015 年 6 月为止澳大利亚最大的商业光伏工程。

21.3.2 系统构成

（1）4001×Canadian Solar 公司 305W 太阳能组件。

（2）44×SMA STP25000 - TL 逆变器。

（3）Sunlock 支架系统。

（4）SMA 监测系统。

案例图片如图 21.10～图 21.12 所示。

案例研究和图片，由澳大利亚太阳能公司提供。

图 21.9　安装进度—2015 年 4 月 9 日的 Stockland

图 21.10　支架系统安装工程开工后的屋顶区域

图 21.11　系统安装的 400kW 部分

图 21.12　澳大利亚最大的商业光伏工程安装现场

21.4　案例研究 4：99.84kW 并网光伏发电系统—澳大利亚西北地区达尔文市的 Casuarina 图书馆

21.4.1　项目简介

位于西北地区达尔文市的 Casuarina 图书馆的用户中心安装了一套光伏发电系统，能够最大化获得发电量并最大程度确保这栋公用建筑的安全（图 21.13）。

项目选用包括 Safe DC™ 在内的 Solar edge 功率优化器和逆变器。使用该优化器与逆变器，一旦关闭逆变器或设置逆变器于安全模式，Solar edge 设备就会立即运行。在组串中仍然含有电压的状态下切断直流电流；当关闭交流电源或断开逆变器时，直流电力自动断开，而且每个太阳能优化器的输出电压都降低至 1V。

图 21.13　Casuarina 图书馆的 99.84kW 并网发电项目现场最终安装阶段

Safe DC™ 也可以从 Solar Edge 中的 Firefighter Gateway 处进行激活，这说明光伏系统有集中式安全管理功能。应急事件处理人员或其他工作人员可以手动使用系统应急按钮或使用火灾报警控制板系统关闭光伏发电系统。

Solar Edge 优化器提供每个组件的最大功率点跟踪，这使得每个太阳能组件能保持在最大功率环境下运行。

图 21.14　Casuarina 图书馆屋顶 Infinity 新能源光伏组件安装现场

太阳能优化器可以在组件水平上进行性能监测，意味着每个组件系统性能不断被检测和评估。系统检修能立即鉴别出有故障的组件，从而快速精准地进行检修导引。

21.4.2　系统构成

（1）416×240W Infinity 新能源光伏组件。

（2）6×Solar Edge SE17K 逆变器。

（3）208×Solar Edge OP600 优化器。

案例图片如图 21.14～图 21.16 所示。

图 21.15　本项目使用 6×Solar Edge SE17K 逆变器

图 21.16　Casuarina 图书馆已完成的 99.84kW 并网系统

案例研究和图片，由 Solar Edge 提供。

21.5　案例研究5：10MW格里诺河光伏发电场项目—位于澳大利亚西澳大利亚州格里诺河

21.5.1　项目简介

建成10MW格里诺河光伏交流发电场项目，是Synergy公司和通用电气（GE）能源集团金融服务公司联合经营的成果。项目位于西澳大利亚州杰拉尔顿市附近。项目所有工程服务由First Solar公司提供。

太阳能发电场所产生的能源由西澳大利亚水务公司进行采购，用于抵消运行在西澳大利亚州滨宁合市附近的脱盐工厂所产生的电量消耗。

First Solar太阳能公司为系统供应150000个薄膜光伏组件。该公司不仅提供项目的工程、采购和施工服务，而且还为项目日常运维提供服务。

项目于2012年4月开始动工。当地职工安装了16000个埋地钢支柱和钢支架。First Solar太阳能公司组件于2012年6月下旬安装完成。其由60km地下电缆连通至电网，然后形成输电网络。随后于2012年8月下旬完成系统初步调试。

21.5.2　系统构成

150000×First Solar FS-385组件。案例图片如图21.17～图21.20所示。

图21.17　西澳大利亚州格里诺河光伏
发电场的气象监测站

图21.18　10WM格里诺河光伏发电场

图21.19　西澳大利亚州格里诺河
光伏发电站全景

图21.20　西澳大利亚州格里诺河
光伏发电站

附　　录

附录1　现场评估检查表

现 场 评 估 任 务	备注	检查
基本信息		
太阳能资源数据采集		
当地风区识别［AS/NZS 1170.2：2011，图3.1（a）风区］		
当地闪电密度识别（AS/NZS 5033：2014，附录G）		
现场航拍		
现场安全性		
施工现场评估（JSA）：针对现场评估和安装的风险评估和控制措施		
业主交流		
系统目标		
系统预算		
潜在安装问题		
能源评估		
负荷评估情况		
能源效率措施		
光伏阵列		
阴影分析		
可移除/可最小化阴影资源的识别		
太阳能安装潜在区域评估：测量方位及倾斜角		
太阳能安装潜在区域评估：空间尺寸测量		

现 场 评 估 任 务	备注	检查
阵列美学评估		
阵列安全评估（超过600V的商业系统）		
安装（屋顶）		
屋顶类型及条件评估		
结构完整性评估		
测量桁条间隔		
评估框架类型：平或斜的底座		
屋面覆盖层评估：类别和状态		
安装（地面）		
基础适宜性评估		
土方工程需求水平评估		
地下遗迹位置识别		
逆变器		
识别合适的安装面和位置		
评估所需通风设备		
评估所需电缆长度		
评估所需保护要求		
逆变器安全评估		
监控设备位置评估		
并网		
开关材料评估		
开关内部空间评估		
线路和保险丝状况及尺寸评估		
电缆和保险丝规格检查点		
联系当地电网供应商（先确定安装是否可行）		
气候评估		
气候条件（例如降雪和盐雾）影响评估		
维护和安全性		
植被维护需求评估		
评估积尘损失和清洁要求		
附加安全措施需求评估		

附录 2 投 影 长 度 表

附表 2.1　在阿德莱德、艾丽斯斯普林斯、布里斯班、凯恩斯和
堪培拉 1m 高的物体产生影子的投射距离

时间（从正午起以小时为单位）/h	1m 高物体投射出影子的距离/m									
	阿德莱德		艾丽斯斯普林斯		布里斯班		凯恩斯		堪培拉	
	E−ve	N+ve	E−ve	N+ve	E−ve	N+ve	E−ve	N+ve	E−ve	N+ve
	W+ve	S−ve	W+ve	S−ve	W+ve	S−ve	W+ve	S−ve	W+ve	S−ve
4.00	5.4	−4.0	3.1	−2.1	3.6	−2.5	2.5	−1.6	5.5	−4.1
3.75	4.0	−3.3	2.5	−1.9	2.8	−2.2	2.1	−1.4	4.1	−3.3
3.50	3.2	−2.8	2.1	−1.7	2.3	−2.0	1.7	−1.3	3.2	−2.9
3.25	2.6	−2.5	1.8	−1.5	2.0	−1.8	1.5	−1.2	2.6	−2.6
3.00	2.1	−2.3	1.5	−1.4	1.7	−1.7	1.3	−1.1	2.2	−2.3
2.75	1.8	−2.1	1.3	−1.4	1.4	−1.6	1.1	−1.1	1.8	−2.2
2.50	1.5	−2.0	1.1	−1.3	1.2	−1.5	1.0	−1.0	1.5	−2.1
2.25	1.3	−1.9	0.9	−1.3	1.0	−1.4	0.8	−1.0	1.3	−2.0
2.00	1.1	−1.8	0.8	−1.2	0.9	−1.4	0.7	−0.9	1.1	−1.9
1.75	0.9	−1.8	0.7	−1.2	0.7	−1.3	0.6	−0.9	0.9	−1.8
1.50	0.8	−1.7	0.6	−1.1	0.6	−1.3	0.5	−0.9	0.8	−1.8
1.25	0.6	−1.7	0.5	−1.1	0.5	−1.3	0.4	−0.9	0.6	−1.7
1.00	0.5	−1.7	0.4	−1.1	0.4	−1.3	0.3	−0.9	0.5	−1.7
0.75	0.4	−1.7	0.3	−1.1	0.3	−1.2	0.2	−0.9	0.4	−1.7
0.50	0.2	−1.6	0.2	−1.1	0.2	−1.2	0.2	−0.9	0.2	−1.7
0.25	0.1	−1.6	0.1	−1.1	0.1	−1.2	0.1	−0.9	0.1	−1.7
0.00	0.0	−1.6	0.0	−1.1	0.0	−1.2	0.0	−0.8	0.0	−1.6
−0.25	−0.1	−1.6	−0.1	−1.1	−0.1	−1.2	−0.1	−0.9	−0.1	−1.7
−0.50	−0.2	−1.6	−0.2	−1.1	−0.2	−1.2	−0.2	−0.9	−0.2	−1.7
−0.75	−0.4	−1.7	−0.3	−1.1	−0.3	−1.2	−0.2	−0.9	−0.4	−1.7
−1.00	−0.5	−1.7	−0.4	−1.1	−0.4	−1.3	−0.3	−0.9	−0.5	−1.7
−1.25	−0.6	−1.7	−0.5	−1.1	−0.5	−1.3	−0.4	−0.9	−0.6	−1.7
−1.50	−0.8	−1.7	−0.6	−1.1	−0.6	−1.3	−0.5	−0.9	−0.8	−1.8
−1.75	−0.9	−1.8	−0.7	−1.2	−0.7	−1.3	−0.6	−0.9	−0.9	−1.8
−2.00	−1.1	−1.8	−0.8	−1.2	−0.9	−1.4	−0.7	−0.9	−1.1	−1.9
−2.25	−1.3	−1.9	−0.9	−1.3	−1.0	−1.4	−0.8	−1.0	−1.3	−2.0
−2.50	−1.5	−2.0	−1.1	−1.3	−1.2	−1.5	−1.0	−1.0	−1.5	−2.1
−2.75	−1.8	−2.1	−1.3	−1.4	−1.4	−1.6	−1.1	−1.1	−1.8	−2.2
−3.00	−2.1	−2.3	−1.5	−1.4	−1.7	−1.7	−1.3	−1.1	−2.2	−2.3

时间（从正午起以小时为单位）/h	阿德莱德		艾丽斯斯普林斯		布里斯班		凯恩斯		堪培拉	
	E−ve W+ve	N+ve S−ve	E−ve W+ve	N+ve S−ve	E−ve W+ve	N+ve S−ve	E−ve W+ve	N+ve S−ve	E−ve W+ve	N+ve S−ve
−3.25	−2.6	−2.5	−1.8	−1.5	−2.0	−1.8	−1.5	−1.2	−2.6	−2.6
−3.50	−3.2	−2.8	−2.1	−1.7	−2.3	−2.0	−1.7	−1.3	−3.2	−2.9
−3.75	−4.0	−3.3	−2.5	−1.9	−2.8	−2.2	−2.1	−1.4	−4.1	−3.3
−4.00	−5.4	−4.0	−3.1	−2.1	−3.6	−2.5	−2.5	−1.6	−5.5	−4.1

附表 2.2　在达尔文、霍巴特、墨尔本、珀斯和悉尼 1m 高的物体产生影子的投射距离

时间（从正午起以小时为单位）/h	达尔文		霍巴特		墨尔本		珀斯		悉尼	
	E−ve W+ve	N+ve S−ve	E−ve W+ve	N+ve S−ve	E−ve W+ve	N+ve S−ve	E−ve W+ve	N+ve S−ve	E−ve W+ve	N+ve S−ve
4.00	2.2	−1.3	11.9	−9.0	6.7	−5.0	4.4	−3.2	5.0	−3.7
3.75	1.9	−1.2	7.3	−6.1	4.8	−3.9	3.4	−2.7	3.8	−3.1
3.50	1.6	−1.1	5.2	−4.8	3.7	−3.3	2.8	−2.4	3.0	−2.7
3.25	1.4	−1.0	4.0	−4.0	2.9	−2.9	2.3	−2.2	2.5	−2.4
3.00	1.2	−1.0	3.1	−3.6	2.4	−2.6	1.9	−2.0	2.1	−2.2
2.75	1.0	−0.9	2.6	−3.2	2.0	−2.4	1.6	−1.9	1.7	−2.0
2.50	0.9	−0.9	2.1	−3.0	1.7	−2.3	1.4	−1.8	1.5	−1.9
2.25	0.8	−0.8	1.8	−2.8	1.4	−2.2	1.2	−1.7	1.2	−1.8
2.00	0.7	−0.8	1.5	−2.7	1.2	−2.1	1.0	−1.6	1.1	−1.8
1.75	0.6	−0.8	1.2	−2.5	1.0	−2.0	0.8	−1.6	0.9	−1.7
1.50	0.5	−0.8	1.0	−2.5	0.8	−2.0	0.7	−1.5	0.7	−1.7
1.25	0.4	−0.8	0.8	−2.4	0.7	−1.9	0.6	−1.5	0.6	−1.6
1.00	0.3	−0.7	0.6	−2.3	0.5	−1.9	0.4	−1.5	0.5	−1.6
0.75	0.2	−0.7	0.5	−2.3	0.4	−1.9	0.3	−1.5	0.3	−1.6
0.50	0.1	−0.7	0.3	−2.3	0.3	−1.8	0.2	−1.5	0.2	−1.6
0.25	0.1	−0.7	0.1	−2.3	0.1	−1.8	0.1	−1.5	0.1	−1.6
0.00	0.0	−0.7	0.0	−2.3	0.0	−1.8	0.0	−1.4	0.0	−1.6
−0.25	−0.1	−0.7	−0.1	−2.3	−0.1	−1.8	−0.1	−1.5	−0.1	−1.6
−0.50	−0.1	−0.7	−0.3	−2.3	−0.3	−1.8	−0.2	−1.5	−0.2	−1.6
−0.75	−0.2	−0.7	−0.5	−2.3	−0.4	−1.9	−0.3	−1.5	−0.3	−1.6
−1.00	−0.3	−0.7	−0.6	−2.3	−0.5	−1.9	−0.4	−1.5	−0.5	−1.6
−1.25	−0.4	−0.8	−0.8	−2.4	−0.7	−1.9	−0.6	−1.5	−0.6	−1.6
−1.50	−0.5	−0.8	−1.0	−2.5	−0.8	−2.0	−0.7	−1.5	−0.7	−1.7

续表

时间 （从正午起以 小时为单位） /h	1m高物体投射出影子的距离/m									
	达尔文		霍巴特		墨尔本		珀斯		悉尼	
	E－ve	N＋ve	E－ve	N＋ve	E－ve	N＋ve	E－ve	N＋ve	E－ve	N＋ve
	W＋ve	S－ve	W＋ve	S－ve	W＋ve	S－ve	W＋ve	S－ve	W＋ve	S－ve
－1.75	－0.6	－0.8	－1.2	－2.5	－1.0	－2.0	－0.8	－1.6	－0.9	－1.7
－2.00	－0.7	－0.8	－1.5	－2.7	－1.2	－2.1	－1.0	－1.6	－1.1	－1.8
－2.25	－0.8	－0.8	－1.8	－2.8	－1.4	－2.2	－1.2	－1.7	－1.2	－1.8
－2.50	－0.9	－0.9	－2.1	－3.0	－1.7	－2.3	－1.4	－1.8	－1.5	－1.9
－2.75	－1.0	－0.9	－2.6	－3.2	－2.0	－2.4	－1.6	－1.9	－1.7	－2.0
－3.00	－1.2	－1.0	－3.1	－3.6	－2.4	－2.6	－1.9	－2.0	－2.1	－2.2
－3.25	－1.4	－1.0	－4.0	－4.0	－2.9	－2.9	－2.3	－2.2	－2.5	－2.4
－3.50	－1.6	－1.1	－5.2	－4.8	－3.7	－3.3	－2.8	－2.4	－3.0	－2.7
－3.75	－1.9	－1.2	－7.3	－6.1	－4.8	－3.9	－3.4	－2.7	－3.8	－3.1
－4.00	－2.2	－1.3	－11.9	－9.0	－6.7	－5.0	－4.4	－3.2	－5.0	－3.7

附录3　公　式　总　结

第2章

欧姆定律

$$V = IR$$

式中　V——电压；

I——电流；

R——电阻。

可以重新排列为

$$R = \frac{V}{I} \quad 或 \quad I = \frac{V}{R}$$

功率

$$P = VI$$

式中　P——功率，W；

I——电流，A；

V——电压，V。

耗散功率

$$P_{耗散} = I^2 R$$

式中　$P_{耗散}$——功率，W；

I——电流，A；

R——电阻，Ω。

能量

$$E = Pt$$

式中　E——能量，Wh；

　　　P——功率，W；

　　　t——时间，h。

第 3 章

气团

$$AM = \frac{1}{\cos\theta}$$

式中　θ——太阳与兴顶某点连线之间的角度，（°）。

将辐照量单位从兆焦转化为千瓦时

$$1kW \cdot h = 3.6MJ \quad 或 \quad 1MJ = \frac{1}{3.6}kW \cdot h$$

两分时（太阳正午时）的太阳高度

$$alt_{EQ} = 90° - 纬度$$

至日时（太阳正午时）的太阳高度

$$alt_S = 90° - 纬度 \pm 23.45°$$

组件倾斜角

$$组件倾斜角 = 180° - 90° - 太阳高度$$

最佳倾斜角

$$最佳倾斜角 = 180° - 90° - alt_{EQ}$$

最佳倾斜角和朝向

$$组件倾斜角 = 180° - 90° - 太阳高度角$$
$$最佳倾斜角 = 180° - 90° - alt_{EQ}$$
$$= 90° - (90° - 纬度)$$
$$= 纬度$$

第 4 章

填充因子

$$FF = \frac{I_{MP}V_{MP}}{I_{SC}V_{OC}} = \frac{P_{MP}}{I_{SC}V_{OC}}$$

式中　FF——填充因子数；

　　　V_{MP}——最大功率时的电压；

　　　I_{MP}——最大功率时的电流；

　　　P_{MP}——最大功率；

　　　I_{SC}——短路电流；

　　　V_{OC}——开路电压。

第 5 章

均方根电压 V_{RMS} 和电流 I_{RMS}

$$V_{RMS} = \frac{V_P}{\sqrt{2}} = 0.707V_P$$

$$I_{\text{RMS}} = \frac{I_{\text{P}}}{\sqrt{2}} = 0.707 I_{\text{P}}$$

式中　V_{RMS}——均方根电压；

I_{RMS}——均方根电流；

V_{P}——峰值电压；

I_{P}——峰值电流。

第 7 章

逆变器的跟踪效率

$$\eta_{\text{TR}} = \frac{P_{\text{DC}}}{P_{\text{阵列}}}$$

式中　$P_{\text{阵列}}$——阵列可产生的瞬时最大直流功率；

P_{DC}——输入逆变器的瞬时直流功率；

η_{TR}——跟踪效率。

逆变器转换效率

$$\eta_{\text{CON}} = \frac{P_{\text{AC}}}{P_{\text{DC}}}$$

式中　η_{CON}——转换效率；

P_{AC}——瞬时直流功率输出。

逆变器整体效率

$$\eta_{\text{INV}} = \eta_{\text{TR}} \eta_{\text{CON}}$$

式中　η_{INV}——逆变器整体效率。

功率因数

$$功率因数 = \frac{有功功率}{视在功率}$$

第 11 章

倾斜组件垂直高度（毕达哥拉斯定理）

$$垂直高度 = \sin 倾斜角 \times 组件长度$$

组件背后的阴影长度

$$组件背后的阴影长度 = 垂直高度 \times \frac{\cos 方位角}{\tan 高度角}$$

$$= \sin 倾斜角 \times 组件长度 \times \frac{\cos 方位角}{\tan 高度角}$$

组件下方的阴影长度

$$组件下方的阴影长度 = \cos 倾斜角 \times 组件长度$$

组件占地面积长度

$$组件占地面积长度 = 组件背后的阴影长度 + 组件下方的阴影长度$$

第 12 章

特定温度下的组件电压

$$V_{\text{MP}(X\text{℃})} = V_{\text{MP(STC)}} + [\gamma_{\text{V}}(T_{X\text{℃}} - T_{\text{STC}})]$$

一组串中组件的最小数量

$$一组串中组件的最小数量 = \frac{最小\ MPPT\ 电压}{最小组件电压(X℃时)}$$

一组串中组件的最大数量

$$一组串中组件的最大数量 = \frac{最大逆变器电压 \times 安全裕度}{最大组件电压(X℃时)}$$

组件最大开路电压

$$V_{OC(X℃)} = V_{OC(STC)} + [\gamma_V(T_{X℃} - T_{STC})]$$

组件最大工作电压

$$V_{MP(X℃)} = V_{MP(STC)} + [\gamma_V(T_{X℃} - T_{STC})]$$

式中　$V_{MP(X℃)}$——特定温度（$X℃$）时的 MPP 电压，V；

$V_{MP(STC)}$——标准试验条件下的 MPP 电压，即额定电压，V；

γ_V——负向电压温度系数，V/℃；

$T_{X℃}$——组件温度，℃；

T_{STC}——标准试验条件温度（即 25℃），℃。

组串的最大数量

$$组串最大数量 = \frac{逆变器最大电流}{组件短路电流}$$

组件最大电流

$$I_{SC(X℃)} = I_{SC(STC)} + \gamma_{ISC}(T_{X℃} - T_{STC})$$

式中　$I_{SC(X℃)}$——特定温度（$X℃$）的短路电流，A；

$I_{SC(STC)}$——标准试验条件下的短路电流，A；

γ_{ISC}——当前温度系数，A/℃；

$T_{X℃}$——组件温度，℃；

T_{STC}——标准试验条件下的温度（即 25℃），℃。

组件的最大数量

$$组件的最大数量 = \frac{逆变器额定输入功率}{组件额定输出功率}$$

不同辐照度条件下的 V_{MP}（每个电池）

$$V_{MP2} = V_{MP-STC} + 26\ln\left(\frac{G_2}{G_{STC}}\right)$$

式中　V_{MP2}——G_2 辐照量条件下电池的 V_{MP}；

V_{MP-STC}——STC 条件下电池的 V_{MP}；

G_2——辐照水平，W/m²；

G_{STC}——STC 条件下的辐照水平（1000W/m²）。

第 13 章

组串过电流保护要求

$$I_{SC} \times (组串数量 - 1) \geq 组件反向额定电流$$

没有过电流保护的情况下所允许的平行组串最大数量

$$n_{\mathrm{P}}=\frac{I_{\mathrm{MOD\ REVERSE}}}{I_{\mathrm{SC\ MOD}}}（向上取整）$$

式中　$I_{\mathrm{MOD\ REVERSE}}$——组件的反向额定电流；

　　　　n_{P}——没有过电流保护的情况下所允许的平行组串最大数量；

　　　$I_{\mathrm{SC\ MOD}}$——组件的短路电流。

组串过电流保护的大小排列

$$\begin{cases} 1.5I_{\mathrm{SC\ MOD}}<I_{\mathrm{TRIP}}<2.4I_{\mathrm{SC\ MOD}} \\ I_{\mathrm{TRIP}}\leqslant I_{\mathrm{MOD\ REVERSE}} \end{cases}$$

式中　$I_{\mathrm{SC\ MOD}}$——组件短路电流；

　　　I_{TRIP}——过电流保护装置额定跳闸电流；

　$I_{\mathrm{MOD\ REVERSE}}$——组件最大熔断电流。

子阵列的过电流保护

$$1.25I_{\mathrm{SC\ SUB-ARRAY}}\leqslant I_{\mathrm{TRIP}}\leqslant 2.4I_{\mathrm{SC\ SUB-ARRAY}}$$

式中　$I_{\mathrm{SC\ SUB-ARRAY}}$——子阵列短路电流；

　　　　I_{TRIP}——故障电流保护装置的额定跳闸电流。

阵列的过电流保护

$$1.25I_{\mathrm{SC\ ARRAY}}\leqslant I_{\mathrm{TRIP}}\leqslant 2.4I_{\mathrm{SC\ ARRAY}}$$

式中　$I_{\mathrm{SC\ ARRAY}}$——阵列短路电流；

　　　I_{TRIP}——过电流保护装置的额定跳闸电流。

第 14 章

计算电阻

$$R=\frac{\rho L}{A}$$

式中　R——电阻，Ω；

　　　ρ——导体电阻率，$\Omega\cdot\mathrm{mm}^2/\mathrm{m}$；

　　　L——电缆长度，m；

　　　A——电缆截面积，mm^2。

计算电压降

$$V_{\mathrm{DROP}}=\frac{2L_{\mathrm{CABLE}}I_{\mathrm{MP}}\rho}{A_{\mathrm{CABLE}}}$$

$$电压降（百分率）=\frac{V_{\mathrm{DROP}}}{V_{\max}}\times 100$$

式中　L_{CABLE}——电缆线路长度（乘以 2 即为回路电缆总长度），m；

　　　I_{MP}——最大电流，A；

　　　ρ——导体电阻率，$\mathrm{W}\cdot\mathrm{mm}^2/\mathrm{m}$；

　　A_{CABLE}——电缆截面积，mm^2；

　　　$V_{\max}$——最大线路电压，V。

计算最小截面积

$$A_{CABLE} = \frac{2L_{CABLE}I_{MP}\rho}{LossV_{max}}$$

式中　A_{CABLE}——电缆截面积，mm^2；

　　　L_{CABLE}——电缆线路长度，m（乘以2以适应电线总长度）；

　　　　I_{MP}——最大电流，A；

　　　　　ρ——电缆电阻率，$W \cdot mm^2/m$；

　　　　$Loss$——导体最大容许电压损耗百分比（表示为小数），例如3%表示为0.03；

　　　　V_{max}——最大线路电压，V。

组串电缆：计算符合要求的 CCC。

安装组串过电流保护时：

$$CCC \geqslant 组串过电流保护的额定值$$

不安装组串过电流保护时：

$$CCC \geqslant I_n + (1.25I_{SC\ MOD}) \times (组串数-1)$$

式中　I_n——下游过电流保护值；

　组串数——距离最近的过电流保护装置所保护的总并联组串数。

组串电缆：计算最小截面积

$$A_{CABLE} = \frac{(L_{+CABLE} + L_{-CABLE})I_{MP}\rho}{LossV_{max}}$$

子阵列电缆：计算符合要求的 CCC。

安装子阵列过电流保护时：

$$CCC \geqslant 子阵列过电流保护的额定值$$

不安装子阵列过电流保护时：

$$CCC \geqslant 1.25 \times 子阵列短路电流$$

或者

$$CCC \geqslant I_n + 1.25 \times 来自其他子阵列的总短路电流$$

式中　I_n——下游过电流保护。

子阵列电缆：计算最小截面积

$$A_{CABLE} = \frac{2L_{CABLE}I_{MP}\rho}{LossV_{最大}}$$

阵列电缆：计算符合要求的 CCC。

（1）阵列短路电流（有安全裕度）：

$$CCC \geqslant 1.25 \times 阵列短路电流$$

（2）逆变器反馈电流：

$$CCC \geqslant 逆变器反馈电流$$

阵列电缆：计算最小截面积

$$A_{\text{CABLE}} = \frac{2L_{\text{CABLE}}I_{\text{MP}}\rho}{LossV_{\text{最大}}}$$

逆变器交流电缆：计算最小截面积

$$A_{\text{AC CABLE}} = \frac{2L_{\text{AC CABLE}}I_{\text{AC}}\rho\cos\phi}{LossV_{\text{AC}}}$$

式中　$A_{\text{AC CABLE}}$——电缆的截面积，mm²；

$L_{\text{AC CABLE}}$——交流电缆的线路长度，m（乘以 2 以适应电线总长度）；

I_{AC}——电流，A；

ρ——电缆电阻率，W·mm²/m；

$\cos\phi$——功率系数；

$Loss$——导体最大容许电压升百分比（以小数的形式表示，例如 1% 表示为 0.01）；

V_{AC}——电网电压。

计算功率损耗

$$P_{\text{Loss}} = I\frac{2L_{\text{CABLE}}I_{\text{MP}}\rho}{A_{\text{CABLE}}} = 2L_{\text{CABLE}}I^2\rho A_{\text{CABLE}}$$

式中　A_{CABLE}——电缆的截面积，mm²；

L_{CABLE}——电缆线路的长度，m（乘以 2 以适应电线总长度）；

I_{MP}——最大功率电流，A；

ρ——电缆电阻率，W·mm²/m。

第 15 章

计算有效电池温度

$$T_{\text{CELL EFF}} = T_{\text{AMB}} + 25℃$$

式中　$T_{\text{CELL EFF}}$——有效电池温度，℃；

T_{AMB}——环境温度，℃。

计算温度下降因子

$$f_{\text{TEMP}} = 1 + y(T_{\text{CELL EFF}} - T_{\text{STC}})$$

式中　f_{TEMP}——温度下降因子（无量纲）；

y——负功率温度系数，%/℃；

$T_{\text{CELL EFF}}$——日均电池温度，℃；

T_{STC}——标准试验条件下的温度（即 25℃），℃。

发电量

发电量＝组件额定功率×特定场地辐照度×系统效率

可用辐射

受阴影限制的辐照量×受组件方向和斜度限制的辐照量
＝阵列中特定点位上的可用辐照量(kW·h/m²)

计算阵列的发电量

$$发电量＝组件额定功率×特定点位辐照量×系统效率$$

计算为达一定产能所需的光伏阵列规模

$$所需阵列大小＝\frac{日耗电量}{组件额定功率}$$

所需组件数量

$$所需组件数量＝\frac{阵列大小}{组件额定功率}$$

实际发电能量

$$实际发电能量＝\frac{系统年平均发电量}{安装的光伏阵列功率（标准测试环境）}$$

综合效率

$$PR＝\frac{系统年平均辐照度}{理论发电量最大值}$$

第 17 章

预期短路电流计算

$$I_{预期SC}＝\frac{NI_{SC\,MOD}G_1}{1000}×0.95$$

式中　G_1——阵列辐照度水平，W/m^2；

$\qquad N$——测试中并联组串数量；

$\quad I_{SC\,MOD}$——制造商提供的短路电流。

根据太阳能辐照度评估开路电压的差异

$$V_{OC2}＝V_{OC1}＋8.6×10^{-5}nT\ln\left(\frac{S2}{S1}\right)$$

式中　n——影响开路电压的组件单元数量；

$\qquad T$——温度，K；

$\qquad S$——太阳辐照度。

根据温度评估短路电流的差异

$$I_{SC2}＝I_{SC1}＋T_{COEFF}(T_2－T_1)$$

式中　T_{COEFF}——短路温度系数，A/℃。

初始发电效率测试

$$PR＝\frac{记录的系统发电量（kW·h）}{传感器辐照量（kW·h/m^2）×标准测试条件下的阵列额定功率}$$

第 19 章

光伏系统产生的经济效益

$$收入＝发电量×电网电价$$

使用电网电量（有疑问）的日常电费

$$日常电费＝电网电价×用电量－能源补助×发电量$$

自发自用的日常电费

$$日常电费＝电网电价×（电网用电量－太阳能用电量）－能源补助×超额太阳能发电量$$

单位电量费用

$$单价 = \frac{光伏系统预付成本}{光伏系统的容量}$$

回本周期

$$回本周期 = \frac{预付成本}{年收益}$$

未来费用/寿命周期收入的当前价值

$$P = C\frac{(1+g)^n}{(1+d)^n}$$

式中　P——未来支出的当前价值；

$\quad\quad C$——未来支出；

$\quad\quad g$——通货膨胀率；

$\quad\quad d$——折扣（利息）率；

$\quad\quad n$——未来年数。

所有维护的当前价值

$$所有维护的当前价值 = P_1 + P_2 + P_3 + \cdots + P_n$$

式中　P——维护的当前价值；

$\quad\quad n$——年数。

未来收入的当前价值

$$P = I\frac{(1+g)^n}{(1+d)^n}$$

式中　P——未来收入的当前价值；

$\quad\quad I$——未来收入；

$\quad\quad g$——通货膨胀率；

$\quad\quad d$——折扣（利息）率；

$\quad\quad n$——未来年数。

投资回报率

$$投资回报率 = \frac{生命周期收入 - 生命周期成本}{生命周期成本} \times 100\%$$

燃料发电成本

$$发电成本[澳元/(kW \cdot h)] = \frac{生命周期成本}{生命周期发电量}$$

更准确可表述为

$$发电成本 = \frac{\sum\limits_{t=1}^{n} Cost_t \dfrac{(1+g)^t}{(1+d)^t}}{\sum\limits_{t=1}^{n} Yield_t \dfrac{(1+g)^t}{(1+d)^t}}$$

式中　$\sum$——总计（即计算 $t \sim n$ 年每一年的值，然后相加）；

$\quad Cost_t$——未来 t 年的成本；

$\quad Yield_t$——未来 t 年的发电量；

$\quad\quad t$——年份；

　　　　g——通货膨胀率；

　　　　d——折扣（利息）率；

　　　　n——系统寿命年数。

　　现实利率

$$1+r=\frac{1+d}{1+g}$$

式中　r——实际利率；

　　　　d——折扣（利息）率；

　　　　g——通货膨胀率。

　　现值因子

$$PWF(g,d,n)=\frac{1-\frac{(1+g)^n}{(1+d)^n}}{\frac{1+d}{1+g}-1}$$

式中　g——通货膨胀率；

　　　　d——折扣（利息）率；

　　　　n——系统寿命年数。

　　所有维护的当前价值

　　　　所有维护的当前价值＝维护成本×现值因子

附录4　术　语　定　义

主动保护	在系统无法按要求进行运转时启动被动保护。
气团	太阳辐射到达地面前必须穿过的大气的总量。
反照率	大气气体反射回太空的光线散射。
交流电（AC）	电流极性周期性反转的电力。
高度	水平线上太阳的高度。
方位角	太阳的东西向位置。太阳能行业标准表示距真北（0°～360°）的顺时针方位角，但方位角也可和方向（以东或以西）一同引用，（即0°～180°以东或0°～180°以西）。
馈电电流	故障状态期间逆变器可以送入直流电阵列电缆的电流量。
电池	由一个或者多个电池组成的容器，化学能可在容器中转换为电能并用做电源。
基本方向	四个基本方向（或基本点）为东、南、西、北。
电池效率	根据到达电池表面的单位光量，由电池产生的电功率大小。
集中型逆变器	通常是指集中位于一间房屋的小型逆变器。
电路	指电流从带电一端流向另一端的路径。
断路器	在故障状态下断开电路的一种机械装置。通过的电流过大

时该装置就会打开，断开电流。然后可手动操作断路器来闭合电路。

汇流箱	用于汇流以及遮蔽光伏电池阵列布线的电气部件。
电流	指电荷的运动，测量单位为安培（A），常规电流是从正极流向负极，与电子的流动方向相反。本书大量使用了此术语。
漫反射	指仍然能够到达地球表面的散射线。
直流电（DC）	电流总是朝着同一方向运动的电力。
直接辐射	指直接透过大气层到达地球表面的辐射。
能量	指传递的能量数量，为功率与时间的乘积。能量以 W/h 进行测量，使用公式 $E=Pt$ 进行计算。
发电量	在规定时间段内测量得出的光伏系统能量输出就是其发电量，该值为一般测量，用于表示其性能，并形成标准测试条件下的收入基础（见《小规模技术证书》）。
等电位连接	等电位连接（或防护接地）涉及电力接地连接的传导性金属制品，以便其电压（电势）始终与地面相同。等电位连接的目的是防止触电。
超低电压（ELV）	在 120V 直流电（没有涟波）或者 50V 交流电下运行的电气系统。超低电压系统的安装和作业不需要电气作业许可证（见《低电压》）。
填充因子	填充因子可部分显示太阳能电池的性能，反映最大的电压和电流与开路电压和短路电流的接近程度。
功能性接地	确保光伏阵列发挥最佳性能。制造厂商有特别规定时才使用。
熔断器	保护导体免遭过电流损害的装置。理论上熔断器能运送一定电流，当电流过大时，熔断器就会断开电路（通过熔融的方式）。
未来价值	未来的金额价值，取决于直到将来某个时间的持续时间和利率。
并网光伏系统	向输电网络输送电力的光伏系统。
总上网电价	消费者的光伏系统的所有发电量，不管这些能量输出与否，都由电力零售商来支付。消费者支付从电网中输入的电力。
通货膨胀	货币的价值随时间而降低时的利率。
辐照度	在任何时间点，每个单位面积能够获得的太阳能辐射量总额，测量单位为 W/m^2 或者 kW/m^2，为功率测量。
辐照量	一定时间段内（比如 1 天）每个单位面积能够获得的太阳能辐射量总额，为一个时间段的辐射值总和，测量单位通

常为 kW·h/(m²·年) 或者 MJ/(m²·天)，属于能量测量。

孤岛效应	指当电网的某部分不再有公共（输电网）功率供应时，分布式发电机持续为电网部分（孤岛）供电的情况。
接线盒	一个含电线或电缆连接点的盒子。
千瓦峰值（kWp）	太阳能电池行业用来描述太阳能光伏系统额定功率的非国际单位，指标准测试条件下的峰值输出功率。
低电压（LV）	在超过120V直流电（没有涟波）或者50V交流电下工作的电气系统，低电压系统的安装和作业需要电气作业许可证。
磁偏角（磁偏差）	指正北（北极方向）与磁北（指南针所指的方向）之间的差异。
最大功率点（MPP）	指电流一电压曲线上出现最大功率的点，负载电阻等于光伏电池内电阻时出现。
最大功率点追踪（MPPT）	逆变器内部的电子设备，通过改变光伏阵列的电气输出，让逆变器随时能以最大功率运转。
组件逆变器	设计安装在组件背面的逆变器。
组件效率	到达组件的每单位光量所产生的电功率。由于玻璃等的反射损耗，组件效率通常低于电池效率。
单晶硅太阳能电池	效率最高、价钱最昂贵的太阳能电池，有平滑的单色外观。
多晶硅太阳能电池（聚晶）	效率较低的太阳能电池，但制作成本和购买价格较低，太阳光下会有闪色效果。
多支路逆变器	含多个最大功率点追踪的逆变器（例如，每条组串上一个MPPT）。
上网电价	电力零售商向消费者支付其光伏系统向电网输出的超过其使用量（净值）的电量。消费者支付从电网中输入的电量。这些输出和购买电量的价格可能是一样的，但也可能是输出电量的价格较高。
额定值	额定值是用来描述电池、组件或者系统的一个参考值，并不是准确值，例如，72-太阳能电池组件的额定电压为24V，但同一组件的开路电压（V_{OC}）可能是45.6V，而最大功率电压可能为35V。
开路	为使电流等于0而将电流通路断开的电路。
被动保护	电压过高或者过低以及频率过高或者过低时，逆变器中的脱扣整定值。
峰值日照时数（PSH）	太阳能行业测量辐射量时使用的能量单位。1PSH＝1h落在1m²地面上的1kW太阳能。

光伏发电（PV）	阳光落到表面时产生电力。
功率	电能转换的效率，功率的测量单位为瓦特（W），利用公式 $P=VI$ 进行计算。
当前价值	指当前的价值，根据持续时间与利率可等于未来所需金额。
光伏阵列	光伏组列并联构成光伏阵列，也称为太阳能电池阵列。
光伏电池	指单个的光伏装置，也称为太阳能电池。
光伏组件	光伏电池通过物理连接与电气性连接形成光伏组件。这些电池紧紧排列在某一框架上，由玻璃等保护物质覆盖，也称为太阳能电池组件。
光伏组列	光伏组件串联形成一个组列。
光伏子阵	超大光伏阵列通常是由很多称为子阵的较小的光伏阵列组成。
光伏系统	指光伏阵列及其正常工作所需的所有相关设备，也称为太阳能电气系统。
剩余电流装置（RCD）	一种电流激活式的断路器，用于电网电源供电的电气工具和电气用具的一种安全保护装置。
电阻	电流阻碍，测量单位为欧姆（Ω）。
均方根	交流功率被引用的方式；比如，$V_{\text{RMS}}=0.707V_{\text{P}}$，$I_{\text{RMS}}=0.707I_{\text{P}}$
短路	电流穿过电源终端在一个闭合回路中流动。
小规模技术认证（STCs）	澳大利亚政府的小规模可再生能源计划确保了小型光伏系统出示这些证书，有助于弥补光伏系统的创办成本。一个小规模技术认证（STC）就相当于产电 1MWh，该值随系统大小、位置以及出售 STC 的方法的变化而变化。
太阳高度（海拔）角	太阳与地平线之间的角度（0°～90°之间）。
太阳方位角	北方与指南针所指的太阳在水平面上所处位置的点之间的角度。太阳方位角随着太阳一天中从天空的东边运动到西边的改变而改变。一般而言，方位角按照 0°（正北方向）到 359°顺时针方向进行测量。
太阳能电池	太阳光照射下可产生电力的光伏电池。
太阳能组件	见光伏组件。
太阳正午	太阳恰好处在日出和日落的中间时刻；为当天太阳的最高点。
太阳辐射	来自太阳的能量。
太阳热力系统	可利用太阳能产热，例如太阳能热水器。
独立光伏系统	提供或者补充主要电力供应的光伏系统，这些系统利用电池储存功率。

标准测试条件（STC）	可以对不同制造商制造的光伏组件进行统一比较。
备用负载	指持续运行的电力负荷，如电视和钟表等上的发光部分。
组串式逆变器	只有一个最大功率点追踪的逆变器。
过载保护	保护电气装置免受电压峰值的设备或电器用具。
负荷开关（隔离器）	在正常电路情况下或实现指定的运转超载条件下，能够生产、输送和断开电流的机械开关设备。
薄膜太阳能电池	使用适合在玻璃等较大平面上沉积的物质制作而成。与单晶硅与多晶硅太阳能电池相比，薄膜太阳能电池非常薄，其工艺效率最低，但制作成本也最低。
分时电价	消费者根据其在一天中使用电力的时刻向电力零售商们支付不同的电价。比如，消费者在傍晚等高峰时刻用电，支付的金额就会多一些，而如果在深夜等非高峰时刻用电，支付的金额就会少一些。
电压	为两点之间的电势差，测量单位为伏特（V）。
不间断电源	为IT、通信等重要应用程序提供短期的备用电源。
零输出仪表/设备	通过调节逆变器工作参数来限制或者阻止太阳能发电量的装置。

附录5 习 题 答 案

第2章

问题1

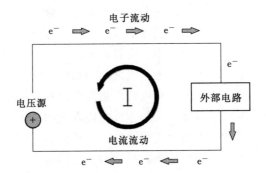

问题2

（1）电子在导体中自由流动，在绝缘体中受限制。

（2）

1）玻璃——绝缘体、高阻性。

2）银——导体、低阻性。

3）铝——导体、低阻性。

4）橡胶——绝缘体、高阻性。

5）铜——导体、低阻性。

6）塑料制品——绝缘体、高阻性。

问题 3

电流会增加。

问题 4

$$V = IR$$
$$= 2 \times 10$$
$$= 20\text{V}$$

问题 5

$$P_{损耗} = I^2 R$$
$$= 5^2 \times 24$$
$$= 600\text{W}$$

问题 6

空调的额定功率为 1000 瓦特（W）。如果空调运行 2.5h，其消耗 2500 瓦时（W·h）能量。

空调拥有者决定每天在空调上仅消耗 1500 瓦时（W·h）。这意味着只能将空调开启 1.5h。

问题 7

（1）若电流通路在某一处损坏，则存在一条开路。见下图。

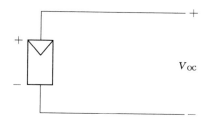

（2）如果有任何故障且电流经过电源末端，则存在一条短路。

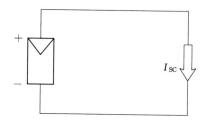

问题 8

（1）

$$R_{\text{T}} = R_1 + R_2$$
$$= 5 + 15 = 20\Omega$$

（2）

$$V = IR$$
$$I = \frac{V}{R}$$

$$=\frac{8}{20}$$

$$=0.4\mathrm{A}$$

(3)
$$V_{\mathrm{R1}}=IR$$

$$=0.4\times5$$

$$=2\mathrm{V}$$

$$V_{\mathrm{R2}}=IR$$

$$=0.4\times15$$

$$=6\mathrm{V}$$

问题 9

(1) 8V。

(2) 16V。

(3) 16V。

问题 10

(1) 6A。

(2) 2A。

(3) 6A。

问题 11

(1) 2A。

(2) 9A。

问题 12

(1) $V=5\times37\mathrm{V}=185\mathrm{V}$。

(2) $I=3\times6\mathrm{A}=18\mathrm{A}$。

(3) $P=VI=185\mathrm{V}\times18\mathrm{A}=3330\mathrm{W}=3.3\mathrm{kW}$。

(4) $E=3330\times3=9990\mathrm{Wh}=9.99\mathrm{kW\cdot h}$。

第 3 章

问题 1

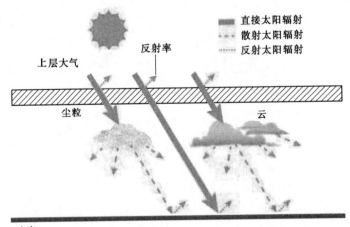

问题 2

项　　目	动力/能量	单　　位
辐照度	动力	W/m² 或 kW/m²
辐照量	能量	MJ/m²，GJ/m²，W·h/m² 或 kW·h/m²

问题 3

P_{SH} 为不同程度辐照度的平均值，即 $1kW/m^2$ 的太阳辐照度峰值时的小时数，相当于该区域内全天的辐射量。

问题 4

(1) $100 \div 3.6 = 27.78 kW \cdot h$。

(2) $100 \div 3.6 = 360 MJ$。

(3) $3 \div 1 = 3 P_{SH}$。

(4) $18 \div 3.6 \div 1 = 5 P_{SH}$。

(5) $3.3 \times 1 \times 3.6 = 11.88 MJ$。

(6) $4.1 \times 1 = 4.1 kW \cdot h$。

(7) $2 \times 4 \times 3.6 = 28.8 MJ$。

(8) $0.5 \times 5 \times 1 = 2.5 P_{SH}$。

问题 5

从最高到最低：布鲁姆、米尔迪拉、奥尔巴尼、斯特拉恩。

问题 6

P_{SH} 与日均总辐照量相等，单位为 $kW \cdot h/m^2$：

$$P_{SH} = 日均总辐照度(W \cdot h/m^2) \div 1000$$

$$= (150 + 200 + 300 + 450 + 650 + 700 + 650 + 450 + 350 + 200) \div 1000$$

$$= 4100 \div 1000$$

$$= 4.1$$

问题 7

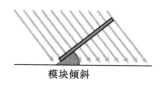

模块倾斜

重要的是通过设置准确的倾斜角来将组件的太阳辐射量最大化，此举可增加输出。

问题 8

光要穿过大气层照得越远，该传输点提供的能量就越少。如果太阳在天空呈 90°（图中"上"所示），就比在 30°（大概为现在图中所示位置）时要穿过更少的大气层，因此

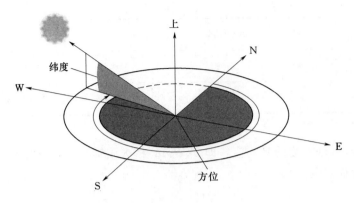

也有更多的能量。

问题 9

1.

(1) $90-27.47=62.53°$N。

(2) $90-27.47-23.45=39.08°$N。

(3) $90-27.47+23.45=85.98°$N。

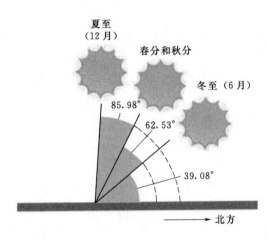

2.

(1) $90-9.51=80.49°$N。

(2) $90-9.51-23.45=57.04°$N。

(3) $90-9.51+23.45=103.94°$N$=180-$

$103.94=76.06°$S。

问题 10

(1) $320°$〔或 $40°$W〕，$39°$N。

(2) $56°$E，$10°$N。

(3) $263°$〔或 $97°$W〕，$7°$S。

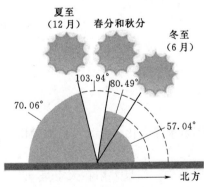

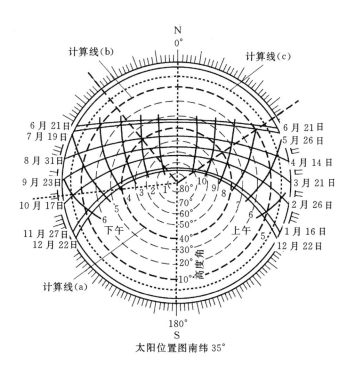

太阳位置图南纬 35°

问题 11

（1）27.47°N。

（2）18.98°S。

问题 12

10°；这是考虑采用自洁的方式来防止在组件上的积尘。

问题 13

磁北为指南针所指方向，而正北为北极方向。磁偏差大约为在悉尼以东 13°。当确定组件方向时，使用真北。

第 4 章

问题 1

（1）P 型杂质产生电子空穴，而 N 型杂质产生可以四处移动的额外电子。

（2）硼（或任何带有 3 个外电子的元素）。

（3）磷（或任何带有 5 个外电子的元素）。

（4）当掺杂有硼和磷的硅片，即产生 PN 结。该 PN 结相当于为 P 型和 N 型半导体结合。

问题 2

（1）I_{SC} 与短路时的电流相等（$R = 0$）；$V_{SC} = 0V$。

（2）V_{OC} 与开路时的电压相等（$R = $ 最大值）；$I_{OC} = 0A$。

问题 3

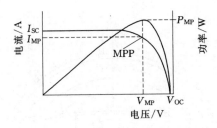

问题 4

$$P_{MP} = V_{MP} I_{MP}$$

$$= 35V \times 7A$$

$$= 245W$$

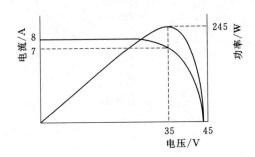

问题 5

(1)

1）高。

2）低。

(2) 制造缺陷导致并联电阻降低。

(3) 电池串联电阻的金属接触和其他寄生电阻增加。

问题 6

(1) 填充因子是用来比较实际最大功率和理论最大功率的。

(2) $FF = \dfrac{I_{MP} V_{MP}}{I_{SC} V_{OC}} = \dfrac{7 \times 35}{8 \times 45} = \dfrac{245}{360} = 0.68$。

问题 7

(1) $I_{SC} = 6A$，$V_{OC} = 85V$。

(2) $I_{SC} = 14A$，$V_{OC} = 40V$。

问题 8

串联组件称为组串。组件串联时，各组件的电压一同增加。电流与最低组件的值相等。

并联组串称为阵列。当组串并联时，各组串的电流一起增加。电压与最低组串的值相等。

问题9

(1) $I_{SC}=12A$，$V_{OC}=70V$。

(2) $I_{SC}=5A$，$V_{OC}=100V$。

第5章

问题1

(1) 230V。

(2) 50Hz。

问题2

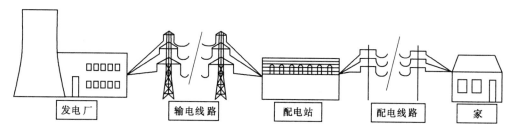

问题3

基本（或工业）负荷——全天运行，每天运行，需求较恒定。

商业负荷——经营期间需求高，晚间和周末需求低。

住宅负荷——早晚需求高，那时候居民都在家里。

问题4

(1) 2%。

(2) 72%。

(3) 72%+14%=86%。

(4) 8%+3%+2%+1%=14%。

问题5

交流和直流电压范围（IEC 60038：2009）		
电压类型	交流 V_{RMS}	直流 V
高压（HV）	>1000	>1500
低压（LV）	50～1000	120～1500
超低压（ELV）	<50	<120 无纹波

问题6

(1) 负荷能量将由光伏系统提供。多余能量将输出到电网中（除非电网企业已经使用输出限制）。

(2) 负荷能量将由所有的光伏系统能量和输电网能量提供。

(3) 光伏系统将从输电网中断开。

第 6 章

问题 1

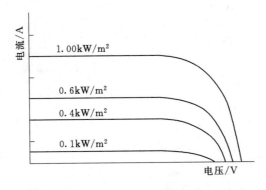

问题 2

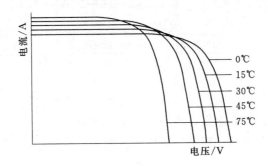

问题 3

（1）电池温度＝25℃，辐照度＝1000W/m²，气团＝1.5。

（2）环境温度＝20℃，辐照度＝800W/m²，气团＝1.5，风速＝1m/s。

（3）相比标准测试条件（STC），组件较常处于电池恒定工作电流（NOCT）之下。

（4）系统基于 STC 条件设计，因为 NOCT 测试显示未达到组件温度标准或性能标准，所以比较不同组件的方法无效。仅作组件性能指示使用，设计系统所用的方程式根据 STC 操作条件进行编写。

问题 4

（1）吸收能量与产生的电力之比。

（2）较电池效率，组件效率包含额外损失，因此组件效率更接近真实生活条件，所以更有用。

问题 5

（1）单晶硅、多晶硅和薄膜。

（2）薄膜、多晶硅和单晶硅。

（3）薄膜、多晶硅、单晶硅。

（4）单晶硅、多晶硅、薄膜。

（5）薄膜。

（6）单晶电池由一个大型晶体制成，而多晶电池由多个已浓缩成一整块的较小晶体制成。由于较小晶体更容易制作，因此，多晶硅电池的制造成本比单晶硅电池的制造成本低。

问题 6

（1）热斑形成由热积累产生，可以毁坏电池。当电池的两极因缺陷或遮蔽而颠倒，就形成热积累。

（2）旁路二极管为反向电流提供备用电路，防止电池中热积累。

问题 7

（1）

1）160V。

2）240V。

3）0V。

（2）当一个或多个组件被遮蔽或损坏时，使用更多的旁路二极管可以增加组串的输出。

问题 8

当与电池系统或其他的外部电源一起运行时，使用阻流二极管。阻流二极管可以使能量流向同一方向，常用于独立光伏系统。并网光伏发电系统中不要求使用阻流二极管。

问题 9

（1）

1）水分渗透造成的侵蚀归因于雨水或湿气。这种湿气也可能冻结，导致进一步的损坏。

2）因冰雹产生的损坏。

3）因温度变化导致的热循环产生的损坏。

4）因风的周期性压力产生的损坏。

5）风导致的安装面扭曲。

（2）PID是一种因阵列没有进行功能性接地而随着时间恶化的性能。这将使组件处于负高压的状况中。

第 7 章

问题 1

光伏系统产生直流电，但大多数家庭负荷和电网需要的是交流电。因此，需要逆变器将直流电转换为交流电。

问题 2

PWM用于模拟恒定直流电压源的正弦波的振幅。通过改变开关电路控制信号的工作周期逐步增加或减少输出电压从而形成模拟正弦波的振幅。逆变器使用PWM技术以改变输出电压并创造具有要求振幅的正弦波以满足电网电源的要求。

问题 3

（1）无变压器式逆变器。

（2）3680W。

（3）97%。

（4）750V。

（5）由于是无变压器式逆变器，所以没有进行电气隔离。

问题 4

IP 等级即侵入防护等级，定义了设备对固体颗粒和液体侵入的防护等级。在 IP54 中，5 即灰尘不会大量进入设备并干扰系统运行，而 4 表示在设备上洒水不会产生危害性影响。

问题 5

并网逆变器需要输出满足电网要求的电力，必须连接至电网进行操作。并网逆变器通常有一个 MPPT，且必须有电网保护。

独立逆变器不必满足电网要求，而且可以作为标准系统独立操作（如电网）。独立系统内置有太阳能控制器，通常就会存在一个 MPPT，因此独立式逆变器通常不具备与并网逆变器相同的 MPPT 功能。

多状态逆变器可以作为并网逆变器或独立逆变器运行。

问题 6

类型	低频变压器分离式逆变器	高频变压器分离式逆变器	不可分离式逆变器
优点	（1）简单。 （2）直流电和交流电之间有隔离	（1）直流电和交流电之间有隔离。 （2）比低频变压器逆变器更轻。 （3）比低频变压器逆变器效率更高	（1）比变压器逆变器更小更轻。 （2）比变压器逆变器效率更高
缺点	（1）变压器电损耗高。 （2）重	更复杂	（1）交流电和直流电之间不存在隔离。 （2）直流电流可以注入电网

问题 7

微型逆变器为小型无变压器的逆变器，连接至一个或两个组件。

优 点	缺 点
（1）每个微型逆变器中的 MPPT 让每个组件都可以在其 MPP 上运行。 （2）不需要直流电布线意味着更低的安装、布线和设备成本。 （3）光伏系统在未来可以更容易地扩容。 （4）光伏系统拥有组件级监控	（1）使用微型逆变器通常花费更多。每瓦所花费的美金比集中式逆变器更高。 （2）暴露于更多极端天气条件和温度变化中。 （3）很难替换组件级逆变器。 （4）交流线缆线损取决于电缆的截面积

问题 8

低电压、过电压、频率过低和频率过高。

问题 9

反极性保护——确保阵列连接时极性正确。

温度保护——确保逆变器安装在不会使其暴露于高温条件下和拥有足够通风的位置。

直流电压保护——确保设计太阳能系统时，阵列的直流电输入电压不可超过最大值。

问题 10

监控可以将系统无法正常运行的情况告知客户。这样客户就可以快速采取措施以减少系统不能正常运行的时间。

第 8 章

问题 1

（1）风荷载要考虑组件上来自四面八方的风力，重要的是要考虑组件和支架系统防止因风产生的损害强度。

（2）气旋多发区的预期平均风速比预期风速低区域高，并且要求可以在旋风条件下作业。安装程序需要确保适用于气旋多发区和预期风速低区域的工程证书应符合指定的风区。

问题 2

（1）气流会降低高温对组件电源输出的消极影响。

（2）倾斜支架系统提供大部分通风。

问题 3

（1）倾斜。

1）可以控制倾斜角以使输出最大化。

2）对组件定位进行更多控制。

3）更好的空气流通。

4）提供屋顶组件的最小倾角从而能够自动清洁。

（2）齐平。

1）较少风载荷。

2）更加美观。

3）其他组件更少阴影遮挡。

4）更便宜。

问题 4

（1）倾斜。此安装方式提供自动清洁和可能增加的太阳能辐射收集量所必需的定位。

（2）压载。此安装方式也提供必需的定位。这是最简单的支架类型，但也是最重的，因此，较金属屋顶，更适应于混凝土屋顶。

（3）水平。此安装方式不需要定位，因为屋顶已有足够的倾斜角。

问题 5

问题 6

BIPV 即光伏建筑一体化。

（1）优势。

1）一般更加美观。

2）风载荷不是问题。

3）某些国家有更好的上网电价补贴。

4）一般所用空间较小。

（2）劣势。

1）组件通风可能更难。

2）火灾风险较高。

3）费用比一般系统要多。

4）由于使用薄膜组件，效率一般较低。

问题 7

（1）利用追踪系统来追踪太阳划过天空的轨迹，从而提高系统发电量。

（2）单轴和双轴追踪系统。

第 9 章

问题 1

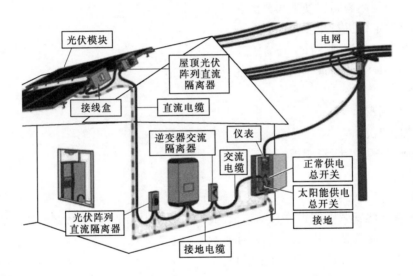

问题 2

（1）转变为交流电之前，光伏阵列和逆变器间用直流电缆。

（2）转变为交流电之后，逆变器和电网/负荷之间用交流电缆。

问题 3

（1）当感应到短路电流或过电流时，过电流保护设备断开连接，防止损坏部件和电缆。

（2）断开系统的断电隔离部件。

（3）接地避免故障时人身及设备安全。

（4）防雷保护利用接地和电涌保护避免系统受到直接和间接雷击。

问题 4

（1）电流穿过额定电流较低的保险丝时，保险丝断开，从而导致断路。保险丝被损毁，且无法再使用。断路器是一种能够在超过额定电流时造成开路且可再次使用的机械装置。

（2）在极化断路器里，电流只有向同一方向流动时可被安全中断，而在非极化断路器里，电流方向无关紧要。

（3）在澳大利亚，光伏系统不允许有极化断路器。

（4）极化断路器在正、负端分别有"＋"和"－"符号，而非极化断路器没有"＋""－"符号。

问题 5

（1）阵列接线盒使组串电缆相互连接至阵列电缆。

（2）如果没有必需的过电流保护，可使用 Y 型连接器。

问题 6

（1）可对客户采用分时电价收费或固定费率收费。

（2）可对客户采用固定费率收费。

（3）若网络连接困难，可使用带通信功能的智能电表关闭大负荷，从而释放压力。

（4）带通信功能的智能电表可跟踪家庭负荷和电价，因此客户知道如何用电和改变用电习惯，从而达到节约电费的目的。

问题 7

（1）计算。

1）6 澳分×（12kW·h×0.5）=0.36 澳元。

2）[23kW·h－（12kW·h×0.5）]×24c=4.08 澳元。

3）4.08－0.36=3.72 澳元。

4）过去三个月＝90 天×3.72 澳元/天＝334.80 澳元。

5）光伏节约费用：90 天×0.36 澳元/天＋90 天×6kW·h×24 澳分＝162 澳元。

（2）问答。

1）错峰消费设备设定在中午运行，以增加负荷消耗的光伏能源。如果干衣机和洗衣机的使用从晚上改为第二天中午，光伏消耗量从 6kW·h 增加至 11kW·h。如果下午看电视，则光伏使用量可能增至 100%。

2）100% 光伏使用费用，24 澳分×12kW·h×90 天＝259.20 澳元。

第 10 章

问题 1

（1）错峰消费允许就地使用光伏系统产生的电量而不用电网电量，从而需要更少的电网用电。

（2）洗衣机、水池水泵和洗碟机。

问题 2

藤架应安置于向阳的墙上。藤架板条所设角度在夏季可遮挡太阳升至最高时的日光而在冬季则允许太阳位置较低时的日光进入。

问题 3

双层玻璃窗可减少通过窗户的热传递，从而有效保持室内温度。双层玻璃可在夏季白天防止热量进入，而在冬季晚上则防止热量散出。

问题 4

电力或天然气储热器的前期资金成本比太阳能热水系统的前期资金成本低，但其运行成本将取决于电力或天然气目前的零售成本。太阳能热水系统的前期资金成本较高，但运行成本较低。太阳能可免费使用，而电网电力则需计价。应注意的是太阳能热水加热器主要与增压机结合使用。单独的天然气或电力水加热连接可在太阳能量下降的情况下提供热水。增压机的运行成本取决于其所使用的能源。

问题 5

LED（发光二极管）、CFL（紧凑型荧光灯）、卤素灯和白炽灯。

问题 6

发光二极管电视技术。

第 11 章

问题 1

（1）当地太阳辐射数据。该数据用于估算能量输出。数据源于美国国家航空和航天局（NASA）网站、澳大利亚太阳辐射数据手册、澳大利亚气象局或光伏地理信息系统欧盟联合研究中心。

（2）当地温度数据。该数据用于评估温度对系统的正、负面影响，可提供不同设计选择。可从澳大利亚气象局或其他气象站数据源获得该数据。

（3）光伏系统安装位置的有关资料，如总平面图、结构图和环境报告。这些资料可为光伏系统不同部件的安装位置提供参考，还能提供一些阵列设计。可通过询问场地所有者获得该资料。

（4）场地及附近地方的航空照片。这些照片可用于估计场址资料，如安装区域、系统定位和潜在的阴影源。这些照片可用在线制图软件获得。

问题 2

了解系统目标可确保系统所有者在设计和安装结束时对该系统的性能满意。目标可以有两个：①减少电费或者；②由于环境原因而投资可再生能源。对于第一个目标，系统所有者会更满意于与就地负荷匹配的光伏系统。而对于第二个目标，系统所有者可能更满意于预算之内尽可能大的光伏系统。

问题 3

（1）纬度。

（2）气候。

（3）阴影。

问题 4

（1）确保倾斜角与所在位置的纬度相等（或在所在位置纬度10°之内）。

（2）阵列面朝赤道。

（3）使阴影最小化。

问题 5

（1）结构完整性。屋顶需要足够牢固，可支撑阵列重量。

（2）屋顶覆层。覆层类型决定应使用哪一种支架系统。

（3）屋顶面积。屋顶面积决定可安装的系统的规模。

（4）屋顶规模。屋顶倾斜度和方向（定向）决定了采用的阵列设计和支架系统类型（水平或倾斜）。

问题 6

如果场址可能出现降雪，在挑选支架结构时需要考虑组件上雪的重量。如果场址位于海岸附近，则需要对所有部件做盐侵蚀评估。

问题 7

（1）电缆长度应最小化以减少损耗。

（2）应将逆变器安装在能支撑其重量的表面上。

（3）逆变器应安装在通风充足的地方以减少高温曝晒，从而降低热损。

问题 8

应在 8：00 和 16：00 计算行距（组件后的阴影），且应选择较大值。

$$组件后阴影长度 = 垂直高度 \times \frac{\cos 方位角}{\tan 高度角}$$

$$= \sin 倾斜角 \times 组件长度 \times \frac{\cos 方位角}{\tan 高度角}$$

8：00 的最小行距：

$$组件后阴影长度 = \sin 33° \times 0.9m \times \frac{\cos 53.1°}{\tan 9.8°} = 1.70m$$

16：00 的最小行距：

$$组件后阴影长度 = \sin 33° \times 0.9m \times \frac{\cos 305.9°}{\tan 8.8°} = 1.86m$$

行距应大于 1.86m。

问题 9

纵向图

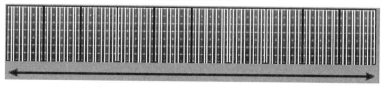

边缘区域（200mm）

屋顶长度
减去边缘带：
=10.8m－（2×0.2m）
=10.4m

横向图中
组件数量：
=10.4m÷组件宽度
=10.4m÷1.02m
=10 个横向组件

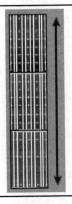

边缘区域（200mm）

屋顶长度减去边缘区域：

＝5.4－（2×0.2m）

＝5.0m

纵向图（有疑问）的组件数量：

＝5.0m÷组件长度

＝5.0m÷1.52m＝3 个纵向组件

横向图

边缘区域（200mm）

屋顶长度减去边缘区域：

＝10.8m－（2×0.2m）

＝10.4m

图中组件数量：

＝10.4m÷组件长度

＝10.4m÷1.52m＝6 个横向组件

边缘区域（200mm）

屋顶宽度减去边缘区域：

＝5.4－（2×0.2m）

＝5.0m

纵向风景图（有疑问）的组件数：

＝5.0m÷组件长度

＝5.0m÷1.02m

＝4 个纵向组件

如果在纵向图内安装组件，则应在屋顶上安装 30(10×3) 个组件。

如果在横向图（有疑问）内安装组件，则应在屋顶上安装 24(6×4) 个组件。因此，为使屋顶上组件数量最大化，应将组件安装在纵向图方向。

问题 10

（1）树木造成的阴影。可能需要移除或修剪树木。

（2）飞鸟盘旋造成的阴影。这些组件不得不安装在障碍物周围，并且阴影不可避免。

（3）天线造成的阴影。如有可能，将组件安装在远离天线的位置。

（4）屋顶不是南北朝向可能会影响性能。

$$每个计费周期所需缩减值＝5540kW \cdot h－3500kW \cdot h＝2040kW \cdot h$$

$$每天所需缩减值 = \frac{2040\text{kW} \cdot \text{h}}{91\text{days}} = 22.42\text{kW} \cdot \text{h}$$

$$阵列大小 = \frac{22.42\text{kW} \cdot \text{h}}{4.72\text{PSH} \times (1-0.25)} = 6.33\text{kW} \cdot \text{h}$$

第 12 章

问题 1

因此，容量大于 6.33kW 的阵列和逆变器是合适的。容量为 6.34kW 的阵列在 91 天的计费周期内产生的电量为 2042.3kW·h。

问题 2

(1) 额定功率。

(2) 最大功率点跟踪（MPPT）数量。

(3) 为分离式（有变压器）或非分离式（无变压器）。

(4) 效率。

(5) 制造商。

问题 3

(1) 可能损毁逆变器。

(2) 最大功率点跟踪（MPPT）将不能跟踪最大功率点（MPP），即输出功率将受限制。

问题 4

(1)
$$\left[\gamma_{\text{ISC}}(\%/℃) \div 100\right] \times I_{\text{SC}}$$
$$= (0.061 \div 100) \times 8.5\text{A} = 0.005185\text{A}/℃$$

(2)

1) 用 V_{OC} 温度系数 γ_{VOC}。

$$电池温度差 = (T_{X℃} - T_{\text{STC}}) = 60 - 25 = 35℃$$

$$V_{\text{MP}}\gamma_{\text{VOC}} = 39.8\text{V} \times (0.36 \div 100) = 0.143\text{V}/℃$$

$$将上述答案值乘以电池温度差 = 0.143\text{V}/℃ \times 35℃ = 5.1048\text{V}$$

2) 用 P_{MP} 温度系数 γ_{PMP}

$$电池温度差 \ T_{X℃} - T_{\text{STC}} = 60 - 25 = 35℃$$

$$V_{\text{MP}}\gamma_{\text{PMP}} = 39.8\text{V} \times (0.46 \div 100) = 0.183\text{V}/℃$$

$$将上述答案值乘以电池温度差 = 0.183\text{V}/℃ \times 35℃ = 6.4078\text{V}$$

3) 在同样运行条件下计算出该值，P_{MP} 温度系数将更加精确，这将决定 V_{MP} 温度系数准确与否。在断路运行条件下计算出 V_{OC} 温度系数。

(3)

1)
$$电池温度差 = T_{X℃} - T_{\text{STC}} = 70℃ - 25℃ = 45℃$$

2)
$$\gamma_{\text{VOC}}(\text{V}/℃) = \frac{\gamma_{\text{VOC}}(\%/℃)}{100} \times V_{\text{OC}}$$

$$= \frac{0.36}{100} \times 49.2\text{V}$$

$$= 0.177(\text{V}/℃)$$

3)
$$V_{MP(70℃)} = [V_{MP(STC)} - (\gamma_{VOC} \times 电池温度差)] \times 电压降$$
$$= [39.8V - (0.177V/℃ \times 45℃)] \times 0.98$$
$$= 31.20V$$

4)
$$组件最小数量 = \frac{逆变器最小电压 \times 安全系数}{V_{MP(70℃)}}$$
$$= \frac{150V \times 1.1}{31.20V}$$
$$= 5.29 \text{ 个组件}$$
$$= 6 \text{ 个组件（上舍入）}$$

(4)

1)
$$电池温度差 = T_{X℃} - T_{STC} = 0℃ - 25℃ = -25℃$$

2)
$$\gamma_{VOC}(V/℃) = \frac{\gamma_{VOC}(\%/℃)}{100} \times V_{OC}$$
$$= 0.36/100 \times 49.2V$$
$$= 0.177(V/℃)$$

3)
$$V_{OC(0℃)} = V_{MP(STC)} - (\gamma_{VOC} \times 电池温度差)$$
$$= 49.2V - [0.177V/℃ \times (-25℃)]$$
$$= 53.63V$$

4)
$$V_{MP(0℃)} = V_{MP(STC)} - (\gamma_{VOC} \times 电池温度差)$$
$$= 39.8V - [0.177V/℃ \times (-25℃)]$$
$$= 44.23V$$
$$= 10.74 \text{ 个组件}$$

5)
$$组件最大数量(V_{MP}) = \frac{最大功率点跟踪最大电压 \times 安全裕度}{V_{MP(70℃)}}$$
$$= \frac{500 \times 0.95}{44.23}$$

$$组件最大数量(V_{OC}) = \frac{最大输入电压 \times 安全裕度}{V_{OC(70℃)}}$$
$$= \frac{550 \times 0.95}{53.63}$$
$$= 9.74 \text{ 个组件}$$

$$组件最大数量 = 9 \text{ 个组件（下舍入）}$$

第 13 章

问题 1

(1)
$$I_{SC} \times (组串数量 - 1) \geqslant 组件反向电流额定值$$
$$5.4 \times (2-1) \geqslant 16A$$
$$5.4 < 16A$$

因此，不需要组串过电流保护。

(2)
$$I_{SC} \times (组串数量 - 1) \geqslant 组件反向电流额定值$$

$$5.4 \times (3-1) \geqslant 16A?$$

$$10.8 < 16A$$

因此，不需要组串过电流保护。

（3） $I_{SC} \times (组列数量-1) \geqslant 组件反向电流额定值$

$$5.4 \times (4-1) \geqslant 16A$$

$$16.2 > 16A$$

因此，不需要组串过电流保护。

$$1.5 I_{SC\ MOD} < I_{TRIP} < 2.4 I_{SC\ MOD}$$

$$(1.5 \times 5.4A) < I_{TRIP} < (2.4 \times 5.4A)$$

$$8.1A < I_{TRIP} < 12.96A$$

$$I_{TRIP} \leqslant I_{MOD逆流}$$

$$I_{TRIP} \leqslant 16A$$

因此，组串过电流保护值应在 8.1A 和 13A 之间。

（4） $I_{SC} \times (组串数量-1) \geqslant 组件反向电流额定值$

$$5.4 \times (5-1) \geqslant 16A$$

$$21.6 > 16A$$

因此，需要组串过电流保护。

$$1.5 I_{SC\ MOD} < I_{TRIP} < 2.4 I_{SC\ MOD}$$

$$1.5 \times 5.4A < I_{TRIP} < (2.4 \times 5.4A)$$

$$8.1A < I_{TRIP} < 12.96A$$

$$I_{TRIP} \leqslant I_{MOD\ REVERSE}$$

$$I_{TRIP} \leqslant 16A$$

因此，组串过电流保护值应在 8.1A 和 13A 之间。

问题 2

$$I_{SC} \times (组串数量-1) \geqslant 组件反向电流额定值$$

$$6.3 \times (4-1) \geqslant 15A$$

$$18.9 > 15A$$

因此，需要组串过电流保护。

$$1.5 I_{SC\ MOD} < I_{TRIP} < 2.4 I_{SC\ MOD}$$

$$1.5 \times 6.3A < I_{TRIP} < 2.4 \times 6.3A$$

$$I_{TRIP} \leqslant I_{MOD逆流}$$

$$9.45A < I_{TRIP} < 15.12A$$

$$I_{TRIP} \leqslant 15A$$

因此，组串过电流保护值应在 9.45A 和 15A 之间。

问题 3

（1）如果 $1.25 I_{SC阵列}$ 大于子阵列电缆开关/连接设备的额定载流量或有两个以上的子阵列，则需要子阵列过电流保护。

（2）如果存在另一个电流电源（比如电池组或其他发电机组），则需要阵列过电流保护。

（3）
$$1.25 I_{\text{SC SUB-ARRAY}} \leqslant I_{\text{TRIP}} \leqslant 2.4 I_{\text{SCSUB-ARRAY}}$$

（4）
$$1.25 I_{\text{SC ARRAY}} \leqslant I_{\text{TRIP}} \leqslant 2.4 I_{\text{SC ARRAY}}$$

问题 4

不能。

问题 5

（1）电压。计算光伏阵列最大组件电压（即在最小温度条件下）

$$V_{\text{OC}(X\text{℃})} = V_{\text{OC(STC)}} + \gamma_{\text{V}} \times (T_{X\text{℃}} - T_{\text{STC}})$$

$$V_{\text{OC}(5\text{℃})} = 44.3 + (-0.003 \times 44.3) \times (2 - 25)$$

$$= 47.3576\text{V}$$

假如每个组串有 7 个组件且电压相同，系统总电压为

$$\text{光伏阵列最大电压} = 47.3567\text{V} \times 7$$

$$\text{光伏阵列最大电压} = 331.49\text{V}$$

假如逆变器是无变压器式，每个电极必须能在故障条件下切断总光伏阵列电压，这意味着阵列每个电极额定值为 331.49V。

（2）电流。阵列短路电流最大值为

$$1.25 I_{\text{SC ARRAY}} = 1.25 \times 3 \times 8.1\text{A} = 20.25\text{A}$$

由运算结果得知，保护装置的电流额定值必须大于 20.25A。

第 14 章

问题 1

（1）3%。

（2）1%。

问题 2

如果流经电缆的电流超过电缆的额定载流量，电缆就会过热。过热会导致效率低、绝缘材料融化、短路或起火。

问题 3

（1）组串电缆的最小截面积。

$$\text{组串电缆最小截面积} = \frac{L_{\text{STRING CABLE}} I_{\text{MP STRING}} \rho_{\text{铜}}}{V_{\text{DROP}} V_{\text{max}}}$$

$$= \frac{27 \times 5.2\text{A} \times 0.0183}{0.015 \times 9 \times 35.1}$$

$$= 0.542\text{mm}^2$$

（2）阵列电缆的最小截面积。

$$\text{阵列电缆最小截面积} = \frac{2 L_{\text{ARRAY CABLE}} I_{\text{MP CABLE}} \rho_{\text{铜}}}{V_{\text{DROP}} V_{\text{max}}}$$

$$= \frac{2 \times 22 \times 5.2\text{A} \times 4 \times 0.0183}{0.015 \times 9 \times 35.1}$$

$$= 3.534\text{mm}^2$$

问题 4

（1）

$$V_{\text{DROP}} = \frac{2(L_{\text{ARRAY CABLE}})I_{\text{MP ARRAY}}\rho_{\text{铜}}}{A_{\text{CABLE}}}$$

$$= \frac{2(L_{\text{ARRAY CABLE}})I_{\text{MP ARRAY}}\rho_{\text{铜}}}{CSA_{\text{ARRAY CABLE}}V_{\text{max}}}$$

$$= \frac{2 \times 11 \times (7.9 \times 5) \times 0.0183}{4} = 3.975675$$

$$压降（百分比）= \frac{V_{\text{DROP}}}{V_{\text{max}}} \times 100 = \frac{V_{\text{DROP}}}{36.1 \times 10} \times 100$$

$$V_{\text{DROP}} = 1.1\%$$

（2）

$$组串电缆允许压降 = V_{\text{DROP max}} - V_{\text{DROP ARRAY CABLE}} = 3\% - 1.1\% = 1.9\%$$

（3）

$$组串电缆最小截面积 = \frac{L_{\text{STRING CABLE}}I_{\text{MP STRING}}\rho_{\text{铜}}}{V_{\text{DROP}}V_{\text{max}}}$$

$$= \frac{40 \times 7.9\text{A} \times 0.0183}{0.019 \times (10 \times 36.1)}$$

$$= 0.843\text{mm}^2$$

问题 5

$$交流电缆最小截面积 = \frac{2L_{\text{AC CABLE}}I_{\text{SC}}\rho_{\text{铜}}\cos\phi}{V_{\text{DROP}}V_{\text{AC}}}$$

$$= \frac{2 \times 26 \times 12 \times 0.0183 \times \cos(1)}{0.01 \times 230}$$

$$= 4.96\text{mm}^2$$

问题 6

长电缆比短电缆的电压降更高，因此，减少电缆的长度能增加太阳能光伏系统的产量。减少电缆长度的一个方法就是确保其安装位置尽可能离配电盘近。

第 15 章

问题 1

（1）阴影。如果某组件被遮挡，到达该组件的太阳辐射量就会减少。设计太阳能光伏系统时，应将阴影降低到最少，这可能就会涉及砍树或移动电视天线。

（2）组件倾斜角与方向。如果太阳能光伏系统朝向不佳或倾斜角不对，阳光照射到组件的时长就会由于太阳在天空中的移动而缩短。最佳的倾斜角是安装地点的纬度，而在北半球，太阳能光伏系统的最佳朝向则为向南，因此太阳能光伏系统应该按照这个方式设计。

（3）温度。电量输出会随着组件中电池温度的升高而降低。太阳能光伏系统应规范设计，使得组件通风良好，从而降低温度损耗。

（4）污物。如果组件表面附着有尘土或其他碎片，到达组件的太阳辐射就会减少。组件安装时应总是保证倾斜角不低于10°，以便其自动清洁。

（5）制造商容差。由于组件与组件样品之间存在制造商容差，组件的性能也会有变化。克服制造商容差只能通过增大系统规模进行补偿。

（6）电缆中的压降。由于电缆中的压降，太阳能光伏系统会产生电能损耗。应尽可能缩短电缆长度来减少这一损耗。

（7）逆变器效率。所有逆变器都存在热损耗。为减少这一损耗，逆变器安装的位置应该有足够的通风，并避免阳光直射。

问题 2

$$有效电池温度\ T_{\text{CELL EFF}} = T_{\text{AMB}} + 25℃$$
$$= 26℃ + 25℃ = 51℃$$

电池温度与标准试验条件的差别为

$$T_{\text{CELL EFF}} - T_{\text{STC}} = 51℃ - 25℃ = 26℃$$

将温度系数换算成百分比为

$$y = \frac{0.905\text{W/℃}}{250\text{W}} = 0.00362$$

计算光伏组件由于温度产生的损耗为

$$Loss = 26℃ \times 0.00362 = 0.094$$

将该损耗换算成效率为

$$f_{\text{TEMP}} = 1 - 0.094 = 0.906 = 90.6\%$$

问题 3

$$F_{温度} = 1 - \{[(24℃ + 25℃) - 25℃] \times 0.006\} = 0.856$$
$$\eta_{系统} = 0.98 \times 0.96 \times 0.985 \times 0.98 \times 0.97 \times 0.856 = 0.754 = 75.4\%$$

问题 4

（1）发电量＝阵列额定功率×辐射量×系统效率

将组件额定功率换算成阵列额定功率：

$$阵列额定功率 = 36\ 个组件 \times 240\text{W} = 8640\text{W}$$
$$= 8.64\text{kW}$$

计算年辐射量为

$$年辐射量 = 3.9P_{\text{SH}} \times 0.95(日阴损失) \times 365$$
$$= 1352.33\text{kW·h/(m}^2 \cdot 年)$$

计算系统效率为

$$f_{温度} = 1 - \{[(24℃ + 25℃) - 25℃] \times 0.0045\} = 0.892$$
$$系统效率 = 0.892 \times 0.98 \times 0.965 \times 0.96 \times 0.985 = 0.798$$

计算年发电量为

$$发电量 = 8.64\text{kW} \times 1352.33\text{kW·h/(m}^2 \cdot 年) \times 0.798$$
$$= 9323.94\text{kW·h}$$

（2）发电量＝阵列额定功率×辐射量×系统效率

$$阵列额定功率 = \frac{发电量}{辐射量 \times 系统效率}$$

$$= \frac{13000\mathrm{kW \cdot h}}{1352.33\mathrm{kW \cdot h/(m^2 \cdot 年)} \times 0.798} = 12.05\mathrm{kW}$$

$$组件数量 = \frac{12.05\mathrm{kW}}{0.24\mathrm{kW}} = 50.21 = 50 \ 个组件$$

因此，要达到年输出 13000kW·h 的要求，系统需使用 51 个组件，阵列额定功率为 12.05kWp。

问题 5

性能比按从低到高排列：系统 1、系统 3、系统 2。

$$PR = \frac{年平均电能输出}{理论最大电能输出}$$

$$PR_{系统1} = \frac{12555\mathrm{kW \cdot h}}{7\mathrm{kW} \times 6.3\mathrm{PSH} \times 365 \ 天} = 0.78$$

$$PR_{系统2} = \frac{10140\mathrm{kW \cdot h}}{7\mathrm{kW} \times 4.9\mathrm{PSH} \times 365 \ 天} = 0.81$$

$$PR_{系统3} = \frac{12187\mathrm{kW \cdot h}}{7\mathrm{kW} \times 6\mathrm{PSH} \times 365 \ 天} = 0.79$$

第 16 章

问题 1

（1）AS 4777.1：2005。

（2）AS/NZS 5033：2014。

（3）AS/NZS 3000：2007。

（4）AS/NZS 3008：2009。

（5）AS/NZS 1768：2007。

（6）AS/NZS 1170.2：2011。

问题 2

避免漏水。

问题 3

增加通风，并允许在组件下冲走碎片物。

问题 4

不，因为它会使 IP 等级失效。

问题 5

（1）由于系统低于 600V，因此无需严格限制部件和导体的接入。

（2）所有超过 600V 的系统都需要严格的限制接入，至少有栅栏，或其布线位置完全封闭，不使用工具就无法进入。

问题 6

（1）双层绝缘、抗紫外线的电缆/排管，如果没有排管，应有物理保护使其免受损坏，安装时不接触屋顶，每隔 2m 写有"SOLAR"标记。

（2）双层绝缘高密度排管，每隔 2m 写有"SOLAR"标记。

第 17 章

问题 1

为了保证系统可靠性，确保性能满足规范，并具备安全运行的条件。调试记录可以用于进行中的维护、故障排除，并作为完工的证据。

问题 2

正确的启动程序是先打开直流断路器开关，再打开交流断路器开关。这些信息可以在调试时提供的系统文件中找到。

问题 3

短路电流测试能够检查每个独立组件与每个组串的性能。这一测试应在测量辐照度时进行，以获取精确的性能对比。

问题 4

由于辐照度和环境温度可能会随着对 44 个组串进行检查所耗费的时长而改变，因此建议使用一个组串作为参考组串。测量初始开路电压，假定这是参考组串应有的电压，在该参考组串上放一个仪表。当 Vocof 的每一个其他组串都已测量，就可以立即与参考组串上的电压进行对比。

问题 5

（1）开路电压测试。

（2）绝缘电阻测试（兆欧表—测试）。

（3）短路电流测试。

问题 6

$$性能比 = 系统输出(kW \cdot h) 或辐射量记录值[(kW \cdot h)/m^2]$$
$$\times 组件效率(\%) \times 阵列面积(m^2)$$
$$性能比 = 216.133kW \cdot h/m^2 \div 0.156\% \times 20 \times 1.621m^2$$
$$= 216.133kW \cdot h \div 280.6924kW \cdot h$$
$$= 0.7699 = 0.77$$

因此，该系统的性能比为 77%。

第 18 章

问题 1

（1）每年。

（2）外观检验、支架系统检验、组件清洁、测试隔离器、植被管理。

问题 2

应用软扫帚清扫组件；但是不能使用清洁剂，用清水就够了。

问题 3

生长的植被可能会对阵列造成部分阴影。这个问题可以通过实地考察迅速鉴别。

阵列与逆变器的匹配可能不正确。这个问题可以通过系统监控进行识别。

问题 4

应询问是否有停电迹象。

第 19 章

问题 1

设计、系统设备、安装、调试、与电网互连、所有相关文书工作。

问题 2

（1）租购协议（HPA）。光伏系统安装时，房屋所有者无须支付任何费用，而房屋所有者需在约定的时间内（通常为 5～10 年）向太阳能公司每月支付分期付款。通常，系统的所有权会在租赁期结束之时转移给私房屋主，也存在其他安排。

（2）购电协议（PPA）。光伏系统安装之后，太阳能公司对私房屋主所耗太阳能电力收取统一的费用。这个费用通常是固定的，而且比现存的电网电价要低。协议期限通常为 15～30 年，由太阳能公司维护该系统。对于供应商来说，协议结束时可有几种选择：系统的所有权可以转移给私房屋主；私房屋主可以继续租赁；或者私房屋主可以要求拆掉系统。

问题 3

（1）检查系统布线。

（2）测试组件。

（3）检查系统开关。

（4）清洁组件。

问题 4

（1）电力补偿。来自电网的电力可以用光伏系统产生的电力替代。

（2）电网电力的费用。现行的电网电价，包括电价是否由白天使用时间来决定。

（3）入网电价补贴政策（FiT）。支付给生产并输送电力到电网的系统业主一定的补贴。入网电价补贴政策的经济价值取决于计量方式，即"净量"或"毛量"。

问题 5

$$使用太阳能后的电费＝仍然由电网提供的电量×电网电价$$
$$＝(63kW \cdot h－44kW \cdot h)×20 澳分/kW \cdot h$$
$$＝3.80 澳元/天＝1387 澳元/年电费$$

$$使用太阳能前的电费＝总电力需求×电网电价$$
$$＝63kW \cdot h×20 澳分/kW \cdot h$$
$$＝12.6 澳元/天＝4599 澳元/年电费$$

$$总能量节约量＝光伏提供的电力×电网电价$$
$$＝44kW \cdot h×20 澳分/kW \cdot h$$
$$＝8.8 澳元/天＝3212 澳元/年节约量$$

问题 6

（1）入网电价补贴政策（毛电量）。

$$日常电费＝电网电价×用电量－能源补助×发电量$$
$$＝32 澳分/kW \cdot h×18kW \cdot h－10 澳分/kW \cdot h×7.5kW \cdot h$$
$$＝5.76 澳元－0.75 澳元$$
$$＝5.01 澳元/天$$

（2）入网电价补贴政策（净电量）。

$$日常电费＝电网电价×（电网用电量－太阳能）－能源补助×超额太阳能发电量$$

$$＝32 澳分/kW·h×（18kW·h－7.5kW·h）－10 澳分/kW·h×7.5kW·h$$

$$＝32 澳分/kW·h×10.5kW·h－10 澳分/kW·h×7.5kW·h$$

$$＝3.36 澳元－0.75 澳元$$

$$＝2.61 澳元/天$$

因此，相比入网电价补贴政策（毛电量），入网电价补贴政策（净电量）可以让业主节约 2.40 澳元/天。

问题 7

$$生命周期成本＝67983 澳元$$

问题 8

投资的内部收益率（IRR）相当于可以使所有相关资金（收入与支出）的净当前价值等于 0 的利率（贴现率）。

IRR 越高越好。

问题 9

燃料发电成本（LCoE）表示的是使用某特定发电原料生产电力的成本。它允许对几种不同的发电原料进行对比，因此很有用。

第 20 章

问题 1

利益相关者协商、选址评估、电网连接、土地开发应用与经济分析。

问题 2

（1）微型逆变器是一种按组件级使用的逆变器；通常用于 1 个或 2 个组件。

（2）微型逆变器对于有可变阵列方向、倾斜角和/或遮挡的阵列最高效。

（3）由于需求数量多，或者是由于布线成本高，微型逆变器通常是一种较昂贵的选择。

（4）地面安装系统的组件通常有统一的倾斜角和方向。

问题 3

（1）组件的 MPPT 使组件层面的能量输出达到最佳；通常用于 1 个或 2 个组件。

（2）与微型逆变器相似，组件 MPPT 对于有可变阵列方向、倾斜角和/或遮挡的阵列最高效。

问题 4

单相逆变器、三相逆变器、集中式逆变器。

问题 5

（1）微型逆变器。

（2）集中式逆变器。

（3）微型逆变器。

（4）带组件 MPPT 的三相逆变器。

（5）带组件 MPPT 的三相逆变器。

（6）微型逆变器（不需要）。

（7）微型逆变器。

（8）集中式逆变器。